高等学校"十二五"规划教材

精细化学品化学

第二版

王明慧　牛淑妍　主　编

袁　冰　万　钧　副主编

化学工业出版社

·北京·

本书针对目前国内外精细化学品的产业结构、生产特点和发展方向，涵盖了目前主要的精细化学品，内容包括绪论、表面活性剂、染料和颜料、胶黏剂、涂料、医药及中间体、农药、水处理剂、高分子材料助剂、食品添加剂、精细化工新材料与新技术、绿色精细化学品开发，以及部分实验。每章后附参考资料和复习思考题，以便读者自学和深入探讨。

本书面向应用化学、化学、化学工程与工艺专业的本、专科生，目的是培养学生综合运用化学化工基础知识的能力，让学生了解和掌握精细化学品的基本概念和特点、化学结构、合成和生产方法及其应用，了解精细化学品国内外发展的新特点、新动向。

图书在版编目（CIP）数据

精细化学品化学/王明慧，牛淑妍主编. —2版.
北京：化学工业出版社，2013.7（2019.1重印）
高等学校"十二五"规划教材
ISBN 978-7-122-17267-9

Ⅰ.①精… Ⅱ.①王…②牛… Ⅲ.①精细化工-化
工产品-高等学校-教材 Ⅳ.①TQ072

中国版本图书馆CIP数据核字（2013）第091563号

责任编辑：宋林青 姚晓敏 装帧设计：史利平
责任校对：宋 夏

出版发行：化学工业出版社（北京市东城区青年湖南街13号 邮政编码100011）
印　　刷：北京市振南印刷有限责任公司
装　　订：北京国马印刷厂
787mm×1092mm 1/16 印张14¼ 字数360千字 2019年1月北京第2版第5次印刷

购书咨询：010-64518888 售后服务：010-64518899
网　　址：http://www.cip.com.cn
凡购买本书，如有缺损质量问题，本社销售中心负责调换。

定　　价：36.00元

前　言

为了培养具有创新能力的理论-应用复合型精细化工人才，适应当前经济发展的需要，许多高等院校将精细化学品化学作为化学工程与工艺、应用化学、化学等专业本专科生的专业必修课。我校化学与分子工程学院从 2002 年起为应用化学专业本专科生开设精细化学品化学作为专业选修课，从 2006 年起又列为专业必修课，学时数增加到了 48 学时，同时也作为化学专业、海洋科学专业本科生的专业选修课。2008 年本课程成为校优秀课程，2010 年成为校精品课程。本教材第一版是在教学用讲义的基础上编写的，于 2009 年 9 月出版，在近 4 年的教学实践中，学生反映教材简明实用，既有理论性又有很强的实践性，取材合适，内容丰富，深度适宜，分量恰当。本书自出版以来，得到了读者的广泛欢迎，许多高等院校使用本书作教材，评价良好，我们感到十分欣慰。化学工业出版社希望对本教材进行修订，并且恰逢我校课程改革，需增加绿色精细化学品设计与开发的内容，故我们对本教材第一版进行了修订和补充。

本教材共分 12 章。第 1 章介绍了精细化学品的特点和发展趋势；第 2～10 章系统介绍了表面活性剂、染料和颜料、胶黏剂、涂料、医药及中间体、农药、水处理剂、高分子材料助剂、食品添加剂等重要品种，着重阐述它们的性质、设计、合成制造及应用的基本原理和方法，并介绍了它们的发展方向；第 11 章介绍了精细化工新材料与新技术；第 12 章介绍了绿色精细化学品设计与开发。每章后附参考资料和复习思考题，以便读者自学和深入探讨。

本教材第一版由青岛科技大学化学与分子工程学院王明慧副教授任主编，袁冰副教授、万钧副教授任副主编，邬丽春工程师参编。第二版修订时又请牛淑妍教授任主编。其中王明慧编写第 1、2、6、7、11 章，牛淑妍编写第 12 章，袁冰编写第 4、5、9 章，万钧编写第 8、10 章，邬丽春编写第 3 章，全书由王明慧和牛淑妍统稿。为方便教学，本书配套了电子课件，使用本书作教材的院校可向出版社免费索取，songlq75@126.com。

青岛科技大学张书圣教授、李明教授、许良忠教授对本书的编写提出了宝贵意见并对本书的出版给予了大力支持；本教材为青岛科技大学教材建设项目，得到了青岛科技大学教材出版专项经费的资助，在此作者致以衷心的感谢。

本书涉及的学科多、范围广，且发展迅速，由于编者的水平和能力所限，难免有不足和疏漏之处，敬请同行、专家和广大读者给予批评指正，不胜感谢。

编　者

2013 年 3 月于青岛科技大学

第一版前言

精细化学品具有品种多、技术密集度高、附加值高的特点，涉及化学工业与国民经济的各个领域，与人们的日常生活密切相关。近二十多年来，随着工农业、国防、尖端科学技术的发展，人民生活水平的不断提高，社会可持续发展的要求，各国化学工业精细化率正在迅速增长，精细化率的高低已成为衡量一个国家或地区化工发展水平的主要标志之一。加强技术创新，调整和优化精细化工产品结构，重点开发高性能化、专用化、系列化和绿色化产品，已成为当前世界精细化工发展的重要特征，也是今后世界精细化工发展的重点方向。

我国精细化工经过二十多年的发展，精细化率现已达到 48%。目前我国精细化工行业中存在的突出问题是科研开发力度不够，生产企业规模小，生产技术水平低，产品缺乏国际竞争力，资源、能源利用率低，环境污染严重，这些因素严重制约我国精细化工的发展。我国的精细化工产业发展既面临良好的机遇又面临巨大的挑战，社会对精细化工人才的需求越来越多、要求越来越高。因此，为了培养具有创新精神和创新能力的理论-应用复合型精细化工人才以适应当前经济发展的需要，许多高等院校将精细化学品化学课程作为化学工程与工艺专业、应用化学专业本、专科生的专业必修课。本书面向应用化学专业、化学专业、化工专业的本、专科生，目的是培养学生综合运用化学化工基础知识的能力，让学生了解和掌握精细化学品的基本概念和特点、化学结构、合成和生产方法及其应用，了解精细化学品国内外发展的新特点、新动向。

本书包括绪论、表面活性剂、染料和颜料、胶黏剂、涂料、医药及中间体、农药、水处理剂、高分子材料助剂、食品添加剂、精细化工新材料与新技术 11 章。针对目前国内外精细化学品产业结构、生产特点和发展方向，涵盖了目前主要的精细化学品，内容多，信息量大，内容具有理论性与实用性相结合、传统性与先进性相结合、经典与现代相结合的特点。除介绍上述各类精细化学品的概念、结构组成、合成原理、构效关系等基础理论外，还注重其工业制造方法、产品性能和应用以及国内外发展的新动向、新产品和新技术，反映学科最新研究和发展成果，同时针对精细化学品在生产过程中产生大量的"三废"污染问题，将绿色化学品及绿色生产工艺渗透于各章节内容中，体现教学内容的精与新。本书每章后都附有复习思考题，有利于突出基础和重点，培养学生思考问题、解决问题的能力。本书每章后还附有参考文献以便于读者自学和深入探讨。本书有配套的电子课件，使用本书作教材的院校可免费向出版社索取，songlq75@126.com。

本书由青岛科技大学化学与分子工程学院王明慧副教授任主编，袁冰博士、万钧副教授任副主编。其中王明慧副教授编写第 1、2、6、7、11 章，邬丽春工程师编写第 3 章，袁冰博士编写第 4、5、9 章，万钧副教授编写第 8、10 章，全书由王明慧统稿。

青岛科技大学张书圣教授、李明教授对本书的编写提出了宝贵的意见并对本书的出版给予了大力支持，特此致谢。

本书涉及的学科多、范围广，由于编者的水平和能力所限，难免有不足和疏漏之处，敬请同行、专家和广大读者给予批评指正，不胜感谢。

编　者

2009 年 3 月

目　　录

第1章 绪 论

1.1 精细化学品的概念

精细化学品涉及化学工业与国民经济的各个领域，与人们的日常生活密切相关。按照用途不同，人们将化工产品划分为两大类，即基本化工产品（或通用化工产品）(heavy chemicals) 和精细化学品（fine chemicals）。基本化工产品是指一些应用范围广泛，生产中化工技术要求很高，产量大的产品，例如石油化工中的塑料、化纤及橡胶三大合成材料，化肥等。精细化学品是指具有专门功能和特定的应用性能，配方技术左右着产品性能，制造和应用技术密集度高，产品附加值高，批量小、品种多的一类化工产品。例如洗涤用化学品、染料、医药、功能高分子等。

精细化学是研究各种精细化工产品的分子设计、合成、结构、功能及其构效关系的化学。"精细化学工业"（fine chemicals industry）通常称为精细化工，包括精细化学品和专用化学品（speciality chemicals）两部分，属高新技术行业。由于精细化工产品的范围十分广泛，目前还很难明确专业的学科领域，但从它们的研制、生产、应用三个方面来考虑，精细化工的基础是应用化学。也就是说，要把无机化学、有机化学、分析化学、物理化学、高分子化学等化学基础知识用于精细化工产品的工业过程中。近20多年来，由于社会生产水平和生活水平的提高，化学工业产品结构的变化以及高新技术的要求，精细化工产品越来越受到重视，它们的产值比重逐年上升，精细化程度已经成为衡量一个国家化学工业水平的尺度，并已有将生产精细化工产品的工业单独作为一个部门从化学工业中划分出来的倾向。

1.2 精细化学品的特点

精细化学品的特点与其定义密切相关，存在多种不同的看法，但一般对精细化学品的特点归纳为以下五个方面：

（1）具有特定功能

精细化学品是根据产品性能销售的化学品。与大宗化工产品不同，精细化学品的应用专用性强而通用性弱。多数精细化学品的特定功能经常是与消费者直接相关的，例如，化妆品、合成洗涤剂、装饰涂料、染料等。还有针对专门的消费者，如医药，具有专门功效的药用于治疗特定疾病。人们对产品功能是否合乎他们的要求会很快反映到生产厂商的管理机构。从这点上来说，精细化工产品的特定功能显得格外重要。

精细化学品的特定功能还表现为它的用量少而效益显著。如在人造卫星的结构中采用结构胶黏剂代替金属焊接，节重 1kg 就有近十万元的经济效益。使用立体专一性高效催化剂能获得光学纯度很高的单一对映异构体，这对医药生产越来越重要。上述两个简单的例子充分说明精细化学品的特定功能完全依赖于应用对象的要求，而这些要求随着社会生产水平、生活水平、科技水平的提高，将处于不断提高、永无止境的变化中。

（2）大量采用复配技术

上述第一个特点决定了要采用复配技术。由于精细化学品要满足各种专门用途，应用对象特殊，通常很难用单一化合物来满足要求，于是配方的研究成为决定性的因素。复配技术主要表现在以下两方面。

① 剂型 粉末、溶液、分散液、乳液等剂型选择得当，可以使产品的性能大为改观。农药常常采用缓释技术制造剂型。乳状液或分散体系要求愈稳定愈好，需要添加大分子表面活性剂作为分散剂使用。

② 复配 该技术被称为 1+1>2 的技术。两种或两种以上主产品或主产品与助剂复配，应用时效果远优于单一产品性能。如表面活性剂与颗粒或乳粒相互作用，改变了粒子表面电荷性能或空间隔离性，使分散体系或乳液体系稳定。某些农药本身不溶于水，可溶于甲苯，在加有乳化剂时，可制成稳定的乳状液；乳化剂调配适当时，可使该乳液在植物叶上接触角等于零，乳液在树叶上容易完全润湿，杀虫效果好。化妆品、涂料基本都采用复配技术。

因此在精细化工生产中配方通常是关键技术之一，也是专利需要保护的对象。掌握复配技术是使产品具有市场竞争力的极为重要的方面。但这也是目前我国精细化工发展上的一个薄弱环节，必须给予足够的重视。

（3）小批量、多品种

由于精细化学品都有特定的功能，因此都有一定的应用范围，其用量也不很大。如医药在制成成药后，其形式有药片、丸、粉、溶液或针剂等，但每个患者的服用量是以毫克计。染料在纺织品上的用量不超过织物重量的 3%～5%。对具体产品来说，年产量就不可能很大。产品的生产规模大小不一，差别极大，从十万吨/年到仅几十千克/年，多以批量方式生产。

使用品种多是精细化学品的另一特点。这一方面与批量小有关，另一方面也与产品具有特定功能这一特点有关，还与产品更新快、社会需求不断增长有关。如塑料加工需要增塑剂、阻燃剂、抗氧剂、热稳定剂等产品。如染料，根据《染料索引》（Colour Index）统计，目前不同化学结构的染料品种有 5200 多个。

这一特点决定了精细化学品的生产通常以间歇反应为主，采用批次生产，最合理的设计方案是按单元反应来组织设备。近年来许多生产工厂采用多品种综合生产流程，设计和制造用途广、功能多的生产装置，如膜式 SO_3 磺化装置、喷雾式乙氧基化装置。

（4）技术密集度高

技术密集度高是精细化工的另一重要特点。技术密集性主要表现在四个方面：技术综合性强，研发费用高且成功率低，生产过程复杂，应用高新技术多。

首先是研发费用高。如开发一种新药一般要 5～10 年，约耗资 2000 万美元。据统计，医药的研究开发投资高达年销售额的 14%，一般精细化工产品的研究开发投资也要占到年销售额的 6%～7%。

技术密集还表现在生产过程中的工艺流程长，单元反应多，原料复杂，中间过程控制要求严等各个方面。例如感光材料中的成色基，合成反应单元多达十几步，总收率有时会低于20%。在制药工业中，除采用合成原料外，有时还要采用天然原料，或用生化方法得到半人工合成中间体。在分离操作中，会用到异构体甚至是旋光异构体的分离。在过程控制和原料、产品纯化中常常使用现代分析仪器，如气相色谱（GC）、高效液相色谱（HPLC）、红外（IR）、核磁共振（NMR）等。

再就是工艺技术含量高。从事精细化学品和专用化学品研究和生产的科技工作者十分关心工艺与设备问题，例如薄膜反应和分离、喷雾反应和分离、膜反应、螺旋反应、固相反应和混合、气-固-液反应设备以及高效分离技术等。

新技术包括生物工程技术，各种新型高活性、高选择性催化剂，超微粒化技术，激光技术，微波技术，超声技术和膜分离技术等在新领域精细化工中应用越来越广泛。

技术密集还表现在信息密集、信息快。产品要根据应用对象而设计，根据需要不断推陈出新。另一方面，大量基础研究工作所产生的新化学品也不断地需要寻找新的用途。为此有的大化学公司已经开始采用新型计算机信息处理技术对国际化学界研制的各种新化合物进行储存、分类以及功能检索，以达到快速设计和筛选的要求。

上述技术密集这一特点反映在精细化工产品的生产中是技术保密性强、专利垄断性强。这几乎是各精细化工公司共同的特点。它们通过自己拥有的技术开发部得到的技术进行生产，并以此为手段在国内及国际市场上进行激烈竞争。这正是我国精细化工最薄弱的环节。

(5) 附加值高

附加价值是指产品的产值中，扣除原材料、税金、设备和厂房的折旧费后剩余部分的价值，这部分价值是指当产品从原材料经加工到产品的过程中实际增加了的价值。它包括利润、工人劳动、动力消耗以及技术开发等费用。1978 年美国商业部曾经有一个统计：以 50 亿美元石油为基准，作燃料只值 50 亿，如果将之产出烯烃、二甲苯等，进一步加工成乙二醇、对苯二甲酸等基本化学品（basic chemicals）就值 200 亿美元，合成医药和农药原药以及原染料等精细化学品，增值至 400 亿，再加工成商品，即专用化学品，最终增值至 5300 亿。据统计，精细化工的附加价值率在 50% 左右，而整个化学工业的平均附加价值率在 30%～40%，化肥、石油化工等仅有 20%～30%。精细化工在化学工业各大部门中，它的附加值是最高的。在精细化工产品中又以医药为最高，医药的附加值通常在 60% 以上。

1.3　精细化学品的分类

精细化学品的范围十分广泛，而且随着一些新兴的精细化工行业的不断涌现，其范围越来越大，种类也日益增加，因此究竟如何对精细化学品进行分类，目前也存在着不同的观点。按目前的分类方法，主要有结构分类和应用分类两种方法。因为同一类结构的产品，功能可以完全不同，应用对象也可以不同，所以结构分类在精细化学品的分类中不能适用。若按大类属性区分，可以分为无机和有机精细化学品两大类。本书讨论的范围则限于有机精细化学品。

目前国内外较为统一的分类原则是以产品的功能来进行分类。按行业成型的时间先后顺序，精细化工分为传统和新领域两部分。传统精细化工主要包含：染料、涂料和农药；新领域精细化工包括：食品添加剂、饲料添加剂、电子化学品、造纸化学品、水处理剂、塑料助剂、皮革化学品等，国外将新领域精细化工称为专用化学品。日本在 1985 年的《精细化工年鉴》中将精细化工产品划分为 51 个类别，见表 1-1。

表 1-1　1985 年日本的精细化工门类

1. 医药	14. 合成洗涤剂	27. 食品添加剂	40. 炭黑
2. 饲料添加剂及兽药	15. 催化剂	28. 混凝土添加剂	41. 脂肪酸及其衍生物
3. 农药	16. 合成沸石	29. 水处理剂	42. 稀有气体
4. 染料	17. 试剂	30. 高分子絮凝剂	43. 稀有金属
5. 颜料	18. 胶黏剂	31. 工业杀菌防霉剂	44. 精细陶瓷
6. 涂料	19. 塑料增塑剂	32. 金属表面处理剂	45. 无机纤维
7. 油墨	20. 塑料稳定剂	33. 芳香除臭剂	46. 储氢合金
8. 成像材料	21. 其他塑料添加剂	34. 造纸用化学品	47. 非晶态合金
9. 电机与电子材料	22. 橡胶添加剂	35. 纤维用化学品	48. 火药与推进剂
10. 香料	23. 燃料油添加剂	36. 皮革用化学品	49. 酶
11. 化妆品	24. 润滑剂	37. 油田用化学品	50. 生物技术
12. 肥皂	25. 润滑油添加剂	38. 汽车用化学品	51. 功能高分子
13. 表面活性剂	26. 保健食品	39. 溶剂与中间体	

我国近年来对精细化工产品的开发很重视。1986 年首先由化工部提出了一种暂行分类方法，包括 11 类产品，见表 1-2。这种分类主要考虑了化工部所属精细化工行业的情况，因此并未包含精细化工的全部内容，例如，医药制剂、酶、精细陶瓷等就未包括在内。随着我国精细化工的发展，今后可能会不断地补充和修改。

表 1-2　1986 年化工部对精细化学品的分类

1. 农药	4. 颜料	7. 食品和饲料添加剂	10. 化学药品（原料药）和日用化学品
2. 染料	5. 试剂和高纯物	8. 黏合剂	11. 功能高分子材料（包括功能膜，偏光材料等）
3. 涂料（包括油漆和油墨）	6. 信息化学品（包括感光材料、磁性材料等）	9. 催化剂和各种助剂	

1.4　精细化学品的发展趋势

随着工农业、国防、尖端科学技术的发展，人民生活水平的不断提高，社会可持续发展的要求，对精细化工产品提出了越来越多的新要求，使精细化工产品具有了客观发展的需求。

① 精细化学品在化学工业中所占的比重迅速增大。精细化工率的高低已成为衡量一个国家或地区化工发展水平的主要标志之一。由于原料涨价、成本增加、市场竞争激烈，世界发达国家的化学工业已经大规模地紧缩原有大宗石化产品和化肥的生产，而加强了发展技术密集型的精细化工产品和专用化学品。20 世纪 80 年代发达国家精细化工率为 45%～55%，90 年代达到 55%～63%，21 世纪初达到 60%～67%。精细与专用化学品与国家的经济水平以及基础石油化学工业的发展密切相关，因此美国、西欧和日本是全球精细与专用化学品生产和消费比较发达的国家和地区，三者的总营业额约占全球专用化学品营业额的 77% 左右。尽管我国从"六五"开始，经过 20 多年的发展，建设了一大批精细化工装置，建成了一批精细化工基地或园区，精细化工率已经达到 48%，但与国外相比还有很大差距，而我国又是消费大国，所以今后精细化学品销售额增长速度会更快，精细化工率提高幅度会更大。21 世纪将是人类社会精神文明、物质文明建设突飞猛进的时代，世界经济形态正处于深刻转变之中。以消耗原料、能源和资本为主体的工业经济，向以知识和信息的生产、分配、使用的知识经济转变，它为精细化工产业的发展提供良好机遇和巨大空间。

② 精细化工产品的新产品、新品种不断增加，尤其是适应高新技术发展的精细化工新领域不断涌现。市场需求将继续健康发展。发展较快的领域有：原料药、酶制剂、特殊（功能）聚合物、纳米材料、分离膜、特种涂料、电子化学品和催化剂等，但农药、染料和纺织化学品将呈下降趋势。

③ 在精细化工产品的生产、制造、复配、包装、储存、运输等各个环节，日益广泛采用各种高新技术，大大促进了精细化工产品的发展。高新技术的采用是竞争的焦点。如生物工程技术将更多地应用于医药、农药、营养品中，利用计算机技术和组合化学技术进行分子设计，新催化技术、膜分离技术、超临界萃取技术、超细粉体技术、分子蒸馏技术等将进一步得到应用。

④ 精细化学品将向着高性能化、专用化、系列化和绿色化方向发展。加强技术创新，调整和优化精细化工产品结构，重点开发高性能化、专用化、系列化和绿色化产品，已成为当前世界精细化工发展的重要特征，也是今后世界精细化工发展的重点方向。近代工业发展

带来的环境污染已严重威胁着人类的生存环境和经济、社会的可持续发展，人们已逐渐认识到发展绿色化技术、保护环境的重要性和紧迫性，精细化学品对人体健康、环境、生态的负面影响也越来越引起人们的重视。要高效、理性地推进精细化工的发展，就要努力实现精细化工原料、生产工艺过程和产品的绿色化，最终使精细化工发展成为绿色生态工业。采用高新技术、绿色化工原料、绿色催化剂和助剂，使精细化学品的生产和应用实现"生态绿色化"是 21 世纪精细化工发展的趋势。

复习思考题

1. 简述精细化学品的概念和特点。
2. 精细化学品的发展趋势是什么？

参 考 文 献

［1］ 赵德丰，程侣柏，姚蒙正，高建荣编著. 精细化学品合成化学与应用. 北京：化学工业出版社，2001：1-9.
［2］ 曾繁涤主编. 精细化工产品及工艺学. 北京：化学工业出版社，1997：1-6.
［3］ 韦新生. 21 世纪精细化工的发展. 化学推进剂与高分子材料，2005，2：10-14.
［4］ 杨锦宗. 新世纪的精细化工. 中国工程科学，2002，10：21-25.
［5］ 陈祎平. 精细化学品的绿色化进展. 海南大学学报（自然科学版），2002，1：77-82.
［6］ 王大全. 中国精细化工的发展和预测. 化工进展，2004，5：455-460.
［7］ 中国科学技术协会. 绿色高新精细化工技术. 北京：化学工业出版社，2004：1-6.

第 2 章　表面活性剂

表面活性剂（surfactant）是一类重要的精细化学品，通常具有清洗、发泡、湿润、乳化、增溶、分散等多种复合功能，广泛应用于工业、农业、医药、精细化工、化学合成和日常生活等领域，素有"工业味精"之称，已形成了一个独立的工业生产部门。

表面活性剂这一专用名词的历史并不久远，但它的应用却可追溯到古代。我国古代人民用皂角、古埃及人用皂草提取皂液来洗衣物，这是最早应用天然表面活性剂的实例。发明肥皂的年代现在也未能详细考证，但远在中世纪人们就发现了肥皂的洗涤功能。此后，直到19 世纪，肥皂一直是唯一人工生产的表面活性剂。20 世纪初，肥皂对水质硬度和酸度的敏感性引起了人们的重视，这种缺点首先反应在纺织印染工业上。1917 年德国化学家刚什尔（Günther）成功地合成了烷基萘磺酸盐，它具有很高的发泡性和润湿性，为以后的合成表面活性剂的开发奠定了基础。20 世纪 30 年代，德国化学家们广泛进行表面活性剂的研制，发现了数百种新的表面活性剂，这就是近代表面活性剂化学的创始时期，并形成了合成表面活性剂与肥皂生产间竞争的局面。第二次世界大战后，石油化工的兴起，为合成表面活性剂提供了大量质优且较为廉价的原料，促使表面活性剂工业处于一个迅速发展的时代。20 世纪 80 年代以后，由于石油资源的危机和可持续发展的战略考虑以及绿色表面活性剂的客观需求，同时现代基因技术改进了油料作物的生产，导致进一步研究用天然可再生资源作为生产表面活性剂的基本原料成为必然。

随着社会的进步和科学的发展，人们对各种表面活性剂的要求越来越高，不仅要求具有优良的物化性质，而且还要求其对人体、牲畜尽可能无毒无害，对人类赖以生存的环境无污染，其排放物能很快被生物降解等，绿色表面活性剂应运而生。它们一般是天然再生资源加工，对人体刺激小，易生物降解的表面活性剂。首先，高分子表面活性剂将会有更大发展，其研究对象将包括聚葡糖、聚烷基葡糖、聚甘油、不饱和羧酸、不饱和酰胺合成的高分子表面活性剂。20 世纪 90 年代三大绿色表面活性剂为烷基葡糖苷（APG）及葡萄糖酰胺（AGA）、醇醚羧酸盐（AEC）及酰胺醚羧酸盐（AAEC）、单烷基磷酸酯（MAP）及单烷基醚磷酸酯（MAEP），这三种表面活性剂具有生物降解性好、对皮肤刺激性小、有优良的物化性能、与其他表面活性剂配伍性好等优点，在许多行业和领域有着广泛的应用，是很有发展前景的表面活性剂。其次，生物表面活性剂的发展前景也非常大。生物表面活性剂是微生物在一定条件下培养时，在其代谢过程中分泌出具有一定表面活性的代谢产物，如糖脂、多糖脂、脂肽或中性类脂衍生物等。同时生物表面活性剂的生产过程也可以是一个环境净化、废油利用、变废为宝的过程。

目前，世界表面活性剂工业的发展呈平稳缓慢的增长趋势，世界表面活性剂的年产量在2005 年已超过 1400 万吨，品种多达 1 万种以上，年产量以 4%～5% 的速度增长。美国、日本、西欧市场仍是主导全球表面活性剂的主流，但亚太地区的增长最快，增长率超过 6%。随着国民经济的发展，我国表面活性剂工业取得了令人瞩目的成就。我国已建立起比较完整的表面活性剂工业体系，能够生产阴离子、阳离子、非离子、两性离子 4 大类，近 4000 种表面活性剂产品，2005 年我国表面活性剂产量达 150 多万吨，居世界第二位，但功能型、专用型表面活性剂的研发和生产与发达国家相比还有较大差距。随着我国经济的快速增长和人民生活水平的不断提高，表面活性剂的需求量会进一步提升，我国表面活性剂市场潜力很大。由此可见，表面活性剂在我国的生产和科研仍是一个重要的领域。

2.1　表面活性剂的特征、作用和分类

2.1.1　表面活性剂的概念和特征

表面活性剂是指这样一类有机物，它们不仅能溶于水或有机溶剂，而且它在加入量很少时即能大大降低溶剂（一般是水）的表面张力（或液-液界面张力），改变体系界面状态和性质。

表面活性剂一般有如下特征：

① 结构特征　表面活性剂分子具有两亲结构，亲油部分一般由碳氢链（烃基），特别是由长链烃基所构成，亲水部分则由离子或非离子型的亲水基构成，而且这两部分分处两端，形成不对称结构。

两亲分子示意图（见图 2-1）。

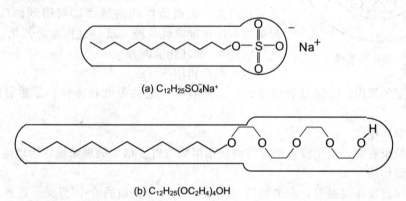

(a) $C_{12}H_{25}SO_4^-Na^+$

(b) $C_{12}H_{25}(OC_2H_4)_4OH$

图 2-1　表面活性剂的分子结构

② 界面吸附　表面活性剂溶解在溶液中，当达到平衡时，表面活性剂溶质在界面上的浓度大于在溶液整体中的浓度。

表面活性剂二元组分稀溶液的界面吸附可用吉布斯吸附式描述。吉布斯等温吸附式可表达如下：

$$\Gamma_S = -\frac{C_S}{nRT} \cdot \frac{\mathrm{d}\gamma}{\mathrm{d}C_S} \tag{2-1}$$

对于脂肪醇表面活性剂，$n=1$；对于 1:1 型离子型表面活性剂，$n=2$。

③ 界面定向　表面活性剂分子在界面上会定向排列成分子层。如图 2-2 所示。

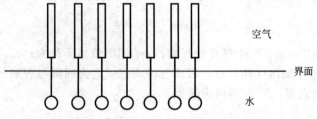

空气

界面

水

图 2-2　表面活性剂的界面定向

④ 生成胶束　当表面活性剂溶质浓度达到一定时，它的分子会产生聚集而生成胶束，这种浓度的极限值称为临界胶束浓度（critical micelle concentration，CMC）。

2.1.2　表面活性剂的主要作用

（1）降低溶剂表面张力

表面张力是使液体表面尽量缩小的力，也即液体分子间的一种凝聚力。要使液相表面伸展，就必须抵抗这种使表面缩小的力。纯水的表面张力在 28℃ 为 71.5mN/m，加入脂肪醇硫酸钠后，表面张力可下降到 30mN/m。

（2）胶团化作用

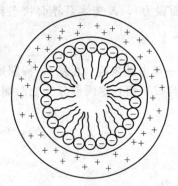

图 2-3　球形胶束模型

表面活性剂在达到临界胶束浓度（CMC）后，许多分子缔合成胶团。在溶液中，胶团与分子或离子处于平衡状态。图 2-3 为球形胶束模型：其结构包括胶束中心核、平衡离子和周围的水层。水溶液中的离子胶团有扩散双电层，而非离子胶团不存在扩散双电层。

（3）乳化作用

在油水两相体系中，加入表面活性剂，在强烈搅拌下，油层被分散，表面活性剂的憎水端吸附到油珠的界面层，形成均匀的细液滴乳化液，这一过程称为乳化。分为油/水乳化液和水/油乳化液两种。

（4）起泡作用

气泡稳定的原因：①降低表面张力；②泡膜有一定的强度和弹性；③要有适当的表面黏度。

（5）增溶作用

增溶与胶束有关，由于胶束的存在而使难溶物溶解度增加的现象统称为增溶现象。

（6）润湿作用

固体表面与液体接触时，原来的气-固界面消失，形成新的液-固界面，这种现象称为润湿。表面活性剂促进润湿，是基于：①降低了水的表面张力，使水珠迅速扩散达到完全润湿；②界面定向作用。表面活性剂能提高水的润湿和渗透能力，其大小常用接触角来描述。在固、液、气三相交界处，自固-液界面经过液体内部到气-液界面的夹角叫做接触角，以 θ 表示。图 2-4 是液滴润湿示意图。

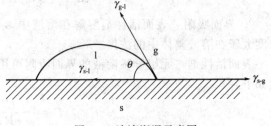

图 2-4　液滴润湿示意图

接触角与固-气、固-液、液-气界面张力间的关系见式(2-2)，此方程称为润湿方程，又称为杨氏方程。

$$\cos\theta = \frac{\gamma_{s\text{-}g} - \gamma_{s\text{-}l}}{\gamma_{g\text{-}l}} \tag{2-2}$$

式中，θ 为接触角；$\gamma_{s\text{-}g}$ 为固-气界面张力；$\gamma_{s\text{-}l}$ 为固-液界面张力；$\gamma_{g\text{-}l}$ 为气-液界面张力。

显然，接触角越小润湿性能越好，习惯上将 $\theta = 90°$ 定为润湿与否的标准：$\theta > 90°$ 叫做不润湿；$\theta < 90°$ 则叫做润湿；$\theta = 0°$ 则叫做铺展。

（7）洗涤作用

洗涤功能是表面活性剂的最主要功能。工业上生产的各种表面活性剂最大的消耗是家用洗衣粉、液状洗涤剂和工业清洗剂。洗涤去污作用是由于表面活性剂降低了表面张力而产生的润湿、渗透、乳化、增溶、分散等多种性能综合的结果。被沾污物放入洗涤剂溶液中，先充分润湿、渗透，使溶液进入油污内部，污垢容易脱落，然后洗涤剂将脱落下来的油污乳化，分散于溶液中，经清水漂洗而除去。

此外，有些表面活性剂还有抗静电作用、柔软平滑作用、杀菌作用等派生作用。

2.1.3　表面活性剂的分类

表面活性剂的分类，一般依据亲水基团的特点，分为离子型和非离子型，其中离子型又分为阴离子型、阳离子型和两性表面活性剂，共四大类。目前按其产量排序分别为：阴离子占 56%，非离子占 36%，两性离子占 5%，阳离子占 3%。尚有含氟、硅等新型特种表面活性剂，则是以亲油基链的组成元素来区分。近来又出现了高分子表面活性剂和低聚高分子表面活性剂。

① 阴离子表面活性剂　亲水基团带有负电荷。主要有磺酸盐、硫酸盐、磷酸盐、羧酸盐。例如：$C_{12}H_{25}SO_4^- Na^+$，水溶性基团硫酸盐为负电性。

② 非离子表面活性剂　在分子中并没有带电荷的基团，而其水溶性来自于分子中的聚氧乙烯醚基和端羟基。例如 $C_{12}H_{25}(OC_2H_4)_6OH$。

③ 阳离子表面活性剂　亲水基团带有正电荷。主要有季铵盐和咪唑啉系。例如：$(C_{18}H_{37})_2\overset{\oplus}{N}(CH_3)_2\overset{\ominus}{Cl}$，季铵盐氮原子上的正电荷为分子提供了水溶性。

④ 两性表面活性剂　在分子中同时具有溶于水的正电荷和负电荷基团。例如：$(C_{18}H_{37})_2\overset{\oplus}{N}(CH_3)_2CH_2\overset{\ominus}{COO}$。

2.2　阴离子表面活性剂

2.2.1　烷基苯磺酸钠（LAS）

烷基苯磺酸钠到目前为止仍然是产量最大的阴离子表面活性剂，在合成洗涤剂中占第一位，在家用洗衣粉中占主导地位，分子式为：C_nH_{2n+1}—C_6H_4—SO_3Na。由于工艺原料不同，烷基苯的链长及支链情况不同；苯环和烷基链连接的位置不同；磺酸基进入苯环的多少和位置也不同，因此它是一个组成和结构比较复杂的混合物，产品的性能也会受组成和结构的影响。苯环上碳链的长短对溶解性、润湿性、起泡性、洗涤性有很大影响。烷基为 C_{12}～C_{14} 时洗涤性能最好，其中以 C_{12} 烷基的成品去污力最强。苯环上磺化反应产物是邻、对位的混合物，而又以对位产物居多，且对位产物的洗涤性能优于邻位产物。

早期生产烷基苯磺酸钠用的烷烃，采用石油化工提供的原料丙烯进行低聚生成的四聚丙烯，是一种双键位置任意分布的高度支链化的十二烯混合物。这种烷基苯磺酸钠的结构如下，简称 TPS。

支链结构的 TPS 生化降解性很差，出现环境污染问题，因此在 1964 年被直链十二烷基苯磺酸钠（LAS）所取代。

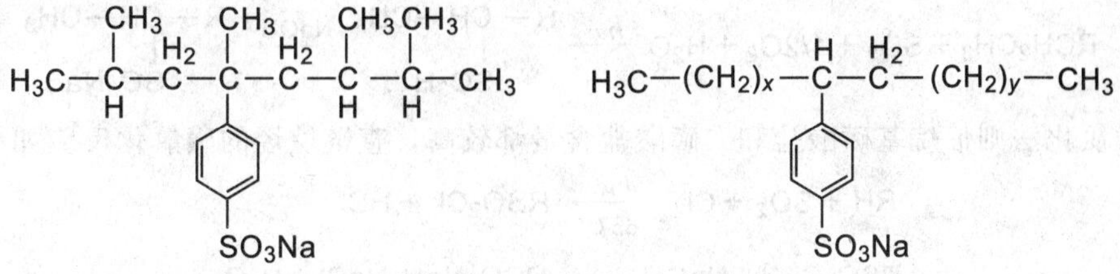

LAS 的主要性能如下：

① LAS 的主要优点在于烷基中没有支链，有良好的生化降解性；

② 能溶于水，对水硬度不敏感，对酸碱水解的稳定性好；

③ 对氧化剂十分稳定，可适用于目前流行的加氧化漂白剂的洗衣粉配方；

④ 发泡能力强，可与助洗剂进行复配，兼容性好；

⑤ 成本低，质量稳定。

LAS 的合成方法：其起始原料采用直链氯代烷烃或直链烯烃。如以正十二烯作原料为例，反应式如下：

$$H_3C-(CH_2)_x-HC=CH-(CH_2)_y-CH_3 + \bigcirc \xrightarrow[\text{或AlCl}_3]{HF} H_3C-(CH_2)_x-\overset{H}{\underset{|}{C}}-\overset{H_2}{C}-(CH_2)_y-CH_3$$

$$H_3C-(CH_2)_x-\overset{H}{\underset{|}{C}}-\overset{H_2}{C}-(CH_2)_y-CH_3 \xrightarrow[\text{或发烟H}_2\text{SO}_4]{\text{SO}_3/\text{空气}} \cdots \xrightarrow{NaOH} LAS$$

反应的第一步是付-克反应，采用 HF 或无水 $AlCl_3$ 作催化剂。第二步磺化反应时以前多采用发烟硫酸，其缺点是反应结束后总有部分废酸存在于磺化料中，中和后生成的硫酸钠带入产品中，影响产品纯度。近年来，国内外均采用气体 SO_3 磺化的先进工艺，气体 SO_3 用空气稀释到含量约为 3%～5%。磺化反应一般是在多管膜式磺化器中进行，进料摩尔比一般控制在 SO_3：烷基苯=(1.03～1.05)：1，磺化温度一般为 40～45℃。然后用 NaOH 水溶液中和磺化物料，中和温度一般为 50～60℃。最后进入喷雾干燥系统干燥。得到的产品为流动性很好的粉末。

2.2.2 烷基磺酸钠（SAS）

烷基磺酸钠（SAS）是较新的商品表面活性剂。其分子通式为：

$$R-\overset{H}{\underset{\underset{SO_3Na}{|}}{C}}-R'$$

烷烃一般为碳原子数 14～18 的正烷烃。

SAS 有与 LAS 类似的发泡性能和洗涤效能，水溶性好，有很好的生物降解性。SAS 的缺点是，用它作为主要组分的洗衣粉发黏，不松散。因此，其主要用途是复配成液体洗涤剂，如家用餐具洗涤剂。

其主要生产方法为磺氧化法和磺氯化法。磺氧化工艺产物中以仲烷基磺酸为主，伯烷基磺酸仅占 2%，在反应过程中，磺酸基可能会出现在直链烷烃基上任何一个位置，其反应式为：

$$RCH_2CH_3 + SO_2 + 1/2O_2 + H_2O \xrightarrow{h\nu} R-\overset{}{\underset{\underset{SO_3H}{|}}{CH}}-CH_3 \xrightarrow{NaOH} R-\overset{}{\underset{\underset{SO_3Na}{|}}{CH}}-CH_3$$

用磺氯化法则伯烷基磺酸盐和二磺酸盐含量都较高，直链烷烃的磺氯化反应如下：

$$RH + SO_2 + Cl_2 \xrightarrow[65℃]{h\nu} RSO_2Cl + HCl$$

$$RSO_2Cl + 2NaOH \longrightarrow RSO_3Na + NaCl + H_2O$$

在紫外线照射下，将 SO_2 和 Cl_2 以 1.1：1 在气体混合器内混合后通入 C_{14}～C_{18} 的饱和石油烃中，于 30℃反应，生成烷基磺酰氯，再与 NaOH 中和，中和温度控制在 98～100℃，则得烷基磺酸钠成品。

2.2.3　α-烯烃磺酸钠（AOS）

α-烯烃磺酸钠（AOS）是表面活性剂的主要品种之一，主要由烯基磺酸盐（约 55%）、羟基磺酸盐（约 37%）和二磺酸盐（约 8%）组成。AOS 中的烯基磺酸盐和羟基磺酸盐在性能上有互补性，两种成分复合时的性能优于单一组分，使 AOS 在很多应用中无需添加其他阴离子表面活性剂进行复配。

AOS 具有良好的生物降解性，对硬水不敏感，对人体皮肤刺激性小，广泛应用于复配家用洗涤剂、餐具洗涤剂、洗发香波、液体肥皂等领域。

AOS 所用原料 α-烯烃可由乙烯聚合及蜡裂解法制备。AOS 工业生产条件及工艺流程如下：

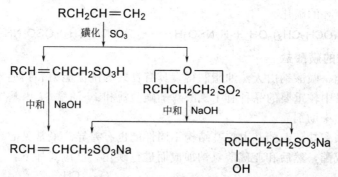

磺化产物中含有各种磺酸异构体及磺酸内酯的混合物，约 42% 的烯基磺酸，50% 的 1,3-和 1,4-烷烃磺酸内酯，另有 8% 的烯基二磺酸。α-烯烃和 SO_3 的反应速率约为烷基苯磺化的 100 倍，并放出大量的热，因此磺化设备要有良好的传热性能。工业上选用空气稀释的 SO_3（3%～5%），SO_3 与 α-烯烃的摩尔比为 1:（1.0～1.2），磺化温度为 25～30℃。磺酸内酯进一步被氢氧化钠溶液水解并中和，工业上操作温度为 140～180℃，时间 10～30min，得到的水解产物羟基烷烃磺酸盐和烯烃磺酸盐的比例约为 2:1。这样最终产品中约含 55% 烯基磺酸钠、37% 羟基烷基磺酸钠和 8% 烯基二磺酸钠。

2.2.4　脂肪醇硫酸盐（FAS）

脂肪醇硫酸盐（FAS）的分子式为 $ROSO_3Na$，现在已成为一类重要的表面活性剂。FAS 比 LAS 有更好的生物降解性，有更强的洗涤、发泡和乳化性能。缺点是对硬水较敏感，在强酸和强碱条件下易水解。FAS 的应用性能主要由脂肪醇中碳链的长度以及阳离子的性质来决定。在各种不同 FAS 中，碳链为 C_{12}～C_{14} 的发泡能力最强，其低温洗涤性能也最佳。直链醇的硫酸盐比仲醇或支链醇的硫酸盐的润湿性能低。FAS 主要以椰油醇（C_{12}～C_{18} 的直链脂肪醇）为原料，属绿色表面活性剂。FAS 主要用于配制液状洗涤剂，餐具洗涤剂，牙膏、香波和化妆品，纺织用润湿和洗净剂，化工中乳化聚合的添加剂。工业上，FAS 通常用三氧化硫或氯磺酸将脂肪醇进行酯化，得到的脂肪醇硫酸单酯再用氢氧化钠、氨或醇胺（常用乙醇胺或三乙醇胺）中和即得产品。主要的反应式如下：

$$R-OH + ClSO_3H \longrightarrow R-O-SO_3H + HCl$$

$$R-OH + SO_3 \longrightarrow R-O-SO_3H$$

$$R-O-SO_3H + NaOH \longrightarrow R-O-SO_3Na + H_2O$$

$$R-O-SO_3H + H_2NCH_2CH_2OH \longrightarrow R-O-SO_3H_3N^+CH_2CH_2OH$$

2.2.5　脂肪醇聚氧乙烯醚硫酸盐（AES）

脂肪醇聚氧乙烯醚硫酸盐（AES）的分子式为 $RO(CH_2CH_2O)_nSO_3Na$（$n=2\sim6$）。

AES 目前是仅次于 LAS 的第二大类表面活性剂，从 20 世纪 70 年代起，AES 以惊人的速度迅速扩大生产量。AES 的突出优点是：生物降解性能优异，对水硬度不敏感，产生泡沫大，不刺激皮肤，由于在脂肪醇分子中引入了环氧乙烷分子使成本有所降低。AES 是一类高性能的表面活性剂，与 LAS 复配用于香波和轻垢洗涤剂如餐具洗涤剂，现在也在逐步进入重垢洗涤剂领域。AES 可认为是家用洗涤剂配方中最重要的表面活性剂之一，它可能会大量与非离子表面活性剂复配后使用。在可预见的未来一段时间内，AES 将是市场需求增长得最快的一种阴离子表面活性剂。

工业上采用 $C_{12} \sim C_{14}$ 的椰油醇与 $2 \sim 4\text{mol}$ 的环氧乙烷缩合，再进行硫酸化及中和，与 FAS 的制法相似。其中，用氨基磺酸可以一步制得相应的硫酸铵盐，而不需要进行中和操作，适用于小批量生产。它特别适合烷基酚聚氧乙烯醚硫酸盐的合成，因为其他比较强的硫酸化剂可能导致苯环的磺化。

$$R(OCH_2CH_2)_nOH + H_2NSO_3H \longrightarrow R(OCH_2CH_2)_nOSO_3NH_4$$

2.2.6 酯、酰胺的磺酸盐

高级脂肪酸酯 α-磺酸钠由天然油脂制得，具有良好的洗涤能力和钙皂分散力，生物降解度高，毒性低。其中较重要的品种有丁二酸双酯磺酸盐和 N-油酰-N-甲基牛磺酸盐。两者均是较重要的纺织印染助剂。

丁二酸双酯磺酸盐随着酯基上烷基结构不同性能也有差异。最常见的渗透剂 T，由马来酸酐和仲辛醇合成酯，然后和亚硫酸氢钠加成而进行磺化。反应式如下：

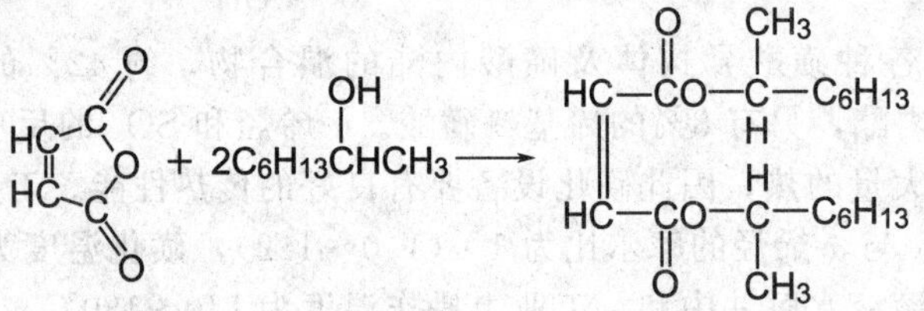

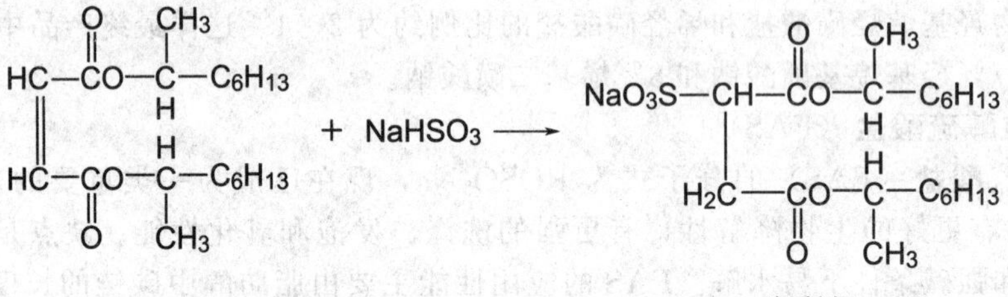

渗透剂 T 为淡黄色至棕黄色黏稠液体。可溶于水，渗透性快速均匀，润湿性、起泡性、乳化性均良好。由于分子内含有酯键，故不耐强酸、强碱。渗透剂 T 主要用做纺织印染助剂，另外也用做农药乳化剂。

N-油酰-N-甲基牛磺酸钠的商品名为胰加漂 T。它的合成工艺分为如下三步进行：

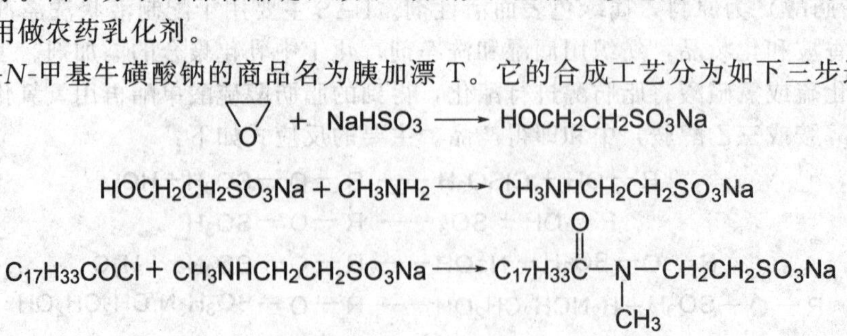

胰加漂 T 为淡黄色胶状液体，成分活性 $>18\%$。有优良的净洗、匀染、渗透和乳化效

能。广泛应用于印染工业中，作为除垢剂和润湿剂，特别适用于羊毛的染色和清洗，并能改善织物的手感和光泽。

2.2.7　磷酸酯盐

具有代表性的磷酸酯阴离子表面活性剂为烷基聚氧乙烯醚磷酸酯盐，它的分子通式如下：

$$RO(CH_2CH_2O)_n-\overset{\overset{\displaystyle O}{\|}}{\underset{\underset{\displaystyle OM}{|}}{P}}-OM \qquad \begin{matrix} RO(CH_2CH_2O)_n \\ RO(CH_2CH_2O)_n \end{matrix} \overset{\overset{\displaystyle O}{\|}}{P}-OM$$

式中，R 为 $C_8 \sim C_{18}$ 烷基；M 为 Na、K、二乙醇胺、三乙醇胺；n 一般为 $3 \sim 5$。

磷酸酯阴离子表面活性剂具有优良的抗静电性、乳化性、润滑、洗净和耐酸碱等特性，生物降解性也较好。主要用做工业清洗剂，织物抗静电剂，液体洗涤剂和干洗剂，复配香波、护肤膏、护肤液等化妆品，农药乳化剂，废纸脱墨剂等。

磷酸酯的合成可采用五氧化二磷、三氯氧磷、三氯化磷等与醇或醇醚反应制得。其中五氧化二磷由于条件温和，工艺简便，收率较高，在工业上最为常用。如五氧化二磷与烷基聚氧乙烯醚（摩尔比为 $1:2 \sim 4.5$）在 $30 \sim 50℃$ 下反应，先生成单酯，继续反应生成双酯，因此在产品中是单酯和双酯盐的混合物。反应式如下：

$$3\,RO(CH_2CH_2O)_nH + P_2O_5 \longrightarrow RO(CH_2CH_2O)_n-\overset{\overset{\displaystyle O}{\|}}{\underset{\underset{\displaystyle OH}{|}}{P}}-OH + \begin{matrix} RO(CH_2CH_2O)_n \\ RO(CH_2CH_2O)_n \end{matrix}\overset{\overset{\displaystyle O}{\|}}{P}-OH$$

三氯化磷与醇反应制取磷酸双酯的反应过程如下：

$$3ROH + PCl_3 \longrightarrow \begin{matrix} RO \\ RO \end{matrix}\overset{\overset{\displaystyle O}{\|}}{P}-H + RCl + 2HCl$$

$$\begin{matrix} RO \\ RO \end{matrix}\overset{\overset{\displaystyle O}{\|}}{P}-H + Cl_2 \longrightarrow \begin{matrix} RO \\ RO \end{matrix}\overset{\overset{\displaystyle O}{\|}}{P}-Cl + HCl$$

$$\begin{matrix} RO \\ RO \end{matrix}\overset{\overset{\displaystyle O}{\|}}{P}-Cl + H_2O \longrightarrow \begin{matrix} RO \\ RO \end{matrix}\overset{\overset{\displaystyle O}{\|}}{P}-OH + HCl$$

2.2.8　羧酸盐

羧酸盐阴离子表面活性剂的主要品种有聚醚羧酸盐（AEC）和 N-酰基氨基酸盐。

聚醚羧酸盐（AEC）的分子通式为：$R(OCH_2CH_2)_nOCH_2COONa$。由于聚氧乙烯链具有非离子表面活性剂的特性，使聚醚羧酸盐具有好的水溶性和耐硬水性。它兼具非离子表面活性剂和阴离子表面活性剂的性能，是一种多功能表面活性剂品种。主要用于化妆品、洗涤剂、纺织印染助剂、塑料工业、造纸工业等方面。

聚醚羧酸盐较简单的制备方法是通过醇醚与丙烯酸甲酯或丙烯腈加成后再水解中和，反应式如下：

$$RO(CH_2CH_2O)_nH \longrightarrow \begin{cases} H_2C=CHCOOCH_3 \\ H_2C=CHCN \end{cases} \begin{matrix} RO(CH_2CH_2O)_nCH_2CH_2COOCH_3 \\ RO(CH_2CH_2O)_nCH_2CH_2CN \end{matrix} \xrightarrow{NaOH}$$

$$RO(CH_2CH_2O)_nCH_2CH_2COONa$$

N-酰基氨基酸盐的分子通式为：

$$RCON(CONR'')_n COONa$$
$$|$$
$$R'$$

R 为高碳烷基，R' 及 R'' 为蛋白质分解产物中的低碳烷基。

N-油酰基多缩氨基酸钠 $[C_{17}H_{33}CONR'(CONR'')_n COONa]$ 是重要的品种之一，商品名为雷米邦 A，有很好的钙分散力、去污力和乳化能力，大都用做纺织印染工业的净洗剂和乳化剂。

目前最具实际生产价值的合成方法是脂肪酰氯与氨基酸的反应。

$$RCOCl + HNR'(CONR'')_n\ COONa + NaOH \longrightarrow \begin{matrix} RCON(CONR'')_n COONa \\ | \\ R' \end{matrix} + NaCl + H_2O$$

2.2.9 木质素磺酸盐

木质素是一种广泛存在于植物体中的无定形的、分子结构中含有氧代苯丙醇或其衍生物结构单元的芳香性高聚物。木质素磺酸盐是从造纸工业废液中提取的一类低表面活性的表面活性剂，但由于是造纸工业的副产品，价格低廉，目前已大量用做染料、水泥的分散剂，石油钻井泥浆的添加剂。

木质素磺酸盐的提取过程为：先在亚硫酸纸浆废液中加石灰乳沉淀出亚硫酸钙，再调节 pH 值使碱式木质素磺酸钙沉淀，过滤后用硫酸除钙，最后用碳酸钠作用使其转化为钠盐溶液。

2.3 非离子表面活性剂

2.3.1 非离子表面活性剂的性质

在非离子表面活性剂中，分子的亲水基团不是离子，而是聚氧乙烯醚链 [即 $-(OCH_2CH_2)_n OH$]，链中的氧原子和羟基都有与水分子形成氢键的能力，使其具有水溶性。水溶性与聚氧乙烯醚基的数目有很大关系，一般来说，使其有良好水溶性的 n 值约为 $5\sim10$。

(1) HLB(hydrophile-lipophile balance)

即亲水-亲油平衡值，非离子表面活性剂常用 HLB 作为特性指标，亲水性表面活性剂有较高的 HLB 值，亲油性表面活性剂有较低的 HLB 值。对于简单醇的聚氧乙烯醚，其 HLB 值可按下式计算：

$$HLB = \frac{E}{5}$$

式中，E 为分子中含有的聚氧乙烯醚（亦即环氧乙烷）的质量分数，即：

$$E = (m_{亲水基团}/m_{总}) \times 100$$

下列数据说明非离子表面活性剂的应用性能与 HLB 间的关系：

HLB 范围	3~6	7~9	8~15	13~15	15~18
用途	水-油乳化剂	润湿剂	油-水乳化剂	洗涤剂	增溶剂

(2) 浊点 (cloud point)

是非离子表面活性剂的又一个重要特征。其定义是：将一定含量（0.5%~5%，通常为 1%溶液）的非离子表面活性剂加热到某一温度时，溶液产生浑浊现象，冷却后又呈透明，将这一开始变浑浊的温度称为浊点。浊点产生的机理有多种解释，一般认为是由于加热使氢键破坏，水分子脱除，非离子表面活性剂的溶解度下降。但无法解释浊点随碳链增长而减小的规律。Lange 认为随温度升高，溶液中胶束重量增加，当温度升高到浊点后，发生了相分离，从而导致浊点的出现。

浊点与非离子表面活性剂的结构有一定关系，通常聚氧乙烯醚链愈长，浊点也愈高；憎水基中碳原子数愈多，则浊点愈低。

浊点还受其他因素影响。加入盐、碱、芳香族和极性脂肪族物质可使浊点下降，加入非极性液体和阴离子表面活性剂可使浊点显著提高。

非离子表面活性剂有优异的润湿和洗涤功能，同时与阴离子、阳离子表面活性剂兼容，又对硬水不敏感，是一类性能优良的表面活性剂。

2.3.2 脂肪醇聚氧乙烯醚（AEO）

脂肪醇聚氧乙烯醚（AEO）是近代非离子表面活性剂中最重要的一类产品，产量增长很快。AEO 的生化降解性优良，价格低廉，几乎是所有表面活性剂中价格最低者，去垢能力强。AEO 主要用做合成液体洗涤剂。国内商品牌号平平加系列产品，主要在印染中作为匀染剂、剥色剂，在毛纺业中作为原毛洗净剂。AEO 也大量用于生产 AES。

当 AEO 分子中环氧乙烷含量为 65%～70% 时，产品在室温下完全溶于水。

生产 AEO 的起始原料醇可用 C_{10}～C_{18} 的伯醇或仲醇。在进行脂肪醇氧乙基化反应时，温度通常为 130～180℃，压力为 0.2～0.5MPa，工业生产上采用氢氧化钠、氢氧化钾或甲醇钠作催化剂。当用上述强碱作催化剂时，会导致产品中聚合度的宽分布。如果用碱土金属的碱性盐如乙酸钙、乙酸镁、氢氧化钡等作催化剂，得到的分布较窄。当用酸性催化剂质子酸（如 HF，H_2SO_4）或路易斯酸（如 BF_3）时，可得到窄分布产物，但缺点是副产物较多而且有腐蚀设备的问题，故在工业上较少采用。

碱催化的作用首先是碱与脂肪醇反应离解出醇负离子，它再与环氧乙烷发生开环加成生成醚，然后发生链增长。由于伯醇与环氧乙烷的加成反应速率与链增长的速率接近，结果在最终产品中是包括有未乙氧基化的醇在内的，不同聚氧乙烯醚聚合度的混合物。

$$C_{14}H_{29}OH + n \; \triangle\!\!\!O \xrightarrow{NaOH} C_{14}H_{29}O(CH_2CH_2O)_{\overline{n}}H$$

2.3.3 烷基酚聚氧乙烯醚

烷基酚聚氧乙烯醚在非离子表面活性剂中仅次于 AEO，占第二位。其中最重要的是壬基酚聚氧乙烯醚，商品牌号为乳化剂 OP 系列产品。烷基酚的结构是酚羟基的对位有一个碳原子数 8～9 的支链，所以与 AEO 相比，生化降解性差，但另一方面，低碳支链却能提高水溶性和洗涤效能。乳化剂 OP 的化学稳定性好，表面活性强。它常用于复配成含酸或碱的金属表面清洗剂、农药用乳化剂、钻井泥浆中的乳化剂、水性漆等。在纺织印染工业中主要用做油-水相乳化剂、清洗剂、润湿剂等。

分两步合成：首先在三氟化硼等催化剂催化下，壬烯与苯酚发生付-克反应生成壬基酚；然后再与环氧乙烷发生乙氧基化反应。反应式如下：

$$C_9H_{18} + \langle\!\!\!\!\bigcirc\!\!\!\!\rangle\!-OH \xrightarrow{BF_3} C_9H_{19}-\langle\!\!\!\!\bigcirc\!\!\!\!\rangle\!-OH \xrightarrow{n\triangle\!\!\!O} C_9H_{19}-\langle\!\!\!\!\bigcirc\!\!\!\!\rangle\!-O(CH_2CH_2O)_{\overline{n}}H$$

2.3.4 脂肪酸酯类非离子表面活性剂

脂肪酸来源广泛而丰富，成本较低，脂肪酸酯有良好的生物降解性，脂肪酸酯类非离子表面活性剂属绿色表面活性剂。

15

2.3.4.1 脂肪酸甘油酯

脂肪酸甘油酯是脂肪酸多元醇的典型品种，由甘油和脂肪酸直接酯化而得到单酯、双酯和三酯的混合物。硬脂酸甘油酯具有良好的乳化、分散、增溶和润湿性能，主要用于制备各种冷饮制品的乳化剂，在化妆品方面用做乳膏的基质，在金属加工中可作为润滑和缓蚀剂。一般都采用脂肪酸与甘油在碱催化剂作用下加热到 $180\sim250℃$ 反应制得。为了获得单酯含量高的产品，可采用分子蒸馏，单酯含量可达到 90% 以上。

$$
\text{C}_{17}\text{H}_{35}\text{COOH} +
\begin{array}{c}
\text{CH}_2\text{OH} \\
| \\
\text{CHOH} \\
| \\
\text{CH}_2\text{OH}
\end{array}
\xrightarrow[180\sim250℃]{\text{NaOH}}
\begin{array}{c}
\text{CH}_2\text{OOCC}_{17}\text{H}_{35} \\
| \\
\text{CHOH} \\
| \\
\text{CH}_2\text{OH}
\end{array}
+
\begin{array}{c}
\text{CH}_2\text{OOCC}_{17}\text{H}_{35} \\
| \\
\text{CHOOCC}_{17}\text{H}_{35} \\
| \\
\text{CH}_2\text{OH}
\end{array}
$$

为制得高收率的单酯，也有用缩水甘油与脂肪酸反应。

$$
\text{RCOOH} + \underset{O}{\triangle}\text{—CH}_2\text{OH} \longrightarrow \text{RCOOH}_2\text{C—CH—CH}_2\text{OH} \quad (\underset{\text{OH}}{})
$$

2.3.4.2 脂肪酸聚乙二醇酯

与脂肪酸甘油酯相似，脂肪酸聚乙二醇酯也是多组分的混合物，并含有未酯化的聚乙二醇。

脂肪酸聚乙二醇酯的性能与脂肪酸的碳链有关，但更重要的是聚乙二醇的相对分子质量。脂肪酸聚乙二醇酯具有低泡和生物降解性好的特点，广泛应用于纺织工业油剂、抗静电剂、柔软剂等以及乳化剂。但由于在分子结构中存在酯键，对强酸、强碱不够稳定，溶解度也不如醚类，其表面活性及去污力也不如醇醚和酚醚。

合成脂肪酸聚乙二醇酯的方法如下：

（1）脂肪酸与环氧乙烷加成法

反应式如下：

$$
\text{RCOOH} + \underset{O}{\triangle} \xrightarrow{\text{NaOH}} \text{RCOOCH}_2\text{CH}_2\text{OH}
$$

$$
\text{RCOOCH}_2\text{CH}_2\text{OH} + (n-1)\underset{O}{\triangle} \xrightarrow{\text{NaOH}} \text{RCOO(CH}_2\text{CH}_2\text{O)}_n\text{H}
$$

副反应为：

$$
\text{RCOOCH}_2\text{CH}_2\text{OH} \Longleftrightarrow \text{RCOO(CH}_2\text{CH}_2\text{O)}_n\text{OCR} + \text{HO(CH}_2\text{CH}_2\text{O)}_n\text{H}
$$

因此，获得的合成产物是单酯、双酯和聚乙二醇的混合物。

（2）脂肪酸与聚乙二醇直接酯化：

$$
\text{RCOOH} + \text{HO(CH}_2\text{CH}_2\text{O)}_n\text{H} \Longleftrightarrow \text{RCOO(CH}_2\text{CH}_2\text{O)}_n\text{H} + \text{H}_2\text{O}
$$

$$
2\text{RCOOH} + \text{HO(CH}_2\text{CH}_2\text{O)}_n\text{H} \Longleftrightarrow \text{RCOO(CH}_2\text{CH}_2\text{O)}_n\text{OCR} + 2\text{H}_2\text{O}
$$

反应为可逆反应。反应常采用酸性催化剂如硫酸、苯磺酸等。为了提高转化率，必须及时排除反应生成的水。

其他方法还有脂肪酸酐、脂肪酰氯与聚乙二醇反应。

2.3.4.3 脂肪酸失水山梨醇酯

脂肪酸失水山梨醇酯是羧酸酯表面活性剂中的重要类别。山梨醇可由葡萄糖加氢而得，是含有六个羟基的多元醇，有较好的对热和氧的稳定性。失水山梨醇由山梨醇分子内脱水而成，它是1,4-失水山梨醇和异山梨醇两种化合物的混合物。

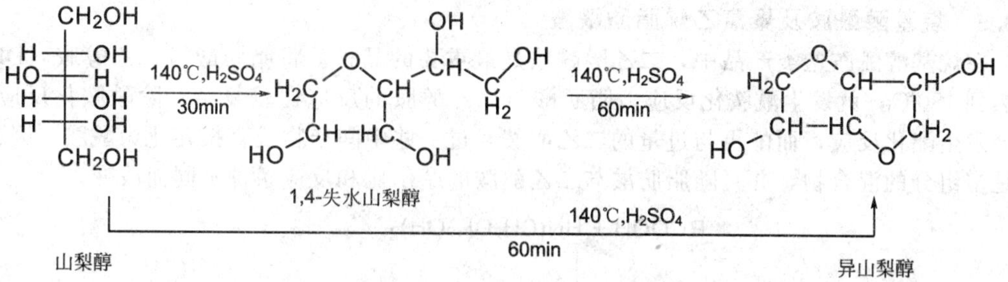

山梨醇 → 1,4-失水山梨醇 → 异山梨醇

脂肪酸失水山梨醇酯是单酯、双酯和三酯的混合物。失水山梨醇的油酸酯和单月桂酸酯为浅黄色液体，棕榈酸酯和硬脂酸酯为浅棕色固体。商品牌号为乳化剂-S 系列。它们一般不溶于水，但溶于矿物油和植物油中，是水/油型乳化剂。失水山梨醇酯毒性低、无刺激，有利于人的消化，因而广泛用于合成纤维生产中的柔软剂和润滑剂，作为医药、食品、化妆品的乳化剂。

在工业生产中，脂肪酸失水山梨醇酯是用山梨醇直接在 225～250℃下酸催化，使脂肪酸与反应中生成的失水山梨醇酯化而成。

2.3.4.4　多元醇酯聚氧乙烯醚

该类产品是在前述多元醇酯的基础上，引入聚氧乙烯链。由于分子中存在聚氧乙烯链，增加了水溶性。按多元醇不同，酯化度不同，脂肪酸不同和引入聚氧乙烯链的差异，可得到覆盖整个 HLB 值的产品。在乳化剂-S 中引入聚氧乙烯链就得到乳化剂-T。失水山梨醇酯聚氧乙烯链（Tween）系列的 HLB 值范围在 9～16，和其母体失水山梨醇酯（Span）类 HLB 值在 1～8 相接，覆盖整个 HLB 值。

Tween 结构为：

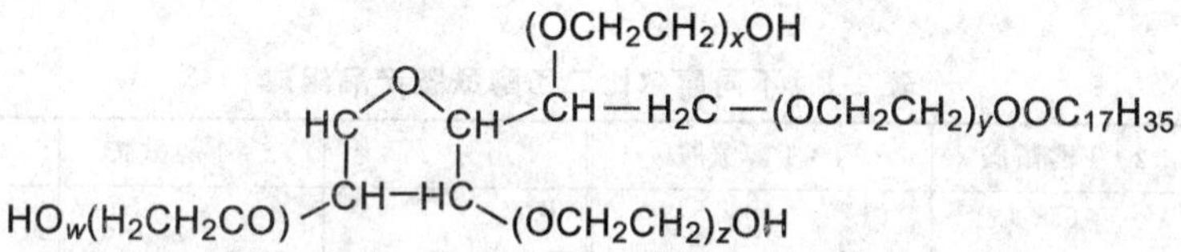

式中，$w+x+y+z$ 为加环氧乙烷的总物质的量。

Tween 可以由失水山梨醇酯在碱催化剂存在下，于 130～170℃下和环氧乙烷直接合成。也可由多元醇先和环氧乙烷反应，然后再与脂肪酸反应来制备。

2.3.4.5　天然油脂聚氧乙烯醚

在这类产品中占主导地位的是蓖麻油聚氧乙烯醚，商品牌号为乳化剂 EL，主要用途是配制纺丝用油剂及油脂的乳化剂。蓖麻油是主链上带有羟基的不饱和羧酸，先与甘油酯化，然后主链上羟基与环氧乙烷发生氧乙基化反应，得到产品。

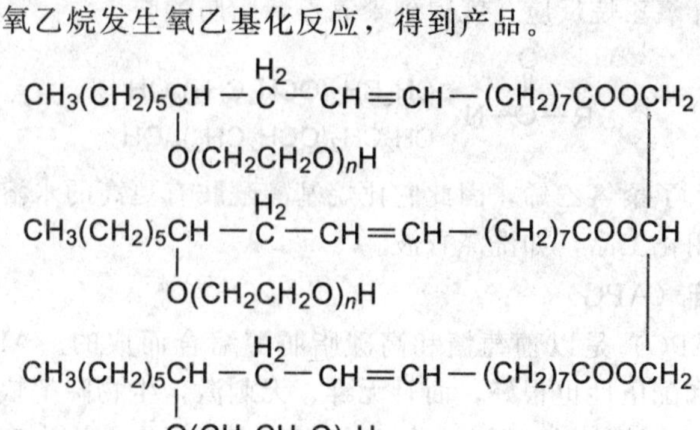

2.3.5 烷基醇酰胺及聚氧乙烯脂肪酰胺

在烷基醇酰胺这类产品中，二乙醇酰胺是最重要的品种。将脂肪酸与二乙醇胺（DEA）共热到180℃，就发生酰胺化反应。脂肪酸与二乙醇胺的反应比较复杂，除酰胺化反应外，也会发生酯化反应，而酯再与过量的二乙醇胺经过一些中间产物或直接转化为酰胺，因此产物是多组分的混合物，并且随脂肪酸与二乙醇胺的摩尔比和反应条件不同而改变。

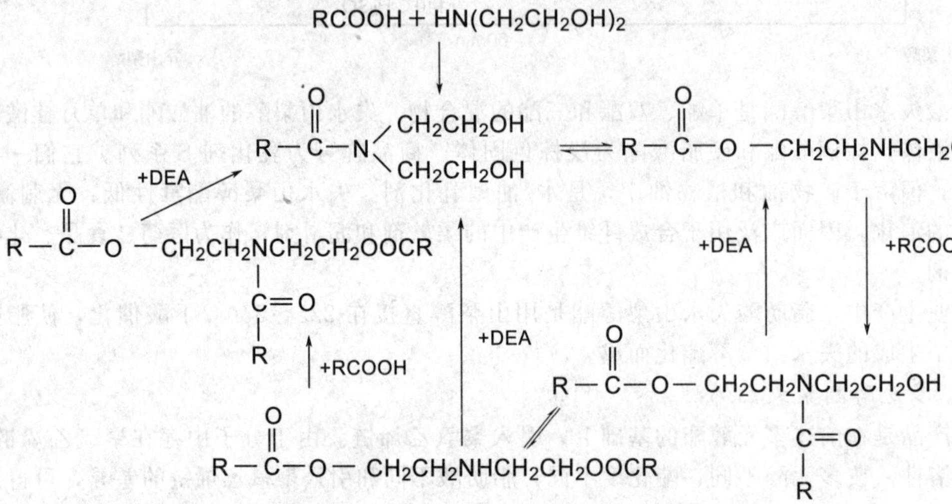

工业上二乙醇酰胺有两种类型，即 2∶1 醇酰胺和 1∶1 醇酰胺。2∶1 醇酰胺是采用 2mol 二乙醇胺与 1mol 脂肪酸在 160～180℃加热 2～4h；1∶1 醇酰胺则是用等摩尔比的脂肪酸甲酯与二乙醇胺在 100～110℃加热 2～4h，同时蒸出甲醇得到产品。其组成有很大差异，见表 2-1。

表 2-1 不同摩尔比二乙醇酰胺产品组成

组分/%	2∶1 醇酰胺	1∶1 醇酰胺	组分/%	2∶1 醇酰胺	1∶1 醇酰胺
二乙醇酰胺	65	90	甲醇	—	0.2
游离 DEA	22	5	甲酯	—	0.8
单、双酯胺	10	微量	水	2	微量
酰胺酯	1	4			

由表 2-1 中数据可见，1∶1 醇酰胺的纯度很高，故又称超醇酰胺。

烷基醇酰胺有良好的泡沫稳定作用和洗涤效能。常用于配制液状洗涤剂、各种类型香波、干洗剂以及纺织、皮革工业中的洗净剂等，还用作复配金属清洗剂。

将二乙醇酰胺与环氧乙烷反应，就得到聚氧乙烯脂肪酰胺。

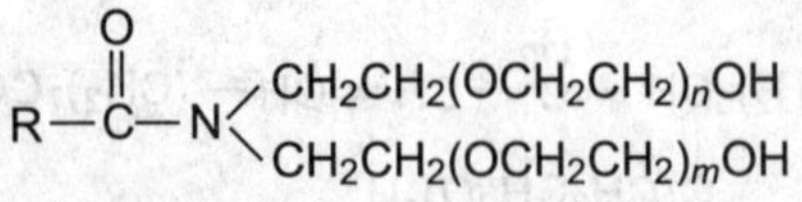

由于在分子中引入了聚氧乙烯，因此它比烷基醇酰胺有更高的水溶解度，性能也更好一些。主要用来配制日用化工品，如洗涤香波。

2.3.6 烷基葡萄糖苷（APG）

烷基葡萄糖苷（APG）是以葡萄糖和高碳脂肪醇缩合而成的。APG 不仅表面活性高、泡沫多且稳定，去污和配伍性也很好，而且无毒、无刺激，生物降解快，原料为天然可再生资源，是重要的绿色表面活性剂，到 20 世纪 90 年代实现了大规模生产，是非常有发展前途的新一代表面活性剂。目前主要用于复配香波、化妆品、洗涤剂。

烷基葡萄糖苷是葡萄糖半缩醛的羟基与脂肪醇反应生成具有缩醛结构的衍生物，它有 α- 和 β- 两种异构体。

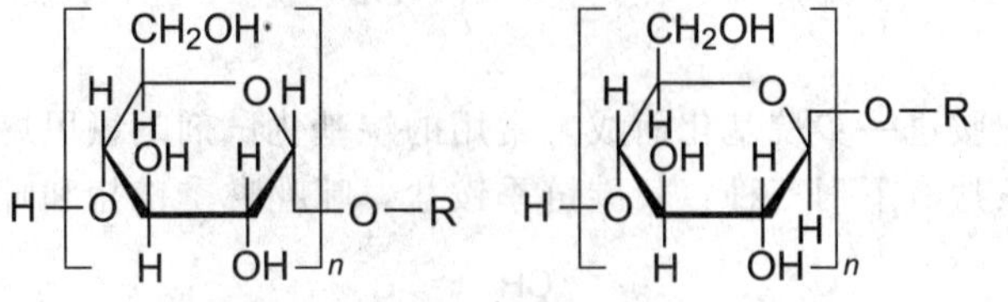

α-异构体 β-异构体

式中，n 表示葡萄糖单元个数，$n=1$ 为单糖苷，$n \geqslant 2$ 为多糖苷，通常 n 为 $1 \sim 3$；R 为 $C_4 \sim C_{16}$ 的烷烃。

APG 有多种合成方法，以直接法为例，可采用葡萄糖与高碳脂肪醇一步直接反应合成。

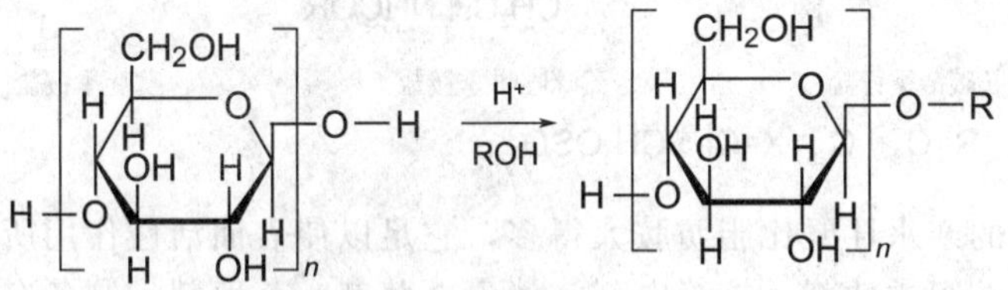

2.3.7 嵌段聚醚型非离子表面活性剂

以一元脂肪醇或多元醇为引发剂，加聚环氧丙烷、环氧乙烷等可得到具有表面活性的嵌段共聚物，这是一类高分子聚醚型非离子表面活性剂。引发剂种类、环氧化物加聚次序和加聚物分子量等不同，产品性质就不一样，因而这类产品品种众多。用环氧丙烷部分地代替环氧乙烷，一方面是可更好地利用石油化工中丙烯原料，另一方面环氧丙烷的甲基赋予聚醚产物一定的憎水性，溶解度下降，这样就可以进一步调节产品的性能。这类表面活性剂的表面活性并不高，但具有一般表面活性剂的功能，主要用做润湿剂、洗涤剂、乳化剂、破乳剂、分散剂等。

2.4 阳离子表面活性剂

工业上使用的阳离子表面活性剂主要分两类：一类是脂肪胺本身，由于在使用过程中能吸收氢质子而生成铵盐；另一类则是季铵盐，为强碱性化合物，溶解于溶液中能解离为带正电荷的脂肪链阳离子，是阳离子表面活性剂的最主要品种。

阳离子表面活性剂带有正电荷，通常很多基质如纺织品、金属、塑料、矿物质、人体皮肤等表面带有负电荷，这样它在这些基质上的吸附能力比阴离子和非离子表面活性剂强，所以它不适用于洗涤。然而这种特性决定了它的一系列特殊用途。首先是抗静电性，这种特性在于电性的中和作用。其次是它在织物的表面吸附形成一层亲油性膜，依靠这种作用产生的特殊用途之一就是织物的柔软剂。另外，用苄基季铵化的阳离子表面活性剂具有杀菌、防霉和消毒作用，广泛用做医药消毒剂。

2.4.1 脂肪胺

包括脂肪伯胺、仲胺、叔胺。

脂肪伯胺是常用的金属管道缓蚀剂、矿物浮选工艺中的捕集剂。

除脂肪伯胺外，N-烷基丙二胺，还有类似的烷基醚胺，广泛应用于建筑工业中的表面活性剂，如沥青乳化剂、防水处理剂等。它们可由脂肪胺或醇与丙烯腈加成后再加氢还原而制备。

$$RNH_2 + H_2C=CH-CN \longrightarrow RNH(CH_2)_2CN \xrightarrow{H_2} RNH(CH_2)_3NH_2$$

$$ROH + H_2C=CH-CN \longrightarrow RO(CH_2)_2CN \xrightarrow{H_2} RO(CH_2)_3NH_2$$

2.4.2 季铵盐

季铵盐由脂肪叔胺进一步烷基化而成。常用的烷基化试剂是氯甲烷或硫酸甲酯。在工业上有实用价值的季铵盐有下列三种：长碳链季铵盐，咪唑啉季铵盐和吡啶季铵盐。

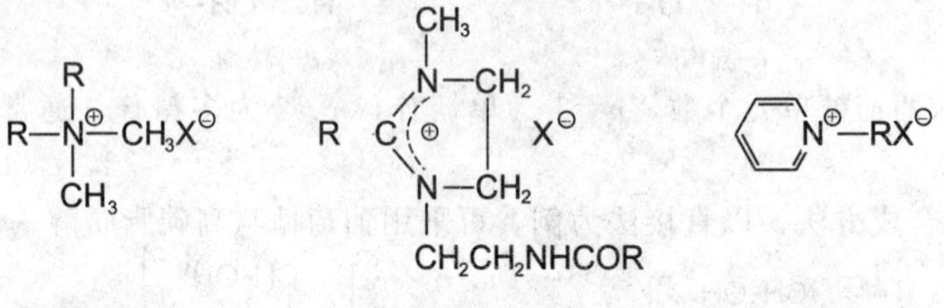

长碳链季铵盐　　　　　咪唑啉季铵盐　　　　　吡啶季铵盐

$$R=C_8 \sim C_{26}, X=Cl \text{ 或 } CH_3OSO_3$$

季铵盐阳离子的亲水性要比脂肪胺大得多，它足以使表面活性作用所需的疏水端溶入水中。目前主要用做纺织柔软剂、抗静电剂、消毒杀菌剂、杀藻剂，制备有机膨润土，在化学反应中作为相转移催化剂。

（1）长碳链季铵盐

在长碳链季铵盐中含至少一个长碳链烷基。按含长碳链烷基的个数可分为单、双、三长碳链烷基季铵盐，它们均可由相应的叔胺通过季铵化制得。在三种长碳链季铵盐中，前两种较为常用。例如：

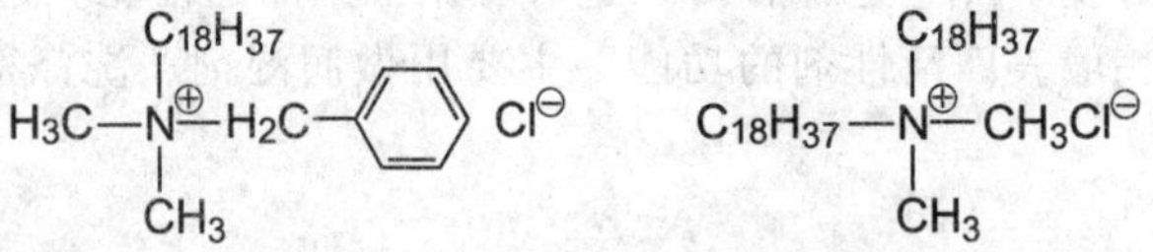

单十八烷基二甲基苄基氯化铵　　　　　双十八烷基二甲基氯化铵

作为中间体的大多数长碳链烷基叔胺由天然油脂制得。以天然油脂为原料制备脂肪胺可分别直接用油脂，或采用由天然油脂加工而成的脂肪酸或脂肪醇来进行合成。图 2-5 是一些合成路线。

（2）咪唑啉季铵盐

咪唑啉季铵盐在阳离子表面活性剂中仅次于长碳链季铵盐占第二位，主要用途与长碳链季铵盐相似，用于纤维柔软剂、抗静电剂、防锈剂等。它的合成工艺比较简单。高碳烷基咪唑啉季铵盐主要由脂肪酸及其酯和多元胺经脱水缩合、闭环、甲基化三步合成。例如：

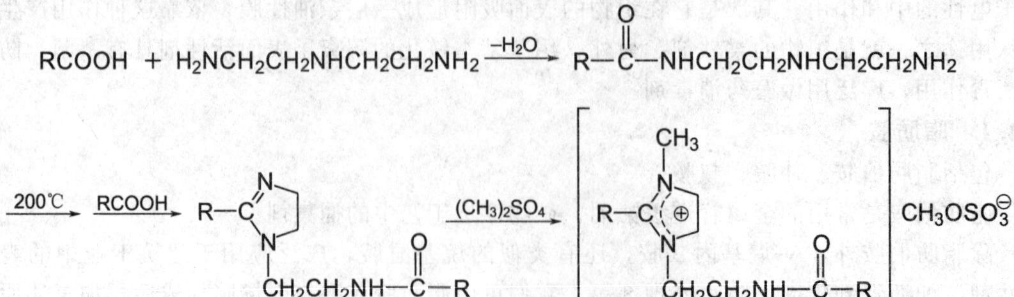

$$RCOOH + H_2NCH_2CH_2NHCH_2CH_2NH_2 \xrightarrow{-H_2O} R-\overset{O}{\overset{\|}{C}}-NHCH_2CH_2NHCH_2CH_2NH_2$$

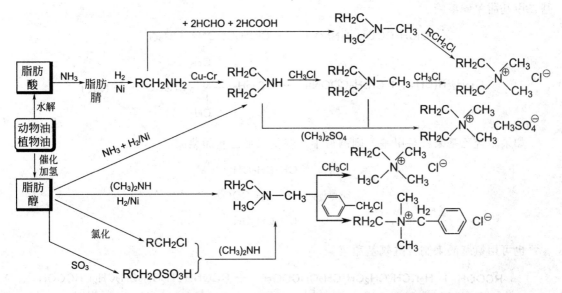

图 2-5　天然油脂原料制备长碳链脂肪胺和季铵盐阳离子表面活性剂的合成路线

其他杂环类阳离子表面活性剂尚有吗啉类化合物，如 *N*-烷基吗啉，由长碳链伯胺与 β，β′-二氯乙醚反应，然后再甲基化。

$$RNH_2 + \begin{matrix} ClH_2CH_2C \\ ClH_2CH_2C \end{matrix} O \longrightarrow R-N \overset{O}{\bigcirc} \xrightarrow{C_2H_5Cl} \left[R-N \overset{O}{\underset{C_2H_5}{\bigcirc}} \right]^{\oplus} Cl^{\ominus}$$

2.5　两性表面活性剂

两性表面活性剂的特点在于分子内同时含有酸式和碱式亲水性基团。它在酸性溶液中呈阳离子性，在碱性溶液中呈阴离子性，而在中性溶液中有类似非离子表面活性剂的性质。两性表面活性剂是一类具有特殊用途的表面活性剂。根据阳离子活性基团的不同，大致可归纳为：

$$R-\overset{\overset{CH_3}{|}}{\underset{\underset{CH_3}{|}}{N^{\oplus}}}-CH_2COO^{\ominus} \qquad R-\overset{\underset{NH}{\diagup\diagdown}}{\underset{\underset{CH_2CH_2OH}{|}}{C}}\overset{CH_2COO^{\ominus}}{} \qquad R-NHCH_2CH_2COOH$$

甜菜碱型　　　　　　　　咪唑啉型　　　　　　　氨基酸型

其中最主要的是咪唑啉系两性表面活性剂，约占整个两性表面活性剂产量的一半以上。

在两性表面活性剂中，一定含有以氮原子形成的阳离子（也包括游离氨基）。阴离子多数是羧基，有时也有磺酸基或硫酸基。

2.5.1　烷基甜菜碱型

烷基甜菜碱可由烷基二甲基胺与氯乙酸反应合成，常用十二碳烷基。先用氢氧化钠将氯乙酸中和成钠盐，再加入等物质的量的二甲基十二烷胺反应，即可制得 30％左右的十二烷基二甲基甜菜碱溶液。

$$ClCH_2COOH + NaOH \longrightarrow ClCH_2COONa + H_2O$$

$$C_{12}H_{25}N(CH_3)_2 + ClCH_2COONa \longrightarrow C_{12}H_{25} \overset{\overset{\displaystyle CH_3}{|}}{\underset{\underset{\displaystyle CH_3}{|}}{\overset{\oplus}{N}}} CH_2COO^{\ominus} + NaCl$$

如果用羟乙基来代替甲基，则制得十二烷基二羟乙基甜菜碱。

$$C_{12}H_{25} \overset{\overset{\displaystyle CH_2CH_2OH}{|}}{\underset{\underset{\displaystyle CH_2CH_2OH}{|}}{\overset{\oplus}{N}}} CH_2COO^{\ominus}$$

也可用氨基酸来制含酰氨基甜菜碱。

$$RCOOH + H_2NCH_2CH_2CH_2CH_2\overset{\underset{\underset{\displaystyle NH_2}{|}}{}}{CH}COOH \longrightarrow RCONHCH_2CH_2CH_2CH_2\overset{\underset{\underset{\displaystyle NH_2}{|}}{}}{CH}COOH$$

赖氨酸   N-酰基赖氨酸

$$\overset{CH_3OH}{\longrightarrow} RCONHCH_2CH_2CH_2CH_2\overset{\underset{\underset{\displaystyle NH_2}{|}}{}}{CH}COOCH_3 \overset{HCHO + H_2}{\longrightarrow} RCONHCH_2CH_2CH_2CH_2\overset{\underset{\underset{\displaystyle N(CH_3)_2}{|}}{}}{CH}COOCH_3$$

$$\overset{CH_3I}{\longrightarrow} \left[RCONHCH_2CH_2CH_2CH_2\overset{\underset{\underset{\displaystyle +N(CH_3)_3}{|}}{}}{CH}COOCH_3 \right] I^- \overset{NaOH}{\longrightarrow} RCONHCH_2CH_2CH_2CH_2\overset{\underset{\underset{\displaystyle \overset{\oplus}{N}(CH_3)_3}{|}}{}}{CH}COO^{\ominus}$$

N,N,N-三甲-N-酰基赖氨酸

2.5.2 咪唑啉型

咪唑啉型两性表面活性剂品种繁多。其中最常用的是在咪唑啉环上带有 β-羟乙基的品种。合成的反应式基本上与合成咪唑啉季铵盐的反应类似，不同点在于最后用氯乙酸或丙烯酸季铵化。

当用氯乙酸作用时也有部分下列开环产物生成：

因此，商品咪唑啉表面活性剂实际上是一种混合物。

2.5.3 氨基酸型

其最简单的品种为烷基甘氨酸，由脂肪胺和氯乙酸直接合成。

$$RNH_2 + ClCH_2COONa \longrightarrow R-NHCH_2COONa$$

$$RNH_2 + 2ClCH_2COONa \longrightarrow R-N\begin{matrix} CH_2COONa \\ CH_2COONa \end{matrix}$$

也可用脂肪胺与丙烯酸甲酯反应来引入羧基。

$$C_{12}H_{25}NH_2 + H_2C=CHCOOCH_3 \longrightarrow C_{12}H_{25}NHCH_2CH_2COOCH_3$$

$$C_{12}H_{25}NHCH_2CH_2COOCH_3 + NaOH \longrightarrow C_{12}H_{25}NHCH_2CH_2COONa + CH_3OH$$

两性表面活性剂不刺激皮肤和眼睛，水溶性好，与其他类型表面活性剂兼容性好，洗涤力强，有杀菌作用，故用做洗涤剂、乳化剂、润湿剂、发型剂、发泡剂、柔软剂和抗静电剂，也大量用于化妆品的配制中。

2.6 新型特种表面活性剂

2.6.1 双联型表面活性剂

双联型表面活性剂是用连接基将两个表面活性剂分子连在一起，从而使表面活性剂分子中带有两个亲油基及亲水基，成为双亲油基-双亲水基表面活性剂（gemini surfactants）。双联型表面活性剂与传统型表面活性剂的结构见图 2-6。

双联型表面活性剂中连接基可以是亲水性，也可以是亲油性；可以是烷烃，也可以是芳环。双联型表面活性剂具有多种类型，包括阴离子、非离子、阳离子型。与传统型表面活性剂相比，双联型表面活性剂具有很高的表面活性，其水溶液具有特殊的相变行为及流变性，已广泛引起化学界及工业界的关注，是发展前景广阔的新型表面活性剂。

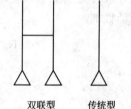

图 2-6 双联型与传统型表面活性剂结构示意图

下面是双联型表面活性剂的典型结构：

阴离子型　　　　非离子型　　　　阳离子型

2.6.2　有机硅表面活性剂

表面活性剂分子中的疏水链不再是碳氢链,而是聚硅氧烷链或聚硅烷链。聚硅氧烷链或聚硅烷链的疏水性远高于碳氢链。含硅表面活性剂具有较高的热稳定性和较好的润湿能力,同时具有泡沫抑制性和泡沫稳定性。可用来配制各种纺丝油剂。

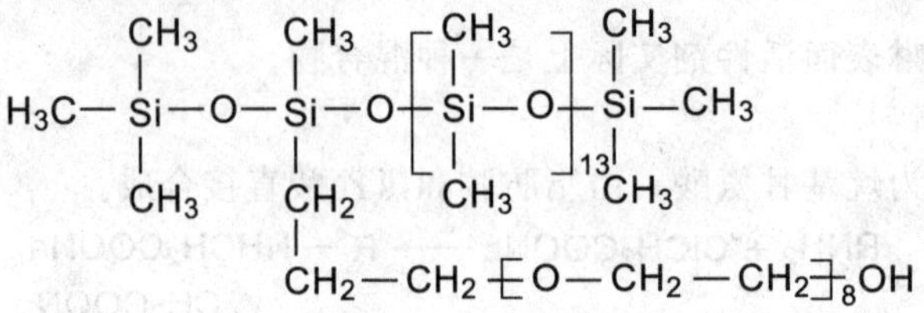

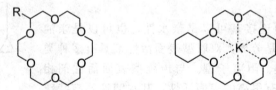

有机硅表面活性剂

2.6.3　有机氟表面活性剂

主要是指在表面活性剂的碳氢链中,氢原子全部用氟原子取代了的全氟表面活性剂,是表面活性最强的一种特殊表面活性剂。它与碳氢链不同,其憎水作用比碳氢链强,而且憎油。不但降低水的表面张力,也能降低碳氢化合物液体的表面张力。表面活性非常强,扩散力也非常高。它可用于提高憎水性的织物处理及抗污处理,还可用于产生稳定的泡沫灭火剂,也可作为乳液聚合的乳化剂。

$$CF_3(CF_2)_7COOK \qquad\qquad CF_3(CF_2)_7SO_3K$$

全氟壬酸钾　　　　　　　　　　　　　全氟辛磺酸钾

2.6.4　冠醚型表面活性剂

冠醚类大环化合物具有与金属离子络合、形成可溶于有机溶剂相络合物的特性,因而广泛用做相转移催化剂。由于冠醚大环主要由聚氧乙烯构成,与非离子表面活性剂极性基相似,故在冠醚上引入烷基,则可得到与非离子表面活性剂类似,但又有其独特性质的新型表面活性剂。

2.6.5　高分子表面活性剂

一般认为高分子表面活性剂是分子量在数千以上且具有表面活性的物质。其分类见表2-2。

表 2-2　高分子表面活性剂的分类

天　然	半　合　成	合　成
藻酸钠	羧甲基纤维素	甲基丙烯酸共聚物
果胶酸钠	羧甲基淀粉	马来酸共聚物
壳聚酸	甲基纤维素	乙烯吡啶共聚物
淀粉	羟乙基纤维素	聚乙烯亚胺
	甲基丙烯酸接枝淀粉	聚乙烯醇
		聚丙烯酰胺
		聚乙烯醚
		聚乙烯吡咯烷酮

由于分子量高，它具有低分子表面活性剂所没有的一些特性，如良好的分散性、凝聚性、稳泡性、乳化和增稠性；毒性小，有良好的保护胶体和增溶能力，优良的成膜性及黏附性能，在各个工业部门被广泛用做胶乳稳定剂、增稠剂、破乳剂、防垢剂、分散剂、乳化剂和絮凝剂等，其中的许多应用是低分子表面活性剂难以替代的。

2.6.6 表面活性催化剂

表面活性催化剂是一种较新的概念。它把表面活性作用和催化作用集中在一个化合物分子中。使之能在胶束的表面上把非均相催化剂的高选择性和均相催化剂的高活性结合起来。例如，下列结构的表面活性催化剂已在烯烃加氢和氢甲醛化中取得成功，解决了昂贵的均相过渡金属催化剂的分离和回收使用的问题。

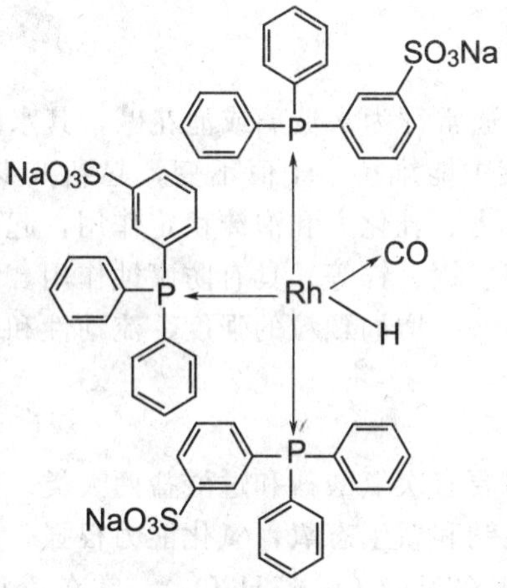

阴离子表面活性三苯基膦配体铑催化剂

2.7 洗涤剂

2.7.1 洗涤剂的主要成分

合成洗涤剂是以多种表面活性剂和多种助剂复配而成的洗涤去污用品，可以做成粉状、浆状、膏状、液体洗涤剂等品种。洗涤剂按其应用领域可分为家用洗涤剂和工业用洗涤剂两大类。家用洗涤剂包括纺织品洗涤剂、厨房用洗涤剂、居室用洗涤剂和卫生间设备洗涤剂等。工业洗涤剂主要包括纺织工业用洗涤剂，食品工业用洗涤剂，车辆用洗涤剂，印刷工业用洗涤剂，机械、电机用洗涤剂，电子仪器、精密仪器、光学器材用洗涤剂，锅炉垢清除剂以及其他洗涤剂。洗涤剂是按一定的配方配制的产品，配方的目的是提高去污力。洗涤剂配方的必要组分是表面活性剂，其辅助成分包括助剂、泡沫促进剂、配料、填料等。

在洗涤剂中，表面活性剂一般作为活性成分，但在某些配方中也用作辅助原料，起乳化、润湿、增溶、保湿、润滑、杀菌、柔软、抗静电、发泡、消泡等作用。按用量和品种，使用最多的是阴离子表面活性剂，其次是非离子表面活性剂，两性表面活性剂很少使用。阳离子表面活性剂，由于它在纤维上的吸附大、洗涤力小，且价格昂贵，不适合用于洗涤剂，有时在洗涤剂中加入阳离子表面活性剂主要是为了使洗涤剂具有杀菌消毒能力或起柔软作用。

助剂与表面活性剂配合，能够发挥各组分互相协调、互相补偿的作用，进一步提高产品的洗净力，使其综合性能更趋完善，成本更为低廉。洗涤助剂分为无机和有机助剂两类。

常用的无机助剂主要有以下几种。

（1）磷酸盐

常用的磷酸盐有磷酸三钠、三聚磷酸钠、焦磷酸四钾。合成洗涤剂中最常用也是性能最好的螯合剂是三聚磷酸钠。传统的合成洗衣剂都含有三聚磷酸盐（STTP）的成分，其含量在15%～30%之间。但磷酸盐对水源造成严重污染，"磷"造成水体富营养化已被国内外环保专家所公认，很多国家提出了禁磷和限磷措施，并在不断地研究和开发三聚磷酸盐的替代品，取得了不少成果，其中比较有效的助剂有：有机螯合助剂，如乙二胺四乙酸（EDTA）、氮川三乙酸（NTA）、酒石酸钠、柠檬酸盐、葡萄糖酸盐等；高分子电解质助剂，如聚丙烯酸盐以及人造沸石等。目前普遍认为，人造沸石是比较有发展前途的洗涤助剂。

（2）硫酸钠

硫酸钠是合成洗涤剂的无机助剂和粉状洗涤剂的填料，在粉状洗涤剂中加入量为20%～40%。

（3）硅酸钠

硅酸钠（$Na_2O \cdot nSiO_2$）通常称为水玻璃或泡花碱，其水溶液相当于由硅酸钠与硅酸组成的缓冲溶液。水玻璃在溶液中能维持pH值不变，起到减少洗涤剂消耗和保护织物的作用。此外，水玻璃还具有悬浮力、乳化力和泡沫稳定作用，起到阻止污垢在被洗物上再沉积的作用，并对金属（如铁、铝、铜、锌等）具有防腐蚀作用。制造粉状洗涤剂时，加入水玻璃能使产品保持疏松，防止结块，增加颗粒的强度、流动性和均匀性。当今硅酸盐已有取代磷酸盐的趋势。

（4）漂白剂

洗涤剂中加入的漂白剂主要有次氯酸盐和过酸盐两大类。次氯酸盐主要用次氯酸钠，次氯酸钠易溶于水，生成氢氧化钠和新生态氧，氧化能力很强，具有刺激性。过酸盐主要是过硼酸钠（$NaBO_3$）和过碳酸钠（$2Na_2CO_3 \cdot 3H_2O_2$），常在粉状洗涤剂生产的后配料工序加入，用量一般占粉质量的10%～30%。

有机助剂主要有以下几种。

（1）羧甲基纤维素钠（CMC）

其最重要的作用是携污作用。如果在洗涤剂中加入1%～2%的CMC，则在洗涤时CMC被吸附在被洗物表面，同时也被吸附在污垢粒子的表面上，使二者都带上负电荷。在同性电的相互排斥作用下，污垢就难以重新沉积到被洗物的表面上。另一方面，CMC还具有增稠、分散、乳化、悬浮和稳定泡沫的作用。这些作用能使污垢稳定地悬浮于洗涤液中，不容易再发生沉积。

（2）泡沫稳定剂与泡沫调节剂

高泡洗涤剂在配方中常加入少量泡沫稳定剂，使洗涤液的泡沫稳定而持久。烷醇酰胺又称脂肪醇酰胺，属非离子型表面活性剂。在洗涤剂的配方中，它的主要作用是增稠和稳定泡沫，兼有悬浮污垢防止其再沉积的作用。在与主要活性物间的互相配合下，其脱脂力（乳化动植物油脂及矿物油的能力）有显著的提高。较常使用的烷醇酰胺品种是月桂醇二乙醇胺以及椰子油二乙醇胺。低泡洗涤剂在配方中需加入少量泡沫调节剂，常用的有二十二烷酸皂或硅氧烷，使水液消泡或低泡。

（3）酶

酶无毒并能完全生物降解，洗涤剂中的复合酶能将污垢中的脂肪、蛋白质、淀粉等较难去除的成分分解为易溶于水的化合物，因而提高了洗涤剂的洗涤效果。因此，在洗涤剂中添加酶制剂可以降低表面活性剂和三聚磷酸钠的用量，减少对环境的污染。已商品化的洗涤剂用酶有蛋白酶、淀粉酶、脂肪酶、纤维素酶等。

（4）荧光增白剂

荧光增白剂（fluorescent brighteners）是一种无色的荧光染料。在合成洗涤剂中添加适量和适当的荧光增白剂，不但能改善粉状洗涤剂的外观，提高洗衣粉粉体的白度，同时还能增加被洗涤织物的白度或鲜艳度，改善洗涤效果，提高合成洗涤剂本身的商业价值。

（5）香精

香精是由多种香料组成，使织物、毛发洗涤后留有清新香味。香精与洗涤剂组分有良好配伍性，在 pH 9～11 是稳定的。洗涤剂中加入香精的质量一般小于 1%。

（6）溶剂

液体洗涤剂中需加入溶剂，在新型洗涤剂中甚至是粉状洗涤剂中也使用多种溶剂。若污垢是油脂性的，溶剂的存在将有助于将油性污垢从被洗物上除去。常用的溶剂有以下几种：松油，醇、醚和酯（乙醇、乙二醇、乙二醇醚和酯），氯化溶剂（三氯乙烯、四氯乙烯等）。常用的助溶剂还有对甲苯磺酸钠、二甲苯磺酸钠、尿素等。

（7）抑菌剂

抑菌剂的加入质量一般是千分之几，如三溴水杨酸替苯胺、三氯碳酰替苯胺可作为抑菌剂，它们不起抗菌作用，但可防止细菌的繁殖。

（8）抗静电剂和织物柔软剂

作为改进织物手感和降低织物表面静电干扰的柔软剂和抗静电剂，通常使用阳离子表面活性剂，如二甲基－二氢化牛脂季铵盐。

2.7.2　洗涤剂的配方

通过洗涤剂配方的研究，可使表面活性剂和各种助剂充分发挥它们的协同作用，以降低洗涤剂的成本和改善使用性能。洗涤剂配方中的各组分及洗涤过程中各因素的相互影响极为复杂，主要靠实践与经验，但也有一些普遍的规律可以借鉴。

① 各类表面活性剂的去污性能各有长短，阴离子型表面活性剂对极性污垢的去污效果一般优于非离子型，而去油性污垢则以非离子型为好，阳离子表面活性剂不宜作洗涤剂。

② 多种表面活性剂的复配其性能通常优于单一品种。

③ 临界胶束浓度、表面张力虽是表面活性剂性能的基本表征，但用作洗涤剂时并非临界胶束浓度、表面张力愈低愈好，还要求在水中有适当的溶解性。

④ 水硬度对表面活性剂的去污性能影响很大，特别是阴离子表面活性剂。所以必须配入去除钙、镁离子的助剂。

⑤ 高 pH 值（9.5～10.5）洗涤剂的去污效果优于低 pH 值洗涤剂。但对于蛋白结构的基质不能采用高碱性的配方。

复配型洗衣粉的配方示例：

组分	质量份	组分	质量份
烷基苯磺酸钠	20	硅酸钠	8
AEO-9	1	CMC	1.4
TX-10	1.5	荧光增白剂	0.2
三聚磷酸钠	30	对甲苯磺酸钠	2.4
硫酸钠	22.9	过硼酸钠	1

餐具洗涤剂的配方示例：

组分	质量份	组分	质量份
脂肪醇聚氧乙烯醚($n=9$)	3	苯甲酸钠	0.5
脂肪醇聚氧乙烯醚($n=7$)	2	香精	0.5
烷基苯磺酸钠	5	去离子水	85
三乙醇胺	4		

洗手液的配方示例：

组　　分	质　量　份	组　　分	质　量　份
羊毛脂醇萃取物	2	凡士林	35
Span-8	33	香料	适量
白油	40	去离子水	20

2.7.3　洗涤剂生产工艺

（1）粉状洗涤剂的生产方法

普通洗衣粉通常用高塔喷雾干燥成型法生产。喷雾干燥法主要过程有料浆的制备、干燥介质的调控、喷雾干燥、成品包装等工序，是先将活性物单体和助剂调制成一定黏度的料浆，用高压泵和喷射器喷成细小的雾状液滴，与 200～300℃ 的热空气进行传热，使雾状液滴在短时间内迅速干燥成洗衣粉颗粒。干燥后的洗衣粉经过塔底冷风冷却，风送，老化，筛分制得成品。而塔顶出来的尾气经过旋风分离器回收细粉，除尘后尾气通过尾气风机而排入大气。

附聚成型法制造粉状洗涤剂是近 10 多年发展起来的新技术。所谓附聚是指固体物料和液体物料在特定条件下相互聚集，成为一定的颗粒状产品的一种工艺。与喷雾法相比，它的最大优点是省去了物料的溶解和半浆的蒸发步骤，省去了相应的若干调和，从而单位产量投资费用小，生产费用低，三废污染小，产品表观密度大，可用来生产新型的浓缩洗涤剂。附聚成型工艺示意如下图所示：

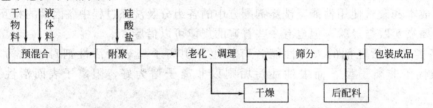

此外，还有流化床成型法，干混法，喷雾干燥、附聚成型组合工艺（Combex 工艺）。

喷雾干燥、附聚成型组合法（Combex 工艺）是生产高活性物和高堆密度洗衣粉的一种行之有效的工艺过程。将这两个过程相结合给产品特性和经济性两方面都带来益处。对产品特性的益处：与单纯附聚成型操作相比，生产时产品粉尘减少；动态流动性好；产品在洗衣机中溶解性、分散性增大；粒度分布变窄；平均粒径增大。对生产操作的益处：显著提高现有车间的生产潜力；增大操作弹性；综合了两种基本工艺过程的优点。

（2）液体洗涤剂的生产方法

液体洗涤剂的生产过程比较简单，其过程为：按配方要求，将各种液体原料经配料送入液体洗涤剂配料罐，然后按配方要求加入小量固体组分、液体组分，经搅拌或混合器充分混合后，经 pH 控制仪等检验仪器设备测定合格后送入成品包装工序，进行包装。

复习思考题

1. 表面活性剂的概念和特点是什么？
2. 表面活性剂的一般作用有哪些？
3. 根据亲水基团的特点表面活性剂分哪几类？各举几个实例。
4. 试述直链烷基苯磺酸钠阴离子表面活性剂的结构、合成方法、主要性能和用途。
5. 试述烷烃和烯烃磺酸钠阴离子表面活性剂的结构、合成方法、主要性能和用途。
6. 试述脂肪醇硫酸盐和脂肪醇聚氧乙烯醚硫酸盐阴离子表面活性剂的结构、合成方法、主要性能和用途。

7. 写出渗透剂 T 和胰加漂 T 的结构式和合成方法。

8. 试述烷基聚氧乙烯醚磷酸酯盐的性能、主要用途和合成方法。

9. 试述聚醚羧酸盐的性能、主要用途和合成方法。

10. 什么是 HLB？如何计算？

11. 什么是浊点？浊点与非离子表面活性剂结构间有什么关系？

12. 试述脂肪醇聚氧乙烯醚非离子表面活性剂的结构、合成方法、主要性能和用途。

13. 试述烷基酚聚氧乙烯醚非离子表面活性剂的结构、合成方法、主要性能和用途。

14. 试述脂肪酸失水山梨醇酯和脂肪醇失水山梨醇聚氧乙烯醚的结构、主要用途和合成方法。

15. 试述烷基葡萄糖苷（APG）的性能、用途和合成方法。为什么说 APG 是绿色表面活性剂？

16. 试述脂肪醇酰胺非离子表面活性剂的结构、合成方法、主要性能和用途。

17. 阳离子表面活性剂有哪几类？主要用途是什么？

18. 试述咪唑啉系两性表面活性剂的结构和主要性能、合成方法。

19. 试述烷基甜菜碱两性表面活性剂的结构和合成方法。

20. 有机氟和有机硅表面活性剂有何特点？写出它们的主要用途。

21. 对未来表面活性剂发展趋势谈谈你的看法。

22. 洗涤剂的主要成分有哪些？

参 考 文 献

［1］ 赵德丰，程侣柏，姚蒙正，高建荣编著. 精细化学品合成化学与应用. 北京：化学工业出版社，2001.

［2］ 曾繁涤主编. 精细化工产品及工艺学. 北京：化学工业出版社，1997.

［3］ 赵国玺主编. 表面活性剂物理化学. 北京：化学工业出版社，1991.

［4］ 张高勇，王军. 表面活性剂的绿色化学进展. 日用化学品科学，2000，23：200-202.

［5］ 陈荣圻. 开发新型表面活性剂和纺织印染助剂. 印染助剂，2004，21（1）：1-5，（2）：1-6，19.

［6］ 王世荣，李祥高，刘东志等编. 表面活性剂化学. 北京：化学工业出版社，2005.

［7］ 黄卫东，王佩璋，孙慧. 非离子系高分子表面活性剂的研究进展. 日用化学品科学，2002，32（5）：30-34.

［8］ 陈梦雪，胡国贞，蒋冰川，肖湘竹. 绿色表面活性剂的进展及应用. 教学与科技，2004，17（2）：42-45.

第3章 染料和颜料

染料是能将纤维或其他基质染成一定颜色的有色有机化合物。染料可溶于水或有机溶剂，有的可在染色时转变成可溶状态。有机染料主要用于各种纤维的染色和印花，如棉、麻、毛、丝、毛皮和皮革以及合成纤维如涤纶、腈纶、维纶、黏胶等。此外，也广泛应用于塑料、橡胶制品、油墨、墨水、印刷、纸张、食品、医药等方面。

颜料是不溶于水和一般有机溶剂的有色物质，有有机的，也有无机的。颜料主要用于油漆、油墨、橡胶、塑料以及合成纤维原液的着色。

有机染料和颜料都应该满足如下要求：能使基质着色，且色泽鲜艳，牢度优良，使用方便，同时无毒性。

3.1 光和颜色的关系

3.1.1 光的性质

光是一种电磁波。在一定波长（400～760nm）和频率范围内，它能引起人们的视觉反应，这部分光称为可见光。当一束白光穿过狭缝，射到一个玻璃棱镜上，光发生折射，色散成按红、橙、黄、绿、青、蓝、紫顺序排列的光谱带。太阳光线中，除了可见光外，还包括人的眼睛看不见的、波长不同的一系列光线，靠近红色光线的部分称为红外线，靠近紫色光线的部分称为紫外线。

光具有波粒二象性。光的微粒性是指光有量子化的能量，这种能量是不连续的。不同频率或波长的光有其最小的能量微粒，这种微粒称为光量子，或称光子。光的波动性是指光线有干涉、绕射、衍射和偏振等现象，具有波长和频率。

光的波长 λ 和频率 ν 之间有如下关系式：

$$\nu = \frac{c}{\lambda} \tag{3-1}$$

式中，ν 为频率；λ 为波长；c 为光在真空中的传播速度（2.998×10^8 m/s）。

在光化学反应中，光是以光量子为单位被吸收的。一个光量子的能量表示如下：

$$E = h\nu = h \frac{c}{\lambda} \tag{3-2}$$

式中，h 为普朗克常数（6.62×10^{-34} J·s）。

由上式可以计算出各种不同频率光波的能量，见表 3-1。

表 3-1 可见光不同光谱区域的波长和频率

光谱区域	波长/nm	频率/s^{-1}	光谱区域	波长/nm	频率/s^{-1}
红	770～640	3.9×10^{14}～4.7×10^{14}	青、蓝	495～440	6.1×10^{14}～6.7×10^{14}
橙、黄	640～580	4.7×10^{14}～5.2×10^{14}	紫	440～400	6.7×10^{14}～7.5×10^{14}
绿	580～495	5.2×10^{14}～6.1×10^{14}			

3.1.2 光和色的关系

当物质受到光线照射时，一部分光线在物质的表面直接反射出来，同时有一部分光透射进物质内部，光的能量部分被吸收。将太阳光照射染料溶液，不同颜色的染料对不同波长的光波发生不同强度的吸收。黄色染料溶液所吸收的主要是蓝色光波，透过的光呈现黄色。紫红色染料溶液所吸收的主要是绿色光波，青（蓝－绿）色染料溶液主要吸收的是红色光波。如果把上述各染料吸收的光波和透过的光分别叠加在一起，便又得到白光。这种将两束光线相加可成白光的颜色关系称为补色关系。黄色和蓝色、紫红色和绿色、青（蓝－绿）色和红色等各互为补。光谱色和补色之间的关系可用颜色环的形式来描述，如图 3-1 所示。每块扇形与其对顶扇形的光波是互补色。由此可见，染料的颜色是它们所吸收的光波颜色（光谱色）的补色，是它们对光的吸收特性在人眼视觉上产生的反应。染料分子的颜色和结构的关系，实质上就是染料分子对光的吸收特性和它们的结构之间的关系。

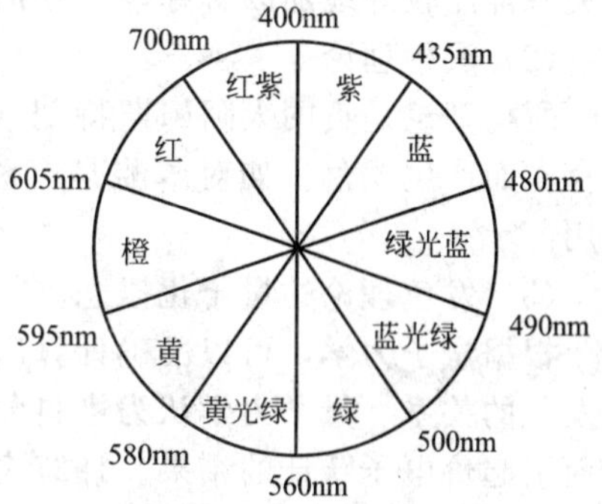

图 3-1　光谱色及其补色

　　染料的理想溶液对单色光的吸收强度和溶液浓度、液层厚度间的关系服从朗伯-比尔（Lambert-Beer）定律。光的吸收一般用透光率来表示，记作 T，定义为出射光强度 I 与入射光强度 I_0 之比：

$$T = \frac{I}{I_0} \tag{3-3}$$

如果溶液的浓度为 $c(\mathrm{mol/L})$，光线通过溶液时通道长度为 $l(\mathrm{cm})$，则有：

$$A = -\lg T = \lg \frac{I_0}{I} = \varepsilon l c \tag{3-4}$$

　　式(3-4)称为朗伯-比尔（Lambert-Beer）定律。其中，A 称为吸光度；ε 为摩尔吸收率或摩尔消光系数，它是溶质对某一单色光吸收强度特性的衡量，是吸收光的物质的特征常数，仅与吸收光的物质的性质和光的波长有关。ε 的最大值（ε_{max}）以及出现最高吸收时的波长（λ_{max}），表示物质吸收带的特性值。λ_{max} 说明染料基本颜色。

　　最大吸收波长 λ_{max} 增大或减小，染料的色调就改变。一般将黄、橙、红称为浅色，绿、青、蓝称为深色。所以染料最大吸收波长增大，色调就加深；反之，染料最大吸收波长减小，色调就变浅。

3.1.3　染料的结构和颜色的关系

3.1.3.1　染料的发色理论概述

　　染料的颜色和染料分子结构有关。早期的染料发色理论主要有：发色团和助色团学说，醌构理论，染料发色的价键理论和分子轨道理论。从早期的学说反映有机化合物的颜色和分子结构外在关系的某些经验规律，发展到物质结构内部能级跃迁所需能量的微观内在规律。

　　（1）发色团学说

　　德国人维特（O. N. Witt）的发色团和助色团学说认为：有机化合物的颜色是双键引起的，这些双键基团称为发色团，含发色团的分子称发色体。发色团如：—CH=CH—、

>=O、—N<$_O^O$、—N=O、—N=N—、—CH=N— 等。增加共轭双键则颜色加深，羰基增加颜色也加深。当引入另外一些基团时，也使发色体颜色加深，这些基团称为助色团，如氨基、羟基及其取代基、卤素取代基等。例如：

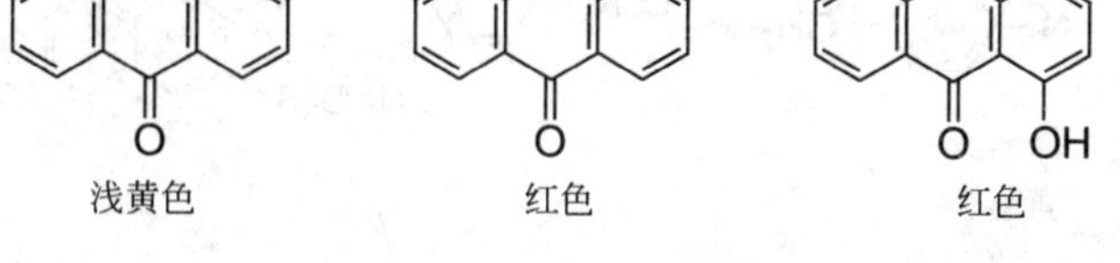

浅黄色　　　　　　　红色　　　　　　　红色

31

　　发色团学说对于许多染料如：偶氮、蒽醌、硝基和亚硝基染料的发色性质、结构和颜色的关系都能较好地加以解释，至今仍被沿用着。

（2）醌构理论

　　醌构理论是英国人阿姆斯特朗（Armstrong）于 1888 年提出的，认为分子中由于醌构的存在而产生颜色。如对苯醌是有色的，在解释芳甲烷染料和醌亚胺染料的颜色时，得到应用。

（3）发色理论的量子化概念

　　根据量子力学，可以准确计算出物质分子中的电子云分布情况，并定量地研究分子结构与发色的关系。量子力学认为染料分子的颜色是基于染料分子吸收光能后，分子内能发生变化而引起价电子跃迁的结果。1927 年提出了染料发色的价键理论和分子轨道理论。

　　从原子结构理论可知，原子中的电子在一定的电子轨道上运动，具有一定的运动状态，这些运动状态各有其相应的能量，包括电子能量（E_e）、振动能量（E_v）和转动能量（E_r）。它们的变化都是量子化的、阶梯式的、不连续的。这种能量的高低叫能级。通常分子总处在最低能量状态，这种能量状态叫基态。分子吸收一定波长的光后，激发至较高的能态，叫激发态。激发态与基态的能级差为 ΔE，与吸收光的波长之间的关系为：

$$\Delta E = h\nu = h\frac{c}{\lambda}$$

(3-5)

　　当吸收光的能量与 ΔE 相等时，有机分子才会显示出颜色。ΔE 越大，所需吸收光的波长越短；反之，ΔE 越小，所需吸收光的波长越长。作为染料，它们的主要吸收波长应在 $400 \sim 760$nm 波段的可见光范围内。

　　价键理论认为有机共轭分子的结构，可以看做 π 电子成对方式不同，能量基本相同的共轭结构，其基态和激发态是不同电子结构共振体的杂化体，共振体愈多，其杂化后的基态和激发态能级差愈小，吸收光的波长愈长。所以在染料分子中，往往增加双键、芳环来增加共轭结构，使染料的颜色蓝移（深色效应）。

　　分子轨道理论认为，染料分子的 m 个原子轨道线性组合，得到 m 个分子轨道，其中有成键、非键和反键轨道。价电子按鲍里原理和能量最低原理在分子轨道上由低向高排列，价电子已占有的能量最高成键轨道称为 HOMO 轨道，价电子未占有的最低能量空轨道称为 LUMO 轨道。染料吸收光量子后，电子由 HOMO 跃迁到 LUMO 上，由于选择吸收不同波长的光，而呈现不同的颜色。在共轭双键体系中，随着共轭双键数目的增加，使 HOMO 和 LUMO 间的能级差减小，ΔE 减小，则 λ 红移，产生深色效应。

3.1.3.2　结构和颜色的关系

（1）共轭双键长度与颜色的关系

　　共轭双键的数目越多，$\pi \rightarrow \pi^*$ 跃迁所需的能量越低，选择吸收光的波长移向长波方向，产生不同程度的深色效应。分子结构中萘环代替苯环或偶氮基个数增加，颜色加深。共轭双键系统愈长颜色愈深。芳环越多，共轭系统也越长；电子叠合轨道越多，越易激发；激化能降低，颜色加深。

　　在偶氮染料中，单偶氮染料大都为黄色、红色，少数为紫色、蓝色，而双偶氮染料大多数由红色至蓝色，多偶氮染料的色泽可以加深到绿色和黑色。

黄色　　　　　　　　　　　　　　　　　蓝色

（2）取代基对颜色的影响

共轭系统中引入—NH_2、—NR_2、—OH、—OR 等给电子基团时，基团的孤对电子与共轭系统中的 π 电子相互作用，降低了分子激发能，使颜色加深。吸电子基团如硝基、羰基、氰基等，对共轭体系的诱导效应，可使染料分子的极性增加，从而使激发态分子变得稳定，也可降低激发能而发生颜色蓝移。在染料分子两端同时存在给电子和吸电子取代基时，颜色作用更明显。

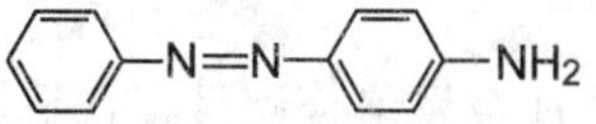

黄色 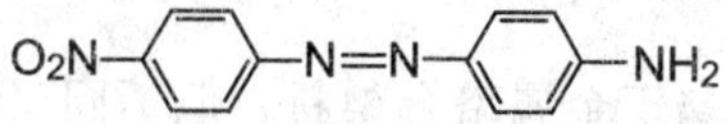　　　　　　　　　　　红色

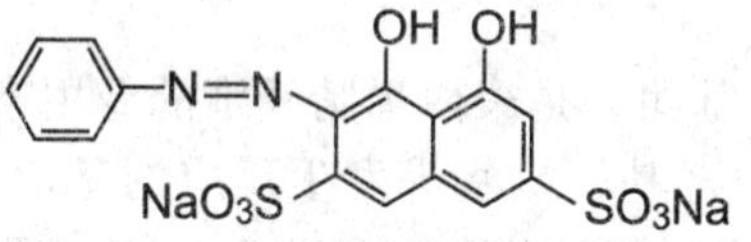

红色 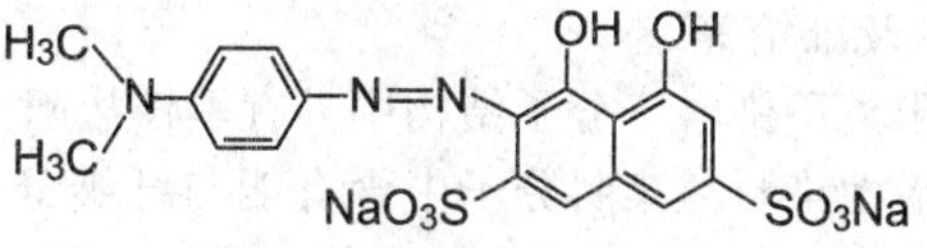　　　　　　　　　　红光蓝色

（3）分子的平面结构与颜色的关系

当分子内共轭双键的全部组成原子在同一平面时，π 电子的叠合程度最大；平面结构受到破坏时，π 电子的叠合程度就降低，激发能增大，颜色变浅，同时吸收系数也降低。

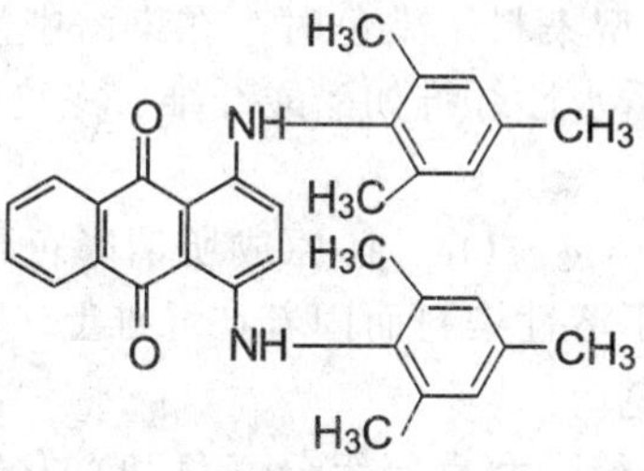

蓝色 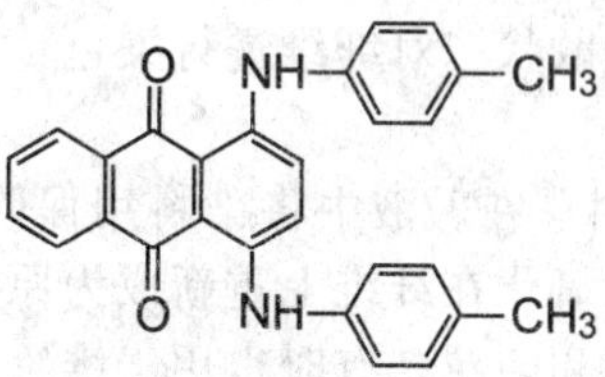　　　　　　　　　　绿色

（4）金属络合物对颜色的影响

当将金属离子引入染料分子时，金属离子一方面以共价键与染料分子结合，又与具有未共用电子对的原子形成配位键，从而影响共轭体系中电子云的分布，改变了激发态和基态的能量，通常使颜色加深变暗。作为染料内络合用的金属离子通常有 Fe、Al、Cr、Cu、Co 等。不同的金属离子由于对共轭体系 π 电子云的影响不同，所以同一染料与不同金属离子生成的络合物具有不同的颜色，如：

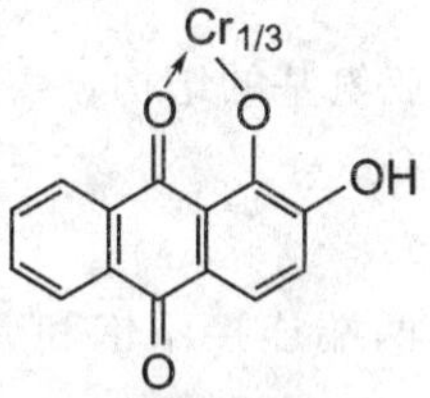

棕色 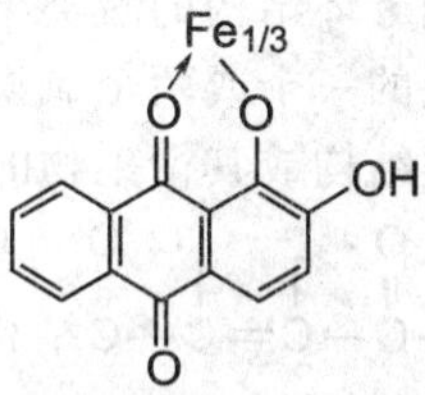　　　　　　　　紫色 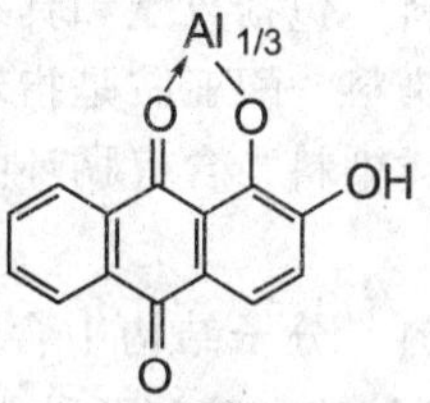　　　　　　　　红色

近年来，以分子轨道理论为基础，计算分子基态和激发态的能级高度以及分子的电荷分布，成为分子设计的理论基础。把发色理论从实践经验逐步由宏观表象向微观本质深化，使创造新型染料、掌握染料分子结构与颜色关系进入了新阶段。

3.2　染料的分类和命名

3.2.1　染料的分类

染料的分类有两种方法：一是按照染料的应用性质分类；二是根据染料的化学结构

33

分类。

（1）按照染料的应用性质分类

按应用性质，纺织工业中所用染料大致可分为下列几大类：

① 酸性染料、酸性媒介染料和酸性络合染料　是一类结构上带有酸性基团（绝大多数为磺酸钠盐，少数为羧酸钠盐）的水溶性染料。可在酸性介质中染羊毛、真丝等蛋白质纤维和聚酰胺纤维、皮革。

② 中性染料　结构上属于金属络合染料，但不同于酸性金属络合染料，它是由两个染料分子与一个金属原子络合的，称1∶2金属络合染料。在中性或弱酸性介质中染羊毛、聚酰胺纤维及维纶等。

③ 阳离子染料　分子结构中具有季铵盐阳离子基团，是聚丙烯腈纤维的专用染料。

④ 活性染料　染料分子中含有能与纤维分子中羟基、氨基等发生反应的基团，在染色时和纤维形成共价键结合，用于棉、麻、毛等纤维素纤维的染色和印花。

⑤ 直接染料　是一类可溶于水的阴离子染料。染料分子对纤维素纤维具有较强的亲和力，它们不必通过其他媒介物质（媒染剂）而直接对纤维素纤维（棉、麻、黏胶纤维等）染色，它们也用于蚕丝、羊毛、纸张和皮革的染色。

⑥ 分散染料　是一类水溶性很小的非离子型染料。染色时，在染浴中用分散剂使染料成为小颗粒的分散状态对纤维进行染色，用于憎水性纤维如醋酸纤维、涤纶、锦纶等的染色和印花。

⑦ 还原染料　在碱液中将染料用保险粉（$Na_2S_2O_4$）还原成所谓隐色体后溶解而染入纤维，然后经过氧化在纤维上重新成为原来的不溶性染料而固着在纤维上。它们主要用于纤维素纤维的染色和印花，有时也用于维纶的染色。

⑧ 冰染染料　在棉纤维上由偶合组分（色酚）和重氮组分（色基）发生化学反应而生成水不溶性的偶氮染料。由于染色时在冷却条件下进行，故称为冰染染料。主要用于棉织物的染色和印花。

⑨ 硫化染料　在硫化碱液中染棉、维纶用染料。

（2）根据染料的化学结构分类

按照染料分子结构中共轭体系结构的特点，染料的主要类别如下。

① 偶氮染料　含有偶氮基（—N＝N—），偶氮基与芳环连接成为一个共轭体系。

② 蒽醌染料　包括蒽醌和具有稠芳环结构的醌类染料。

③ 醌亚胺染料　醌亚胺是指苯醌的一个或两个氧换成亚氨基的结构。

④ 稠环酮类染料　含有稠环酮类结构或其衍生物的染料。

⑤ 靛族染料　分子结构中含有$-\overset{O}{\overset{\|}{C}}-\overset{}{\underset{|}{C}}=\overset{}{\underset{|}{C}}-\overset{O}{\overset{\|}{C}}-$结构，两端连接不饱和芳香环状有机化合物，它们包括靛蓝和硫靛两种类型的染料。

⑥ 酞菁染料　含有酞菁金属络合结构的染料。

⑦ 芳甲烷染料　包括二芳甲烷和三芳甲烷染料，它们的结构特点是具有一个由一个碳原子连接两个、三个芳环形成共轭体系的骨干。

⑧ 硝基和亚硝基染料　在硝基染料的结构中，硝基（—NO_2）为共轭体系的关键组成部分；含有亚硝基（—NO）的为亚硝基染料。

⑨ 硫化染料　这是一类由某些芳胺、酚等有机化合物和硫、硫化钠加热制得，而在硫化钠溶液中染色的染料，它们有比较复杂的含硫结构。

⑩ 芪（1,2-二苯乙烯）染料　这类染料具有芪（1,2-二苯乙烯）结构，它和偶氮或氧化

偶氮结构连接在一起构成一个共轭体系。

⑪ 活性染料　染料分子中含有能与纤维分子中羟基、氨基等发生反应的基团，在染色时和纤维形成共价键结合的染料。

⑫（多）次甲基和氮杂次甲基染料　含有一个或多个次甲基的染料为（多）次甲基染料。在（多）次甲基染料中有一个或几个次甲基为—N＝所取代的染料为氮杂次甲基染料。

此外，还有氮蒽、氧氮蒽、硫氮蒽、噻唑、喹啉等结构的染料。

3.2.2　染料的命名

染料的命名采用三段命名法。即染料的名称由三段组成：第一段为冠称，表示染料根据应用方法或性质而分类的名称；第二段为色称，表示染料色泽的名称；第三段为词尾，以拉丁字母表示染料的色光、形态及特殊性能和用途等。

根据染料产品的应用和性质的分类，作为冠称即酸性、中性、直接、分散、还原、活性、硫化等。

色称采用的色泽名称如下：黄、金黄、嫩黄、深黄、橙、大红、红、桃红、玫瑰、品红、红紫、枣红、紫、翠蓝、湖蓝、艳蓝、蓝、深蓝、艳绿、绿、深绿、黄棕、红棕、棕、深棕、橄榄绿、草绿、灰、黑。

色泽的形容词采用"嫩"、"艳"、"深"三个字。

词尾采用 B、G、R 三个字母标志色泽。B 为蓝，G 为黄，R 为红。

词尾中表示色光及性能的字母如下：B—蓝色，C—耐氯，D—稍暗，F—亮，G—黄光或绿光，I—还原染料坚牢度，K—冷染，L—耐光牢度较好，M—混，N—新型，P—适用于印花，R—红光，T—深，X—高浓度。

还原蓝 BC，"还原"为冠称，表示染料应用类别；"蓝"为色称；"BC"为词尾，B 表示蓝色，表示色光，C 表示耐氯漂，表示性能。

中性艳黄 3GL，"中性"为冠称，表示染料应用类别；"艳黄"为色称，其中"艳"为色泽形容词；G 表示黄光，3G 表示黄光程度，L 表示耐光牢度较好。

直接耐晒蓝 B2RL，"直接"为冠称，表示染料应用类别；"蓝"为色称；B 表示蓝色，2R 表示红光程度，L 表示耐光牢度较好。

活性艳蓝 KN－R，KN 代表新的高温型，即 N 表示新型。

3.3　重氮化与偶合反应

偶氮染料是品种、数量最多，用途最广泛的一类染料，占合成染料品种的 50％以上。在偶氮染料的生产中，重氮化与偶合反应是两个基本反应和主要工序。

3.3.1　重氮化反应

芳香族伯胺与亚硝酸作用生成重氮盐的反应称为重氮化反应。可用下式表示：

$$ArNH_2 + NaNO_2 + 2HX \longrightarrow ArN_2X + 2H_2O + NaX$$

式中所使用的酸 HX 代表无机酸，常用盐酸和硫酸。

（1）重氮化反应机理

游离芳胺的氮原子首先与亚硝酰氯发生亚硝化反应，然后在酸液中迅速转化为重氮盐。

$$NaNO_2 + HCl \longrightarrow HNO_2 + NaCl$$
$$HNO_2 + HCl \longrightarrow NOCl + H_2O$$

$$Ar-NH_2 \xrightarrow[NOCl]{慢} Ar-NH-NO \xrightarrow{快} Ar-N=N-NO \xrightarrow[H_3O]{快} Ar-\overset{\oplus}{N}\equiv N$$

（2）重氮化合物的性质

重氮盐的结构可用下面共振式表示：

$$[Ar-\overset{\oplus}{N}\equiv \ddot{N}]Cl^- \rightleftharpoons [Ar-\ddot{N}=\overset{\oplus}{N}]Cl^-$$

大多数重氮盐可溶于水，并能在水溶液中电离，受光和热会分解，干燥时受热或震动会剧烈分解导致爆炸，但在酸性水溶液中较稳定。重氮盐在碱性溶液中，会变成无偶合能力的反式重氮盐。

$$[Ar-N\equiv \ddot{N}]^{\oplus} + OH^- \underset{k_{-1}}{\overset{k_1}{\rightleftharpoons}} Ar-\ddot{N}=\ddot{N}-OH$$

$$Ar-\ddot{N}=\ddot{N}-OH + OH^- \underset{k_{-2}}{\overset{k_2}{\rightleftharpoons}} Ar-\ddot{N}=\ddot{N}-O^- + H_2O$$

由于 $k_2 \gg k_1$，所以中间产物重氮酸可认为几乎不存在，而转变为重氮酸盐。

$$\underset{顺式}{\underset{N=N}{Ar}\diagdown O^-} \rightleftharpoons \underset{反式}{Ar\diagup N=N \diagdown O^-}$$

（3）影响重氮化反应的因素

① 无机酸用量　由反应方程式可知，1mol 芳伯胺重氮化时无机酸的理论用量为 2mol，但实际使用时大大过量，一般高达 3～4mol（有时甚至 6mol）。若酸量不足，生成的重氮盐和未反应的芳胺偶合，生成重氮氨基化合物，称为自偶合反应：

$$ArN_2Cl + ArNH_2 \longrightarrow Ar-N=N-NHAr + HCl$$

这个反应是不可逆反应，它会使重氮盐质量变坏，产率降低。

如采取将芳胺的盐酸盐悬浮液滴加入亚硝酸钠和盐酸的混合液中，可较好地避免自偶合反应。

② 亚硝酸用量　反应过程中要始终保持亚硝酸过量，否则会引起自偶合反应。反应完毕后，过剩的亚硝酸可采用加入尿素或氨基磺酸消除，反应式为：

$$NH_2CONH_2 + 2HNO_2 \longrightarrow CO_2\uparrow + 2N_2\uparrow + 3H_2O$$

$$NH_2SO_3H + HNO_2 \longrightarrow H_2SO_4 + N_2\uparrow + H_2O$$

③ 反应温度　反应温度对重氮化产率影响较大。一般在低温 0～5℃下进行，因为重氮盐在低温下较稳定。但对某些较稳定的重氮盐，可适当提高温度，加快反应速率，如对氨基苯磺酸，可在 10～15℃下进行。

④ 芳胺的碱性　碱性较强的一元胺与二元胺（环上有供电子基团）如苯胺、甲苯胺、二甲苯胺、甲氧基苯胺、甲萘胺等，与无机酸生成的铵盐较难水解，重氮化时用酸量不宜过多，否则游离胺浓度减小而影响反应。重氮化时一般用稀酸，然后在冷却下加入亚硝酸钠溶液（称为顺加法，顺重氮化法）。碱性较弱的芳胺（环上有吸电子基团）如硝基苯胺、多氯苯胺，生成的铵盐极易水解成游离芳胺，重氮化比碱性强的芳胺快，必须用较浓的酸，而且采用强重氮化试剂才能进行重氮化。具体方法是，首先将干的亚硝酸钠溶于浓硫酸中使生成亚硝酰硫酸，然后分批加入硝基苯胺反应。

3.3.2　偶合反应

重氮盐和酚类、芳胺作用生成偶氮化合物的反应称为偶合反应。而酚类、芳胺化合物称为偶合组分。

（1）偶合反应机理

偶合反应是亲电取代反应。重氮盐正离子向偶合组分上电子云密度较高的碳原子进攻，形成中间产物，然后迅速失去氢质子，生成偶氮化合物。以苯酚和苯胺为例，反应为：

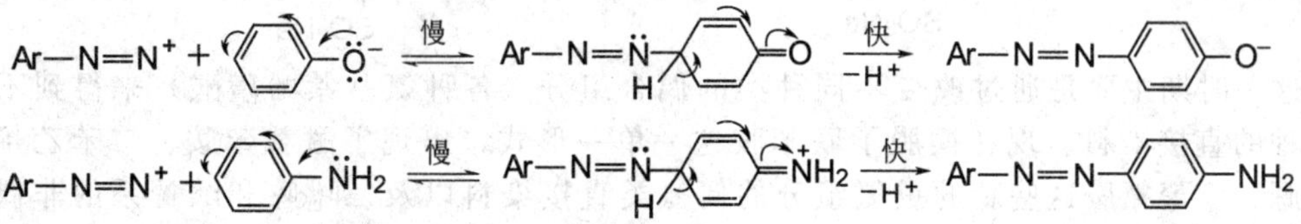

加入有机碱如吡啶、三乙胺等催化剂能加速反应。

可以预见，偶氮基进入酚类或芳胺类苯环上羟基或氨基的邻、对位。一般情况是先进入对位，当对位已有取代基时进入邻位。如：

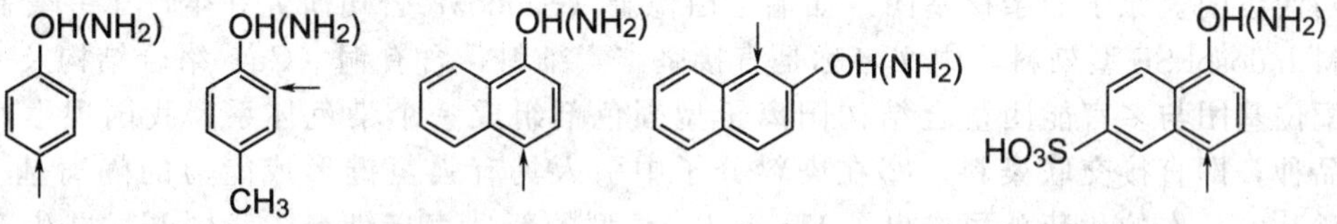

萘酚或 1-萘胺上若有磺酸基在 3 位、4 位或 5 位，偶氮基进入邻位。如：

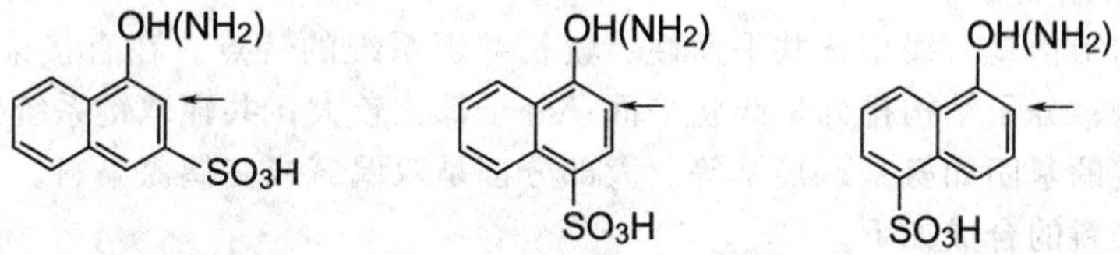

（2）影响偶合反应的因素

① 重氮组分与偶合组分的性质　重氮组分上吸电子基团的存在，加强了重氮盐的亲电性；偶合组分芳环上给电子基团的存在，增强了芳核的电子密度，均对反应有利。反之，重氮组分有给电子基团，或偶合组分芳环上有吸电子基团，均对反应不利。

② 介质的 pH 值　酚类的偶合一般在弱碱性介质中进行。因为最初随介质碱性增大，有利于偶合组分的活泼形式酚负离子的生成。pH 值为 9 左右时，偶合速度达最大值。但 pH 值再增大，由于重氮盐在碱性介质中转变为不活泼的反式重氮酸盐而失去偶合能力，从而使反应速率变慢。

③ 反应温度　偶合反应应在较低的温度下进行，因为反应温度高易使重氮盐分解。

3.4　常用染料的合成及应用

3.4.1　直接染料

直接染料用于棉、麻等纤维素的直接染色。在染纤维素纤维时，不需媒染剂的帮助即能上染，故称为直接染料。

直接染料的色谱齐全，生产方法简单，使用方便，价格低廉，但水洗牢度、皂洗牢度都低，耐晒牢度也较差。凡是耐晒牢度在 5 级以上的直接染料，称为直接耐晒染料。

自从 1884 年保蒂格（Bottiger）用合成的方法获得第一个直接染料——刚果红（Congored）以来，化学合成直接染料的方法及其染色理论不断发展。早期的直接染料在化学结构上多为联苯胺类偶氮染料，尤以双偶氮类的结构为主，如刚果红即为对称联苯胺双偶氮染料，其结构式为：

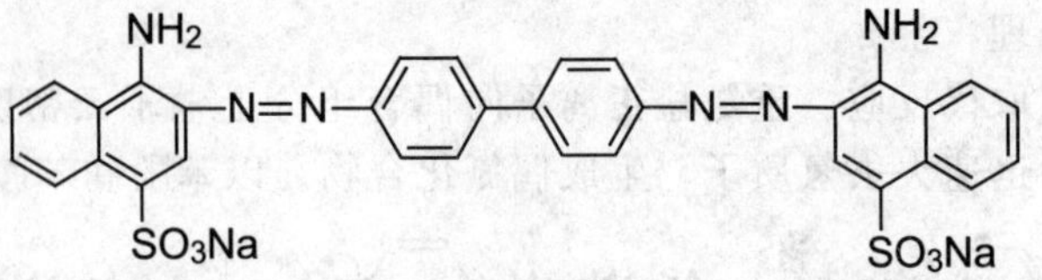

这一时期主要是通过改变不同种类的偶合组分（各种氨基萘酚磺酸）来得到不同颜色品种的直接染料。现在摆脱了联苯胺这一单一形式，出现了酰替苯胺、二苯乙烯、二芳基脲、三聚氰胺这些新的重氮组分的偶氮类直接染料以及二噁嗪和酞菁系的非偶氮类结构的杂环类直接染料。到 20 世纪 60～70 年代，医学界发现联苯胺对人体有严重的致癌作用，各国相继禁止联苯胺的生产。为了提高纺织品的染色牢度，发展新型直接染料，主要有两大类。①在染料分子中引入金属原子，形成螯合结构，提高分子抗弯能力，含有相当活泼的氢原子的亲核基团。如瑞士山德士（Sandoz）公司研究并生产了一套新型直接染料 Indosol SF 型染料，中文名称是直接坚牢素染料，含有铜（Cu）络合结构及一些特殊的配位基团与多官能团螯合结构阳离子型固色剂组成一个染色体系。我国现生产国产同类品种，即直接交联染料。②在染料分子中引入具有强氢键形成能力的隔离基——三聚氰酰基。日本的化药公司推出了 Kayacelon C 型的新型直接染料。我国开发并生产了一套 D 型直接混纺染料。

直接染料的结构具有线型、共平面性、较长共轭系统的特点。在直接染料分子结构中，经常都有磺酸基；分子结构排列呈线状平面；分子都比较大；共轭双键系统比较长；含有能和纤维生成氢键的基团如氨基、羟基等。大部分都是双偶氮或三偶氮染料。

几种直接染料的合成如下。

（1）二芳基脲型直接染料

这类染料色谱多为黄、橙、红等浅色，最深是紫色。生产方法有两种：一种是中间体光气化，制成染料；另一种是制成染料后光气化。光气化反应都是在碱性溶液中进行的。

中间体光气化中，很重要的一个品种是把 J-酸光气化制成猩红酸。用猩红酸作偶合组分，可与同一重氮化合物偶合得到对称的染料。如直接橙 S（C. I. Direct Orange 26）按如下方式合成：

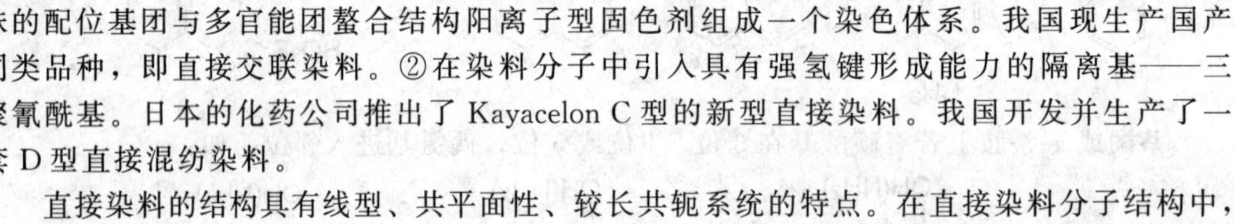

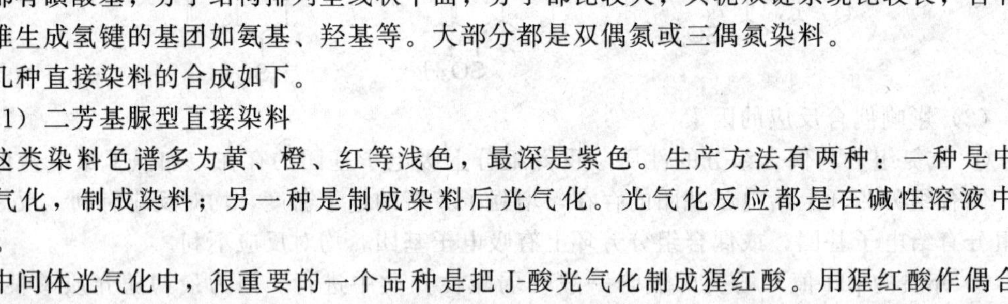

（2）双偶氮和多偶氮型直接染料

这是一类多偶氮结构的直接耐晒染料，也是取代禁用染料的优良品种。多为紫、棕、蓝、黑等色。二次双偶氮、二次多偶氮型染料的最后一个偶合组分是 J-酸、γ-酸或其衍生物时，对纤维素纤维有良好的直接性。

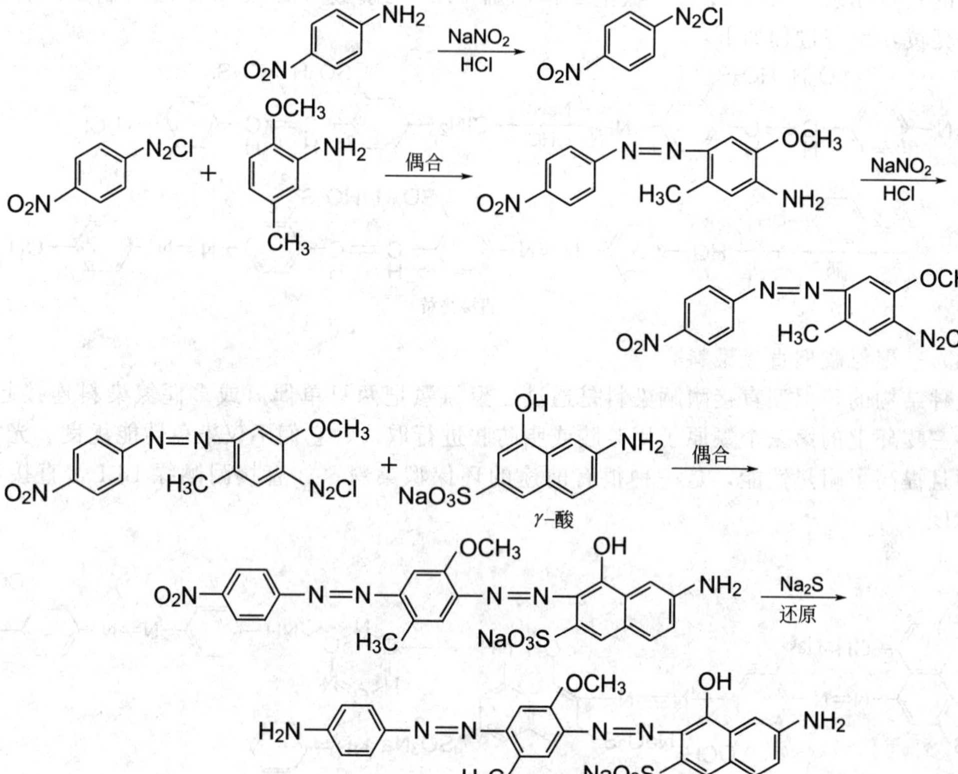

在德国政府和欧共体公布的禁用染料中，直接染料占 65％左右，其中受影响最大的是联苯胺、3,3′-二甲基联苯胺和 3,3′-二甲氧基联苯胺，它们都是二氨基化合物。因此，国内外开发绿色直接染料的一个重点，就是如何用新型二氨基化合物生产直接染料。目前，用于生产的二氨基化合物有 4,4′-二氨基苯甲酰苯胺、4,4′-二氨基-N-苯磺酰苯胺、4,4′-二氨基二苯胺、二氨基二苯乙烯二磺酸以及 4,4′-二氨基二苯脲等。如以 4,4′-二氨基苯甲酰苯胺为二氨基化合物开发成功的环保型直接染料直接墨绿 N-B，直接枣红 N-GB，它们的结构如下：

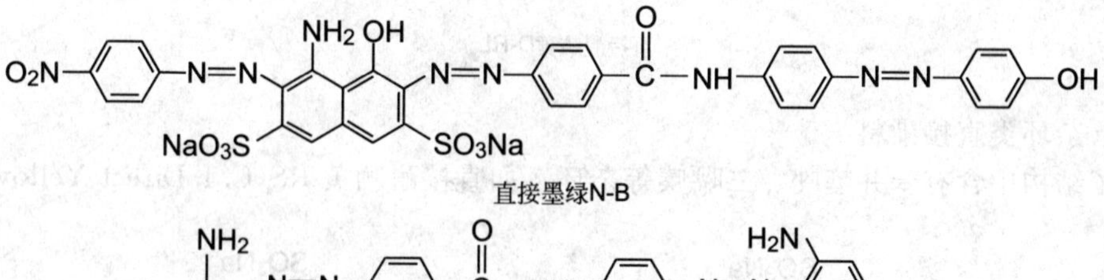

直接墨绿N-B

直接枣红N-GB

（3）二苯乙烯型直接染料

这类染料的分子结构中具有 [结构图] 结构，分子呈线型，与偶氮基形成一个大的共轭体系。如用 4,4′-二氨基二苯乙烯-2,2′-二磺酸（简称 DSD 酸）制得环保型染料直接亮黄，反应过程如下：

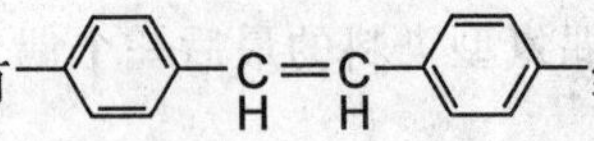

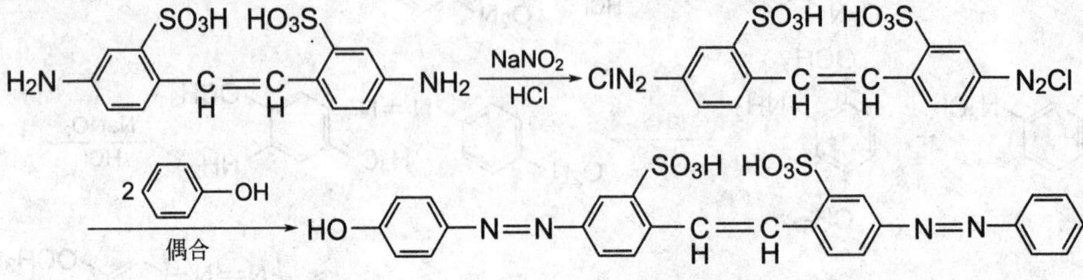

[反应式图]

直接亮黄

（4）三聚氰酰型直接染料

这种结构的环保型直接耐晒染料是通过三聚氰氯把两只单偶氮或多偶氮染料连接起来，然后将三嗪环上的第三个氯原子用芳胺或脂肪胺进行取代。它们不仅染色性能优良、光牢度好，而且提高了耐热性能，是一种很有前途的环保型染料。如直接耐晒绿 BLL，直接混纺黄 D-RL：

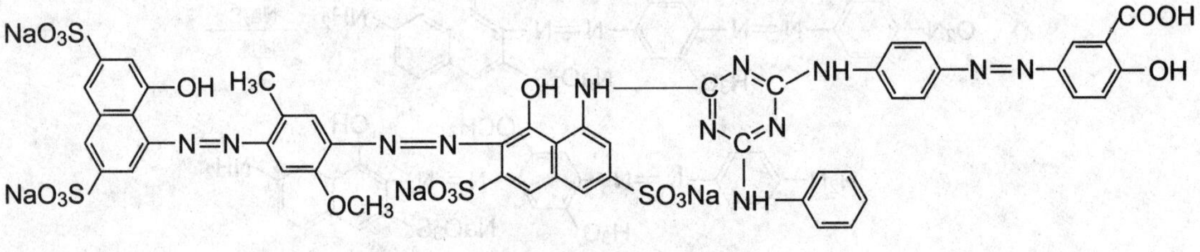

[结构图]

直接耐晒绿BLL

[结构图]

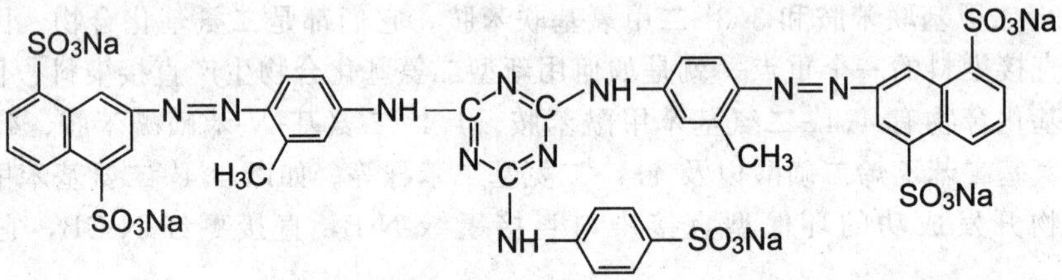

直接混纺黄D-RL

（5）杂环类直接染料

分子结构中含有苯并噻唑、二噁嗪等杂环。如直接耐晒黄 RS(C. I. Direct Yellow 28)：

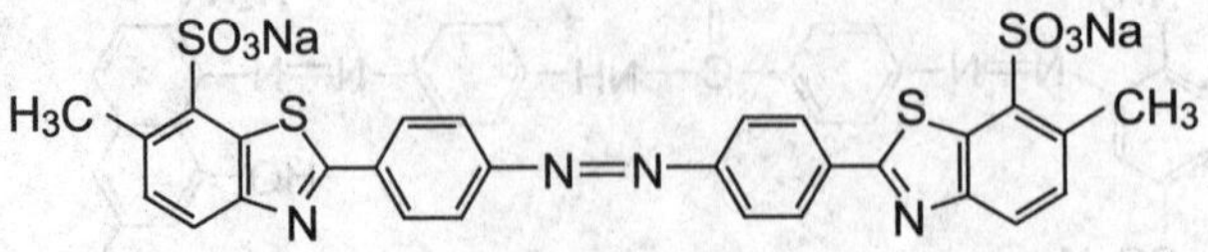

[结构图]

直接耐晒黄RS

直接耐晒艳蓝（C. I. Direct Blue 106）：

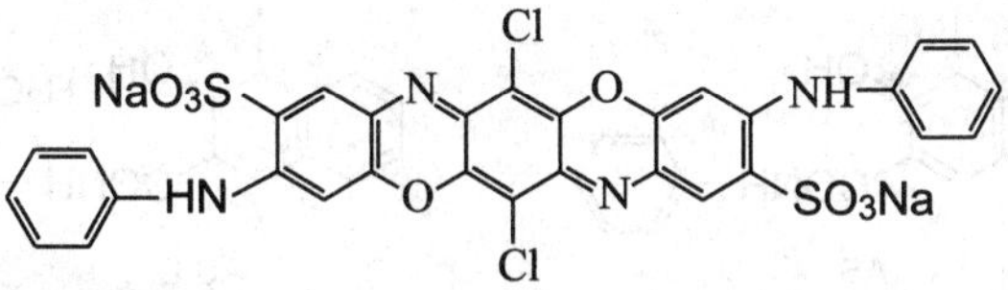

直接耐晒艳蓝

（6）金属络合物型直接染料

这类染料的结构特征是在偶氮基两侧的邻位有配位基，与金属离子形成络合物。直接染料染色后，以 1％～2％的 $CuSO_4$ 及 0.3％～1％乙酸在 80℃处理 30min，发生铜络合反应，提高了耐洗性和耐晒牢度。例如直接铜蓝 IR（C. I. 直接蓝 824140）：

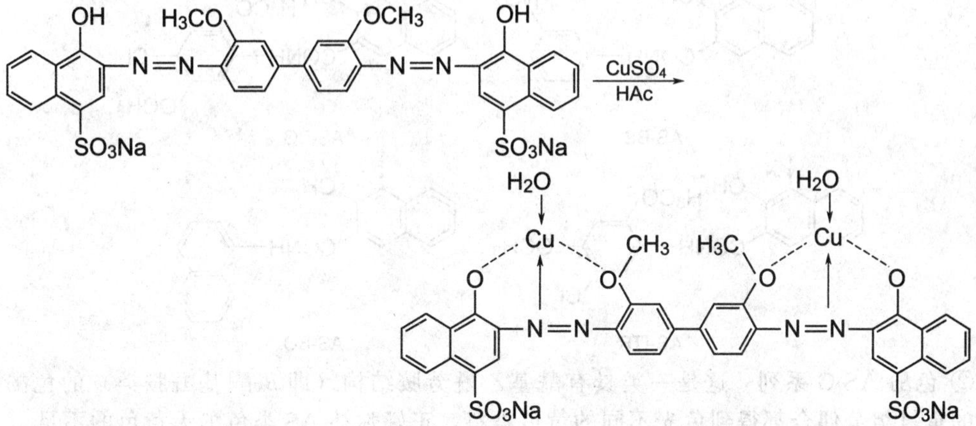

直接铜蓝IR

3.4.2　冰染染料

冰染染料是由重氮组分的重氮盐和偶合组分在纤维上形成的不溶性偶氮染料（azoic dyes）。偶合组分称为色酚（naphthol）；重氮组分称为色基（color base）。

染色时，一般先使纤维吸收偶合组分（色酚），此过程称为打底；然后与重氮组分（色基）偶合，在纤维上形成染料，此过程称为显色。由于色基的重氮化及显色过程均需加冰冷却，所以称这类染料为冰染染料（ice colors）。

这类染料第一个实用性商品是 1912 年德国 Criesheim-Elekfron 公司的纳夫妥 As（Naphthol As）。到目前为止，不同结构的色酚和色基的商品品种已各有 50 多种。我国冰染染料的产量目前几乎占世界总产量的 1/3，为产量最大国。这类染料主要用于棉织物的染色和印花，可以得到浓艳的黄、橙、红、蓝、紫、酱红、棕、黑等色泽，其中以大红、紫酱、蓝色等浓色见长。

（1）色酚

色酚分子结构中不含磺酸基或羧基等水溶性基团，但可溶于碱性水介质中。目前色酚种类主要有三类：

① 色酚 AS 系列　这是一类 2-羟基萘-3-甲酰苯（萘）胺类化合物，是一类重要的偶合剂，品种较多，该类色酚与不同芳胺重氮盐偶合，所得的不溶性偶氮染料以红、紫、蓝色为主。这类色酚的结构通式为：

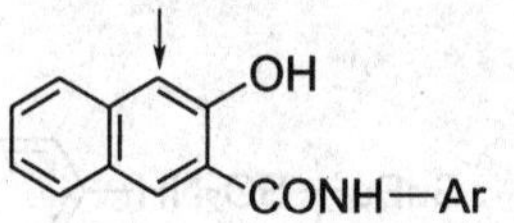

（↓表示偶合的位置）

芳胺上的取代基为 CH_3、OCH_3、Cl、NO_2 等，改变芳烃或芳环上的取代基，可以得到一系列不同结构的色酚。常见的品种如下：

41

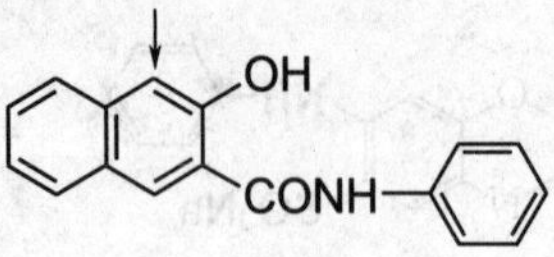

AS

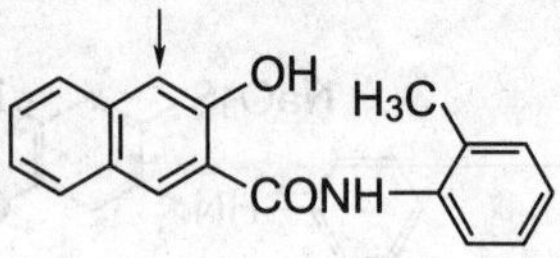

AS-D

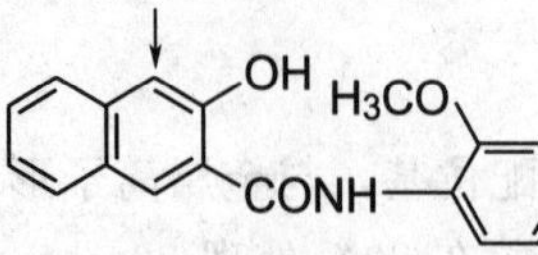

AS-OL

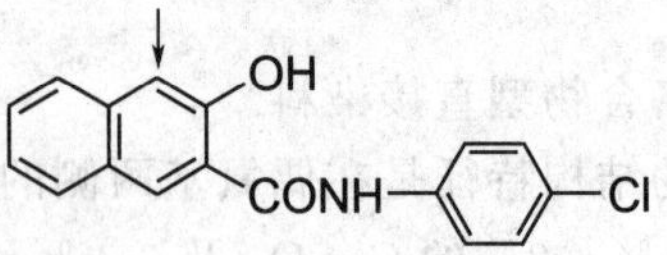

AS-E

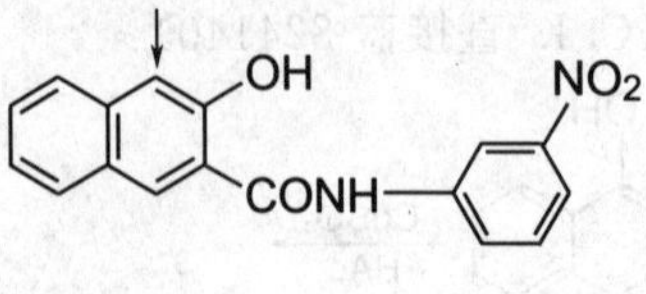

AS-BS

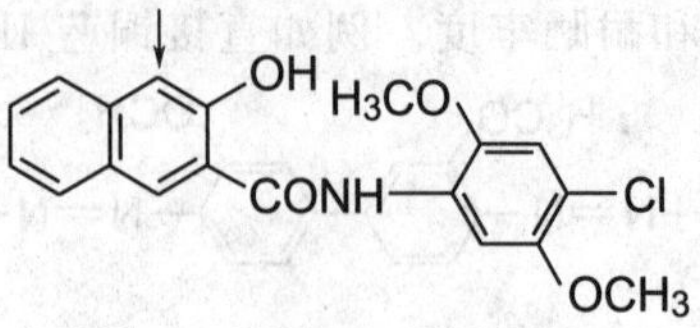

AS-BG

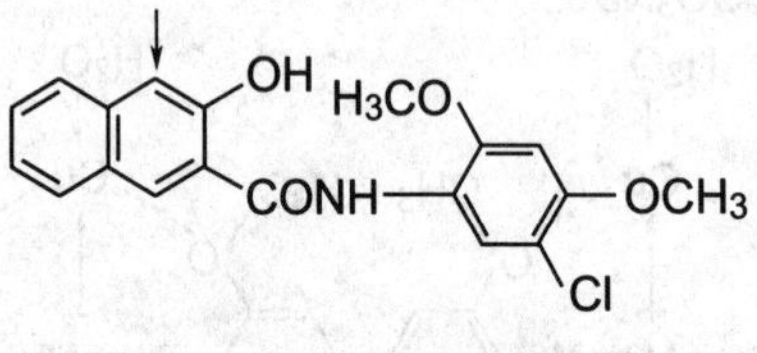

AS-ITR

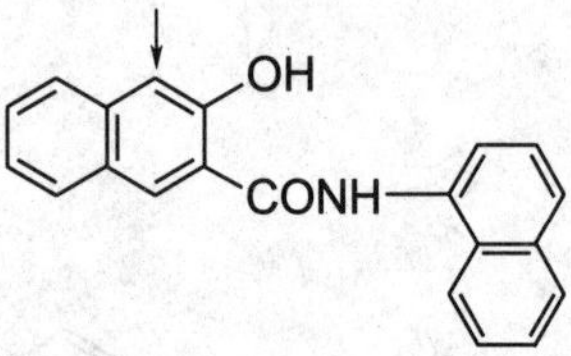

AS-BO

② 色酚 AS-G 系列　这是一类具有酰基乙酰芳胺结构（即 β-酮基酰胺类）的色酚，与任何的重氮组分偶合都得到色光不同的黄色染料，正好弥补 AS 类色酚无黄色的不足。

该类色酚的主要结构如下：

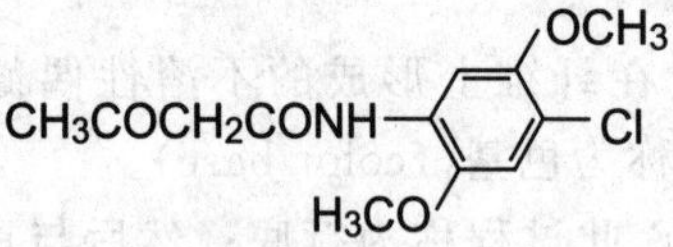

AS-TRG

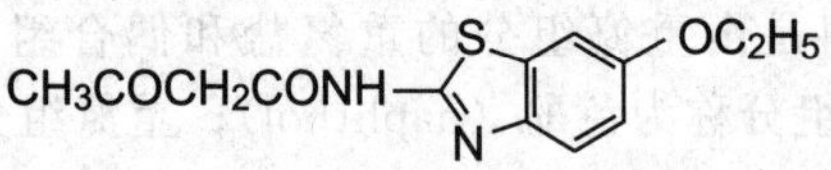

AS-L4G

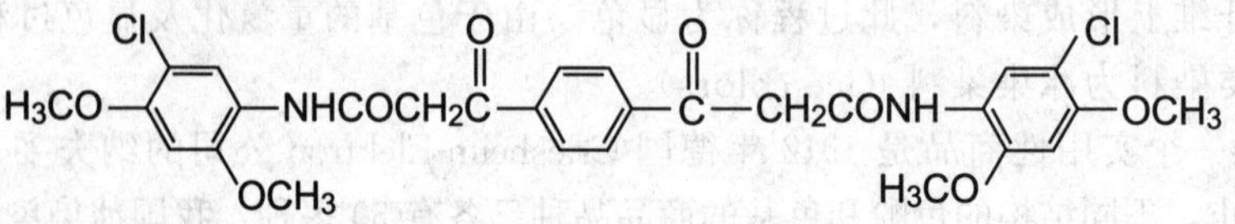

AS-LG

③ 其他类色酚　这类色酚包括含二苯并呋喃杂环的 2-羟基-3-甲酰芳胺色酚，含咔唑杂环结构的羟基甲酰芳胺色酚，2-羟基蒽-3-甲酰邻甲苯胺色酚（色酚 AS-GR），具有酞菁结构的色酚（AS-FGGR）。主要生成绿、棕、黑色的色酚。例如：

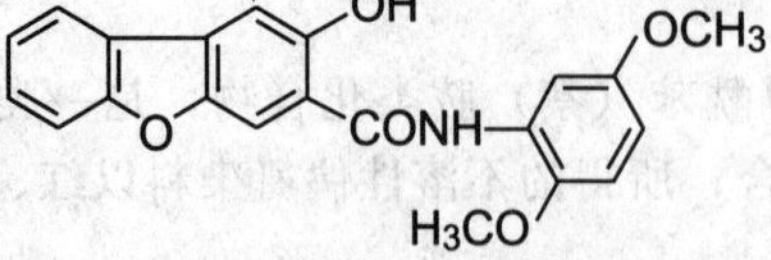

AS-BT

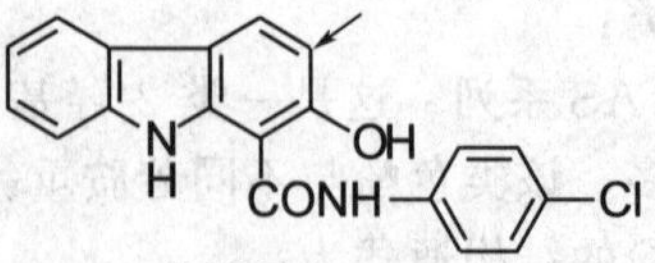

AS-LB

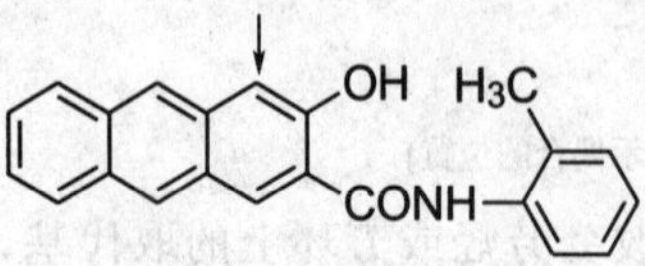

AS-GR

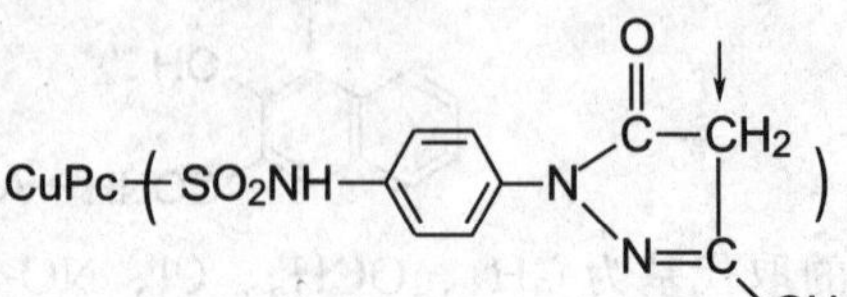

酞菁结构

（2）色基

色基是不含有磺酸基等水溶性基团的芳胺类，常带有氯原子、硝基、氰基、三氟甲基、芳胺基、甲砜基（—SO_2CH_3）、乙砜基（—$SO_2CH_2CH_3$）和磺酰胺基（—SO_2NH_2）等取代基。

色基分子结构中引入氯原子或氰基使其色光鲜艳，引入硝基常使颜色发暗。在氨基的间位引入吸电子基，邻位引入给电子基，都可使颜色鲜明，并提高牢度。引入三氟甲基、乙砜基、磺酰二乙胺基等，可提高耐日晒牢度。

按照化学结构，色基大致分为以下三类：

① 苯胺衍生物　这类色基主要是黄、橙、红色基。其结构式和主要品种如下：

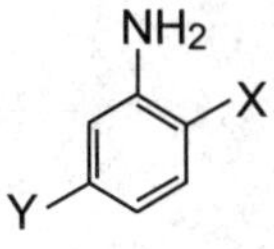

其中 X 多为正性基，Y 为负性基

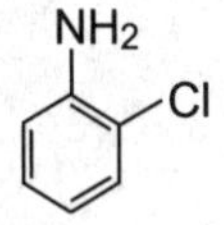

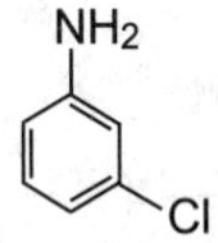

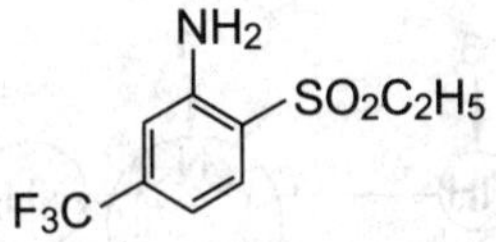

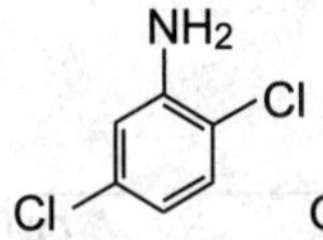

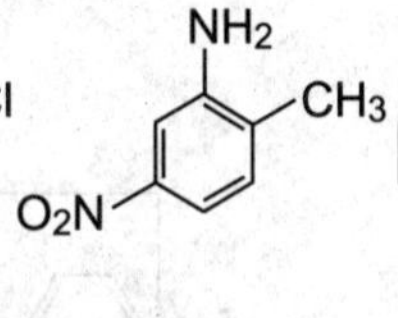

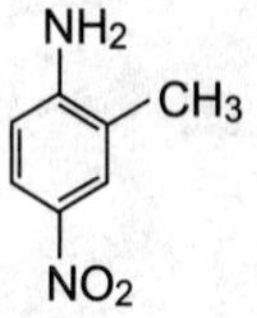

色基黄GC　　色基橙GC　　　金橙GR　　　　大红GG　　　大红G　　　红色基RL

② 对苯二胺-N-取代衍生物　这类色基与色酚 AS 偶合可得到紫色、蓝色等。例如：

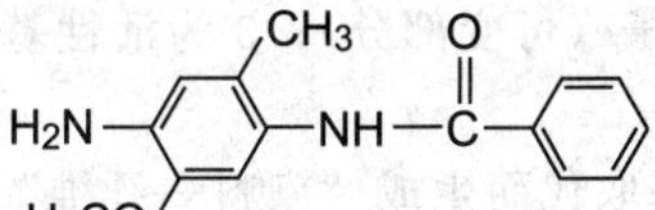

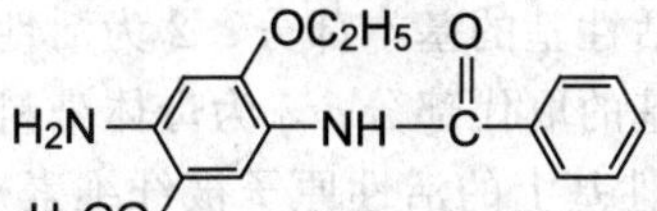

紫色基B　　　　　　　　　　蓝色基BB

③ 氨基偶氮苯衍生物　这是一类生成紫酱色、棕色、黑色等的深色色基。例如：

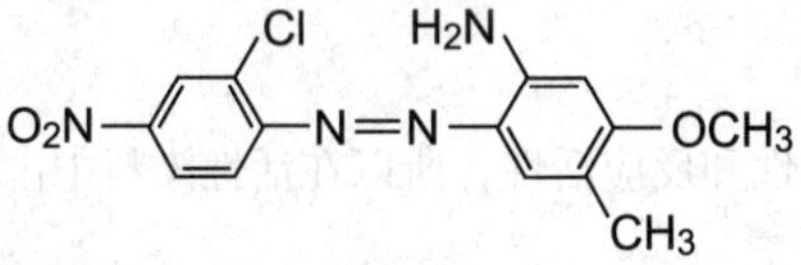

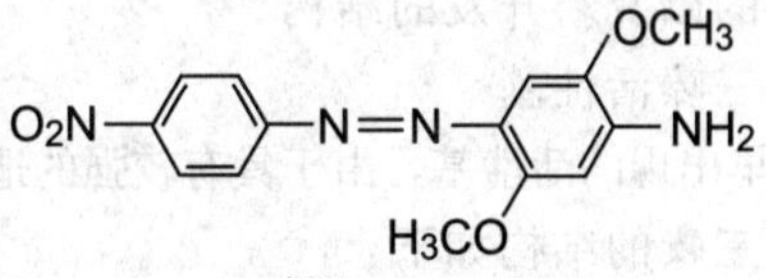

棕V　　　　　　　　　　　　黑K

3.4.3　活性染料

活性染料又称反应性染料，它是一种在化学结构上带有活性基团的水溶性染料。在染色过程中，活性染料与纤维分子上的羟基或蛋白质纤维中的氨基等发生化学反应而形成共价键结合。

活性染料自 1956 年问世以来，其发展一直处于领先地位，至今已有 50 多个化学结构不同的活性染料（指活性基团），品种已超过 900 种，销售总量已达 9 万吨/年以上，它在纺织纤维上的耗用已占染料总产量的 11％以上。这类染料有如下独特优点：

① 染料与纤维的结合是一种化学的共价键结合，染色牢度尤其是湿牢度很高。

② 色泽鲜艳度、光亮度特别好，有的超过还原染料。

③ 生产成本比较低，价格比还原染料、溶靛素染料便宜。

④ 色谱很齐全，一般不需要其他类染料配套应用。

此类染料广泛用于棉、麻、黏胶、丝绸、羊毛等纤维及混纺织物的染色和印花。

3.4.3.1　活性染料分子结构

活性染料分子结构的特点在于既包括一般染料的结构，如偶氮、蒽醌、酞菁及其他类型作为活性染料的母体，又含有能够与纤维发生反应的反应性基团。活性基往往通过某些连接基与母体染料连接，活性基本身又常常包括活泼原子和取代部分。活性基影响活性染料与纤维素纤维形成共价键的反应能力，以及染料的耐氧化性、耐酸碱性和耐热性的能力；染料母体对活性染料的色泽鲜艳度、溶解性、上染率、固着率、匀染性和染色牢度起着决定性的作用；连接基则把活性基和染料母体结合成一个整体，起到平衡两个组成部分，并使其产生优异性能的作用。

活性染料的结构可用下列通式表示：

$$W-D-B-R$$

式中　W——水溶性基团，如磺酸基等；

　　　D——染料母体（发色体）；

　　　B——母体染料与活性基的连接基（桥基）；

　　　R——活性基。

以下举例说明：

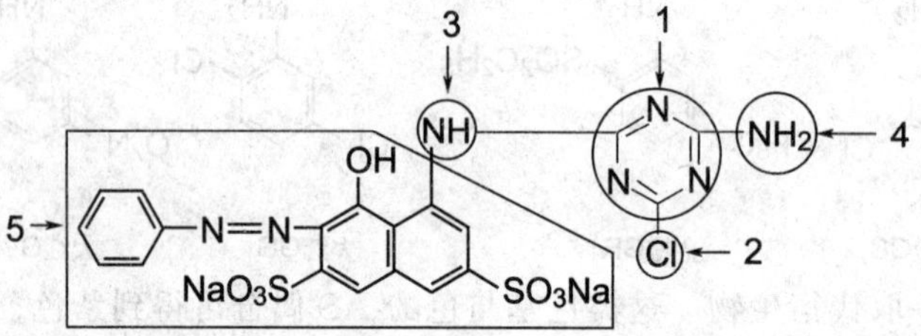

其中，1 为活性基的基本部分；2 为活性原子（可变部分）；3 为活性基与母体染料的连接基；4 为活性基的取代部分；5 为母体染料。

染色时，活性基上的活性原子被纤维素羟基取代而生成"染料—纤维"化合物。

3.4.3.2　活性染料活性基团

活性染料最主要的有三种活性基团：均三嗪基；嘧啶基；乙烯砜基。此外还有从这些活性基团衍生的以及新开发的结构。

（1）均三嗪活性基

这是最早出现的活性基，由于具有较强的适应性和反应活性，所以在活性染料中占主要地位。

二氯均三嗪的结构如下：

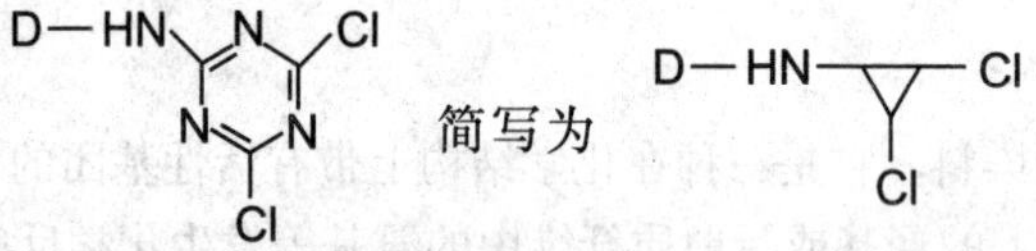

二氯均三嗪

二氯均三嗪的反应活性高，但易水解，适合于低温（25～45℃）染色。

一氯均三嗪的结构如下：

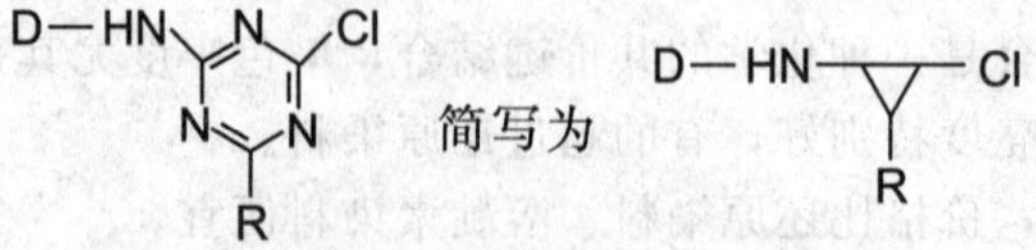

一氯均三嗪

一氯均三嗪的反应活性降低，不易水解，固色率有所提高，适合于高温（90℃以上）染色和印花。

活性染料的合成可采取两种策略：1. 在染料母体中引入活性基；2. 含活性基的化合物

作为染料中间体合成染料。

【例1】 染料母体与三聚氯氰直接缩合，合成活性艳蓝 X-BR 和活性艳蓝 K-GR：

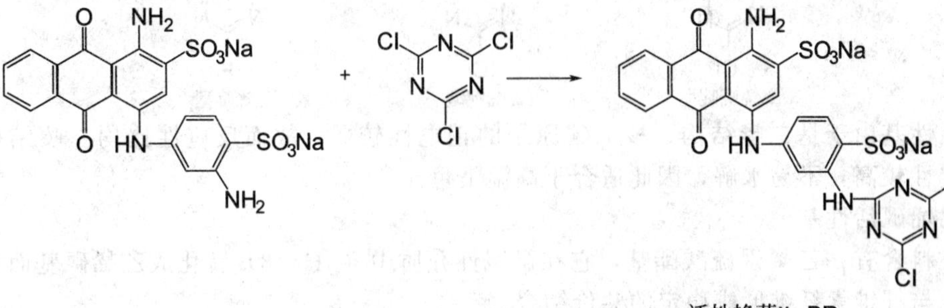

活性艳蓝X - BR

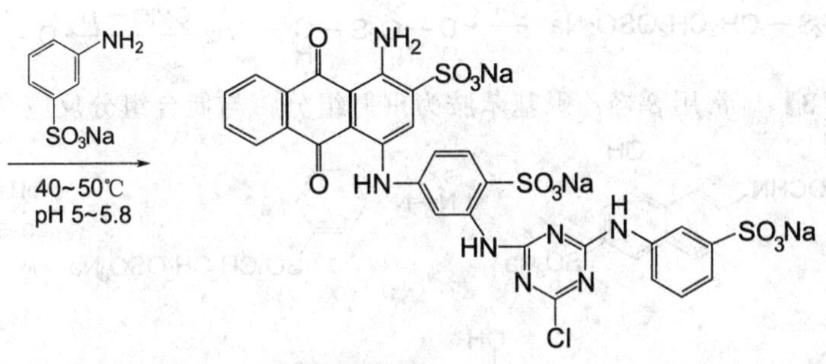

活性艳蓝K - GR

【例2】 中间体先与活性基缩合，再合成染料。大多数偶氮类活性染料，特别是氨基萘酚磺酸为偶合组分的活性染料，常采用这种方法。如合成活性艳红 X-3B 和活性艳红 K-3B：

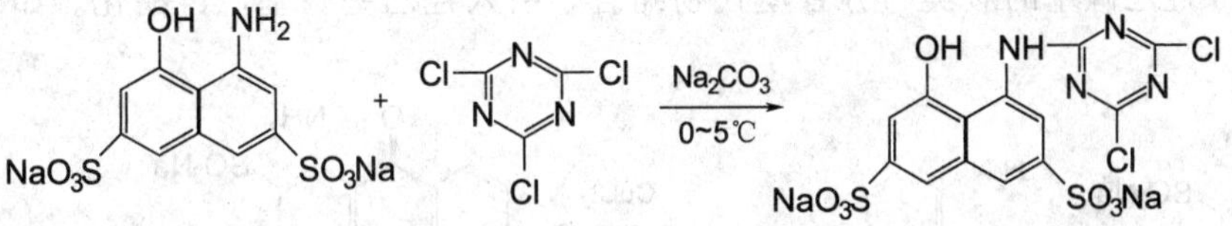

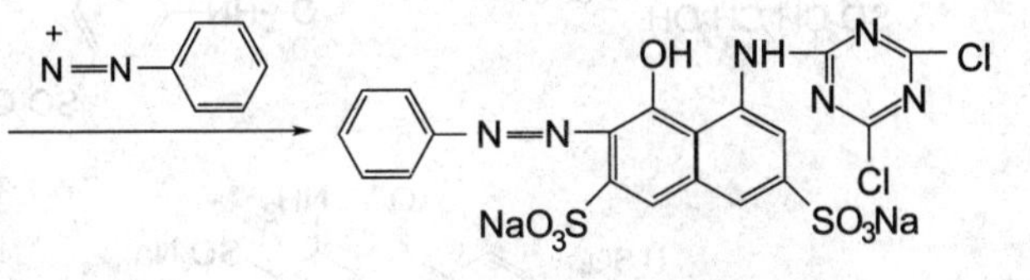

活性艳红X - 3B

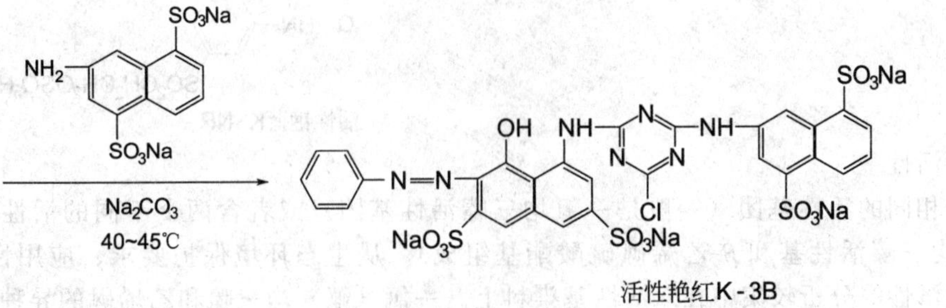

活性艳红K - 3B

（2）嘧啶活性基

嘧啶型活性染料的结构如下：

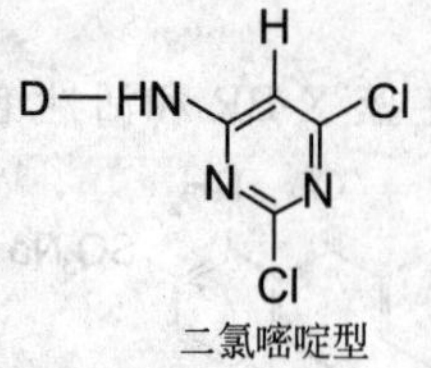

二氯嘧啶型 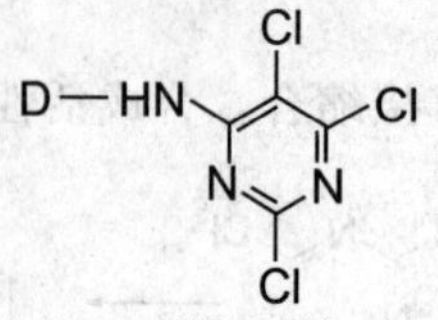　　　　　三氯嘧啶型 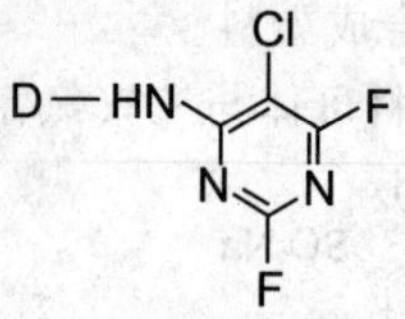　　　　二氟一氯嘧啶型

这类活性基由于是二嗪结构，核上碳原子的正电性较弱，故而反应性比均三嗪结构的低，但稳定性较高，不易水解，因此适合于高温染色。

（3）乙烯砜活性基

这类染料含有 β-乙烯砜硫酸酯基，它在微碱性介质中（pH＝8）转化成乙烯砜基而具有高反应性，与纤维素纤维形成稳定的共价结合。

$$D-O_2S-CH_2CH_2OSO_2Na \xrightarrow{OH^-} D-O_2S-\underset{H}{\overset{}{C}}=CH_2 \xrightarrow{CellO-H} D-O_2S-CH_2-CH_2-OCell$$

【例3】　常用 β-羟乙砜基苯胺为重氮组分，与偶合组分反应合成偶氮类活性染料：

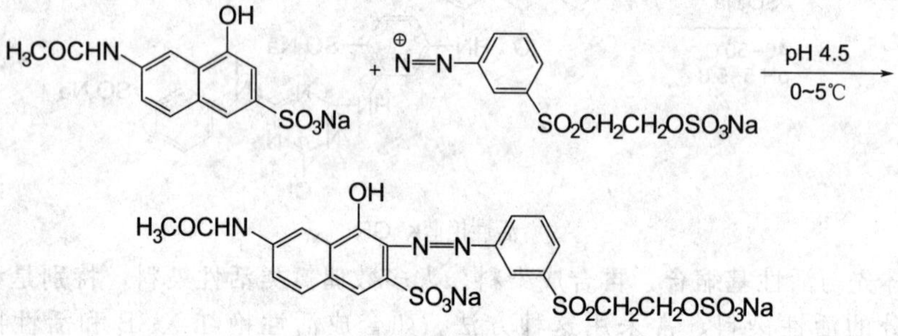

活性艳橙 KN-4R

【例4】　由 β-羟乙砜基的胺类与芳香溴代物缩合，引入羟乙基砜基，再酯化。如合成活性艳蓝 K-NR：

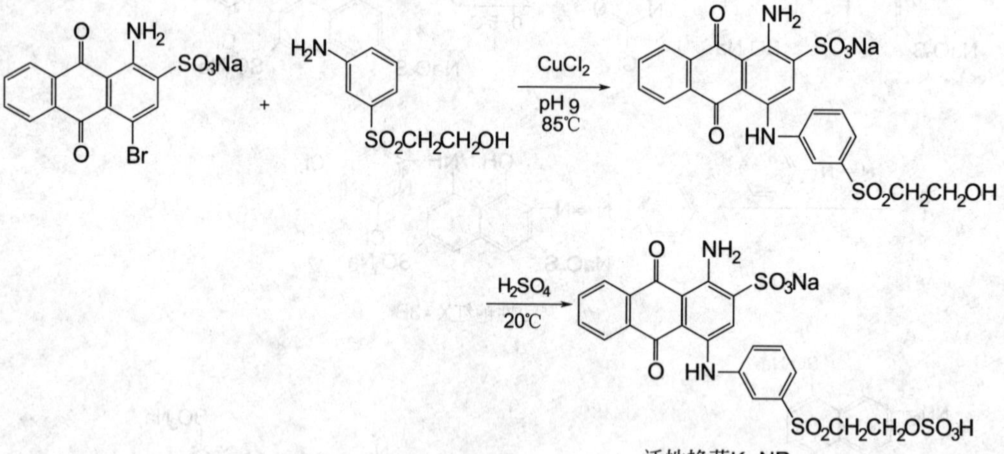

活性艳蓝K-NR

（4）复合活性基

含有两个相同的活性基团（一般是一氯均三嗪活性基团）或者含两个不同的活性基团（主要由一氯均三嗪活性基和 β-乙烯砜硫酸酯基组成）。从生态环境保护要求、应用性能、牢度性能和经济性等分析较集中在双活性基染料上。一氯（氟）均三嗪和乙烯砜的异种双活性基染料是近年来发展最快、品种最多的一类活性染料。Ciba 精化公司开发了一氟均三嗪与乙烯砜的双活性基染料，因为一氟均三嗪与纤维的反应速率比一氯均三嗪大 4.6 倍，它与

乙烯砜基的反应性更加匹配，因此固色率也高。如：

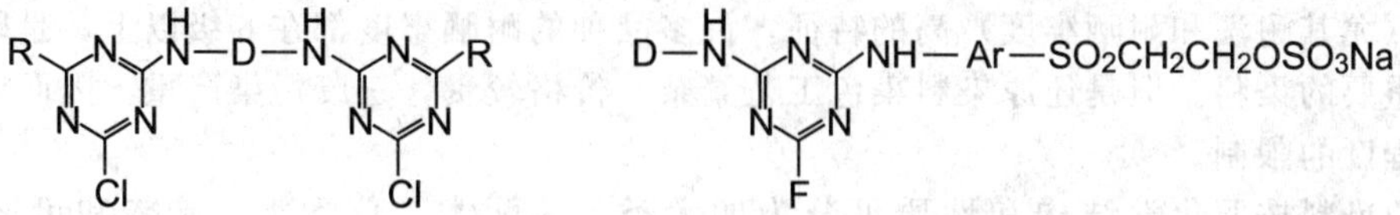

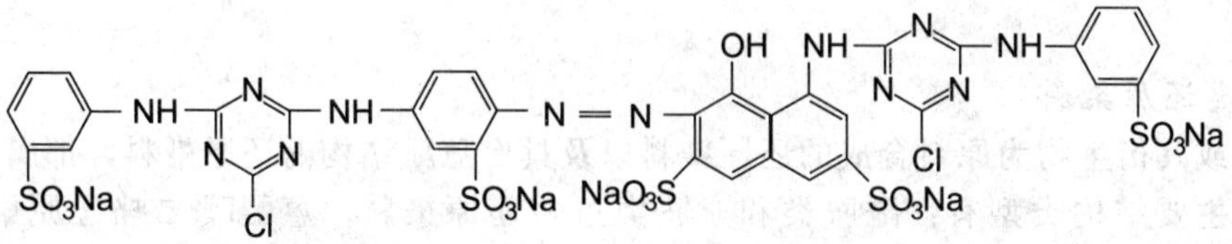

活性红KE-3B

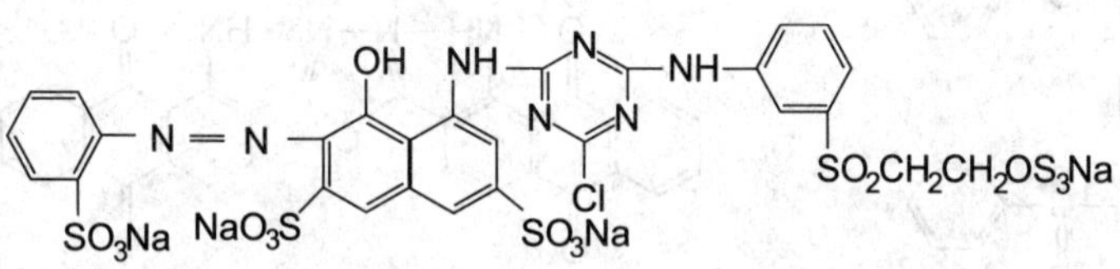

活性艳红M-3BE

（5）膦酸基活性基

结构通式为：

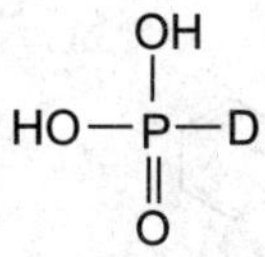

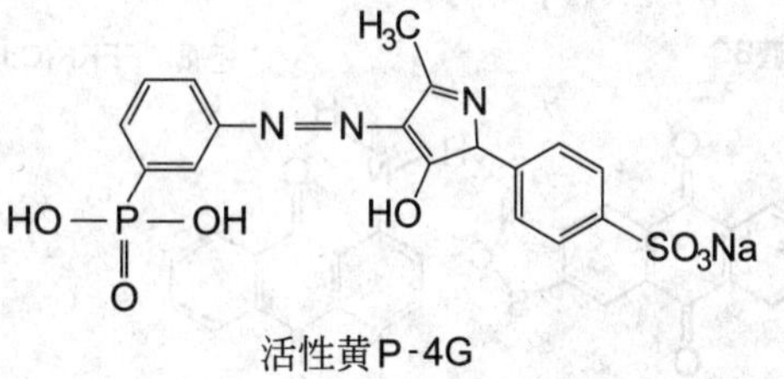

活性黄P-4G

这类活性基可以在弱酸性（pH＝5～6.5）条件下，用氰胺或双氰胺作催化剂，经210～220℃的焙烘脱水，转变为膦酸酐，然后与纤维素纤维中的羟基发生加成反应而固色。

3.4.4　还原染料

还原染料是含有两个或两个以上共轭羰基的多环芳香族化合物。还原染料本身不能直接溶于水，必须先在碱性溶液中用强还原剂如保险粉（$Na_2S_2O_4$）还原成隐色体钠盐，才能溶于水。染色时，隐色体钠盐上染纤维，然后经过氧化，重新复转为不溶性的还原染料而固着在纤维上。还原染料的染色过程包括还原和氧化两个化学反应，其染色过程可表示如下：

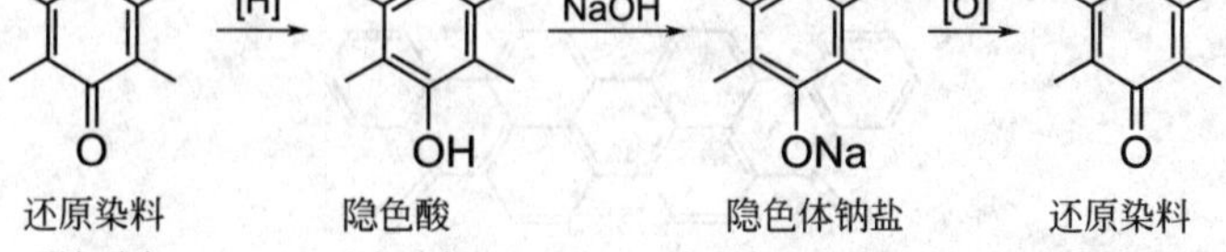

还原染料　　　隐色酸　　　隐色体钠盐　　　还原染料
（不溶于水）（不溶于水）（溶于水，上染纤维）（固着在纤维上）

　　还原染料主要用于纤维素纤维和维纶的染色和印花,具有色谱比较齐全、色泽鲜艳、染色牢度(尤其耐洗和耐晒牢度)高的特征,许多品种的耐晒牢度都在6级以上,是印染工艺中一类重要的染料。但是还原染料染色工艺繁杂,价格较贵,三废污染严重,因而应用也受到一定程度的限制。

　　还原染料按照化学结构和性质可分为四大类:蒽醌类、蒽酮类、靛族和可溶性还原染料。

3.4.4.1　蒽醌类还原染料

　　凡是以蒽醌或其衍生物为原料合成的还原染料以及具有蒽醌结构的还原染料,都属于蒽醌类还原染料。主要结构类型有:酰胺类和亚胺类蒽醌还原染料,蒽醌噁二唑还原染料,蒽醌吡嗪还原染料,蒽醌咔唑类还原染料,蒽醌噻唑类还原染料等。

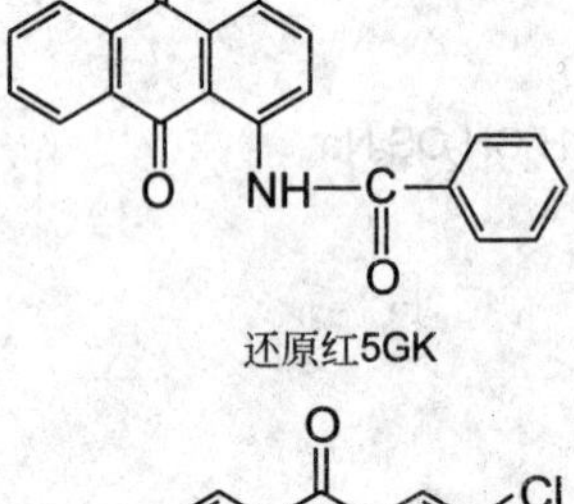

还原红5GK

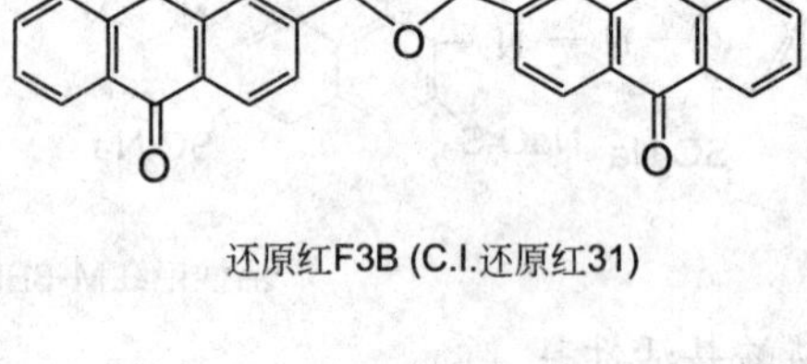

还原红F3B (C.I.还原红31)

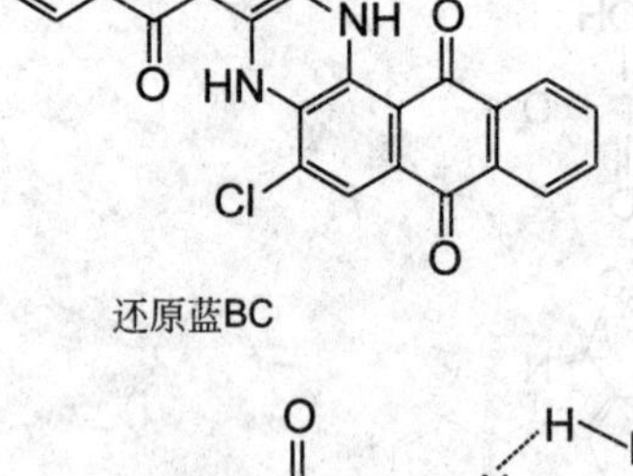

还原蓝BC

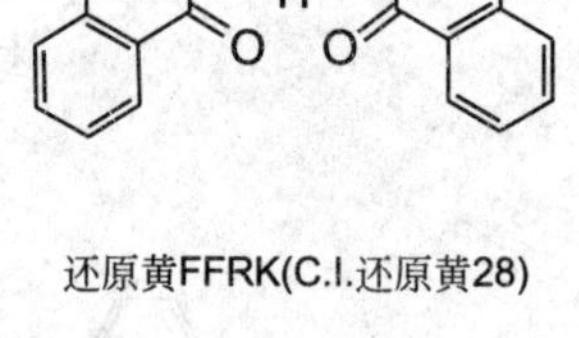

还原黄FFRK(C.I.还原黄28)

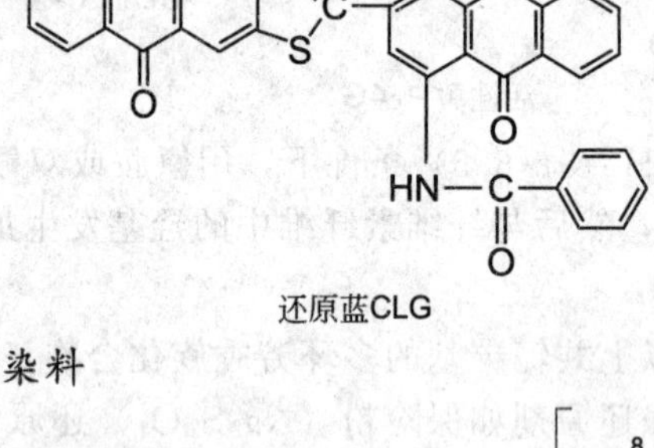

还原蓝CLG

3.4.4.2　蒽酮类还原染料

　　这类染料的结构特点是分子中含有蒽酮核心基团,并且通过蒽酮的1,9

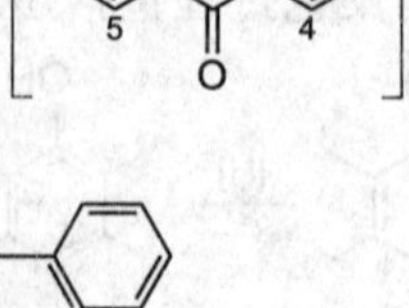

位上并接而构成的稠环蒽酮类型。如:

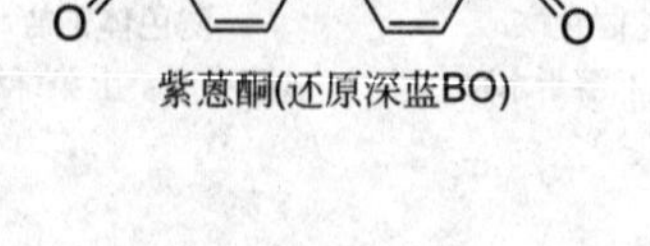

紫蒽酮(还原深蓝BO)

3.4.4.3　靛族还原染料

靛蓝是中国古代最重要的染料，它是从靛蓝植物叶中得到的不溶性物质。工业上生产的靛族还原染料主要有靛蓝和硫靛两类，另外还有不对称的靛族染料。

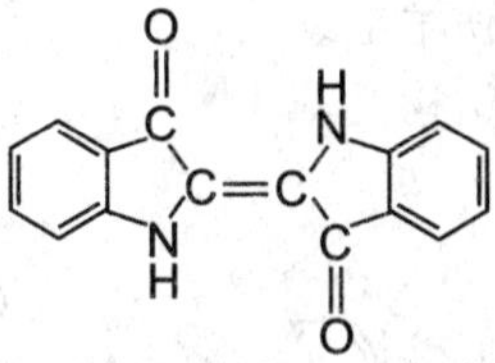

靛蓝 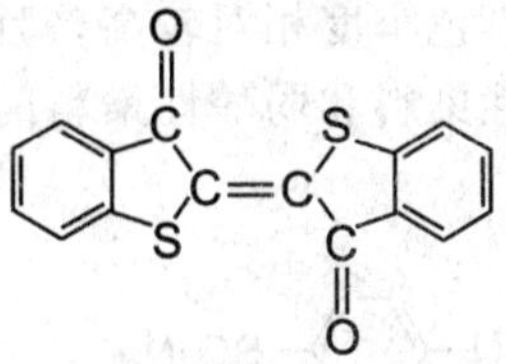　　　　　　　　　　　硫靛

在靛蓝分子结构中具有基团 $-\overset{O}{\overset{\|}{C}}-\overset{}{\underset{|}{C}}=\overset{}{\underset{|}{C}}-\overset{O}{\overset{\|}{C}}-$。还原蓝 2B 是最重要的卤化靛蓝，其结构式为：

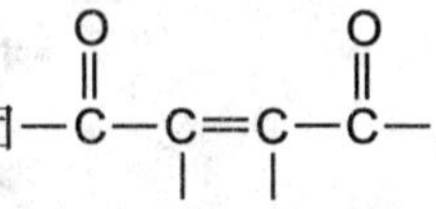

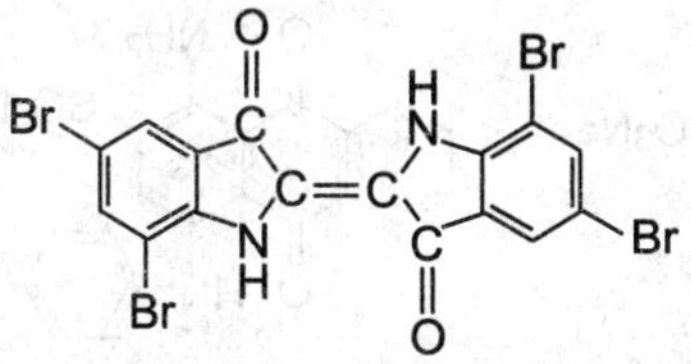

还原蓝2B

3.4.4.4　可溶性还原染料

溶靛素是第一个可溶性还原染料，也就是从靛蓝还原成它的隐色体以后，与吡啶氯磺酸盐进行反应，得到隐色体的硫酸酯，就成为可溶性染料。同样方法，可使四溴靛蓝、硫靛及其衍生物转变成溶靛素。

目前常用如下方法合成可溶性还原染料：将还原染料直接加入吡啶和氯磺酸的混合液中，然后加入金属粉末，被还原生成的染料隐色体立即酯化，再加碱使硫酸酯转变成钠盐，生成可溶性还原染料。

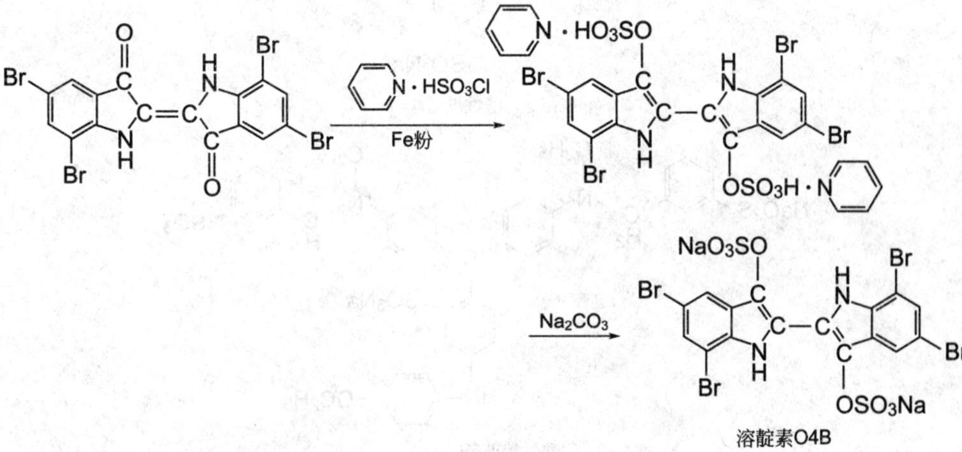

溶靛素O4B

3.4.5　酸性染料

酸性染料是一类在酸性介质中上染蛋白质纤维或锦纶的染料。其结构特点是至少含有一个以上的水溶性基团，通常是磺酸基或羟基，其化学结构以偶氮型和蒽醌型染料占大多数，少数鲜艳的蓝色和玫瑰红色以芳甲烷和氧蒽、氮蒽染料为母体。

按染色性能和应用分类，酸性染料又分为强酸性、弱酸性、酸性媒介、酸性络合染料等。强酸性染料是最早发展起来的酸性染料，在酸性介质中可染羊毛及皮革，也称酸性匀染染料，它的分子结构简单，相对分子质量低，含有磺酸基和羧基，在羊毛上能匀染，色泽均匀，但牢度较低，而且强酸染浴（应用时 pH 值控制在 2～4）损伤羊毛纤维。弱酸性染料是一类分子相对较大、共轭体系较长的酸性染料，对蛋白质纤维的亲和力较大，在弱酸性介质中染蛋白质纤维，染色牢度相对较高，且不损伤羊毛。

下面是一些强酸性染料和弱酸性染料的分子结构。

（1）偶氮型

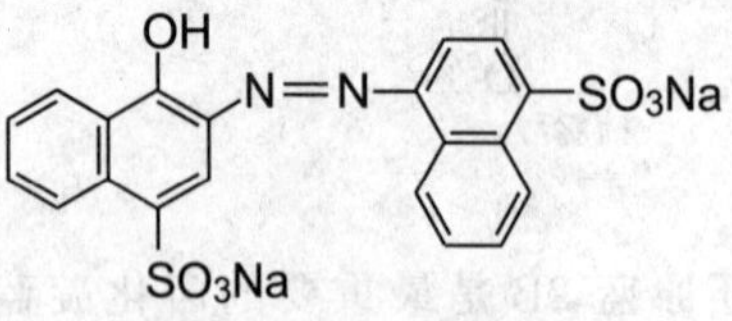

酸性红B(C.I.14720) 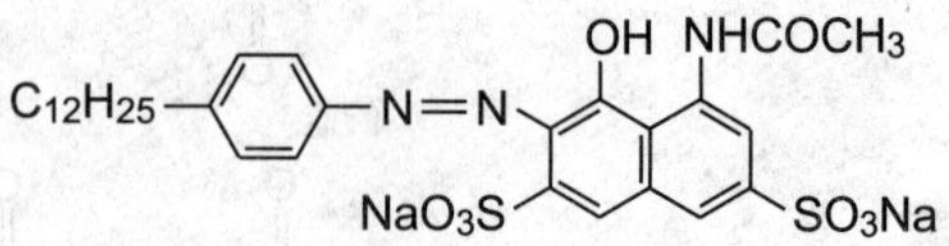　　　　　弱酸性桃红BS(C.I.18073)

（2）蒽醌型

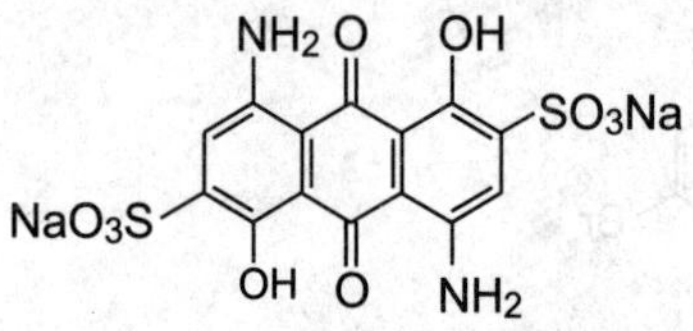

酸性蓝R 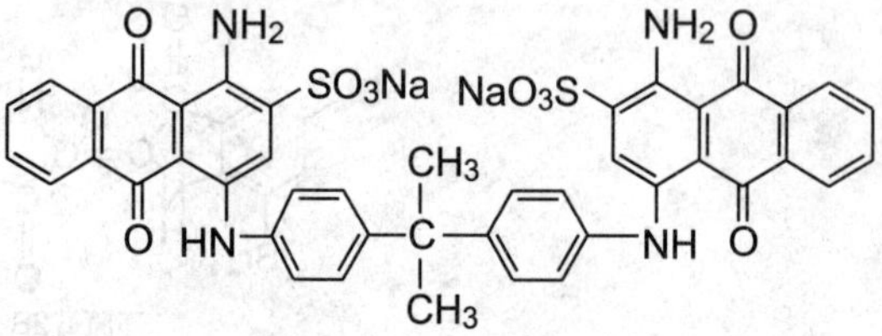　　　　　弱酸蓝GL

（3）芳甲烷型

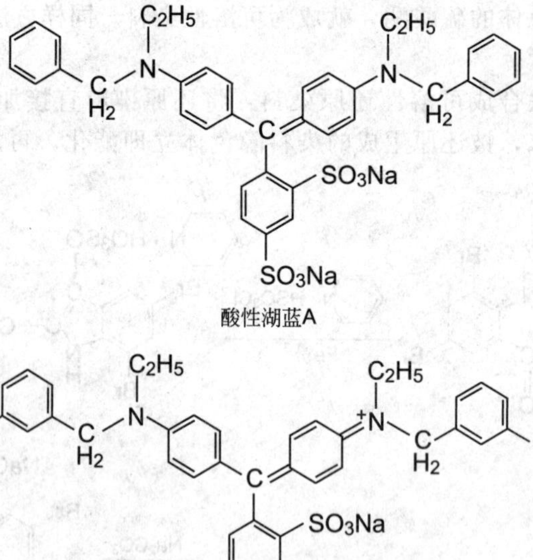

酸性湖蓝A

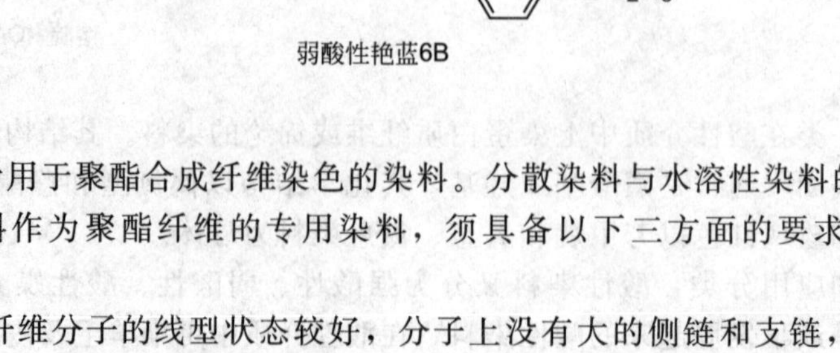

弱酸性艳蓝6B

3.4.6　分散染料

分散染料是专用于聚酯合成纤维染色的染料。分散染料与水溶性染料的最大区别是水溶性极小，分散染料作为聚酯纤维的专用染料，须具备以下三方面的要求以适应聚酯纤维染色。

① 由于聚酯纤维分子的线型状态较好，分子上没有大的侧链和支链，而且经过纺丝过

50

程中拉伸和定型作用，使分子排列整齐，结晶度高，定向性高，纤维分子间空隙小，染料不易渗入，因此必须采用分子结构简单、相对分子质量小的染料。通常至多只能有两个苯环的单偶氮染料，或者是比较简单的蒽醌衍生物，杂环结构很少。

② 由于聚酯纤维的高疏水性，大分子链上没有羟基、氨基等亲水性基团，只有极性很小的酯基，因此分散染料有与纤维相对应的疏水性能。分子中往往引入非离子性极性基团，如—OH、—NH$_2$ 等。

③ 染料应具有很好的耐热性和耐升华牢度。

分散染料以单偶氮型和蒽醌型为主，其他有双偶氮型、苯乙烯类、苯并咪唑类、喹啉酞酮类等，常用分散染料的结构类型见表 3-2。

表 3-2　常用分散染料的结构类型

结构类型	约占总量的百分数/%	结 构 举 例
单偶氮类	50	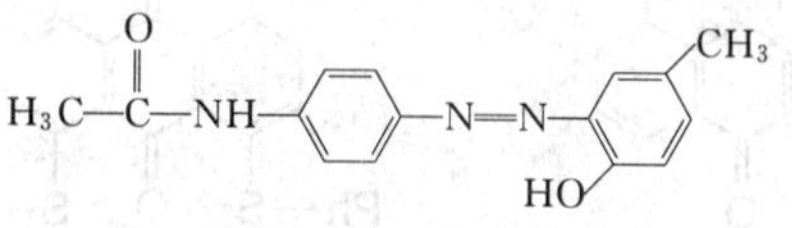 分散黄 G(C.I.11855)
蒽醌类	25	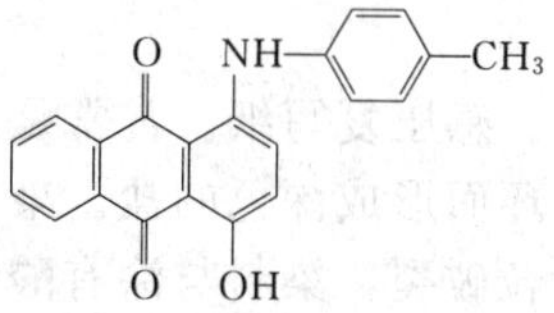 分散蓝 RRL(C.I.60725)
双偶氮类	10	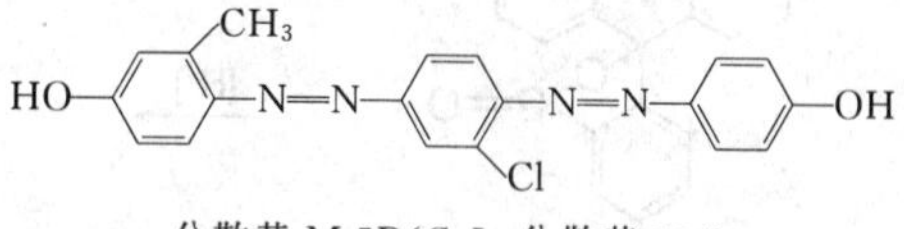 分散黄 M-5R(C.I.分散黄 104)
苯乙烯类	3	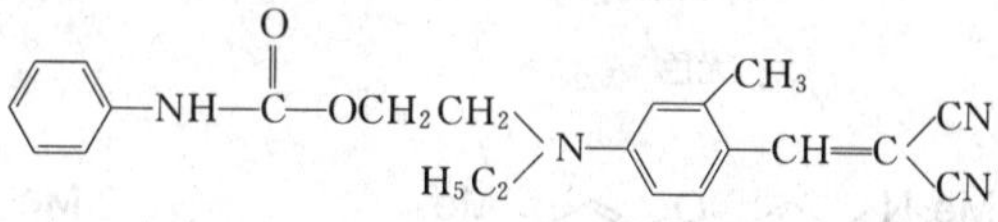 Foron Brill. Yellow SE-6GFL(C.I.分散黄 49)
苯并咪唑类	3	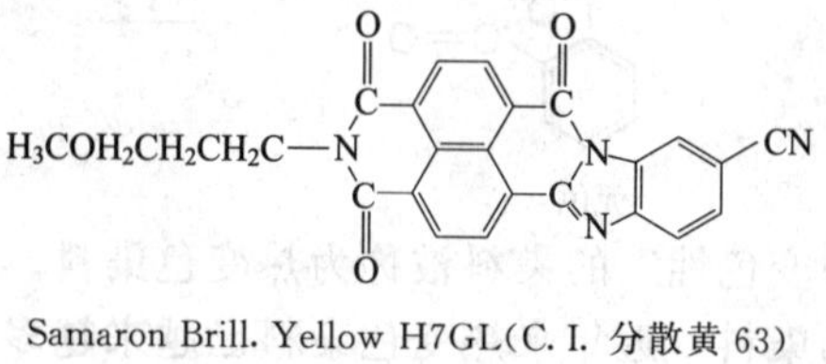 Samaron Brill. Yellow H7GL(C.I.分散黄 63)
喹啉酞酮类	3	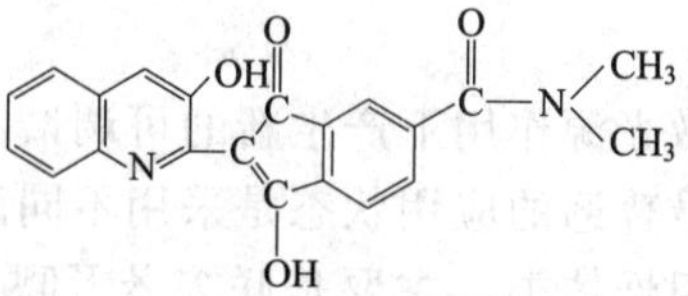 C.I.分散蓝 67
其他	6	

3.4.7 功能染料

功能染料（functional dyes）亦称专用染料（special dyes），是一类具有特殊功能性或特殊专用性的染料，这种特殊的功能通常都与近代高新技术领域关联的光、电、热、化学、生化等性质相关。这类染料吸收很少的能量，可产生某些特殊的功能，因此用量少、价格高，经济效益显著。近年来，功能染料得到了广泛发展。

目前，功能性染料已被广泛地应用于液晶显示、热敏压敏记录、光盘记录、光化学催化、光化学治疗等高新技术领域。以下介绍几种重要的功能染料。

3.4.7.1 液晶显示染料

液晶具有液体的流动性，又具有结晶的光学和电气异向性。液晶显示已广泛用于手表、计算器、汽车计数器、电视和电脑等显示器。为了得到彩色显示，就必须要有与液晶配合的二向色性染料（dichroic dye）。例如以下结构的染料：

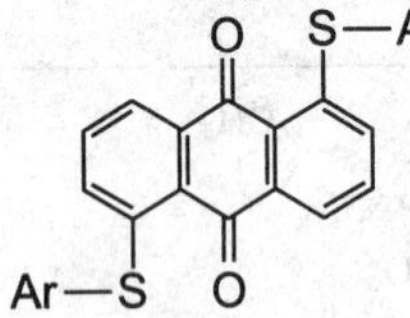

黄 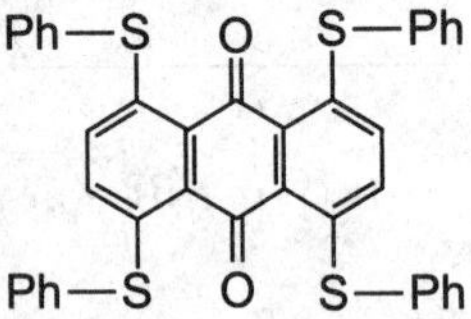　　　　　　红 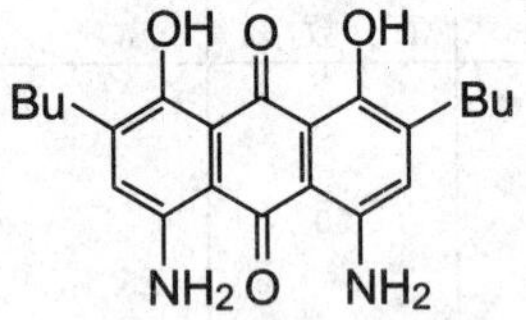　　　　　　蓝

3.4.7.2 压热敏染料

大量应用于打字带、感压复写纸。常常是三芳甲烷类染料，在碱性和中性条件下为无色的内酯，和酸接触即开环而形成深色的盐。染料溶于高沸点溶剂，包于微粒中，涂于复印纸下层。书写或打印时微粒破裂，染料与涂有酸性白土的纸接触而显色。

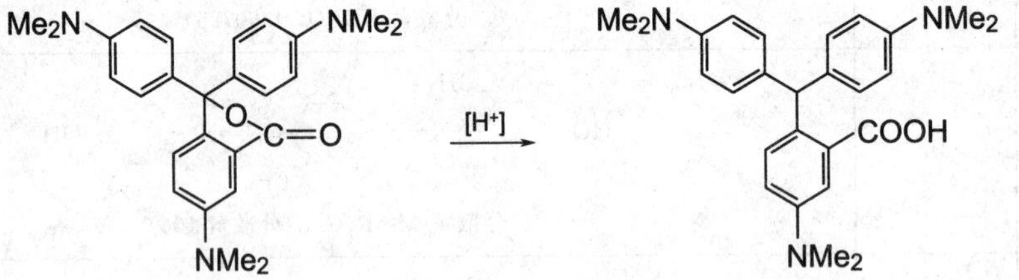

无色　　　　　　　　　　　　　紫色

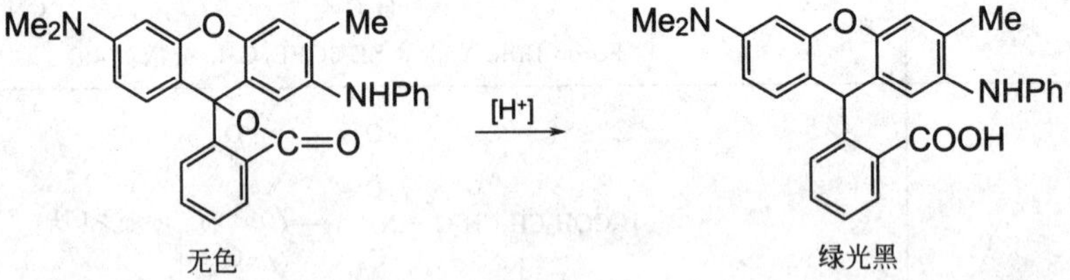

无色　　　　　　　　　　　　　绿光黑

具有"热敏变色性"的染料被称为热变色染料。较早用于纺织品变色印花的染料就是一些热敏记录用的染料，近年来热变色染料已越来越多地用于纺织品的染色和印花。热敏染料也用做热变色染料示温材料。

3.4.7.3 激光染料

激光染料是在激光源作用下产生新的可调谐激光的专用染料。它起着在辐射条件下使光能放大的作用，其最普遍的应用状态是采用不同溶剂制成的染料溶液。近年来激光染料主要的结构类别为：①闪烁体类，主要是联多苯及噁唑类化合物，可产生近紫外到 460nm 的激光；②香豆素类，具有极高的荧光效率，它们的激光波长范围为蓝～绿光区的可见光(425～565nm)；③咕吨类，它们的激光波长范围在 540～650nm，即可见光的绿～橙光区；④噁嗪类，它们用于红区及近红外区，激光范围为 650～700nm，其光化学稳定性要比咕吨类染料好；⑤菁染料，它们产生红外区激光，激光范围在 540～1200nm。

3.4.7.4　红外线吸收染料

红外线吸收染料是指对红外线有较强吸收的染料，和普通染料一样，这些染料也有特定的 π 电子共轭体系，所不同的是它们的第一激发能量比较低，吸收的不是可见光而是波长更长的红外线。红外线伪装染料（或颜料）指的是红外线吸收特性和自然环境相似的一些具有特定颜色的染料，与普通染料的区别在于它们的红外线吸收特性与自然界环境相似，可以伪装所染物体，使物体不易被红外线观察所发现。

由于数字光盘如激光唱片等的迅速发展，对光记录材料也就有了很大的需求。目前的光记录材料虽然仍以无机材料为主，但由于在清晰度、灵敏度等方面的优势，已逐渐向有机染料方面发展。镓-砷半导体激光（diode）是光记录材料的光源，它的发射激光波长为 780～830nm，因此必须开发在此吸收区的近红外吸收染料。这种染料必须满足下列要求：吸光强度高，溶解度好，具有好的光稳定性，重现性好。

红外线伪装染料（或颜料）主要用于军事装备和作战人员的伪装。

新近开发的近红外吸收染料如下。①菁染料。其缺点是光稳定性较差，在光照下容易发生光氧化反应而褪色。主要的解决方法是加入在红外区也有吸收的二硫乙烯型金属络合物作为单线态氧猝灭剂来提高菁染料的耐光性。②双齿配位体型金属络合染料。其具有良好的光稳定性，特别是在紫外及可见光区，而且其最高吸收波长在 750～800nm。此外它们还能得到低噪声的信息记录。③酞菁。其具有优异的耐光及耐热稳定性，通过结构的变化它们的吸收可从可见光谱的红区直到近红外区。目前正在开发萘酞菁，其最高吸收在 750～900nm，且在有机溶剂中具有良好的溶解度。

3.4.7.5　光变色染料

它是由于光的照射使染料结构发生变化而引起颜色变化的染料，主要用于光信息储存系统中。利用闭环、开环光化学反应的光变色染料是最有希望进行实用性开发的光变色染料。近年集中在下列两类上，它们都将在光信息储存中发挥愈来愈大的作用。第一类是俘精酸酐衍生物，它在紫外线照射下发生氢转移而闭环。杂环俘精酸酐光变色染料，具有色谱范围广、耐光疲劳性高、光量子产率高的特点。第二类是螺吡喃衍生物，它在光照下发生 C—O 键的断裂开环生成分子内离子化的菁染料，在加热后双复原，这类光变色染料具有耐光疲劳性高等特点。

3.4.7.6　生化和医药用功能染料

功能染料在生物和化学上的应用已有很长的历史，主要用于细胞着色、杀菌、酶纯化分析等方面，如用于使癌细胞染色定位，使此细胞吸收激光而被破坏，不影响健康细胞的染料。

3.5　有机颜料

与有机染料不同，有机颜料是不溶于水、油、树脂等介质的有色物质。通常以分散状态存在于涂料、油墨、塑料、橡胶、纺织品、纸张、搪瓷制品、建筑材料中，从而使这些制品呈现出不同的颜色。

颜料品种繁多，按组成分为无机颜料和有机颜料两大类。

无机颜料通常耐光、耐候、耐溶剂、耐化学腐蚀和耐升华等方面的性能优良，主要品种有钛白、铁红、铬黄、群青、炭黑、硫酸钡等。

有机颜料的耐光、耐热、耐溶剂性虽比不上无机颜料，但它具有着色力强、色谱丰富、色彩鲜艳、耐酸碱性好、密度小等优点，尤其是现代高级颜料品种在各项性能上大大提高，应用范围日益扩大。本章主要介绍有机颜料。

有机颜料的分类也有多种方法，可按其色谱不同分为黄色、红色、蓝色、绿色颜料等；按发色团的不同分为偶氮染料、酞菁染料等；按用途分为油墨用颜料、涂料用颜料、塑料用颜料等。

这里我们来介绍两类重要的颜料——偶氮颜料和酞菁颜料。

3.5.1 偶氮颜料

偶氮颜料是指化学结构中含有偶氮基（—N＝N—）的有机颜料，它在有机颜料中品种最多，产量最大。偶氮颜料的色谱分布较广，有黄、橙、蓝等颜色。其着色鲜艳，着色力强，密度小，耐光性好，价格便宜，但牢度稍差。按化学结构可分为：①不溶性偶氮颜料；②偶氮染料色淀；③缩合型偶氮颜料。

（1）不溶性偶氮颜料

包括单偶氮颜料和双偶氮颜料。按化学结构可分为乙酰基乙酰芳胺系、芳基吡唑啉酮系、β-萘酚系、2-羟基-3-萘甲酰芳胺系、苯并咪唑酮系。

① 乙酰基乙酰芳胺系　乙酰基乙酰芳胺系单偶氮颜料和双偶氮颜料主要是黄色颜料，是有机颜料的主要品种，例如耐晒黄 10G、联苯胺黄 G，它们的化学结构式如下：

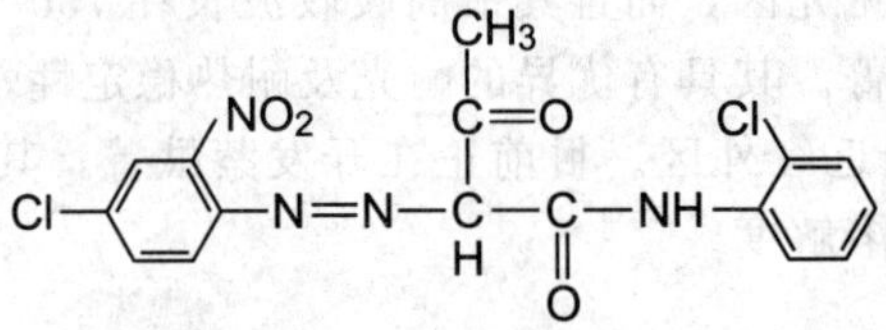

耐晒黄10G

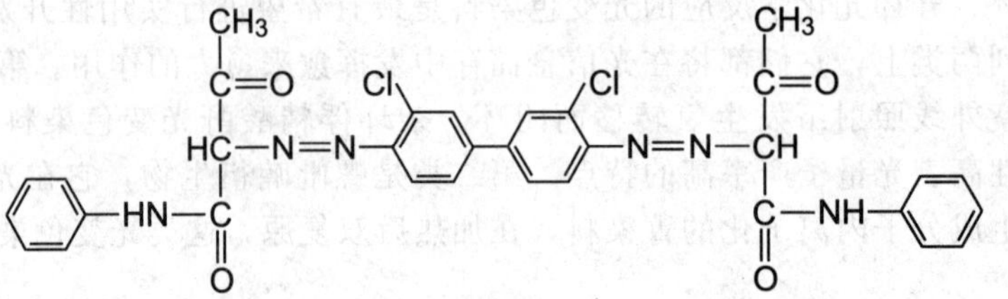

联苯胺黄G

耐晒黄 10G 主要用于油漆、涂料印花浆，也用于油墨和塑料制品的着色，但不适合于橡胶制品的着色。联苯胺黄 G 大量用于印刷油墨，是三色板印刷中三原色之一，由于耐硫化和耐迁移性良好，所以也用于橡胶的着色和涂料印花中。

② 芳基吡唑啉酮系　芳基吡唑啉酮系单偶氮颜料主要是黄色颜料，双偶氮颜料色谱有橙色和红色。例如颜料黄 10（Hansa Yellow R），永固橘黄 G，其化学结构式如下：

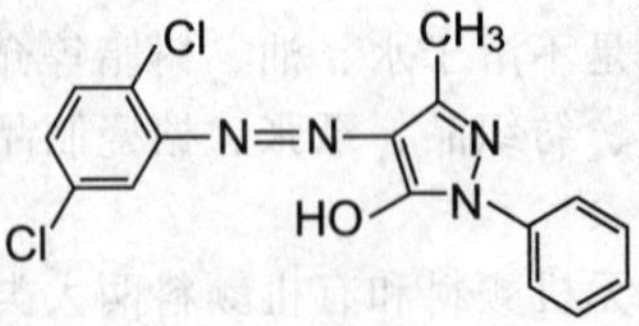

颜料黄10

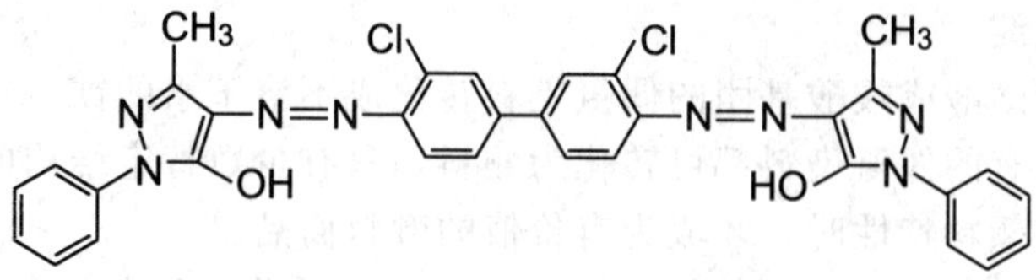

永固橘黄G

主要用于油墨和涂料中。

③ β-萘酚系　β-萘酚系单偶氮颜料色谱由红色至紫色，例如甲苯胺红是本系中主要产品，大量用于油性漆和乳化漆中，但因耐溶剂性能欠佳，使用受限制。其化学结构式如下：

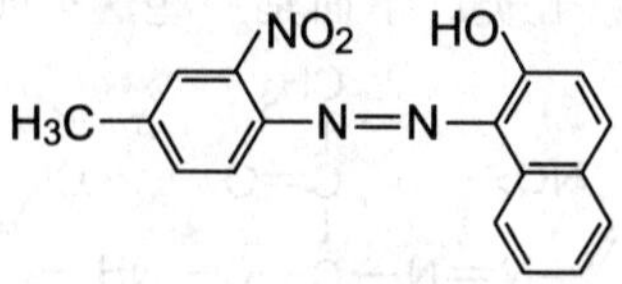

甲苯胺红

④ 2-羟基-3-萘甲酰芳胺系　2-羟基-3-萘甲酰芳胺系单偶氮颜料色谱有橙、红、棕、紫、蓝等，但以红色最重要。它们牢度好，且特别耐碱。例如永固红 F4R，其化学结构式如下：

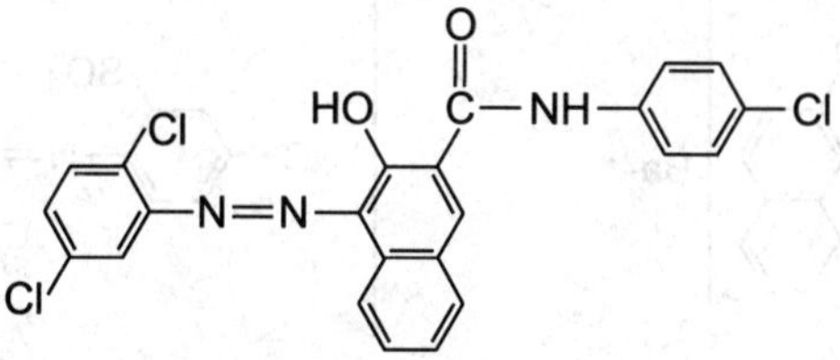

永固红F4R

其耐晒牢度 5 级，主要用于制造油墨，又可用于纸张、漆布、化妆品、油彩、铅笔、粉笔等文教用品的着色，还用于人造革、橡胶、塑料制品的着色和涂料中。

⑤ 苯并咪唑酮系　苯并咪唑酮系单偶氮颜料色谱有黄、橙、红等品种。例如永固橙 HSL 和永固棕 HSR，它们的化学结构式如下：

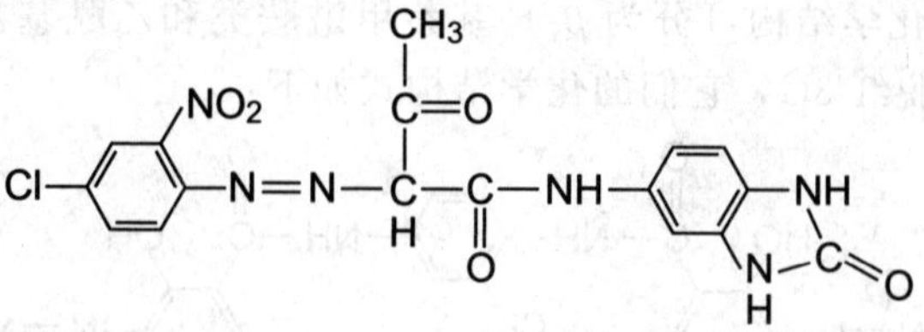

永固橙HSL

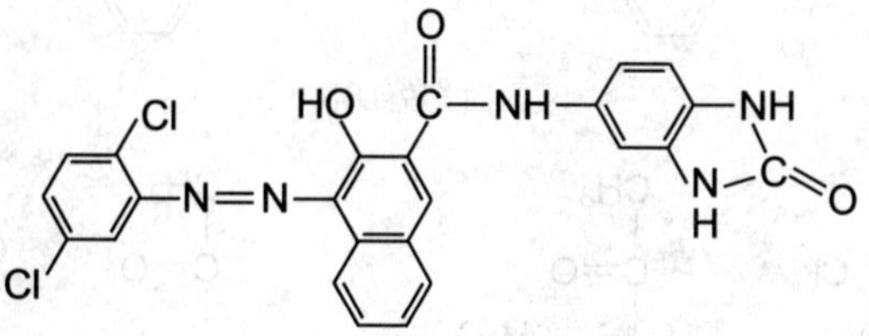

永固棕HSR

由于引入了两个酰胺基，且具有环状结构，从而增加了分子的极性和分子间的作用力，影响到分子的聚集状态，降低了颜料在有机溶剂中的溶解度，增加了耐迁移性能，且使分子稳定性、耐热性、耐光性都有明显改进。该类有机颜料适用于硬（软）聚氯乙烯、聚乙烯、聚丙烯、聚苯乙烯、有机玻璃、醋酸纤维等塑料的着色。

（2）偶氮染料色淀

将可溶于水的含磺酸或羧酸基团的偶氮染料转化成不溶于水的钡、钙、锶的盐，就成为偶氮颜料。但不是所有的偶氮染料都可转化为颜料，只有少数特定结构的染料转化为不溶于水的盐类后，并且有颜料特性时，才成为有价值的颜料商品。

偶氮染料色淀性质除了与化学结构有关外，还与转化为色淀的条件如色淀化金属、pH值、表面处理有关。这些条件不同，颜料的色调、晶型、粒度、形状都会发生变化，各项牢度也有所不同。

偶氮染料色淀按化学结构可分为乙酰基乙酰芳胺系、β-萘酚系、2-羟基-3-萘甲酸系、2-羟基-3-萘甲酰芳胺系和萘酚磺酸系五类。下面是一些这类颜料的化学结构式：

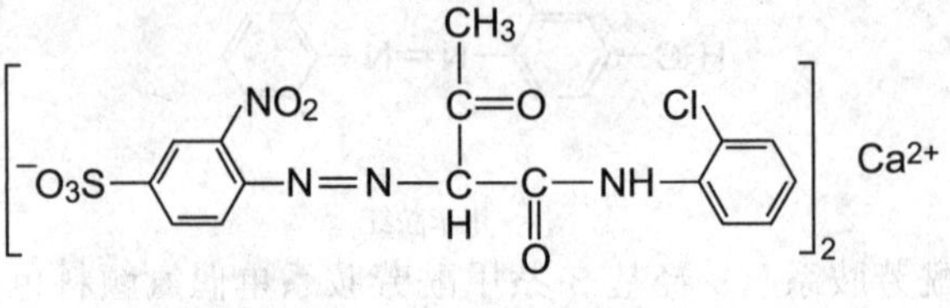

颜料黄168(Lionol Yellow K-5G)

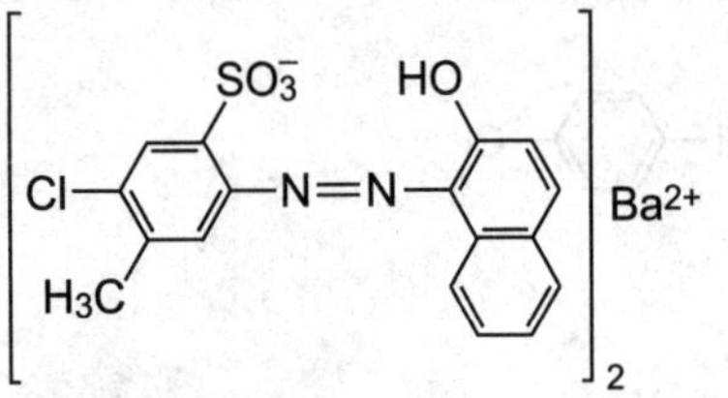

金刚红C

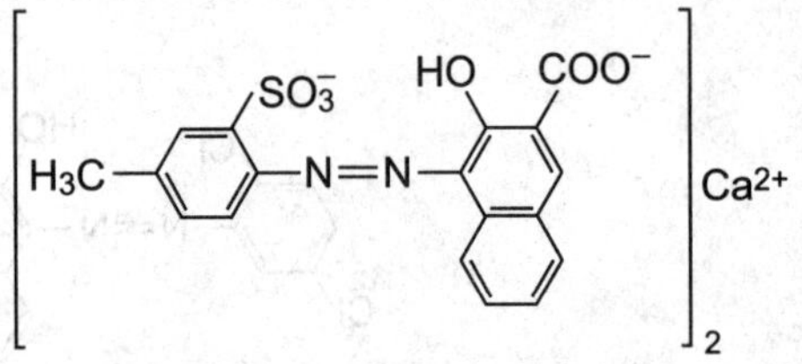

亮胭脂红6B

（3）缩合型偶氮颜料

一般偶氮颜料在使用时，有渗色和不耐高温的缺点。为了提高耐晒、耐热、耐溶剂等性能，可通过芳香二胺将两个分子缩合成一个大分子的缩合型偶氮颜料，俗称固美脱颜料。这类颜料的各项牢度均有所增加。适用于塑料、橡胶、氨基醇酸烘漆和丙纶纤维的原液着色。

缩合型偶氮颜料按化学结构可分为β-羟基萘甲酰胺类和乙酰基乙酰芳胺类两大类。例如固美脱红 BR 和固美脱红 3G，它们的化学结构式如下：

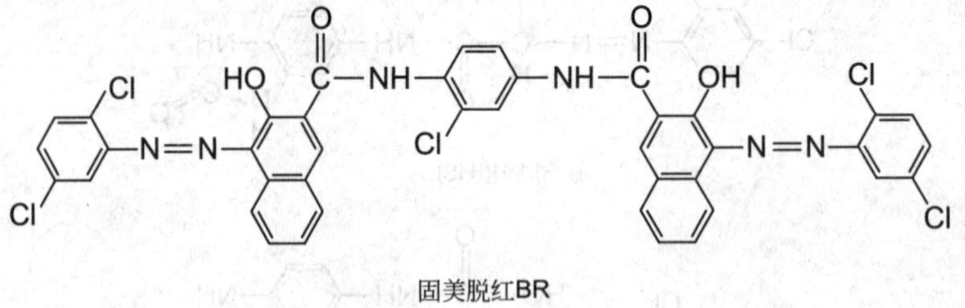

固美脱红BR

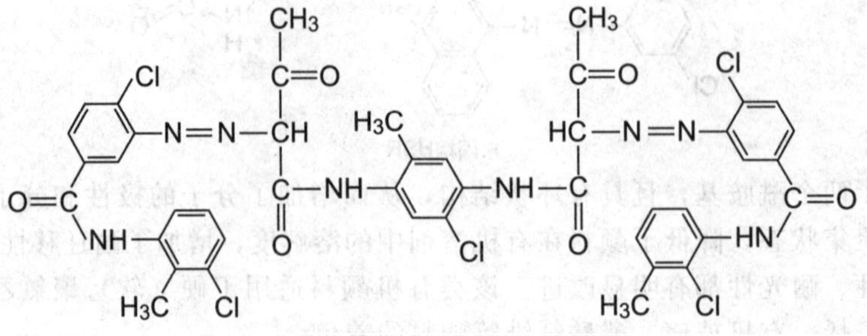

固美脱红3G

3.5.2 酞菁颜料

酞菁是一大类高级有机颜料。1907 年人们就发现了酞菁，1927 年 Diesbach 和 Von der-
weid 以邻二溴苯、氰化亚铜和吡啶加热反应得到蓝色的铜酞菁。酞菁颜料的色谱从蓝色到
绿色，是有机颜料中蓝、绿色的主要品种。具有极强的着色力和优异的耐候性、耐热性、耐
溶剂性、耐酸碱性，且色泽鲜艳，极易扩散和加工研磨，是一种性能优良的高级有机颜料。

酞菁颜料广泛用于印刷油墨、涂料、绘画水彩、涂料印花浆以及橡胶、塑料制品的
着色。

酞菁是含有四个吡咯，而且具有四氮杂卟吩结构的化合物，结构式为：

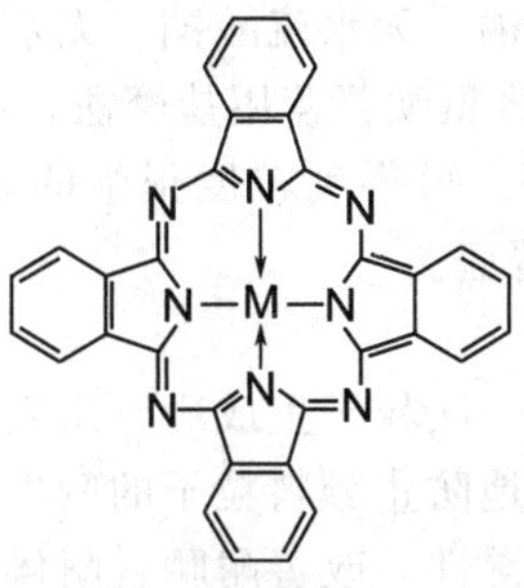

金属酞菁

酞菁的主体结构是四氮杂卟吩，其发色团共轭体系为 18 个 π 电子的环状轮烯。它在结
构上也可以说是由四个吲哚啉结合而成的一个多环平面型分子，金属酞菁中的金属原子位于
对称中心。

最常见的金属酞菁是铜酞菁、钴酞菁、镍酞菁，其中铜酞菁最为重要。酞菁蓝、酞菁绿
为常用品种。酞菁蓝主要成分是细结晶的铜酞菁。酞菁绿是多卤代铜酞菁，如 C. I. 颜料绿
7(C. I. 74260) 就是有 14 个氯代的铜酞菁。

酞菁的传统工业制法有邻苯二腈法和苯酐-尿素法两种。苯酐-尿素法是在钼酸铵存在
下，在硝基苯或三氯苯中，由邻苯二甲酸酐与尿素和铜盐反应。反应的过程可能为：

$$NH_2CONH_2 \longrightarrow HN{=}C{=}O + NH_3$$

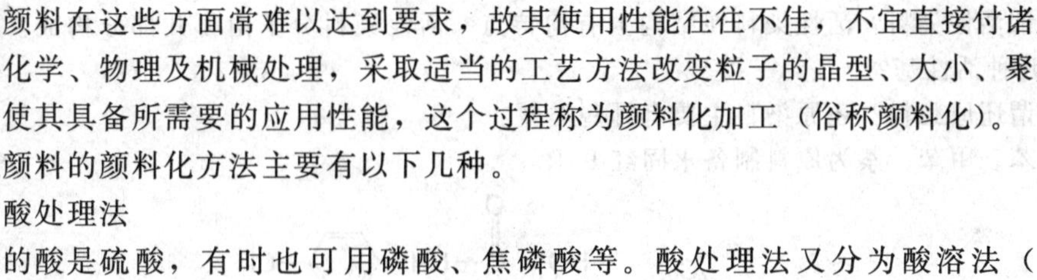

3.5.3 有机颜料的颜料化

有机颜料粒子的大小、晶型、表面状态、聚集方式等，对颜料的使用性能有相当大的影
响。粗制颜料在这些方面常难以达到要求，故其使用性能往往不佳，不宜直接付诸应用。经
过一系列化学、物理及机械处理，采取适当的工艺方法改变粒子的晶型、大小、聚集态和表
面状态，使其具备所需要的应用性能，这个过程称为颜料化加工（俗称颜料化）。

有机颜料的颜料化方法主要有以下几种。

（1）酸处理法

常用的酸是硫酸，有时也可用磷酸、焦磷酸等。酸处理法又分为酸溶法（acid pas-
ting）、酸胀法（acid swelling），主要用于酞菁颜料。

酸溶法：将粗酞菁蓝溶解于浓硫酸（>95%）中，使其生成硫酸盐，然后用水稀释，煮
沸，这时硫酸盐分解析出铜酞菁的微细晶体。

酸胀法：将粗酞菁蓝溶解于低浓度的硫酸中（70%～76%），粗酞菁蓝不溶解，只能生

成细结晶的铜酞菁硫酸悬浮液，然后用水稀释，使酞菁蓝析出。

（2）溶剂处理法

基本原理是使颜料在溶剂中溶解，再结晶。将粉状或膏状的半成品颜料加入到有机溶剂中，在一定温度下搅拌，使颜料粒子增大，晶型稳定。此法常用于偶氮颜料。所用溶剂一般为极性有机溶剂。常用的有机溶剂为 DMF、DMSO、吡啶、喹啉、N-甲基吡咯烷酮、甲苯、二甲苯、氯苯、二氯苯等。溶剂的选择和颜料化条件要根据不同的颜料在实践中进行优选。

（3）盐磨法

又称机械研磨法，是用机械外力，将颜料与无机盐一起研磨，使晶型发生改变，无机盐作为助磨剂。常用的无机盐有氯化钠、无水硫酸钠、无水氯化钙。研磨时也可以加少量有机溶剂（如二甲苯、DMF）。例如，将粗酞菁用盐磨法，酞菁与无水氯化钙之比为 2：3，于 60～80℃下用立式搅拌球磨机研磨，可得到粒度很细的 α 型铜酞菁蓝。如果加入有机溶剂（甲苯或二甲苯）则得到 β 型铜酞菁蓝。

（4）表面处理法

颜料的表面处理，就是在颜料一次粒子生成后，用表面活性剂将粒子包围起来，把易凝集的活性点钝化，这样就可以有效地防止颜料粒子的凝集，改变界面状况，调节粒子表面的亲油、亲水特性，增加粒子的易润湿性，改善耐晒、耐候性能。

最重要的添加剂有松香皂及松香衍生物、脂肪胺、酰胺。

颜料化包含着十分丰富的理论和实践内容，同一化学结构的颜料，如果颜料化加工方法不同，其使用性能可能会出现相当大的差异。

复习思考题

1. 光和色间有什么关系？染料的发色理论有哪些？简述各理论要点。

2. 有机染料按化学结构分为哪几类？按功能应用分为哪几类？

3. 什么是重氮化反应？什么是偶合反应？简述影响重氮化反应和偶合反应的主要因素。

4. 写出由 J-酸 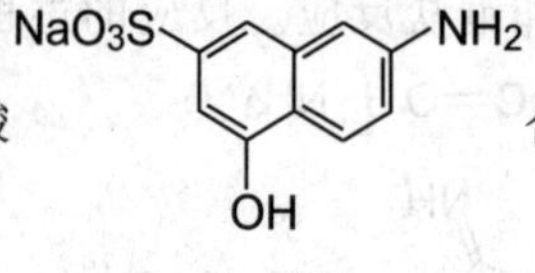
合成染料直接橙 S 的反应式。

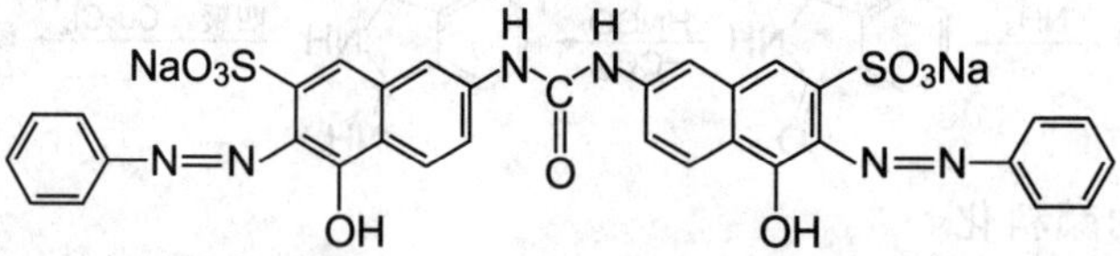

5. 何谓冰染染料？何谓色基和色酚？

6. 何谓活性染料？活性染料在结构上有何特点？活性染料分子由哪几部分构成？活性染料主要有哪几种活性基？

7. 何谓还原染料？还原染料主要有哪些类型？

8. 以苯、甲苯、萘为原料制备永固红 F4R。

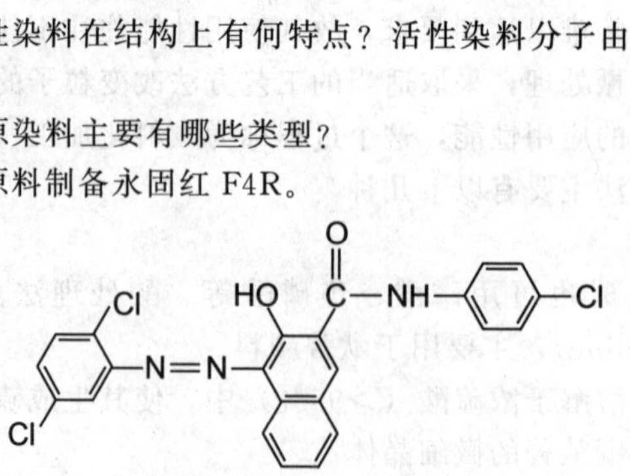

永固红F4R

9. 颜料为什么要经过颜料化处理？颜料化处理的方法有哪些？

10. 查阅资料，谈谈你对染料绿色化的重要性的看法。

参 考 文 献

［1］ 赵德丰，程侣柏，姚蒙正，高建荣编著. 精细化学品合成化学与应用. 北京：化学工业出版社，2001.

［2］ 曾繁涤主编. 精细化工产品及工艺学. 北京：化学工业出版社，1997.

［3］ 赵雅琴，魏玉娟编著. 染料化学基础. 北京：中国纺织出版社，2006.

［4］ 陈荣圻. 绿色染化料的开发和应用. 印染，2006，6：45-48，7：44-48，8：48-52.

［5］ 杨松杰，田禾. 有机光致变色材料的研究进展. 化工学报，2003，54（4）：497-507.

第4章 胶 黏 剂

4.1 概 述

4.1.1 胶黏剂及其发展概况

胶黏剂是一种靠界面作用（化学力或物理力）把各种固体材料牢固地粘接在一起的物质，又叫粘接剂或胶合剂，简称"胶"。

胶黏剂的应用领域非常广泛，涉及建筑、包装、航天航空、电子、汽车、机械设备、医疗卫生、轻纺等国民经济的各个领域。

早期人们主要使用天然胶黏剂。20 世纪 30 年代，从酚醛树脂开始进入合成胶黏剂时代，目前世界合成胶黏剂品种已达 5000 余种，总产量超过 1000 万吨，销售额年均增长 5%。产量中水系胶占 45%，热熔胶占 20%，溶剂胶占 15%，反应型胶占 10%，其他 50%。

近年来，为适应工农业生产和日常生活对胶接技术的需要，胶黏剂新品种发展迅速，出现了一些快固化、单组分、高强度、耐高温、无溶剂、低黏度、不污染、省能源、多功用等各具特点的胶黏剂。在合成胶黏剂方面，利用分子设计开发高性能品种，采用接枝、共聚、掺混、互穿网络聚合物等技术改善胶黏剂的性能。

4.1.2 胶黏剂的分类

（1）按基料的化学成分分类

可将胶黏剂分为三大类型：天然材料、合成高分子材料、无机材料。

① 天然材料　动物胶：骨胶、皮胶等。

植物胶：淀粉、糊精、阿拉伯树胶、天然树脂胶、天然橡胶等。

矿物胶：矿物蜡、沥青。

② 合成高分子材料包括合成树脂型，合成橡胶型和复合型三大类。

合成树脂型又分热塑型和热固型。热塑型有烯类聚合物（聚醋酸乙烯酯、聚乙烯醇、聚氯乙烯、聚异丁烯）、聚醚、聚酰胺、聚丙烯酸酯等。热固型有环氧树脂、酚醛树脂、三聚氰胺-甲醛树脂等。

合成橡胶型主要有氯丁橡胶、丁苯橡胶、丁腈橡胶等。

复合型主要有酚醛-丁腈胶、酚醛-氯丁胶、酚醛-聚氨酯胶、环氧-丁腈胶等。

③ 无机材料有热熔型如焊锡、玻璃陶瓷等，水固型如水泥、石膏等，硅酸盐型及磷酸盐型。

（2）按形态、固化反应类型分类

胶黏剂按其形态可分为溶剂型、乳液型、反应型（热固化、紫外线固化、湿气固化等）、热熔型、再湿型以及压敏型（即黏附剂）等。

① 溶剂（分散剂）型　有溶液型和水分散型。溶液型包括有机溶剂型如氯丁橡胶、聚醋酸乙烯酯，水溶剂型如淀粉、聚乙烯醇；水分散型如聚醋酸乙烯酯乳液。

这类黏合剂随着溶剂（分散剂）的挥发而固化后，产生粘接力。一般不伴随化学反应。

② 反应型　包括一液型和二液型。

一液型有热固型（环氧树脂、酚醛树脂），湿气固化型（氰基丙烯酸酯、烷氧基硅烷、尿烷），厌氧固化型（丙烯酸类），紫外线固化型（丙烯酸类、环氧树脂）；二液型有缩聚反应型（尿素、酚），加成反应型（环氧树脂、尿烷），自由基聚合型（丙烯酸类）。这类黏合剂因发生化学反应而固化，因内聚力的提高而产生粘接力。一液型胶黏剂是主成分受热、湿气、光等刺激之后反应。而二液型胶黏剂是将主剂和固化剂混合后（或进一步加热）而产生固化反应。

③ 热熔型　是一种以热塑性塑料为基体的多组分混合物，如聚烯类、聚酰胺、聚酯。室温下为固态或膜状，加热到一定温度后熔融成为液态，涂布、润湿被粘物后，经压合、冷却，在几秒钟甚至更短时间内即可形成较强的粘接力。

④ 压敏型（黏附剂）　有可再剥离型（橡胶、丙烯酸类、聚硅氧烷）和永久黏合型。在室温条件下有黏性，只加轻微的压力便能黏附。

⑤ 再湿型　包括有机溶剂活性型和水活性型（淀粉、明胶、聚乙烯醇）。在牛皮纸等上面涂敷胶黏剂并干燥，使用时用水和溶剂湿润胶黏剂，使其重新产生黏性。

4.1.3　胶黏剂的组分及其作用

胶黏剂主要由基料、固化剂和促进剂、偶联剂、稀释剂、填料、增塑剂与增韧剂及其他组分（添加剂）组成。

① 基料　是胶黏剂的主要成分，大多为合成高聚物，起黏合作用，要求有良好的黏附性与湿润性。

② 固化剂和促进剂　固化剂是胶黏剂中最主要的配合材料，它直接或者通过催化剂与主体聚合物反应，固化结果是把固化剂分子引进树脂中，使分子间距离、形态、热稳定性、化学稳定性等都发生明显的变化，使树脂由热塑型转变为网状结构。促进剂是一种主要的配合剂，它可加速胶黏剂中主体聚合物与固化剂的反应，缩短固化时间、降低固化温度。

③ 偶联剂　能与被粘物表面形成共价键使粘接界面坚固。

④ 稀释剂　用于降低胶黏剂的黏度，增加流动性和渗透性。分非活性和活性稀释剂。非活性稀释剂一般为有机溶剂，如丙酮、环己酮、甲苯、二甲苯、正丁醇等。活性稀释剂是能参加固化反应的稀释剂，分子端基带有活性基团，如环氧丙烷苯基醚等。

⑤ 填料　无机化合物如金属粉末、金属氧化物、矿物等。改善树脂的某些性能，例如可降低树脂固化后的收缩率和膨胀系数，提高胶接强度和耐热性，增加机械强度和耐磨性等。

⑥ 增塑剂与增韧剂　增塑剂一般为低黏度、高沸点的物质，如邻苯二甲酸二丁酯、邻苯二甲酸二辛酯、亚磷酸三苯酯等，因而能增加树脂的流动性，有利于浸润、扩散与吸附，能改善胶黏剂的弹性和耐寒性。增韧剂是一种带有能与主体聚合物起反应的官能团的化合物，在胶黏剂中成为固化体系的一部分，从而改变胶黏剂的剪切强度、剥离强度、低温性能与柔韧性。

⑦ 其他组分　添加剂、防老化剂、防霉变剂、阻聚剂、阻燃剂、着色剂等。

4.1.4　胶黏剂的黏合理论简介

① 机械锚合理论　该理论认为，粘接力是因为胶黏剂渗入被黏合物质的表面，填满凹凸不平的表面，固化后，因内聚力的上升而产生黏合力。

② 吸附理论　该理论认为，当黏合剂分子充分润湿被粘物表面并与之良好接触，分子之间的间距小于 0.5nm 时，分子间产生相互吸引力，这种力主要是范德华力即分子间作用力，这种吸附不仅有物理吸附，有时也存在着化学吸附，正是这种吸附力产生了粘接。

③ 扩散理论　该理论认为，聚合物之间的粘接力主要来源于扩散作用，即两聚合物端头或链节相互扩散，导致界面消失并产生过渡区。橡胶的自黏合现象，乳液微球成膜时的相互融合现象就属于这种扩散现象。但是，被黏合体是金属或玻璃时，就难以发生这种现象。

该理论最适合聚合物之间的粘接。胶黏剂和被粘物的溶解度参数越接近，扩散作用越强，由扩散作用导致的粘接力也越高。

④ 静电理论　该理论认为，胶黏剂与被粘物接触时，在界面两侧会形成双电层，从而产生静电引力。在聚合物与金属粘接方面，静电理论占有一定地位。

4.2　典型高分子胶黏剂的合成原理及工艺

4.2.1　热固性高分子胶黏剂——三醛胶

三醛胶是指酚醛树脂、脲醛树脂、聚氰胺甲醛树脂等胶黏剂。主要用于木材加工行业。

4.2.1.1　三醛胶的合成原理

（1）脲醛树脂

尿素（脲）与甲醛在碱性或酸性催化剂作用下缩合成初期脲醛树脂，再在固化剂或助剂作用下，形成不溶解、不熔融的末期树脂。

$$H_2N-\overset{\overset{\text{O}}{\|}}{C}-NH_2 + H-\overset{\overset{\text{O}}{\|}}{C}-H \longrightarrow \begin{cases} H_2N-\overset{\overset{\text{O}}{\|}}{C}-NHCH_2OH \\ \\ HOH_2CHN-\overset{\overset{\text{O}}{\|}}{C}-NHCH_2OH \end{cases} \xrightarrow{-H_2O}$$

$$\left[\overset{\text{H}}{\underset{}{N}}-\overset{\overset{\text{O}}{\|}}{C}-NHCH_2 \right]_n OH \quad n=7\sim10 \quad 初期脲醛树脂$$

在弱酸性条件下，还会发生分子内脱水，生成次甲基脲，反应式为：

$$H_2N-\overset{\overset{\text{O}}{\|}}{C}-NHCH_2OH \xrightarrow{-H_2O} H_2N-\overset{\overset{\text{O}}{\|}}{C}-N=CH_2$$

次甲基脲可作为亲电中心与脲发生亲核加成反应，形成初期聚合物，反应式为：

$$H_2N-\overset{\overset{\text{O}}{\|}}{C}-\overset{+}{N}H_2 + H_2C=N-\overset{\overset{\text{O}}{\|}}{C}-NH_2 \longrightarrow H_2N-\overset{\overset{\text{O}}{\|}}{C}-NHCH_2NH-\overset{\overset{\text{O}}{\|}}{C}-NH_2$$

另外，在脲醛树脂中还存在醚键：

$$H_2N-\overset{\overset{\text{O}}{\|}}{C}-NHCH_2OH + HOH_2CHN-\overset{\overset{\text{O}}{\|}}{C}-NHCH_2OH \xrightarrow{-H_2O}$$

$$H_2N-\overset{\overset{\text{O}}{\|}}{C}-NHCH_2O-CH_2NH-\overset{\overset{\text{O}}{\|}}{C}-NHCH_2OH$$

脲醛树脂的特点：有较高的胶合强度，较好的防水、耐污染、耐腐蚀性，但不耐浓酸和浓碱，易于老化。

（2）酚醛树脂

酚醛树脂是由酚（多为苯酚，也可为其他的酚，如甲酚、二甲酚、间苯二酚等）与醛（一般为甲醛，也可以是乙醛或糠醛等）在酸性或碱性条件下缩合而成。

热固性酚醛树脂的合成如下。

首先，由甲醛的水溶液和苯酚在氢或碳酸钠等碱的催化下，加热反应到一定程度后加酸调节至略呈酸性终止反应，再真空脱水制成甲阶预聚体。

在氢氧化钠、碳酸钠、氨水、氢氧化钡等碱作催化剂条件下，发生反应：

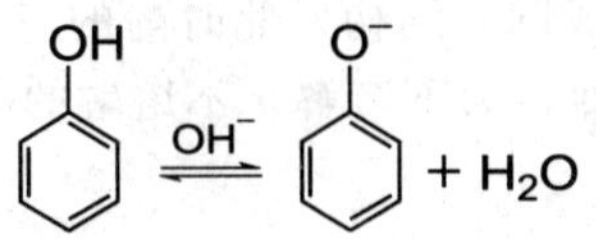

结果芳环上电子云密度增大，加强了苯酚被甲醛进攻的能力。反应分为两步进行：

① 加成反应　苯酚与甲醛起始进行加成反应，生成多羟基酚，产物为单元酚醇与多元酚醇的混合物。

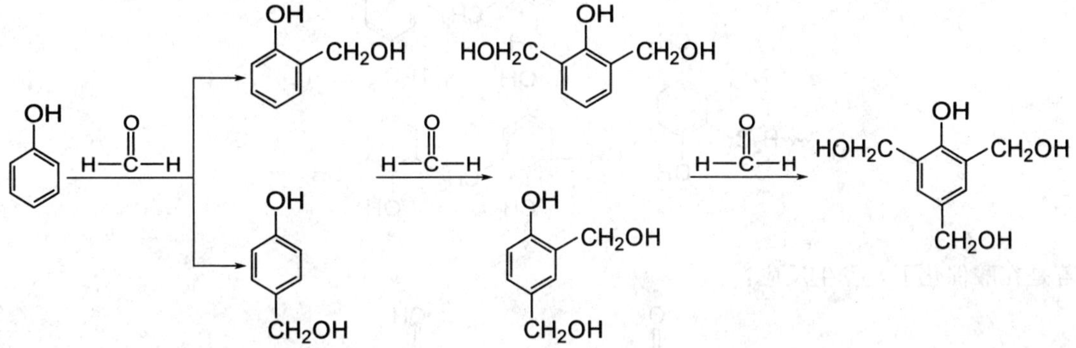

② 羟甲基的缩合反应：

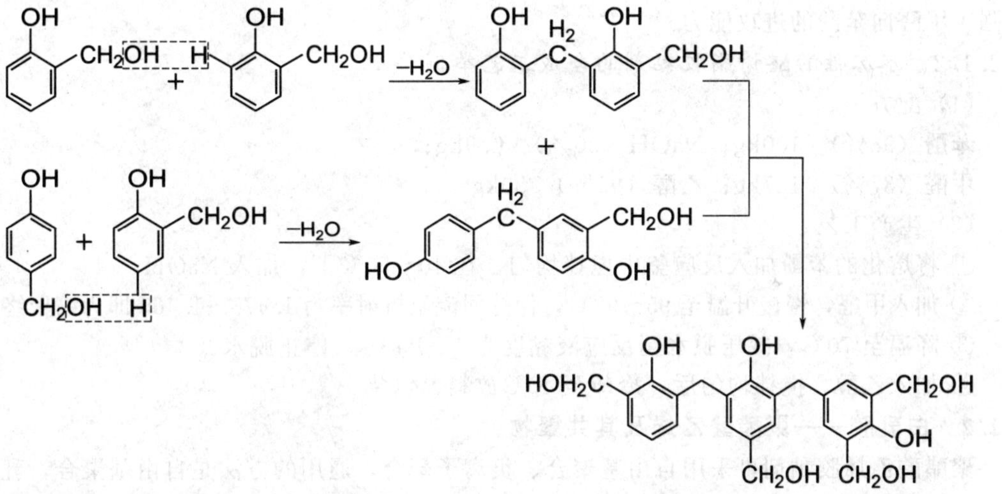

这些酚醇混合物能溶解于乙醇、丙酮或碱水溶液中，称为可溶性酚醛树脂——A 阶（段）树脂。

将 A 阶（段）树脂继续加热，成为固体，在碱液中不溶解，在丙酮中不能溶解而能溶胀，称为半溶酚醛树脂——B 阶（段）树脂，其分子结构比可溶性酚醛树脂复杂得多，分子链产生支链，酚已经在充分地发挥其潜在的三官能作用，这种树脂的热塑性较可溶性酚醛树脂差。

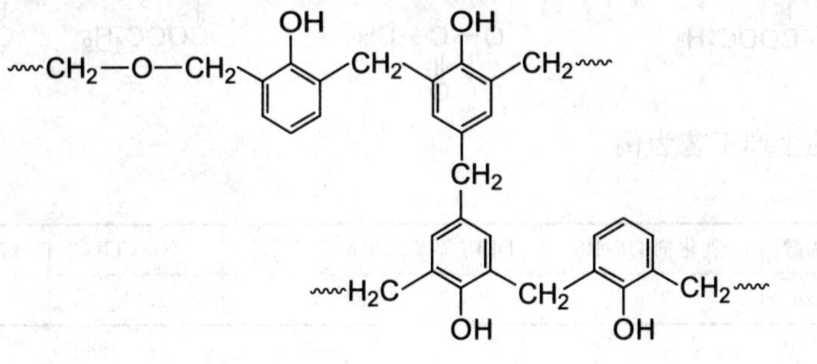

继续加热 B 阶（段）树脂生成网状结构，此时酚的三个官能团位置已全部发生了作用，完全硬化，失去其热塑性及可溶性，为不溶解、不熔融的固体物质，这种树脂称为不溶性酚醛树脂——C 阶（段）树脂。

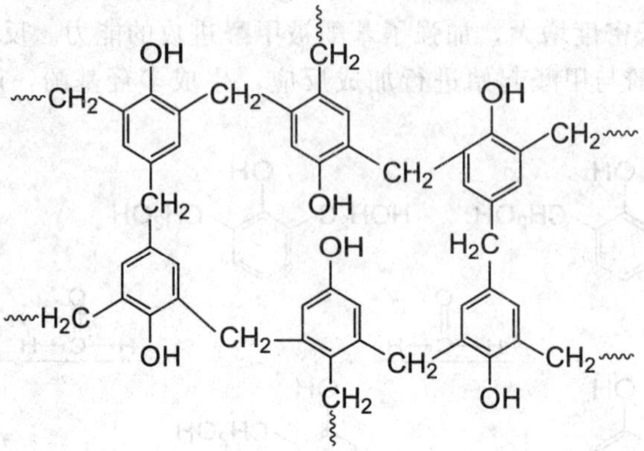

若是在酸催化下，发生反应：

加强了甲醛向苯酚的进攻能力。

4.2.1.2 水溶性酚醛树脂胶黏剂的合成工艺举例

（1）配方

苯酚（98%） 100kg；NaOH（30%） 6.9kg；

甲醛（37%） 127kg；乙醇（95%） 50kg

（2）生产工艺

① 将熔化的苯酚加入反应釜中搅拌均匀，在 40～50℃下，加入 NaOH；

② 加入甲醛，慢慢升温至 95～98℃，保持回流至折射率为 1.478～1.465 即为缩聚终点；

③ 降温至 70℃，减压脱水至反应液黏度为 1.4Pa·s，停止脱水；

④ 加入乙醇，搅拌均匀后，冷却至 40℃放料、包装。

4.2.2 白乳胶——聚醋酸乙烯及其共聚物

聚醋酸乙烯胶黏剂可采用自由基聚合、负离子聚合，通用的方法是自由基聚合，乳液聚合方法最为常用。常用引发剂为 $(NH_4)_2S_2O_7$，$K_2S_2O_7$ 等水溶性引发剂。

聚醋酸乙烯共聚物胶黏剂的制备：将醋酸乙烯与一种或多种不饱和单体进行共聚生成接枝及互穿网络的共聚物胶黏剂，改变普通 PVAc 乳液的性质，如 PVAc-PBA（醋酸乙烯与丙烯酸丁酯共聚）。

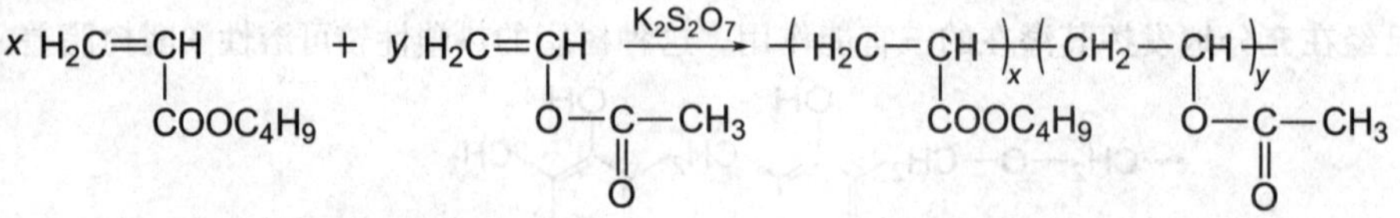

以白乳胶的生产工艺为例。

（1）配方

醋酸乙烯	聚乙烯醇	乳化剂 OP-10	DBP(邻苯二甲酸二丁酯)	Na₂CO₃	(NH₄)₂S₂O₇	水
710kg	62.5kg	8kg	80kg	2.2kg	1.43kg	636kg

（2）生产工艺

① 将部分水和 PEG 加入反应釜中，加热搅拌使 PEG 充分溶解；

② 加入剩余的水，OP-10，100 份单体及 10%的 $(NH_4)_2S_2O_7$ 水溶液 5.5kg，慢慢升温至 75～78℃；

③ 在 3～5h 内滴加完剩余的单体及 10%的 $(NH_4)_2S_2O_7$ 水溶液，保温反应约 30min；

④ 降温至 50℃，加入 10%的 DBP，搅拌均匀，降温至 40℃后出料，包装。

4.2.3　聚氨酯胶黏剂

在主链上含有氨基甲酸酯基（NHCOO—）的胶黏剂称为聚氨酯胶黏剂。由于结构中含有极性基团—NCO，提高了对各种材料的粘接性，能常温固化，并具有很高的反应性。胶膜坚韧，耐冲击，耐低温，耐磨，耐油，广泛用于粘接金属、木材、塑料、皮革、陶瓷、玻璃等。

(1) 生产工艺

一般按如下流程进行生产：

nHOOC
COOH
+ (n + 1) HO
OH
缩聚
聚酯多元醇
加入二异氰酸酯
OCN
NCO
或 OCN
NCO
聚氨酯树脂
加入溶剂(如丙酮,丁酮)、助剂
聚氨酯胶黏剂

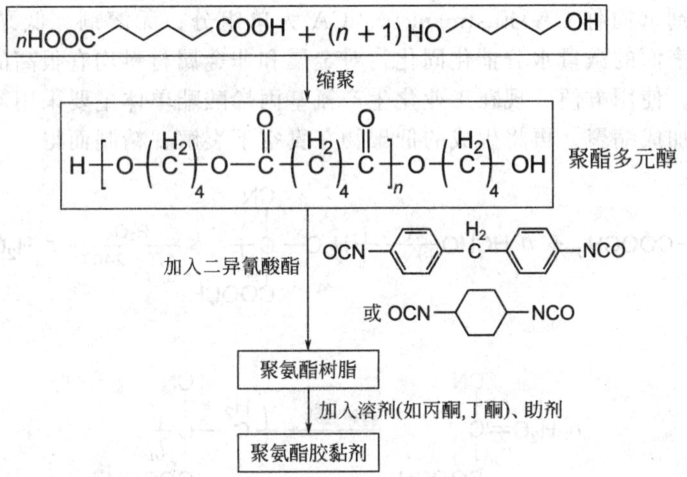

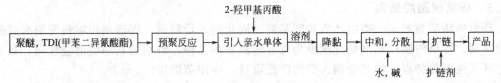

(2) 聚氨酯乳液胶黏剂

水性胶黏剂是以水为基本介质，具有不燃烧、气味小、不污染环境、节能、易操作加工等优点。

合成自乳化聚氨酯乳液胶黏剂的生产工艺流程如下：

2-羟甲基丙酸
聚醚，TDI(甲苯二异氰酸酯)
预聚反应
引入亲水单体
溶剂
降黏
中和，分散
扩链
产品
水，碱
扩链剂

4.2.4　丙烯酸系胶黏剂

官能团单体：丙烯酸，甲基丙烯酸，丙烯酰胺，甲基丙烯酰胺，*N*-羟甲基丙烯酰胺，甲基丙烯酸羟乙酯或羟丙酯，丙烯酸缩水甘油酯等。氨基树脂、环氧树脂和含羟基聚合物可以作为这类多官能团聚合物的共反应树脂。

(1) 溶液型聚丙烯酸胶黏剂的合成

以 BS—3 胶黏剂为例，BS—3 胶黏剂的主要成分为甲基丙烯酸甲酯-苯乙烯-氯丁橡胶接枝共聚物。

单体：甲基丙烯酸甲酯，苯乙烯，氯丁橡胶（聚氯丁二烯）。

溶剂：乙酸乙酯＋汽油。

引发剂：偶氮二异丁腈（AIBN）。

合成工艺：将单体用溶剂溶解，将引发剂溶液滴入单体溶液中，加热，80℃下保温 1h，再在 88~90℃下共聚反应 2h。加入交联剂 370# 不饱和聚酯和促进剂环烷酸钴，搅拌均匀，即得 BS-3 胶黏剂。

（2）乳液型聚丙烯酸胶黏剂的合成

丙烯酸酯进行乳液聚合的组成包括单体、水、乳化剂、水溶性引发剂、交联剂和改性剂等。合成一般分两步进行。①单体乳化：将单体如丙烯酸甲酯、丙烯酸丁酯、醋酸乙烯酯，交联剂如 N-羟甲基丙烯酰胺，乳化剂包括阴离子型和非离子型表面活性剂（聚乙二醇烷基苯基醚和烷基硫酸酯复合乳化剂），改性剂如环氧树脂等和水加入到反应釜中，高速搅拌乳化。②聚合：加入溶有引发剂和引发促进剂的水溶液，在氮气保护下加热反应聚合 2h。

（3）α-氰基丙烯酸系胶黏剂

α-氰基丙烯酸系胶黏剂俗称"万能胶"，市场上出售的 501 胶、502 胶、504 胶就属于该系列。1958 年美国 Eastman Kodark 公司首先研发成功以 α-氰基丙烯酸甲酯为主成分的 α-氰基丙烯酸酯胶黏剂（简称 CA）Eastman910。CA 为单组分、无溶剂、低黏度的无色透明液体，在室温材料表面的微量水分催化固化，对金属和非金属材料均有很高的粘接强度，可用手工或机械施工，使用方便。现在工业化生产氰基丙烯酸酯单体主要采用氰基乙酸酯与甲醛在碱性催化剂下加成缩聚，再将生成的低聚物在真空下裂解、精制而得。

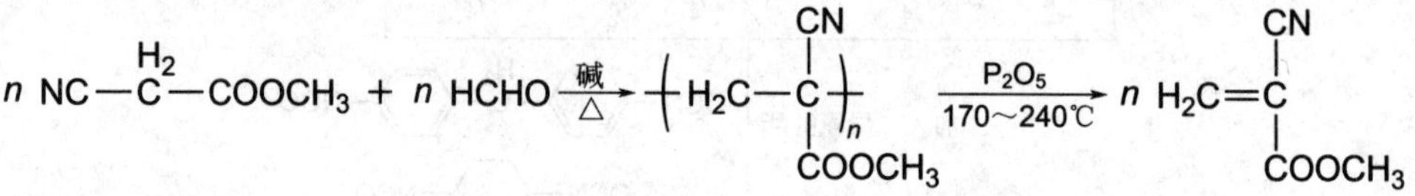

$$n\ NC-\underset{H_2}{C}-COOCH_3 + n\ HCHO \xrightarrow[\triangle]{\text{碱}} \left[H_2C-\underset{COOCH_3}{\overset{CN}{C}}\right]_n \xrightarrow[170\sim240℃]{P_2O_5} n\ H_2C=\underset{COOCH_3}{\overset{CN}{C}}$$

聚合粘接：

$$n\ H_2C=\underset{COOCH_3}{\overset{CN}{C}} \xrightarrow{\text{弱碱或水}} \left[\underset{C}{\overset{H_2}{C}}-\underset{COOCH_3}{\overset{CN}{C}}\right]_n$$

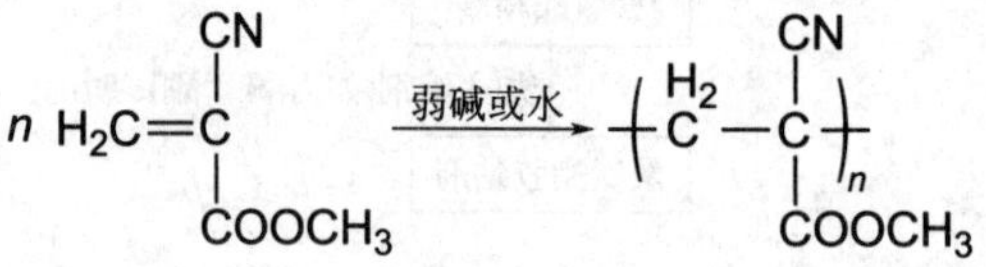

助剂：稳定剂如 SO_2、P_2O_5、对甲苯磺酸、乙酸铜等，阻聚剂如对苯二酚，增稠剂如聚甲基丙烯酸甲酯（PMMA），增塑剂如磷酸三甲酚酯、DBP（邻苯二甲酸二丁酯）、DOP（邻苯二甲酸二异辛酯）等。还可以引入弹性填料，如丙烯酸的共聚物，增加其韧性。

4.2.5 环氧树脂胶黏剂

环氧树脂胶黏剂是一类由环氧树脂基料、固化剂、稀释剂、促进剂和填料配制而成的工程胶黏剂。环氧树脂胶黏剂是性能极为优异的胶黏剂品种，特别是它环境适应性强、黏着力强、环保性好等特点，使其受到人们的广泛重视，应用范围极广。

与其他类型的胶黏剂比较，环氧树脂胶黏剂具有以下优点：

① 环氧树脂含有多种极性基团和活性很大的环氧基，因而与金属、玻璃、水泥、木材、塑料等多种极性材料，尤其是表面活性高的材料具有很强的粘接力，同时环氧固化物的内聚强度也很大，所以其胶接强度很高。

② 环氧树脂固化时基本上无低分子挥发物产生。胶层的体积收缩率小，约为 1%~2%，是热固性树脂中固化收缩率最小的品种之一。加入填料后可降到 0.2% 以下。环氧固化物的线胀系数也很小。因此内应力小，对胶接强度影响小。加之环氧固化物的蠕变小，所以胶层的尺寸稳定性好。

③ 环氧树脂、固化剂及改性剂的品种很多，可通过合理而巧妙的配方设计，使胶黏剂具有所需要的工艺性（如快速固化、室温固化、低温固化、水中固化、低黏度、高黏度等），

并具有所要求的使用性能（如耐高温、耐低温、高强度、高柔性、耐老化、导电、导热等）。

④ 与多种有机物（单体、树脂、橡胶）和无机物（如填料等）具有很好的相容性和反应性，易于进行共聚、交联、共混、填充等改性，以提高胶层的性能。

环氧树脂胶黏剂配方组成：主要由环氧树脂、固化剂及辅助材料组成。

① 环氧树脂　环氧树脂是一个分子中含有两个以上环氧基团的高分子化合物的总称。不能单独使用，只有和固化剂混合后才能固化交联成热固性树脂，起到粘接作用。环氧树脂的种类很多，可以根据需要选用，几种黏度不同的树脂混合使用可获得综合性能较好的胶液。

② 固化剂　固化剂种类也很多，有胺类（如乙二胺、三亚甲基四胺、低分子量聚酰胺）及改性胺类（如 593 固化剂等）固化剂，酸酐类（如 70 酸酐等）固化剂，聚硫醇固化剂，聚合物型（如脲醛树脂、酚醛树脂等）固化剂，潜伏型固化剂等。若按固化温度可分为室温固化剂、中温固化剂和高温固化剂。

③ 促进剂　常用的促进剂有 DMP-30、苯酚、脂肪胺、2-乙基-4-甲基咪唑等，各种促进剂都有一定的选择范围，应加以选择。

④ 稀释剂　非活性稀释剂有丙酮、甲苯、乙酸乙酯、正丁醇等，加入量为树脂质量的 5%～10%。另一种为参与固化反应的稀释剂——活性稀释剂，常用的有环氧丙烷丁基醚、环氧丙烷苯基醚、二缩水甘油醚等，用量不超过环氧树脂的 20%。

⑤ 增塑剂　增加树脂的流动性，降低树脂固化后的脆性，并能提高抗弯和冲击强度。常用的有邻苯二甲酸二丁酯（DBP）、邻苯二甲酸二辛酯（DOP）、亚磷酸三苯酯等。加入热塑性聚酰胺、聚氨酯、丁腈橡胶、端羧基丁腈橡胶、聚硫橡胶等，也可以改善环氧树脂的脆性，增加韧性，加入量为环氧树脂质量的 5%～20%。

⑥ 填料　填料不仅能降低成本，还可以改善胶黏剂的许多性能，如降低热膨胀系数和固化收缩率，提高粘接强度、耐热性、耐磨性等，同时还可以增加胶液的黏度及改善触变性等。常用的有：石英粉，各种金属粉如铁粉，石棉粉，玻璃纤维，水泥，碳酸钙，陶土，滑石粉，石墨，白炭黑，改性白土等。

复习思考题

1. 合成高分子胶黏剂有哪些类型？
2. 胶黏剂按形态分为哪些类型？
3. 胶黏剂的主要组成成分有哪些，各起什么作用？
4. 胶黏剂的黏合理论有哪些？
5. 脲醛树脂和酚醛树脂分别是如何合成的？
6. 写出醋酸乙烯酯聚合反应式。白乳胶是如何制备的？
7. 举例说明溶液型聚氨酯胶黏剂的合成工艺。
8. 丙烯酸乳液胶黏剂是如何制备的？
9. 什么是聚氨酯胶黏剂？它有何特点？
10. 试述环氧树脂胶黏剂的组成及其优点。

参 考 文 献

［1］ 赵德丰，程侣柏，姚蒙正，高建荣编著. 精细化学品合成化学与应用. 北京：化学工业出版社，2001.
［2］ 曾繁涤主编. 精细化工产品及工艺学. 北京：化学工业出版社，1997.
［3］ 潘祖仁主编. 高分子化学. 第三版. 北京：化学工业出版社，2003.
［4］ 周立国，段洪东，刘伟主编. 精细化学品化学. 北京：化学工业出版社，2007：224-259.

[5] 许戈文等编著. 水性聚氨酯材料. 北京：化学工业出版社，2007.

[6] 杨明平，彭荣华，李国斌，邹晓勇. 环氧树脂结构胶粘剂的制备. 中国胶粘剂，2002，3：40-43.

[7] 严顺英，顾丽丽. 脲醛树脂的研究现状与研究前景. 化工科技，2005，13(4)：50-54.

[8] 李沛然，李树材. 室温固化耐热环氧胶粘剂的研究现状及进展. 热固性树脂，2006，21(4)：47-49.

[9] 李国斌，杨明平，彭荣华. 有机硅改性环氧结构胶的制备. 热固性树脂，2002，17(5)：17-19.

[10] 李莉，郭旭虹. 聚氨酯改性环氧树脂粘合剂. 化学与粘合，1997，2：4-6，19.

[11] 李桢林，杨蓓，范和平. 丙烯酸酯类胶粘剂研究新进展. 河南化工，2004，7：4-7.

[12] 王平华，黄璐，张斌，程文超. 丙烯酸酯共聚乳液胶粘剂的合成方法. 粘接，2006，27(2)：42-44.

[13] 张心亚，涂伟平，陈焕钦. 丙烯酸酯类共聚物乳液的研究进展. 化学工业与工程，2003，20(2)：84-89.

[14] 汪鹏飞. α-氰基丙烯酸酯胶粘剂的最新发展. 化学与粘合，1989，4：247-251.

第5章 涂 料

5.1 概 述

5.1.1 涂料的概念、作用和组成

涂料俗称油漆，是一种涂覆在物体表面并能形成牢固附着的连续薄膜的配套性工程材料。目前，各种高分子合成树脂广泛用做涂料的原料，在使用之前，是一种高分子溶液（如清漆）或胶体（色漆）或粉末，然后通过添加（或不添加）颜料、填料，调制而成。涂料的作用主要有三个方面，即保护作用、装饰作用和特殊功能作用。

① 保护作用　金属、木材等的防腐。

② 装饰作用　车辆、日用电器、设备、家具等的装饰。

③ 特殊功能作用　船体的防腐蚀和海洋生物附着、防热、防电等。

涂料组成一般包含成膜物质、溶剂、颜料或填料、助剂四个组分。

① 成膜物质　主要由树脂组成。成膜物质还包括部分不挥发的活性稀释剂，它是使涂料牢固附着于被涂物质表面上形成连续薄膜的主要物质，是构成涂料的基料，决定涂料的基本特征。

② 有机溶剂或水　分散介质。

③ 颜料和填料　主要用于涂料着色和改善涂膜性能，增强涂膜保护、装饰和防锈作用。

④ 助剂　是原料的辅助材料。如催干剂、增塑剂、固化剂、防老化剂、防霉剂、流平剂、防沉剂、防结皮剂等。

5.1.2 涂料的分类

我国1966年起采用以涂料中主要成膜物质为基础的分类方法，将涂料分为17类，并将辅助材料（稀释剂、催干剂、固化剂、脱漆剂）等列为第18类。规定了涂料命名原则，全名由颜色或颜料名称加上成膜物质名称（清漆、瓷漆、底漆等）。为了区别具体品种又规定了型号，见 GB 2705—81，1991年修订。

如按某些特定的性能通常分为：

① 按涂料的形态　固态涂料：即粉末涂料；液态涂料：溶剂型、水溶型、水乳型。

② 按涂料的特殊性能　建筑涂料、防腐涂料、汽车涂料、防锈涂料、防水涂料、保温涂料、绝缘涂料、弹性涂料等。

5.1.3 我国涂料工业的现状和发展趋势

我国目前涂料产量约为200万吨/年以上，其中工业涂料占60%，近年来国内需求量以3.4%的平均速度增长。目前全国的涂料企业发展到8000家左右，主要集中在经济发展迅速的长三角和珠三角地区，在18类涂料中，我国产量最大的品种是醇酸树脂漆，其次是酚醛树脂漆，节能低污染环保型涂料（水性涂料、粉末涂料、高固体量涂料、辐射固化涂料）比例约为26%（同类产品在北美、西欧、日本等发达国家比例已达80%左右）。我国生产的涂料主要是普通涂料，与涂料生产的发达国家有较大差距，如与立邦、ICI（英国）等在产品性能、价格方面的差距较大，建筑涂料技术已很成熟，主要是丙烯酸、环氧树脂、聚氨酯类涂料，目前主要在开发含氟、有机硅的耐候性外墙涂料及环保绿色涂料和个性化产品。海

洋、石化涂料主要是防腐、防锈、防污涂料的开发，目前有氯化橡胶、环氧富锌、环氧树脂、丙烯酸树脂等几大类。汽车涂料主要有氨基丙烯酸类、聚氨酯类，以烤漆为主。今后水溶性涂料、高固体涂料，光固化涂料是发展方向。

5.2 醇酸树脂涂料

醇酸树脂是发展最早，产量最大的合成树脂，应用广泛，价格低，适应性较强，醇酸树脂的组分和性能可以在很大范围内调整，仅仅是不同的多元醇和多元酸就能得到性能各异的树脂；而醇和酸之间官能度之比的变化可控制支化度，树脂原料中羧基之间或羟基之间碳原子数能调整树脂的柔软性等，添加改性剂可以达到改性的效果，这些特点无疑使醇酸树脂能够应用于更多的领域。

5.2.1 基本结构及合成方法

醇酸树脂的合成原料是多元醇、多元酸和单元酸（油）。其中多元醇常用甘油和季戊四醇；多元酸常用苯酐，其次是间苯二甲酸、对苯二甲酸和顺酐；单元酸常用植物油脂肪酸（如蓖麻油、松香油等）、合成脂肪酸或芳香酸（苯甲酸）等。合成反应如下。

①主链 以苯酐和甘油反应为例，由多元酸与多元醇缩聚：

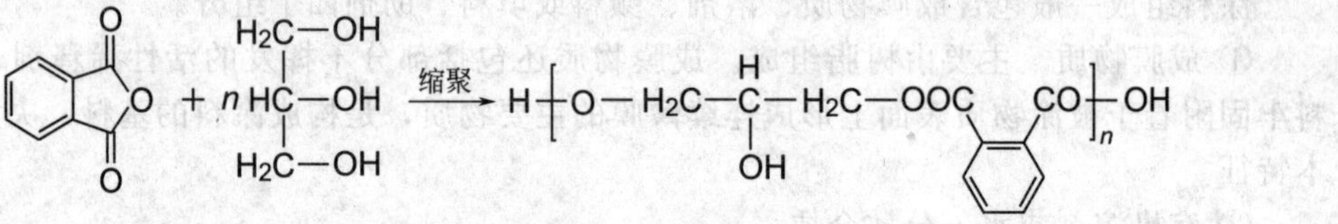

②侧链 单元脂肪酸与主链上的羟基反应：

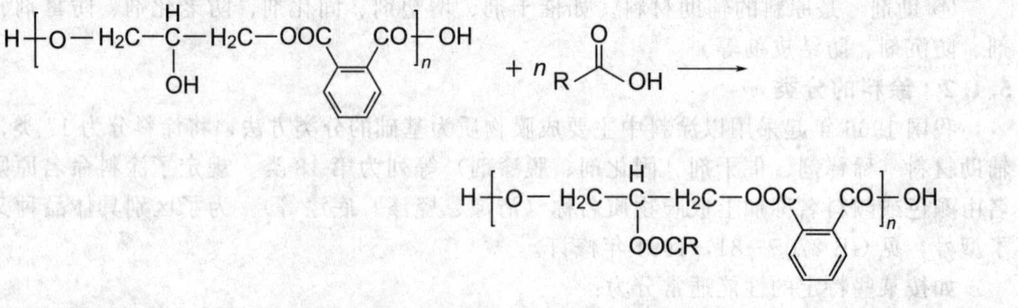

主链是强极性的，侧链的脂肪酸基主要由C—C、C=C键构成，是非极性的，整个醇酸树脂由强极性主链和非极性侧链构成。可以通过改变原料组成来调节极性，侧链含量高（油度增加），非极性比例大；侧链含量低（油度减小），极性比例增大。由于醇酸树脂这一结构特点，既可以大范围选择溶剂，又可以广泛地用极性、非极性树脂进行物理改性。

5.2.2 油度及其对醇酸树脂性能的影响

（1）油度的定义

醇酸树脂组分中油（单元脂肪酸）所占的质量分数称为油度（OL），其表示方法如下：

OL（%）＝（油的用量/树脂的理论产量）×100

＝[油的用量/（多元醇用量＋多元酸用量＋油用量－反应生成水量）]×100

醇酸树脂按油度分为短、中、长三种油度，短油度 OL（%）＝35～45；中油度 OL（%）＝45～60；长油度 OL（%）在 60 以上。

油度概念的扩展：油度的概念扩展为醇酸树脂侧链占醇酸树脂的百分含量。

（2）油度对醇酸树脂性能的影响

油度的长短对醇酸树脂的极性、溶解度、硬度、干率、耐久性、涂刷性、耐水性、流平性、光泽、保光保色性都有较大的影响。

极性和溶解度：随油度增加，醇酸树脂的非极性增大，在非极性溶剂（如脂肪烃）中的溶解度增大；反之，在极性溶剂（芳烃）中的溶解度增大。

硬度：一般随油度减小，硬度增大。

干率：中等油度的干率好。

耐久性：中等油度的室外耐久性好。

涂刷性：长油度柔性增加，涂刷性好。

耐水性：中等油度的耐水性好，若极性大则易吸水。

保光保色性：随油度减小其保光保色性得到改善。

5.2.3　羟值及其对醇酸树脂性能的影响

① 羟值的定义　将 100g 醇酸树脂中羟基的物质的量称为羟值。

② 羟值对醇酸树脂性能的影响　超量的羟基值对醇酸树脂分子链长短起调节作用。端羟基值过高对分子链起终止作用。树脂分子链中重复结构单元（链节）数与羟基超量成函数关系：

$$U=\frac{1}{r-1}$$

式中，U 为链节数；r 为 $n_{多元醇}/n_{二元酸}$（摩尔比）。

黏度随羟值增加而增大，因为羟基为极性基团，增加树脂分子间作用力。羟基与自动氧化过程中形成的过氧化氢能形成较稳定的络合物，阻止过氧化氢基分解，降低膜干燥速度。随羟值增加，涂膜保光性下降。对氨基树脂交联的不干性醇酸树脂，羟值增加，固化速度加快，硬度增加。游离羟基的存在，对涂膜耐水性、硬度、抗张强度、耐候性均有不利影响。

5.2.4　醇酸树脂涂料的生产工艺

现以醇酸磁漆为例，说明涂料生产的工艺流程。首先是制备醇酸树脂，然后与颜料碾磨，再加入各种助剂，经过调和、配色、过滤和包装等工序制备涂料，见图 5-1。

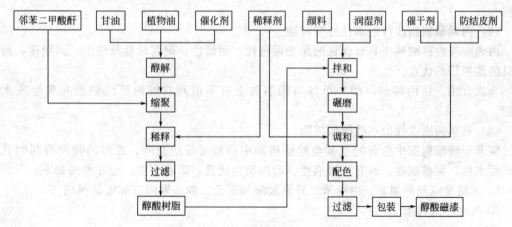

图 5-1　醇酸磁漆的生产工艺流程

5.2.5　水性醇酸树脂涂料

水性涂料大致分三种类型：水溶型，乳胶型，水分散型。由于水无毒、无味、不燃烧，因此，将水引入涂料中，既可降低成本，又可大大降低 VOC（挥发性有机物）的含量，所以水性涂料为绿色环保涂料，近年来得到迅速发展。但由于水的引入也带来了一系列的问题：比如，水的蒸发潜热大，加速干燥需要提高温度，而且水的挥发速度受相对湿度的影响很大；水的表面张力非常大，对颜料的分散和涂料的涂布都有不利影响；当水性涂料应用于金属基体时，由于水的高导电性可能引起基体腐蚀等。为了解决这些问题，往往采用在涂料中添加助溶剂、表面活性剂、还原剂等助剂的办法，而助剂的加入又可能带来不同的负面影响，所以水性涂料的配制比溶剂型涂料复杂。

醇酸树脂分子具有极性主链和非极性侧链，使其能够和许多树脂、化合物较好地相混，为进行各种物理改性提供了条件。此外，其分子上具有羟基、羧基、双键等反应性基团，可以通过化学合成的途径引入其他分子，这是对醇酸树脂进行化学改性的基础。

(1) 有机硅改性的水性醇酸树脂

涂料用有机硅树脂一般以甲基三氯硅烷（CH_3SiCl_3），二甲基二氯硅烷$[(CH_3)_2SiCl_2]$，苯基三氯硅烷（$C_6H_5SiCl_3$），二苯基二氯硅烷$[(C_6H_5)_2SiCl_2]$等为原料进行水解缩聚合制得。有机硅树脂是以 Si—O—Si 键为主链、硅原子上连接有机基团的交联型半无机高聚物。例如聚硅氧烷：

$$\text{H}-\left[\text{O}-\underset{\underset{\text{CH}_3}{|}}{\overset{\overset{\text{CH}_3}{|}}{\text{Si}}}-\text{O}-\underset{\underset{\text{CH}_3}{|}}{\overset{\overset{\text{CH}_3}{|}}{\text{Si}}}-\text{O}-\underset{\underset{\text{CH}_3}{|}}{\overset{\overset{\text{CH}_3}{|}}{\text{Si}}}\right]_n\text{OH}$$

有机硅改性醇酸树脂涂料既保留醇酸树脂涂料涂刷性好、室温固化和涂膜物理机械性能好的优点，又具有机硅树脂耐热、耐紫外线老化及耐水性好的特点，是一种综合性能优良的涂料。

最早的改性方法是将有机硅树脂直接加到反应达到终点的醇酸树脂反应釜中，通过这样简单的混合，醇酸树脂的室外耐候性大大改进。另一种改性方法是制备反应性的有机硅低聚物，用以和醇酸树脂上的自由羟基进行反应；也可将由水解法制得的有机硅预聚体与羟基封端的醇酸树脂预聚体进行共缩聚形成嵌段共聚物。例如：将有机硅中间体与三羟甲基丙烷、间苯二甲酸和脂肪酸一起反应得到一种含羟基的预聚物，然后与偏苯三酸酐反应再进行水性化。

(2) 丙烯酸树脂改性的水性醇酸树脂

丙烯酸改性醇酸树脂具有优良的保光保色性、耐候性、耐腐蚀性及快干、高硬度，而且兼具醇酸树脂的优点。

合成方法：将丙烯酸（酯）单体与脂肪酸上有不饱和双键的醇酸树脂共聚生成水性树脂。

(3) 氨基树脂改性的水性醇酸树脂

氨基甲酸酯树脂中含有的氨基与醇酸树脂中的羧基反应交联。漆膜的硬度得到明显改善，耐水性、耐酸碱性、耐有机溶剂性、耐污染性优良，附着力强。配方举例如下：

① 聚醚聚氨酯的制备：由甲苯二异氰酸酯与聚乙二醇、聚丙二醇缩聚而成。

② 改性醇酸树脂

组分	亚麻油脂肪酸	间苯二甲酸	三羟甲基丙烷	聚醚聚氨酯
质量份	40	21	24	15

③ 在 100 份上述改性醇酸树脂中加入 15 份丁基溶纤剂、25 份乙基溶纤剂后充分搅拌，

再加入 4.4 份三乙胺，在搅拌下慢慢加入 79 份水，充分混合，制得固体分为 45%，黏度 5.5Pa•s 水溶性氨基树脂改性的醇酸树脂。

5.3 丙烯酸树脂涂料

丙烯酸树脂涂料是以丙烯酸树脂为主要成膜物质的涂料。特点是涂膜外观装饰性好，有优良的耐光性和户外耐候性，保色保光，是现代装饰性涂料的主要品种，包括热塑性丙烯酸树脂和热固性丙烯酸树脂两类，最主要的用途是汽车工业，还广泛用于轻工、家用电器、卷钢材料、仪器仪表以及木材、塑料、织物、皮革和纸张等制品。丙烯酸乳胶漆是建筑涂料的主要品种。目前正向高固体份含量、水性化、无溶剂化等方向发展。

5.3.1 丙烯酸树脂的合成反应

丙烯酸树脂涂料是以（甲基）丙烯酸（酯）及苯乙烯为主的丙烯酸酯类单体为原料，在一定条件下进行自由基聚合反应。对于烯类单体，自由基加聚反应具有操作简单、易于控制、重现性好等优点。反应历程分为链引发、链增长和链终止三个基本过程，在链增长过程中还伴随着链转移。

溶剂型丙烯酸树脂聚合反应选择引发剂，一般遵循下列原则：

① 首先所选引发剂要能够溶解在反应体系中。

② 要根据聚合反应温度来选择合适的引发剂，使形成自由基的速度适中。几种常用引发剂的分解速率常数和半衰期等见表 5-1。

表 5-1 常用引发剂的半衰期、分解速率常数和最佳使用温度

引 发 剂	溶剂	结构式	温度/℃	k_d/s^{-1}	半衰期($t_{1/2}$)/h
偶氮二异丁腈(AIBN)		$H_3C-\overset{CH_3}{\underset{CN}{C}}-N=N-\overset{CH_3}{\underset{CN}{C}}-CH_3$	50	2.64×10^{-6}	73
			60.5	1.16×10^{-5}	16.6
			69.5	3.78×10^{-5}	5.1
过氧化二苯甲酰(BPO)	苯		60	2.0×10^{-6}	96
			80	2.5×10^{-5}	7.7
过氧化二碳酸二异丙酯	甲苯	$[(H_3C)_2HCOC-O]_2$	50	3.03×10^{-5}	6.4
异丙苯过氧化氢	甲苯		125	9×10^{-6}	21.4
			139	3×10^{-5}	6.4
过硫酸钾	0.1mol/L KOH	$K_2S_2O_8$	50	9.5×10^{-7}	212
			60	3.16×10^{-6}	61
			70	2.33×10^{-5}	8.3

③ 控制引发剂的浓度，常采用滴加引发剂的方式。

④ 尽量使用低毒、稳定、刺激性小的引发剂。

常用引发剂主要有两类。①过氧化物类：过氧化苯甲酰，过氧化叔丁基苯甲酰，过氧化二叔丁基，叔丁基过氧化氢。②偶氮二异丁腈。

例如，甲基丙烯酸甲酯与苯乙烯共聚，反应式如下：

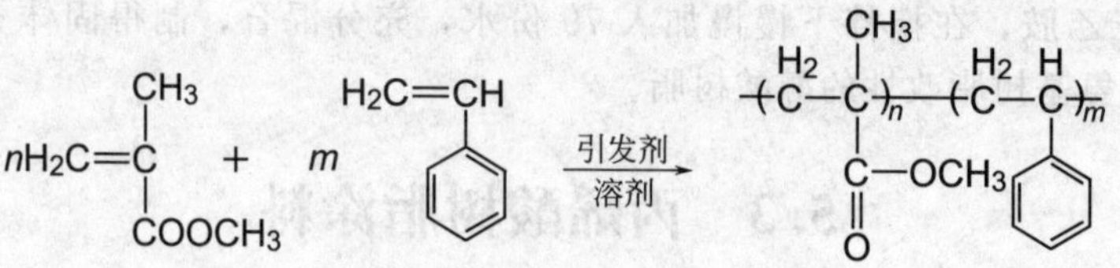

$$nH_2C=C-CH_3 + m \; H_2C=CH \xrightarrow[\text{溶剂}]{\text{引发剂}} +C-C\frac{}{}_n +C-C\frac{}{}_m$$

5.3.2 丙烯酸树脂涂料的种类、特点、典型配方和用途

（1）热塑性丙烯酸树脂

热塑性丙烯酸树脂可溶或可熔，在施工和使用过程中不再进行交联，溶剂挥发后就形成平滑光洁的膜。

热塑性丙烯酸树脂的性质，主要取决于选用单体、单体配比和相对分子质量（5000～120000）及其分布（$M_w/M_n = 2.1 \sim 2.3$）。由于树脂本身不再交联，因此用它制成的漆若不采用接枝共聚或互穿网络聚合，其性能如附着力、玻璃化温度（T_g）、柔韧性、抗冲击力、耐腐蚀性、耐热性、电性能等远不如热固性丙烯酸树脂。

热塑性丙烯酸树脂的主要优点：白色透明，极好的耐水性和耐紫外线性能。主要用做汽车面漆，外墙涂料的耐光装饰漆。

下面是一种热塑性丙烯酸树脂的配方。

单体：甲基丙烯酸甲酯（MMA）14%，苯乙烯（St）10%，丙烯酸丁酯（BA）13.6%，丙烯酸（AA）2.4%。

溶剂：甲苯（Tol）36%，乙酸乙酯（EAc）24%。

引发剂：过氧化苯甲酰（BPO）1% $W_{单体}$。

（2）热固性丙烯酸树脂

热固性丙烯酸涂料是树脂溶液的溶剂挥发后，通过加热（即烘烤），或与其他官能团（如异氰酸酯基）反应才能固化成膜。这类树脂的分子链上必须含有能进一步反应的官能团（羧基、羟基、环氧基、氨基、酰胺基等），在制漆时，与加入的氨基树脂、环氧树脂、聚氨酯树脂等树脂中的官能团反应形成网状结构。

这类树脂的主要优点有：未固化时树脂的相对分子质量较热塑性树脂低，因而溶解度好；与其他树脂的混溶性好，可制成高固体分涂料，减少环境污染；分子结构以 C—C 键为主，具有良好的耐化学性、户外耐候性，漆膜丰满，保光保色性好，过度烘烤不变色。

热固性丙烯酸树脂的官能单体和交联剂见表 5-2。

表 5-2　热固性丙烯酸树脂的官能单体和交联剂

官能团	单体	交联和交联剂
羧基	（甲基）丙烯酸	三聚氰胺-甲醛树脂,环氧树脂
羟基	（甲基）丙烯酸羟乙酯 （甲基）丙烯酸羟丙酯	多异氰酸酯,三聚氰胺-甲醛树脂
酸酐	顺丁烯二酸酐 衣糠酸酐(2-亚甲基丁二酸酐)	环氧树脂,多异氰酸酯自交联
环氧基	（甲基）丙烯酸缩水甘油酯 烷基缩水甘油醚	多元羧酸,加热催化自交联
氨基	（甲基）丙烯酸二甲氨基乙酯	自交联
酰胺基	（甲基）丙烯酰胺 顺丁烯二酰亚胺	自交联环氧树脂

热固性丙烯酸树脂最重要的应用是和氨基树脂制成氨基-丙烯酸烤漆，目前在汽车、摩托车、自行车、卷钢等产品上应用十分广泛。

5.4 聚氨酯树脂涂料

聚氨酯是聚氨基甲酸酯的简称，分子链中含有大量的氨基甲酸酯键$\left(HN-\overset{O}{\underset{\parallel}{C}}-O-R\right)$。凡是用异氰酸酯或其反应产物为原料的涂料都统称为聚氨酯涂料。聚氨酯涂料中形成的漆膜中含有酰胺基、酯基等，分子间很容易形成氢键，因此具有各种优异性能：

① 物理机械性能好，涂膜坚硬、柔韧、光亮、丰满、耐磨，附着力强。

② 耐腐蚀性能优异，耐酸，耐石油。

③ 电性能好，宜作为漆包线漆和其他电绝缘漆。

④ 施工适应范围广，可室温固化或加热固化。

⑤ 能和多种树脂混溶，可在广泛的范围内调整配方，配制成多品种、多性能涂料产品，以满足各种通用的和特殊的使用要求。

聚氨酯树脂涂料主要应用于木器、地板、电器、仪表、机械、飞机、车辆、塑料、皮革、纸张、织物等的涂装。

5.4.1 异氰酸酯的化学反应

异氰酸酯$R-\overset{\delta-}{N}=\overset{\delta+}{C}=\overset{\delta-}{O}$碳原子呈部分正电性，因此易受亲核试剂进攻。

（1）与醇或酚反应生成氨基甲酸酯

$$R-N=C=O + R'OH \longrightarrow R-HN-\overset{O}{\underset{\parallel}{C}}-O-R'$$

（2）与胺反应生成取代的脲

$$R-N=C=O + R'NH_2 \longrightarrow R-HN-\overset{O}{\underset{\parallel}{C}}-NH-R'$$

（3）与水反应，先生成胺，胺再进一步与异氰酸酯反应生成取代的脲

$$R-N=C=O + H_2O \longrightarrow R-HN-\overset{O}{\underset{\parallel}{C}}-OH \longrightarrow RNH_2 + CO_2\uparrow$$

$$R-N=C=O + RNH_2 \longrightarrow R-HN-\overset{O}{\underset{\parallel}{C}}-NH-R$$

（4）与羧酸反应生成酰胺

$$R-N=C=O + R'COOH \longrightarrow R-HN-\overset{O}{\underset{\parallel}{C}}-O-\overset{O}{\underset{\parallel}{C}}-R' \longrightarrow R-HN-\overset{O}{\underset{\parallel}{C}}-R' + CO_2\uparrow$$

（5）与氨基甲酸酯反应生成脲基甲酸酯

$$R-N=C=O + R-HN-\overset{O}{\underset{\parallel}{C}}-O-R' \longrightarrow R-HN-\overset{O}{\underset{\parallel}{C}}-\overset{R}{\underset{|}{N}}-\overset{O}{\underset{\parallel}{C}}-OR'$$

（6）自聚反应

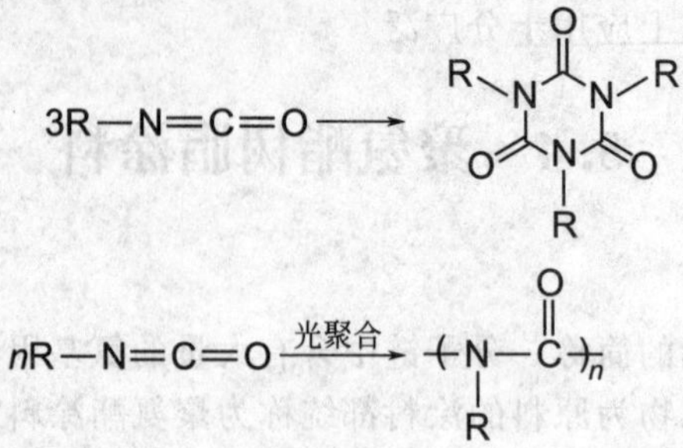

$$3R-N=C=O \longrightarrow$$

$$n R-N=C=O \xrightarrow{\text{光聚合}} \left(\begin{array}{c}O\\ \| \\ N-C \\ | \\ R\end{array}\right)_n$$

5.4.2 制备聚氨酯涂料的基本化学反应和方法

醇类和异氰酸酯作用形成氨基甲酸酯的反应，是制备聚氨酯涂料的基本化学反应，如氨酯油是由油脂、季戊四醇和二异氰酸酯合成。再就是与水反应，如潮（湿）气固化型涂料在潮湿空气中的固化。

聚氨酯涂料主要分为单组分湿固化聚氨酯涂料和双组分聚氨酯涂料。前者是含异氰酸酯基的预聚物，涂布后与空气中的湿气反应而交联固化。常用的有以聚醚或蓖麻油（含有羟基）醇解物为基础的预聚物。后者包括多羟基组分和多异氰酸酯组分，在使用前将两组分混合，羟基与异氰酸根反应而交联成膜。所采用的多羟基化合物种类很多，如聚醚、聚酯、环氧树脂和多羟基醇类。聚氨酯涂料中使用的多异氰酸酯单体常有：以芳香族异氰酸酯，脂肪族异氰酸酯，目前又发展了多功能异氰酸酯。以芳香族异氰酸酯为原料的聚氨酯涂料综合性能好、产量大、品种多、应用广，但有一个严重缺陷，其涂膜受太阳光照射后泛黄严重，易失光，耐候性较差，常应用于室内使用的深色漆。以脂肪族异氰酸酯为原料的涂料具有优良的耐候性，常用于户外使用的高档装饰涂料。多功能异氰酸酯分子结构中含有—NCO 和活泼的 C=C 双键，既可通过异氰酸酯基的反应固化，又能通过不饱和单体共聚来完成固化，形成多重交联或互穿网络聚合物涂膜，具有优异的理化性能。

芳香族异氰酸酯：

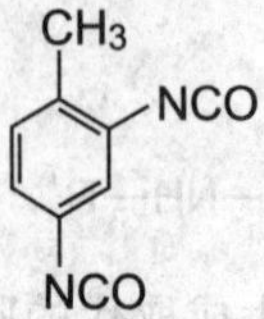

甲苯二异氰酸酯(TDA) 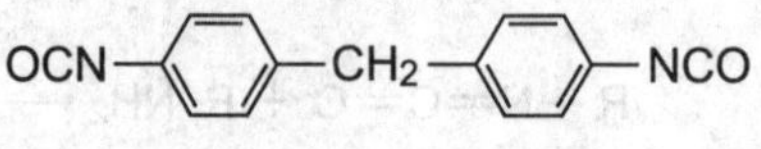　　　　　　二苯基甲烷二异氰酸酯(MDI)

脂肪族异氰酸酯：

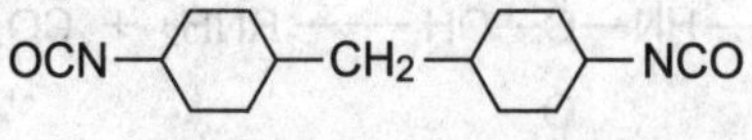

二环己基甲烷二异氰酸酯(HMDI) 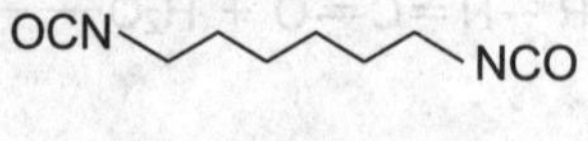　　　　六亚甲基二异氰酸酯(HDI)

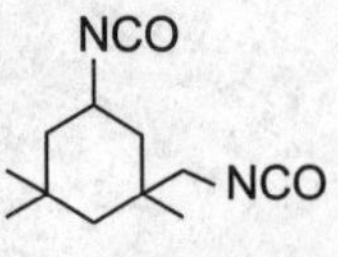

异佛尔酮二异氰酸酯(IPDI) 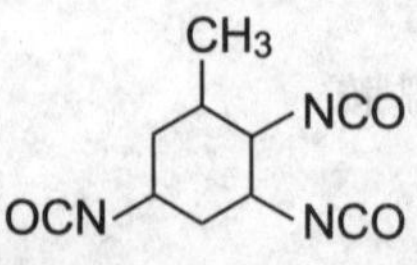　　3-异氰酸酯基-1-甲基环己基二异氰酸酯(IMIC)

多功能异氰酸酯：

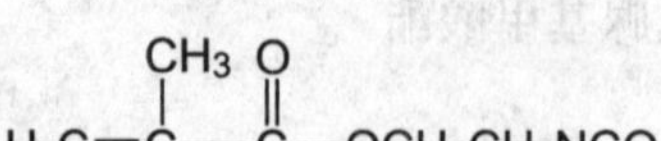

$$H_2C=C-C-OCH_2CH_2NCO$$

甲基丙烯酸异氰酸乙基酯(IEM)

　　制备聚氨酯涂料除了异氰酸酯和多元醇以外，还需要催化剂，它们是各种胺类（如三乙胺），各种改性剂（如增塑剂苯二甲酸酯），各种稳定剂（如光稳定剂二苯甲酮）等。

　　配方实例：以德国 BASF 羟基丙烯酸乳液（Luhydran S937T）和水性 HDI 型固化剂（Basonat HW160PC）为基料，配合无毒高效的防锈颜料、水性缓蚀剂，配制成性能优越的水性重防腐涂料。配方见表 5-3。

表 5-3　水性双组分聚氨酯防腐涂料配方

原 料 名 称	质量份	原 料 名 称	质量份
主漆 A(含羟基组分)		9. 三聚磷酸铝(防锈颜料)	50～100
1. Luhydran S937T(BASF 羟基丙烯酸乳液)	400	10. 改性磷酸锌(防锈颜料)	50～100
2. 二甲基乙胺(DMEA)(1:1 在水中)	8	11. TEGO 822(消泡剂)	0.8
3. FuC 2030(分散剂)	3	12. 二乙二醇丁醚乙酸酯(DBAcetate)(成膜助剂)	15
4. DC 65(消泡剂)	0.5	13. 水	60
5. 润湿剂	5	总 计	约 800
6. 防沉剂	1	固化剂 B(—NCO 组分)	
7. 金红石钛白粉	52.5	水性自乳化 HDI 型固化剂(Basonat HW160PC)	
8. 硫酸钡	87.5		

　　制备工艺：将表 5-3 配方中 1～10 依次加入搅拌混合均匀后，在砂磨机中高速研磨至细度≤25μm，再加入消泡剂、成膜助剂、水、缓蚀剂，搅拌均匀，过滤包装。

　　施工配比：主漆 A : 固化剂 B : 水 = 5 : 1 : 1

5.4.3　聚氨酯涂料的发展趋势

　　聚氨酯涂料的发展趋势为开发高性能、低能耗和无污染的聚氨酯涂料，即开发高固体含量、水性和无溶剂聚氨酯涂料。

　　(1) 水性聚氨酯涂料

　　水性聚氨酯涂料是以水代替有机溶剂作为分散介质的新型聚氨酯涂料体系。1942 年，聚己内酰胺的发明者 Shlack 首次成功地制备了阳离子型水性聚氨酯，由于原料、性能等原因，直到 20 世纪 70 年代水性聚氨酯才开始工业化生产，目前全世界水性聚氨酯树脂估计年产量为 5～6 万吨，并会以较高的速度继续增长，水性聚氨酯涂料某些性能（如耐水性、耐溶剂性）与溶剂型聚氨酯涂料还存在一定的差距，但其具有无污染、安全可靠、力学性能优良、与颜料染料的相溶性好，且不易损伤被涂饰表面，易于改性等优点，如今已在皮革涂饰、纸张涂层、钢材防腐、纤维处理等许多领域逐步代替溶剂型聚氨酯涂料。

　　水性聚氨酯涂料的基本合成方法有丙酮法、预聚体分散法和熔融分散法等，主要品种有单组分水性聚氨酯涂料、双组分水性聚氨酯涂料及改性水性聚氨酯涂料。其中，单组分又分单组分线型和单组分交联型，单组分线型水性聚氨酯涂料具有线型大分子结构，很少含有支链，其涂膜具有很高的断裂伸长和拉伸强度，其耐水性、耐溶剂性较差。单组分交联型水性聚氨酯涂料较线型聚氨酯涂料在强度、硬度、耐水性、耐溶剂性等方面有较大的提高，只是断裂伸长率略显不足。目前，国内外生产的水性聚氨酯涂料几乎都是单组分，主要品种包括热固性聚氨酯涂料和含封闭异氰酸酯的水性聚氨酯涂料等几个品种。

　　① 热固性聚氨酯涂料　聚氨酯水分散体系在应用时与少量外加交联剂混合组成的体系叫热固性聚氨酯涂料，也叫做外交联水性聚氨酯涂料。使用的交联剂主要有多官能团的氮丙啶、氨基树脂（三聚氰胺树脂）或专用的环氧树脂等。采用氮丙啶，一般用量为聚氨酯质量的 3%～5%，就有很好的交联膜生成。

　　② 含封闭异氰酸酯的水性聚氨酯涂料　该涂料的成膜原料由含封闭异氰酸酯（多异氰

酸酯被苯酚或其他含单官能团的活泼氢原子的化合物所封闭）组分和含羟基组分两部分组成。多异氰酸酯组分与苯酚、丙二酸酯、己内酰胺等封闭剂反应生成氨酯键，而氨酯键在加热的情况下又裂解生成异氰酸酯，再与羟基组分反应生成聚氨酯。封闭剂的种类很多，芳香族异氰酸酯水性聚氨酯涂料主要用苯酚或甲酚，脂肪族水性聚氨酯漆则不用酚类，以免变色，可采用乳酸乙酯、己内酰胺、丙二酸二乙酯、乙酰丙酮、乙酰乙酸乙酯等。

双组分涂料尚处于研发阶段，20世纪90年代初，Jacobs成功开发出一种能分散于水的多异氰酸酯固化剂，从而使双组分水性聚氨酯涂料真正开始进入实际应用研究阶段。水性双组分聚氨酯涂料是由含—OH基的水性多元醇和含—NCO基的水性化改性的多异氰酸酯固化剂组成。例如，用聚乙二醇单醚改性后的环状HDI三聚体，其结构如下：

用聚乙二醇单醚改性后的环状HDI三聚体

水性多元醇体系分为乳液型多元醇（粒径在$0.08 \sim 0.5 \mu m$之间）和分散体型多元醇（粒径小于$0.08 \mu m$）。乳液型多元醇是通过乳液聚合得到的具有多种结构的丙烯酸多元醇乳胶。乳液型多元醇用于双组分的优势是聚合物的相对分子质量大，涂膜在室温下干燥速度快；缺点是它对未改性多异氰酸酯固化剂分散性较差，导致涂膜外观较差，且适用期短。分散体型多元醇的制备一般是在有机溶剂中合成含有亲水离子或非离子链段的树脂，通过相转移将树脂熔体或溶液分散在水中得到。其优点为聚合物的分子量及其分子量分布易于控制，相对分子质量低，分散体粒径小，对固化剂分散性优越，形成的涂膜外观好，综合性能优异。作为双组分水性聚氨酯的羟基组分，分散体型多元醇总的来说要优于乳液型多元醇。根据化学结构分散体型多元醇又可分为丙烯酸多元醇分散体、聚氨酯多元醇分散体和聚酯多元醇分散体等。

改性水性聚氨酯涂料发展十分迅速，其中最重要的是丙烯酸酯改性水性聚氨酯涂料，也称为第三代水性聚氨酯涂料，采用聚氨酯和聚丙烯酸酯共聚。制备共聚体的方法有两种。其一，制备含活泼异氰酸酯基的亲水聚氨酯，将其在含氨基（或羟基）的水溶型（或水乳型）的聚丙烯酸酯体系中扩链，从而制备共聚体。其二，采用就地聚合法（in-situ polymerization），即在合成聚氨酯时引入双键，然后以丙烯酸酯先作为反应溶剂，待分散到水中后再作为反应单体进行聚合。关于水性聚氨酯涂料的研究方面，开展工作较多的有 Bayer 公司（Bayhydrol PR 系列）、Hoechst 公司（主要产品 Daotan VTW 系列）及 I.C.I（NeoRes 和 NeoPac 系列）等。

（2）聚氨酯粉末涂料

聚氨酯粉末涂料于20世纪70年代末80年代初就进入使用阶段，其涂层不仅具有高装饰性和优良的物理机械性能，而且有较好的耐化学品性，特别是不易黄变，耐候和耐晒，聚氨酯粉末涂料正发展成为粉末涂料的主流，在粉末涂料中所占的比例越来越大。Bayer 公司率先进行聚氨酯粉末涂料的基础研究和开发，已成功研制了封闭的异氰酸酯交联体系，常用的是己内酰胺封闭的 IPDI 固化体系，它的固化温度在170℃以上，这种高温固化有利于涂膜的高度流平。聚氨酯粉末涂料的发展趋势为开发无挥发性副产物并能在低温交联，其性能与汽车漆用双组分溶剂型聚氨酯涂料相当。目前发现 4,4-二环己基甲烷二异氰酸酯（HM-DI）所制成的固化剂的脱封温度低于用 IPDI 的，采用有机锡作催化剂，用于酮肟封闭的 HMDI 固化体系的交联温度可低至 140℃，为进一步降低交联温度，必须寻求一种只在所需交联温度范围发生反应的带游离 NCO 基的多异氰酸酯，其关键在于使熔融特性和反应活性达到适当平衡，即必须在 80～100℃挤出时完全无反应活性，而在 120～140℃交联温度下能快速反应。具有空间位阻的二异氰酸酯单体 3-异氰酸酯基-1-甲基环己基二异氰酸酯（IMIC）制成的预聚物能够解决上述问题。若采用二氮丁酮肟封闭的 IMIC 固化剂，则该体系可能是第一个可行的无挥发性副产物并可在低温交联的聚氨酯粉末涂料体系。用 HMDI、IMIC 等单体制成的固化剂，由于具有脂环结构，因此都能保证固化涂膜具有极好的耐候性、弹性和柔韧性，若与羟基丙烯酸树脂固化成膜，则其涂膜性能将接近于双组分溶剂型聚氨酯清漆。特别是 IMIC 固化的丙烯酸体系，以它为基础将可能制成一种新型的供汽车生产线用的高质量的聚氨酯粉末涂料。

5.5　环氧树脂涂料

环氧树脂涂料是以环氧树脂、环氧酯树脂和环氧醇酸树脂为基料的涂料。环氧树脂涂料耐化学性强，黏附力强，稳定性好。

环氧树脂涂料主要用于：防腐蚀涂料，舰船涂料，电气绝缘涂料，家具装饰涂料，食品罐头内壁涂料，水泥地坪涂料，特种涂料等。

5.5.1　环氧树脂的合成及主要化学性质

环氧树脂是大分子链上含有醚键和仲醇基、同时两端含有环氧基的一大类聚合物，由环氧氯丙烷和多元醇缩聚而成。目前产量最大的环氧树脂是由环氧氯丙烷和双酚 A（二酚基丙烷）合成的：

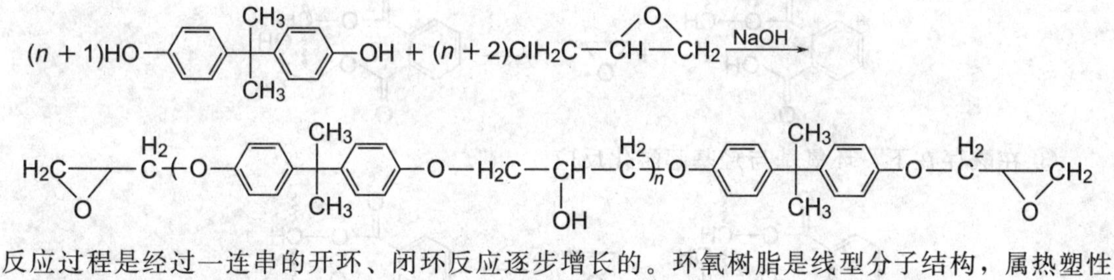

反应过程是经过一连串的开环、闭环反应逐步增长的。环氧树脂是线型分子结构，属热塑性树脂。环氧树脂的相对分子质量不大，一般在 300～7000 之间，n 为聚合度，当 $n=0$ 或 1 时，聚合物是一种黏稠的液体；$n \geq 2$ 时，是一种脆性的高熔点固体。n 的大小取决于原料配比和反应条件。

其他含有羟基的化合物如间苯二酚、乙二醇、甘油等都可以代替双酚 A 与环氧氯丙烷反应，制备环氧树脂。

环氧树脂中有相当活泼的官能团——环氧基。氧上带有负电荷，碳上带有正电荷，形成两个反应活性中心。亲电试剂向氧原子进攻，亲核试剂向碳原子进攻，结果引起 C—O 键断裂。环氧基可以和胺、酰胺、酚、羟基、羧基等起反应，这是环氧树脂涂料固化交联反应的根据。环氧树脂中含有仲醇基，可以和羟甲基、有机硅、有机钛、脂肪酸反应，这是环氧树脂固化和改性的前提。

5.5.2　环氧树脂的固化

环氧树脂实际上是具有反应活性基团的低聚物，要作为涂料使用必须经过固化交联，使线型大分子生成网状结构。能使环氧树脂线型大分子生成网状结构的物质称为固化剂。固化剂的种类很多，如脂肪族多元胺类，芳香族多元胺类，各种胺改性剂，各种有机酸及酸酐，咪唑，一些合成树脂如脲醛树脂、酚醛树脂等。

（1）与胺类固化剂交联

脂肪族胺类固化剂在目前使用得比较多。常用的胺类固化剂有乙二胺、氨基乙醇胺等。

当用伯胺和环氧树脂反应时，第一阶段伯胺和环氧基反应，生成仲胺，在第二阶段生成的仲胺和环氧基反应生成叔胺。并且生成的羟基也能和环氧基反应，具有加速反应进行的倾向，结果形成一个巨大的网络结构。

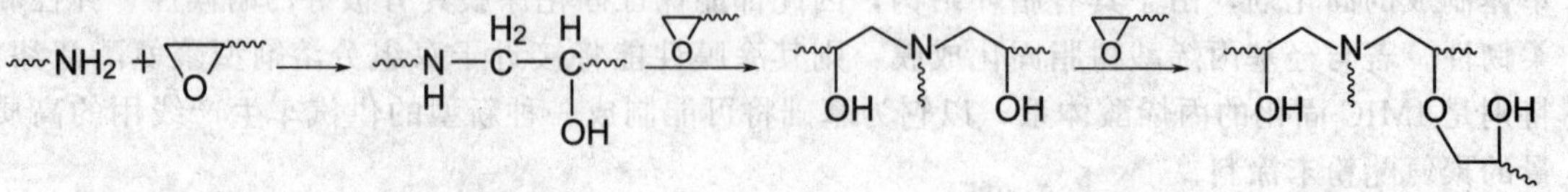

（2）与酸酐和羧酸固化剂交联

二元酸和酸酐可以作为环氧树脂的固化剂，固化后树脂具有较好的机械强度和耐热性，但固化后树脂含有酯键，容易受碱侵蚀。酸酐和羧酸与环氧树脂发生下列反应，叔胺、季铵盐、氢氧化钠（钾）起催化作用。

① 酸酐与环氧树脂中的羟基反应生成单酯

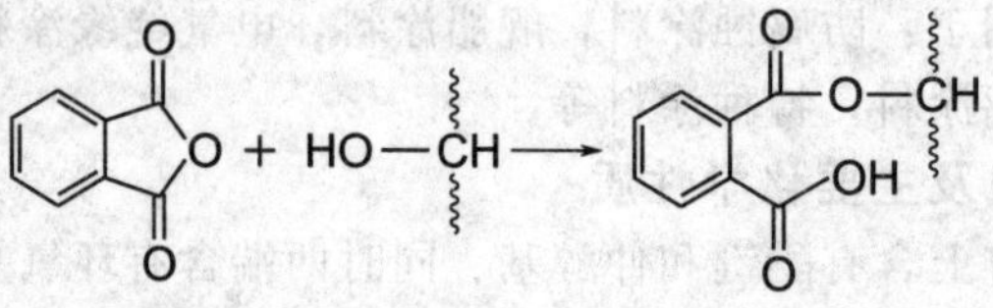

② 单酯中的羧基与环氧基酯化生成二酯

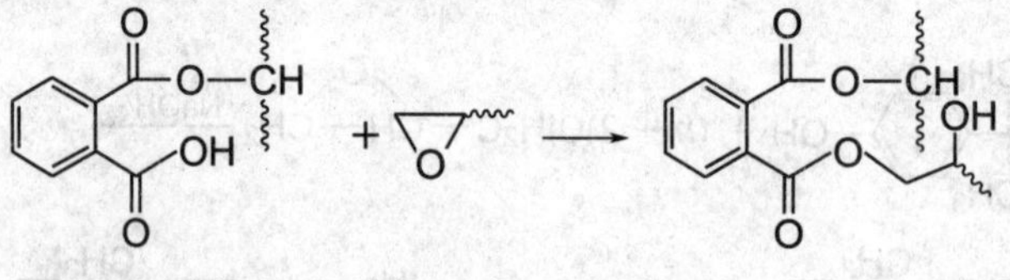

③ 在酸存在下，环氧基与羟基起醚化反应

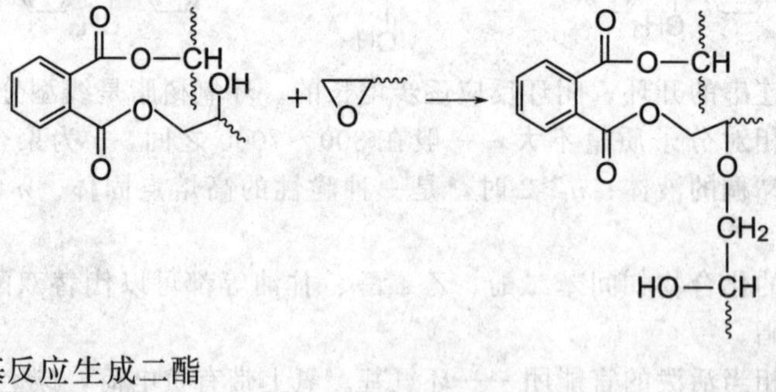

④ 单酯与羟基反应生成二酯

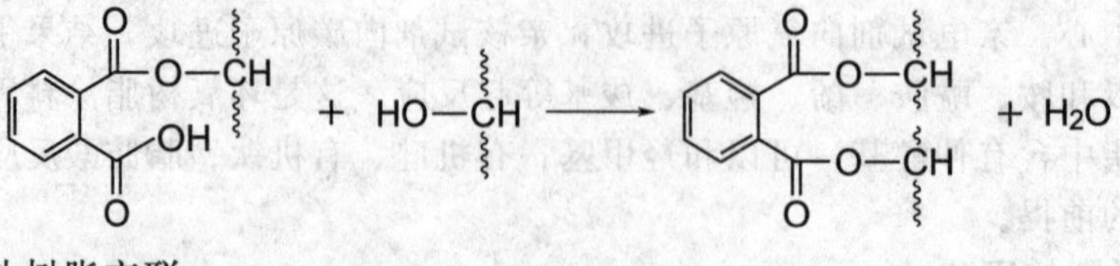

（3）与其他树脂交联

环氧树脂和含有羟基的树脂如酚醛树脂交联，制成环氧酚醛树脂；和含有氨基的树脂如脲醛树脂交联，制成环氧脲醛树脂；和含有羧基的树脂交联，如丙烯酸树脂中加入少量环氧树脂，进行环氧基酯化，可提高耐用性，常用于家具涂层。

5.5.3 水性环氧树脂涂料

5.5.3.1 水性环氧树脂涂料的类型

环氧树脂水性化是指将环氧树脂以微粒、液滴或胶体形式分散在水中而配得稳定的分散体系。其中最常用的是将环氧树脂制成乳液。根据所用环氧树脂物理状态的不同可将水性环氧树脂涂料分成以下两类。

① Ⅰ型水性环氧树脂体系　该体系由低分子液体环氧树脂和水性环氧固化剂组成。低分子液体环氧树脂通常为双酚 A 型液体树脂。水性环氧固化剂合成时是以多胺为基础，通过在其分子中引入具有表面活性作用的分子链段，使其成为两亲性分子，能够很好地分散或溶解在水中，从而对低分子量的液体环氧树脂具有良好的乳化作用。采用液体环氧树脂固化的涂膜交联密度较高，形成后的涂膜硬度很高，但柔韧型和抗冲性能较差，一般适合作为地坪涂料，若用做金属防腐涂料则脆性太大。该体系干性较差，通常需要 6h 以上才能达到表干。

② Ⅱ型水性环氧树脂体系　该体系采用高分子量固体双酚 A 型环氧树脂。先制备高分子量水性环氧树脂乳液，必须要用特殊的高速分散设备，并且在加热和添加少量溶剂的条件下才能制得粒径较小、粒子分布较窄的乳液。同时要得到稳定的高分子量水性环氧树脂乳液，需在其分子中引入具有表面活性作用的亲水链段，并且亲水链段多为含醚键的碳链。固化剂只需具有交联作用，不需乳化作用，所用的固化剂是水溶性的。Ⅱ型水性环氧树脂涂料涂膜后，一旦水分蒸发，即使环氧树脂还未交联固化也已成固体状态，达到表干的要求，因而Ⅱ型水性环氧树脂涂料的表干时间较Ⅰ型的大大缩短。Ⅱ型体系的最大缺点是成膜性能较差，为了解决固体环氧流动性差和改善成膜，需加入 5%～10% 的醇醚类溶剂和增塑剂来改善成膜。涂膜有增韧作用，用于防腐涂料，表干时间短。

5.5.3.2 水性环氧树脂的制备方法

根据制备方法的不同，环氧树脂水性化有以下四种方法：机械法、化学改性法、相反转法和固化剂乳化法。

（1）机械法

机械法即直接乳化法，可用球磨机、胶体磨等将固体环氧树脂预先磨成微米级的环氧树脂粉末，然后加入乳化剂水溶液，再通过机械搅拌将粒子分散于水中；或将环氧树脂和乳化剂混合，加热到适当的温度，在激烈的搅拌下逐渐加入水而形成乳液。用机械法制备水性环氧树脂乳液的优点是工艺简单，所需乳化剂用量较少，但乳液中环氧树脂分散相微粒尺寸较大，粒子形状不规则且尺寸分布较宽，所配得的乳液稳定性差，粒子之间容易相互碰撞而发生凝结现象，并且该乳液的成膜性能也欠佳。

（2）化学改性法

化学改性法又称自乳化法，即将一些亲水性的基团引入到环氧树脂分子链上，或嵌段或接枝，使环氧树脂获得自乳化的性质，当这种改性聚合物加水进行乳化时，疏水性高聚物分子链就会聚集成微粒，离子基团或极性基团分布在这些微粒的表面，由于带有同种电荷而相互排斥，只要满足一定的动力学条件，就可形成稳定的水性环氧树脂乳液，这是化学改性法制备水性环氧树脂的基本原理。根据引入的具有表面活性作用的亲水基团性质的不同，化学改性法制备的水性环氧树脂乳液可分为离子型和非离子型。

① 离子型　通过适当的方法在环氧树脂分子链中引入羧酸、磺酸等功能性基团，中和成盐后的环氧树脂就具备了水可分散的性质。常用的改性方法有功能性单体扩链法

和自由基接枝改性法。功能性单体扩链法是利用环氧基与一些低分子扩链剂如氨基酸、氨基苯甲酸、氨基苯磺酸等化合物上的氨基反应，在环氧树脂分子链中引入羧酸、磺酸基团，中和成盐后就可分散在水相中。自由基接枝改性法是利用双酚A环氧树脂分子链中的亚甲基活性较大，在过氧化物作用下易于形成自由基，能与乙烯基单体共聚，可将丙烯酸、马来酸酐等单体接枝到环氧树脂分子链中，再中和成盐后就可制得能自乳化的环氧树脂。

② 非离子型　在环氧树脂链上引入亲水性聚氧乙烯基团，同时保证每个改性环氧树脂分子上有两个或两个以上环氧基，所得的改性环氧树脂不用外加乳化剂即能自分散于水中形成乳液，且由于亲水链段包含在环氧树脂分子中，因而增强了涂膜的耐水性。在引入聚氧化乙烯、氧化丙烯链段后，交联固化的网链分子量有所提高，交联密度下降，形成的涂膜有一定的增韧作用。另外，这种方法制得的粒子较细，通常为纳米级。

（3）相反转法

相反转法是一种制备高分子量环氧树脂乳液较为有效的方法，Ⅱ型水性环氧树脂涂料体系所用的乳液通常采用相反转方法制备。相反转原指多组分体系（如油-水-乳化剂）中的连续相在一定条件下相互转化的过程，如在油-水-乳化剂体系中，其连续相由水相向油相（或从油相向水相）的转变，在连续相转变区，体系的界面张力最低，因而分散相的尺寸最小。通常的制备方法是在高剪切力条件下先将乳化剂与环氧树脂均匀混合，随后在一定的剪切条件下缓慢地向体系中加入水，随着加水量的增加，整个体系逐步由油包水型转变为水包油型，形成均匀稳定的水可稀释体系。乳化过程通常在常温下进行，对于固态环氧树脂，往往需要借助于少量溶剂和加热使环氧树脂黏度降低后再进行乳化。

（4）固化剂乳化法

Ⅰ型水性环氧树脂体系通常采用固化剂乳化法来制备水性环氧树脂乳液。这类体系中的环氧树脂一般预先不进行乳化，而由水性环氧固化剂在使用前混合乳化，因而这类固化剂必须既是交联剂又是乳化剂。水性环氧固化剂是以多胺为基础，对多胺固化剂进行加成、接枝、扩链和封端，在其分子中引入具有表面活性作用的非离子型表面活性链段，对低分子量的液体环氧树脂具有良好的乳化作用。用固化剂乳化法制备水性环氧树脂体系的优势是在使用前由固化剂直接乳化环氧树脂，不需考虑环氧树脂乳液的储存稳定性和冻融稳定性；缺点是配得的乳液适用期短。

复习思考题

1. 涂料的组成成分主要有哪些？
2. 举例说明醇酸树脂的合成方法。
3. 什么是油度？油度对醇酸树脂性能有何影响？
4. 什么是羟值？羟值对醇酸树脂性能有何影响？
5. 有哪些方法可改性制备水性醇酸树脂涂料？
6. 丙烯酸树脂涂料的主要成膜物质是什么？丙烯酸树脂涂料有哪些种类？各有什么特点？热固性丙烯酸树脂涂料有哪些单体和交联剂？
7. 写出合成聚氨酯的基本化学反应式。合成聚氨酯有哪些单体？
8. 什么是环氧树脂涂料？举例说明环氧树脂的合成方法。
9. 环氧树脂涂料有哪些固化方法？
10. 水性涂料有何优点？聚氨酯水性涂料及水性环氧树脂涂料分别是如何制备的？
11. 对涂料的发展趋势谈谈你的看法。

参 考 文 献

［1］ 赵德丰，程侣柏，姚蒙正，高建荣编著. 精细化学品合成化学与应用. 北京：化学工业出版社，2001.

［2］ 曾繁涤主编. 精细化工产品及工艺学. 北京：化学工业出版社，1997.

［3］ 周立国，段洪东，刘伟主编. 精细化学品化学. 北京：化学工业出版社，2007.

［4］ 许戈文编著. 水性聚氨酯材料. 北京：化学工业出版社，2007.

［5］ 潘祖仁主编. 高分子化学. 第 3 版. 北京：化学工业出版社，2003.

［6］ 杨清峰，瞿金清，陈焕钦. 水性聚氨酯涂料技术进展综述. 化工科技市场，2004，10：17-22.

［7］ 胡涛，陈美玲，高宏，王钧宇. 水性醇酸树脂涂料的研究及应用. 中国涂料，2004，19（5）：41-45.

［8］ 陈焕钦，杨卓如，涂伟萍，肖新颜，瞿金清. 丙烯酸改性醇酸树脂涂料的研究进展. 化学工业与工程，2000，17（5）：287-293.

第6章 医药及中间体

6.1 概　述

目前临床应用的药物大部分是化学药物。根据来源，化学药物可分为无机药物、合成药物、天然药物三大类。无机药物主要由矿物经过加工制得，合成药物是由有机化工原料合成的，天然药物是从动植物中提出的有效成分或由微生物产生的化学物质，本章主要讨论合成药物及其主要中间体。

6.1.1　药物的作用理论

最简单的药物理论是"受体学说"。受体这一名称是 1909 年由 Ehrlich 首先提出，他以"受体"这个名词来表示生物原生质分子上的某些化学基团，并提出药物只有与"受体"结合才能发生作用。同时还指出，受体具有识别特异性药物（或配体，ligand）的能力，药物-受体复合物可以引起生物效应等观点。一般认为"受体"是细胞内具有一定坚固性的三维结构的特殊分子，在大部分情况下是由蛋白质构成的，如酶、核酸，其主体结构与药物结构互补，或称为"作用点"，它们能选择性识别和结合特异的化学信息，即和药物中的互补功能性基团结合，从而引起一系列生化反应。包含许多酶的复杂酶系统的裂分可能引起疾病，药物被认为能起到酶抑制的作用。药物可能进入某些核酸的螺旋部位或被吸收到非螺旋部位。

按照"受体学说"，药物本身必须带有互补功能性基团，它们可以是氮原子、羟基、芳香环等，实际上有机化学中任何基团都可能是这种互补功能基团。然而，化合物只带有这些基团还是不够的，它必须呈一定的立体构型才有药效。药物对映体间存在药效活性的差异，这种对映体选择性是由于药物与受体相互作用的结果。

目前临床上所用药物的一半是手性药物，天然药物均为手性药物。手性是生物系统的基本特征，构成生物系统的基本成分蛋白质、核酸、酶、多糖等均有手性，许多内源性物质如激素、酶、载体等都具有手性。药物在体内吸收、分布、排泄和代谢等过程涉及与这些生物大分子间的相互作用，必然存在手性识别和匹配问题，导致手性药物药效学和药物动力学的主体选择性差异。如左旋体氯霉素、左旋多巴有药理作用，而右旋体则无作用。左旋肾上腺素有药理活性，而右旋体的药理活性较低。β-受体阻断剂普萘洛尔（propranolol），其 S-（-）对映体的活性是 R-（+）对映体的 100 倍。

药物在人体内被吸收的脏器部位，如胃、肠、大脑和其他器官周围的组织膜，对确定所用药物应该具有何种结构，具有重要作用。已经发现药物可以被氧化、羟基化、还原脱氢或者在 O、N 或 S 原子上烷基化，其最终目的都是为了使它变得毒性较小、更易溶解、更易分散、更易离子化、更容易排泄掉，当然也可以变得更加活泼。例如，偶氮染料"百浪多息"在人体内之所以有效，是由于它在体内被还原生成对氨基苯磺酰胺衍生物的缘故。

百浪多息

有效药物的基本结构大多是通过实验发现的。一种基本结构一旦被确定之后，就可以合成大量类似的化合物，使之具有更广谱、更专门、或者更一般化的药效。所以结构变化在药

84

物设计研究中具有重要意义。

6.1.2　世界医药工业及原料药的发展现状及趋势

近二十年来，全世界制药工业取得了前所未有的进展。据世界卫生健康和制药工业市场信息机构——IMS Health 公司提供的信息，2002 年世界医药工业销售额首次突破 4000 亿美元，达 4006 亿美元，比 2001 年（3642 亿美元）增长了 8％，其中药品销售额达 2700 亿美元。2005 年全球药品销售额比上年增长了 7％，达到 6020 亿美元，2006 年全球药品销售额达到 6430 亿美元，比上年增长了 7％。在世界各大医药市场，北美一直保持着良好的增长势头，其销售额占世界 51％，其次欧洲为 25％，再次日本为 12％。

世界医药业将保持快速增长，据世界卫生组织（WHO）1997 年发布的"世界卫生状况"报告，在 10 年内世界性新药物研究将集中在以下 10 类药物：脑功能改善药、抗风湿性关节炎药、抗艾滋病药、抗肝炎及其他病毒性药、降血脂药、抗血栓药、抗肿瘤药、血小板激活因子拮抗剂、非苷类强心剂、抗抑郁抗精神分裂药。针对这些药物去开发其中的中间体，也是今后开发医药中间体的方向和拓展新的市场机遇之一。另外，1992 年美国食品和药品管理局（FDA）发布了手性药物指导原则，要求所有在美国上市的消旋体类新药均要说明药物中所含的对映体各自的药理作用、毒性和临床效果。这一规定促使对映体纯手性药物研究迅速发展。手性药物不仅具有技术含量高、疗效好、副作用小的优点，而且与创制新药相比，开发手性药物相对风险小、周期短、耗资少、成果大。将已经批准以消旋体形式上市的手性药物改成以单一活性对映体形式申请批准上市，这个过程平均只要花 400 万美元左右即可完成，与研究一个新药的投入（2 亿美元以上）相比，是便宜的捷径。近年来，有许多手性药物经过"手性转换"以单一对映体形式代替了过去的消旋体形式出售，如 Omeprazole（奥美拉唑），Fluoxetine（氟西汀）、Ofloxacin（氧氟沙星），Cisapride（西沙必利）等。2000 年世界药品市场有 1/3 为手性药物，全球销售额已达到 1460 亿美元。因此，手性药物研究成为当前新药研究的发展方向和热点，21 世纪将是发展手性药物的大好时机。

世界原料药的发展趋势如下：

① 世界原料药交易市场仍将扩大　由于原料药的利润与成药的利润相比甚远，世界各大制药公司正逐步将原料药让合作者生产，而集中精力从事更重要的研究开发和产品销售工作，因此，世界原料药的市场将不断扩大。

② 原料药生产向新、特、小发展　目前全球生产与销售的原料药品种多达 2000 余种，其中交易量超过 5000t 的大品种主要有：青霉素、扑热息痛、阿司匹林、维生素 C、维生素 E、布洛芬和萘普生等十多个品种，绝大部分原料药年交易量不超过 100t，交易额不超过 100 万美元。其中非专利药原料药的交易额在 20 亿美元，而专利药原料药的交易额在 60 亿美元。也就是说，原料药生产向专利药、新药和小品种发展，预计今后这种趋势仍将扩大。

③ 合同化生产趋势加强，合同合作方式多样化　在世界原料药交易市场上，大部分原料药源于合同生产（outsourcing）。世界跨国制药公司主要分布在美国和西欧，这些地区环保政策非常严格，为了减少本地区环保治理费用，集中精力和财力进行产品研发和市场开拓，跨国公司逐步将其原料药生产向海外转移，推动了原料药合同化生产。

④ 原料药的生产中心将逐步向中国和印度转移　北美和西欧受环境保护压力，很可能停止生产某些污染严重的原料药，将生产基地向发展中国家转移，如通过合作或合资的方式，西欧某些公司正在印度设立企业，生产欧美所需原料药。日本由于环境安全问题和人力成本上升等问题，原料药也将从自给状态转变为进口。中国和印度则是原料生产的后起之秀，目前世界上非专利期原料药主要在这两个地区生产，但专利药在两国还很少生产。随着中国和印度知识产权保护意识的加强、原料药生产水平的提高，专利药的生产也会加强。

⑤ **市场竞争日趋激烈** 近年来，新药开发的难度越来越大，"巨型炸弹"型新药也越来越少，销售额排位靠前的诸多专利药即将到期，世界各药厂蓄势待发，预计这些专利药的原料药生产将出现白热化竞争的局面。由于原料药生产投资小而利润高于化学工业，发展中国家（特别是中国和印度）有不少化工公司加入原料药生产行列，今后原料药的竞争将日趋激烈。

本章所讨论的内容主要是合成药物及其中间体，由于品种繁杂，数目庞大，不能一一讨论，只能对不同用途药物选择代表性例子加以介绍。

6.2 抗生素类药物及中间体

6.2.1 β-内酰胺类药物及其中间体

β-内酰胺类抗生素分两类，即青霉素和头孢类。

6.2.1.1 半合成青霉素

青霉素是世界上使用最广泛的抗生素之一，但因大量耐药菌的出现，目前各国普遍使用半合成青霉素来解决青霉素药效大降的问题，以达到更好的药效。几乎所有的半合成青霉素的制备都依托青霉素母核 6-氨基青霉烷酸（6-aminopenicillanic acid，6-APA）为基本合成原料。6-APA 亦称无侧链青霉素，化学名称为：6-氨基-3,3-二甲基-7-氧-4-硫-1-氮杂二环 [3.2.0] 庚烷-2-羧酸（6-mino-3,3-dimethyl-7-oxo-4-thia-1-atabicyclo [3.2.0] heptanes-2-carboxylic acid），结构式为：

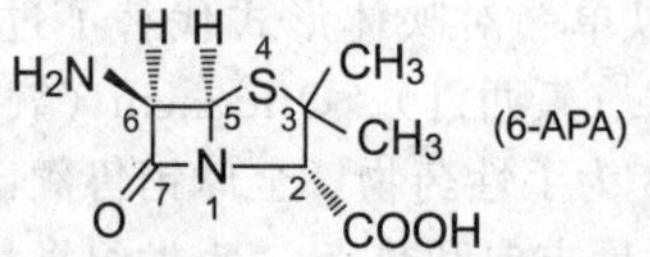

6-APA 的合成是以青霉素钾盐为原料，通过霉分解法制取，将大肠杆菌进行深层通气培养，然后分离含有酰胺酶的菌体。在适当条件下，青霉素酰胺酶分解青霉素 G（又称苄基青霉素）为 6-APA 和苯乙酸。用明矾和乙酸除去蛋白质，滤液用乙酸丁酯提出苯乙酸后用盐酸调节 pH 值为 3.7～4.0（6-APA 等电点为 4.3），使 6-APA 结晶析出。

6-APA 本身抑菌能力很小，可通过化学方法引入不同的侧链，而获得各种不同药效的半合成的青霉素。用 6-APA 为原料制备半合成青霉素的方法实质上就是 6-APA 分子中的氨基酸与各种侧链（酰化剂）的酰化反应，常用的有酰氯法和酸酐法。

酰氯法：将各种侧链变为酰氯与 6-APA 缩合，在低温中性或近于中性（pH 值为 6.5～7.0）的水溶液、半水溶液或有机溶剂中进行，以稀碱为缩合剂。反应完毕后用有机溶剂提取，后于提取液中加入适当的结晶剂，使成为钾盐、钠盐或有机盐析出。如酰氯在水溶液中不稳定，缩合应在无水介质中进行，以三乙胺为缩合剂。

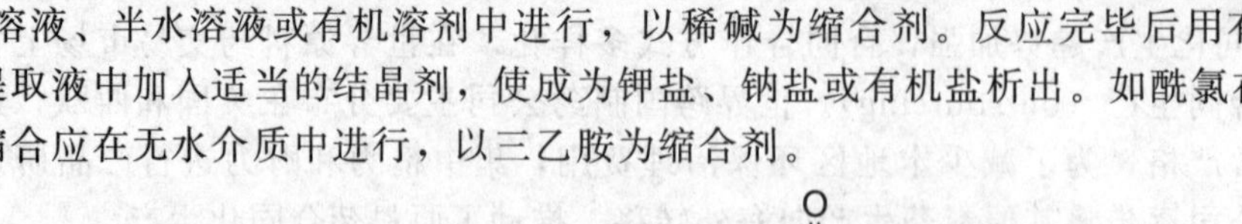

酸酐法：将各种侧链变为酸酐或混合酸酐，再与 6-APA 缩合，反应和成盐条件与酰氯法相似。

（1）替卡西林钠的合成

替卡西林钠的化学名为：(2S,5R,6R)-3,3-二甲基-6-[2-羧基-2-(2-噻吩基)乙酰氨基]-7-氧代-4-硫杂-1-氮杂双环［3.2.0］庚烷-2-羧酸二钠盐。结构式为：

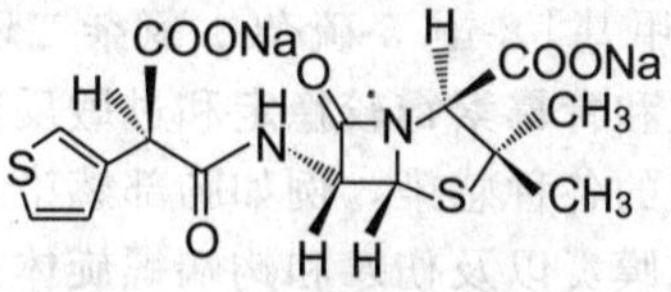

2-噻吩-2-苄氧羰基乙酰氯对 6-APA 的苄酯进行酰氨化反应，得到的产物再氢解脱去两个苄基保护基，然后用碳酸氢钠中和即可得到替卡西林钠。

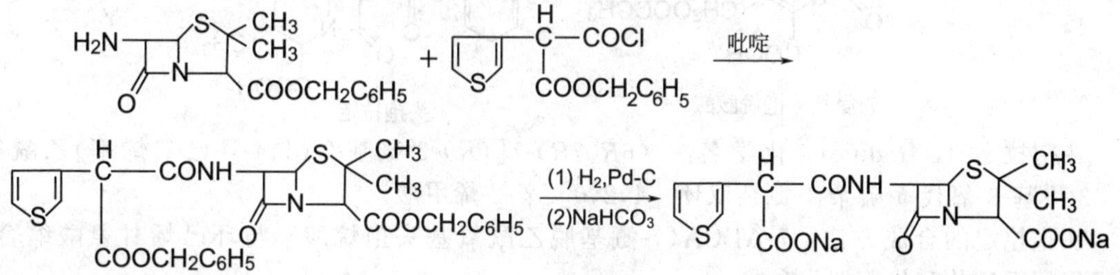

（2）羟氨苄青霉素的合成

羟氨苄青霉素，别名阿莫西林（Amoxicillin），白色或白色结晶性粉末，味微苦，在水中微溶，在乙醇中几乎不溶。结构式为：

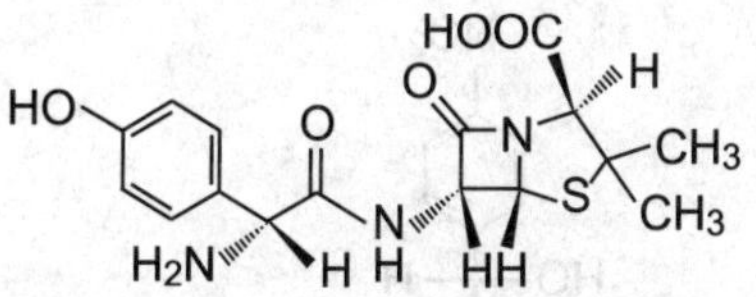

由 6-APA 与 D-(N-乙酰基) 对羟基苯甘氨酸钠盐经缩合而得。

D-对羟基苯甘氨酸主要以微生物 D-乙内酰脲酶催化相应的 DL-5-(对羟基苯基)乙内酰脲高效制得。其制备方法如图 6-1 所示：

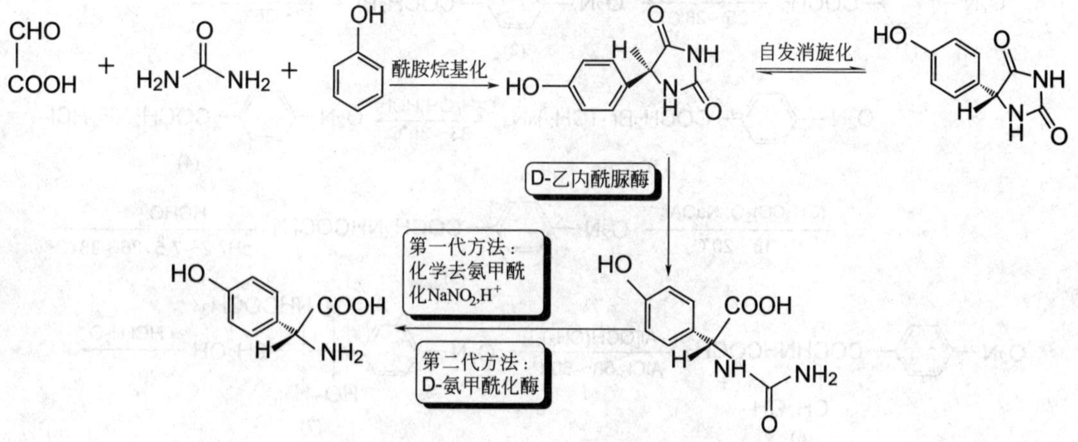

图 6-1 制备 D-对羟基苯甘氨酸的工业化途径

用上述方法得到的半合成青霉素，分别具有耐酸、耐酶或广谱的性质，从而克服了青霉素 G 的某些缺点。这类抗生素在侧链酰胺的 α_1-碳原子上引入氨基、羧基或磺酸基等极性基团，能增强对革兰阴性菌的作用，尤其引入酸性基团都具有抗绿脓杆菌的效用。

6.2.1.2 头孢菌素抗生素

7-氨基头孢烷胺酸（7-aminocephalosporanic acid，7-ACA）为头孢菌素抗生素的母核，化学名称为 7-氨基-3-[（乙酰氧）甲基]-8-酮-5-硫杂-1-氮杂二环[4.2.0]-2-烯-2-羧酸。

这类抗生素具有广谱、对酸和青霉素霉较稳定和过敏反应较少等优点。主要用于耐药金葡菌和一些革兰阴性杆菌所引起的各种感染，例如肺部感染、尿路感染、呼吸道感染、软组织感染、败血病、心内膜炎、脑膜炎以及伤寒和钩端螺旋体病等。

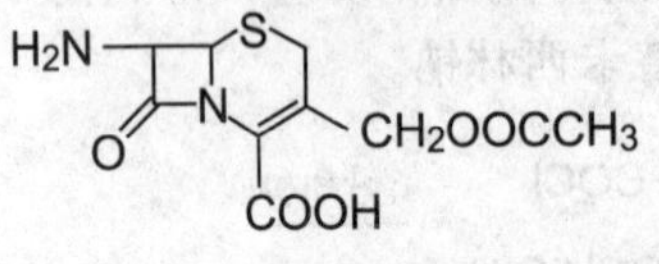

7-氨基头孢烷胺酸 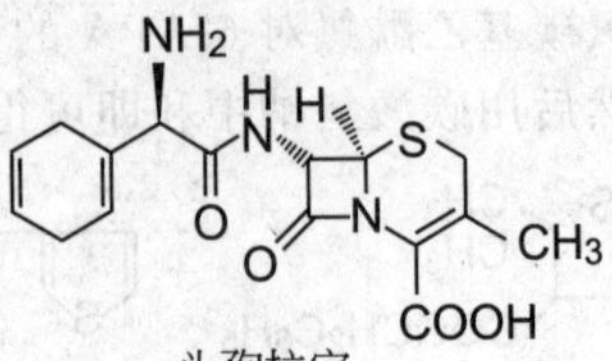　　　　　头孢拉定

头孢拉定（cefradine），化学名：（6R,7R)-7[(R)-2 氨基-2-(1,4-环己二烯基)乙酰氨基]-3-甲基-8-氧代-5-硫杂-1-氮杂双环［4,2,0］辛-2-烯甲酸。

头孢拉定的合成方法：7-ADCA(7-氨基脱乙酰氧基头孢烷酸）与环己烯甘氨酸缩合，也可以用固定化酰化酶催化合成。

6.2.2 氯霉素的合成

氯霉素（chloramphenicolum，CAP）是一类 1-苯基-2 氨基-1-丙醇的二氯乙酰胺衍生物，只有其 D-(-)-苏阿糖型具有抗菌活性。

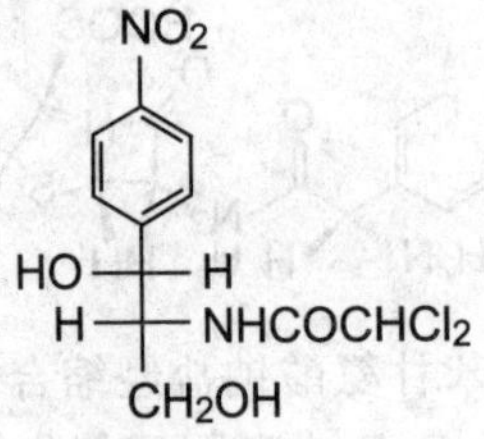

氯霉素

氯霉素的合成过程如下：

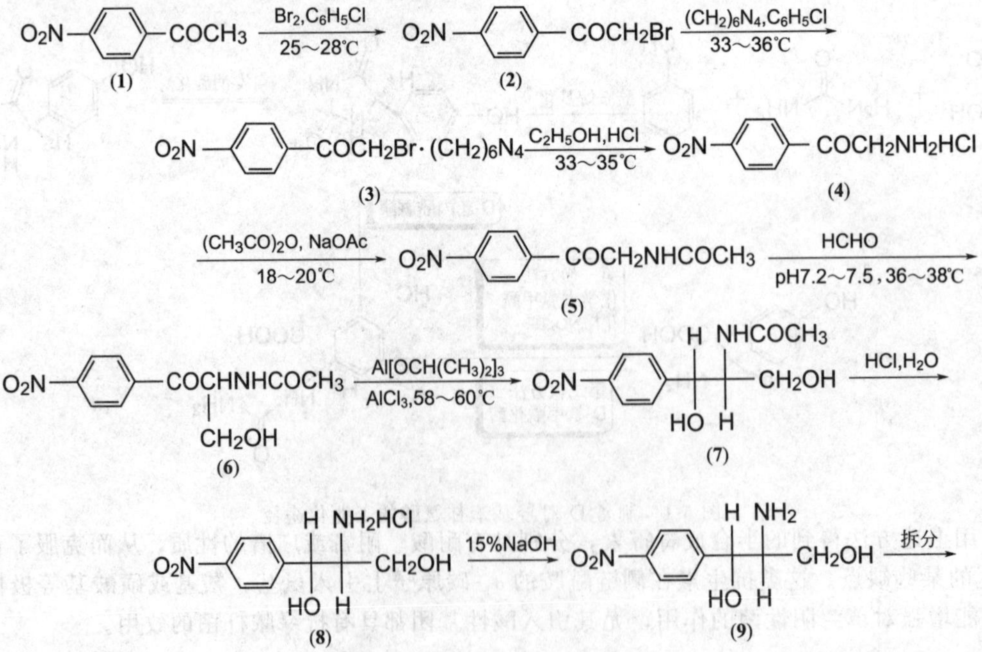

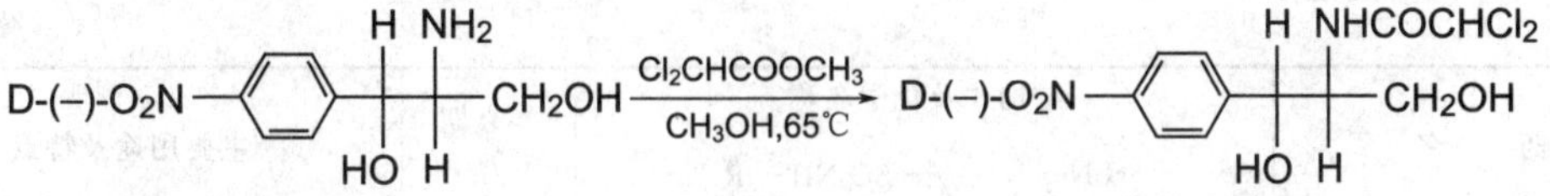

(10)　　　　　　　　　　　　　　　　　(11)

在丙醇中用异丙醇铝还原（**6**）中的羰基成仲醇基，有立体选择性，生成消旋苏阿糖型的量占绝对优势。生成的（±）-苏阿糖型-1-对硝基苯基-2-氨基丙二醇［简称 DL-(±)-氨基物］（**9**）用诱导结晶法进行拆分，得到 D-(－)-苏阿糖型-1-对硝基苯基-2-氨基丙二醇（**10**），最后进行二氯乙酰化即得。此路线已用于生产，各步收率高，但步序较长、原料品种多，副产物需综合利用。

甲砜霉素（thiamphenicol；methylsulfony chloramphenicol）的结构式为：

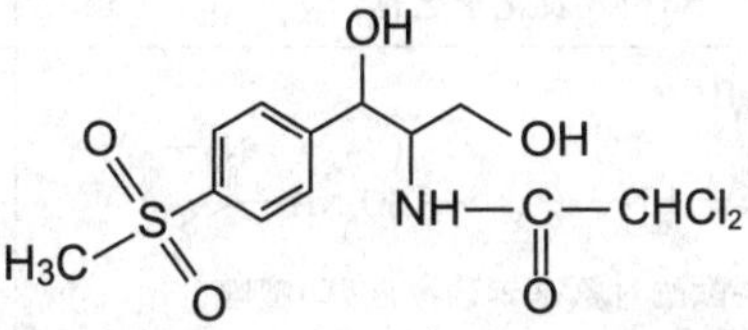

6.2.3　对氨基苯磺酰胺衍生物

对氨基苯磺酰胺（简称氨苯磺胺或磺胺）H_2N—〈〉—SO_2NH_2，是磺胺类药物的母体，由它可以衍生出多种抗菌优良的磺胺类药物及利尿、降血糖药物。

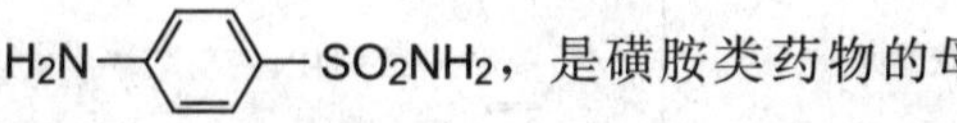

磺胺的结构简单，苯环上仅有氨基和磺酰胺基两个取代基，并互为对位。可从带有邻、对位定位基的氯苯或苯胺开始，先用氯磺酸进行氯磺化，然后氨解即得磺胺。但为了防止氯磺酸对环上氨基的氧化破坏，在氯磺化前必须先将氨基通过酰化（如甲酰化、乙酰化、酰脲化等）进行保护。

命名时，把磺酰胺基上的氮命名为 N^1，把芳氨基上的氮命名为 N^4。当 N^1 上带有杂环时，一般以杂环作基础，并标明对氨基苯磺酰胺基（sulfanilamido-）在杂环上的位置。表 6-1 和表 6-2 分别列出了一些常用的 N^1 取代和 N^1,N^4-双取代的磺胺类药物。

表 6-1　常用 N^1 取代磺胺类药物

药　名	结构式及化学名称 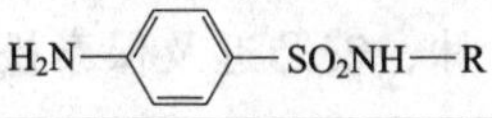　H_2N—〈〉—SO_2NH—R	半衰期/h	主要用途及特点
磺胺嘧啶	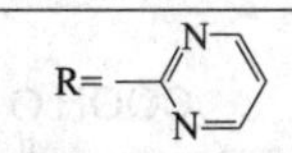 R= 〈嘧啶〉 2-(对氨基苯磺酰胺基)嘧啶	17	溶解度较低
磺胺二甲异噁唑	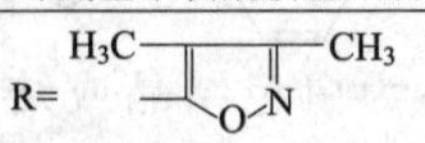 R= H_3C〈〉CH_3,O,N 5-(对氨基苯磺酰胺基)-3,4-二甲基异噁唑	6	溶解度比 SMZ 高,适用于尿路感染
磺胺苯吡唑	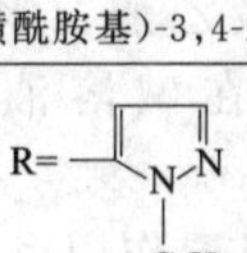 R= 〈N,N,C_6H_5〉 5-(对氨基苯磺酰胺基)-1-苯吡唑	10	游离型达 70%,适用于尿路感染
磺苯甲氧吡嗪	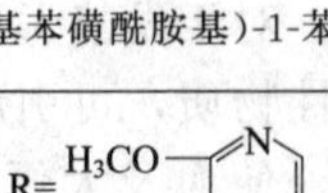 R= H_3CO〈〉 2-(对氨基苯磺酰胺基)-3-甲氧基吡嗪	65	毒性较低,适用于疟疾

药　名	结构式及化学名称 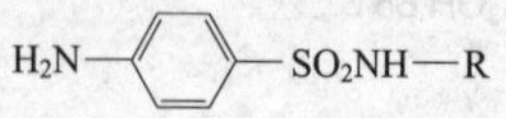 $H_2N-\!\!\!\!\!\!\bigcirc\!\!\!\!\!\!-SO_2NH-R$	半衰期 /h	主要用途及特点
磺胺邻二甲氧嘧啶（周效磺胺）	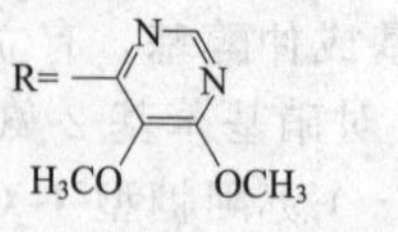 R= （嘧啶环，H_3CO，OCH_3） 4-(对氨基苯磺酰胺基)-5,6-二甲氧基嘧啶	150	可用于细菌性感染，又可用于预防和治疗疟疾

表 6-2　常用 N^1,N^4-双取代的磺胺类药物

药　名	结构式及化学名称	主要用途
酞磺胺噻唑	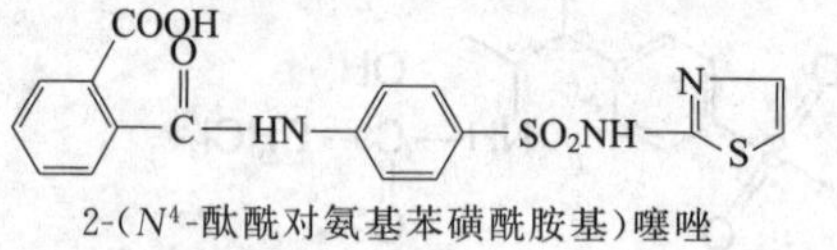 （结构式） 2-(N^4-酞酰对氨基苯磺酰胺基)噻唑	服后很少在肠内吸收，用于肠道菌痢，溃疡性结肠炎，胃肠炎及肠道手术前准备
酞磺胺醋酰	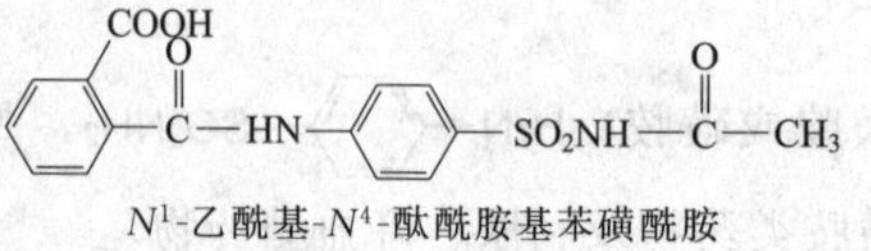 （结构式） N^1-乙酰基-N^4-酞酰胺基苯磺酰胺	服后肠内有少量吸收，用于菌痢，肠炎及肠道手术前准备
琥珀酰磺胺噻唑	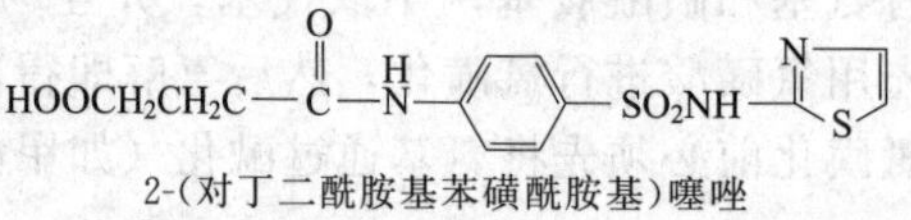 （结构式） 2-(对丁二酰胺基苯磺酰胺基)噻唑	与酞磺胺噻唑相似

6.3　解热镇痛药及中间体

解热镇痛药所用中间体按化学结构类型可分为三大类：第一类是水杨酸衍生物，用来制备阿司匹林、水杨酸钠等；第二类是苯胺衍生物，用于制备非那西丁、扑热息痛；第三类是吡唑酮衍生物，用于制备安替比林、氨基比林、安乃近及保泰松等。

6.3.1　水杨酸衍生物

乙酰水杨酸（acidum, acetylsalicylicum）（结构式），化学名称为邻乙酰氧基苯甲酸，又名阿司匹林（Aspirin）。本品为白色结晶或结晶性粉末；臭或略微带乙酸臭，味微酸；遇湿气及水缓缓水解为水杨酸及乙酸，水溶液显酸性。本品在乙醇中易溶，在乙醚或氯仿中溶解，在水中微溶，在碱溶液中溶解但同时分解。熔点为 $135\sim140℃$。

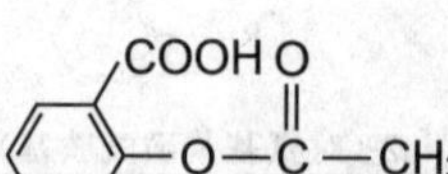

本品有较好的解热镇痛作用，其消炎及抗风湿作用也较显著，比水杨酸钠强 $2\sim3$ 倍，用于头痛、牙痛、肌肉痛及关节痛等各种钝痛，对于发热、风湿热和活动型风湿性关节炎等疗效肯定，临床应用十分广泛。阿司匹林系酸性物质，可引起幽门痉挛及刺激胃黏膜的胃肠道反应，严重时可引起胃肠道出血（包括呕血、便血及大便隐血）。服用量过大时可发生酸中毒、偶见过敏反应。阿司匹林的工业合成路线以苯酚开始，在压力下通入 CO_2 制成水杨酸。再在硫酸催化下用乙酐酰化，即可制成阿司匹林。

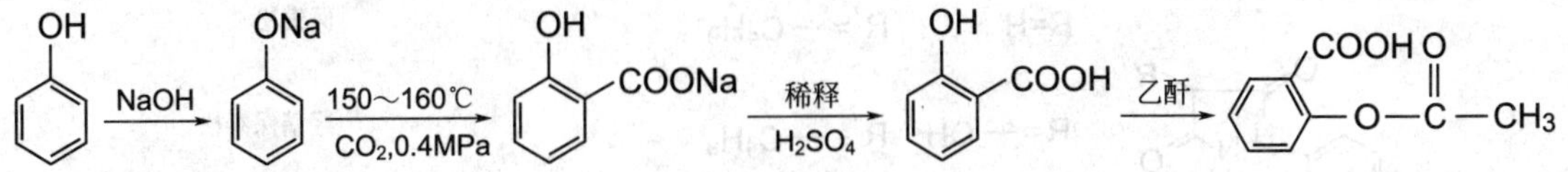

6.3.2　苯胺衍生物

对乙酰胺基苯酚，别名扑热息痛，是苯胺衍生物药物的典型代表。生产方法：对氨基酚乙酰化。将对氨基酚加入稀乙酸中，再加入冰醋酸，升温至150℃反应7h，加入乙酐，再反应2h，检查终点，合格后冷却至25℃以下，甩滤，水洗至无乙酸味，甩干，得粗品。其他的生产方法还有：①在冰醋酸中用锌还原对硝基苯酚，同时乙酰化得到对乙酰胺基酚；②将对羟基苯乙酮生成的腙，置于硫酸酸性溶液中，加入亚硝酸钠，转位生成对乙酰胺基酚。精制方法：将水加热至近沸时投入粗品。升温至全溶，加入用水浸泡过的活性炭，用稀乙酸调节至 pH＝4.2～4.6，沸腾10min。压滤，滤液加少量重亚硫酸钠。冷却至20℃以下，析出结晶。甩滤，水洗，干燥得原料药扑热息痛成品。以硝基苯为原料，选择合适还原剂及反应条件可一步合成对氨基酚，过程如下：

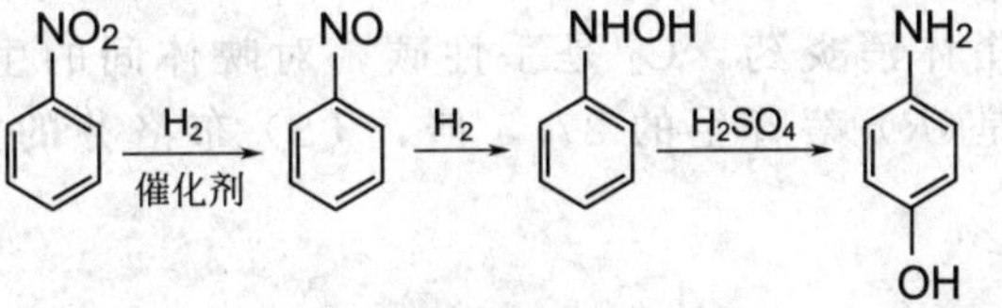

苯胺衍生物作为解热镇痛药应用于临床已有近百年历史，这类药物有较强的解热镇痛作用，而无抗风湿作用。现在较为广泛应用扑热息痛及其复方制剂，因为它较少引起胃肠道副作用，较阿司匹林有利。

6.3.3　吡唑酮衍生物

吡唑酮是含有两个相邻氮原子的五元杂环，有5-吡唑酮及3,5-吡唑二酮衍生物。

5-吡唑酮衍生物主要有安替比林（Antipyrine，1-苯基-2,3-二甲基-5-吡唑酮）、氨基比林及安乃近。

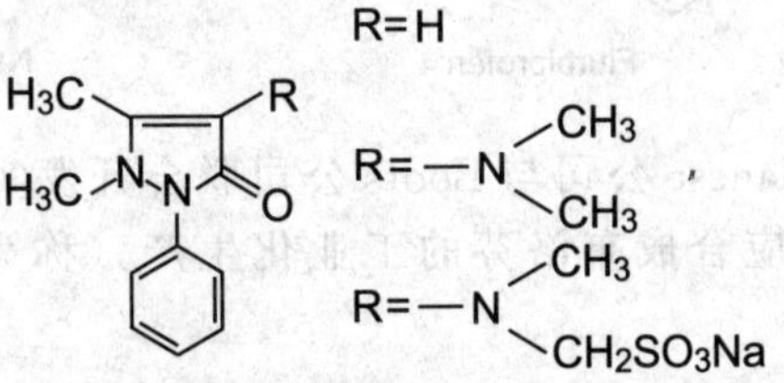

这类药物有良好的解热镇痛和消炎抗风湿作用，特别是安乃近解热作用显著，镇痛抗风湿作用良好，临床上广泛应用。由于这类药物过敏反应较多（如皮疹、休克等），对造血系统有相当毒性，可引起白细胞减少，甚至发生颗粒性白细胞缺乏等骨髓抑制副反应，因而大大限制了它们的应用。

安替比林可用等物质的量的 N,N-苯基甲基肼和乙酰乙酸乙酯在130～160℃油浴上加热回流制得。用沸水从浓稠的油状液体中萃取安替比林，然后蒸发除去水而得到晶体。

3,5-吡唑二酮类药物主要有保泰松［Phenylbuazonum，1,2-二苯基-4-正丁基-3,5-吡唑二酮］，羟基保泰松［Oxyphenbutazone］及苯磺唑酮（Sulfinpyrazone）等。

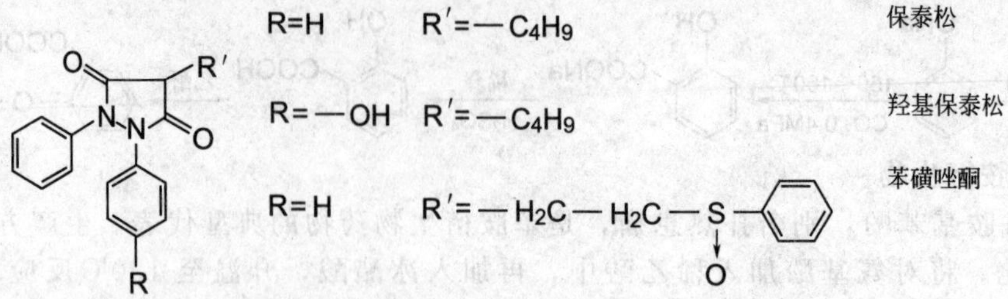

R=H	R′=—C₄H₉	保泰松
R=—OH	R′=—C₄H₉	羟基保泰松
R=H	R′=—H₂C—H₂C—S—苯环 (O)	苯磺唑酮

保泰松不仅有较好的消炎抗风湿作用，而且具有轻度的排尿酸作用，可用于类风湿性关节炎，也可用于痛风病的治疗，毒副反应较大，除胃肠道副反应以及过敏反应等外，对于肝脏及血象都有不良影响，故应用时要慎重。羟基保泰松是保泰松的有效代谢产物，作用与保泰松相同而毒副反应小。苯磺唑酮的消炎镇痛作用较弱，是一个有效排尿酸剂，可用于痛风性关节炎。

6.3.4 2-芳基丙酸类非甾体类消炎药

2-芳基丙酸类非甾体类消炎药布洛芬（Ibuprofen **1**）、酮基布洛芬（Ketoprofen **2**）、非诺洛芬（Fenoprofen **3**）、氟比洛芬（Flurbiprofen **4**）、萘普生（Naproxen **5**）等是常见的止痛和非甾体消炎药，C_2 是手性碳，对映体间的生理活性相差较大。例如(S)-萘普生的活性是(R)-萘普生的 27.5 倍，(S)-布洛芬的活性是(R)-布洛芬的 160 倍。

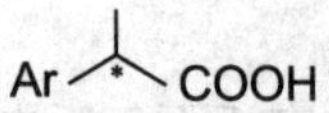

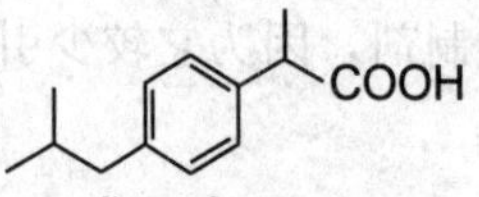

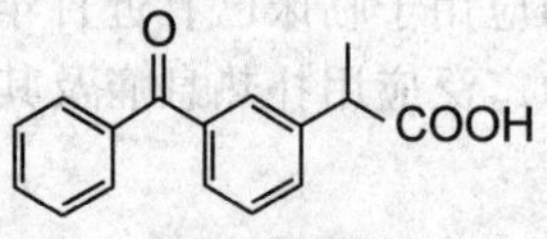

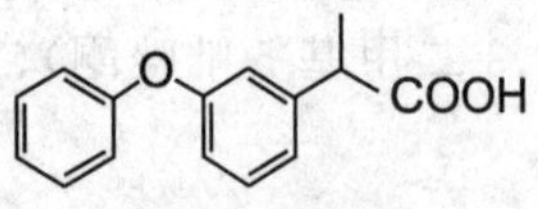

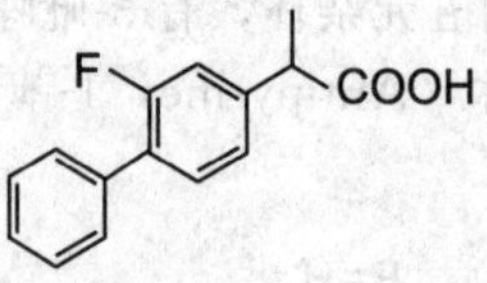

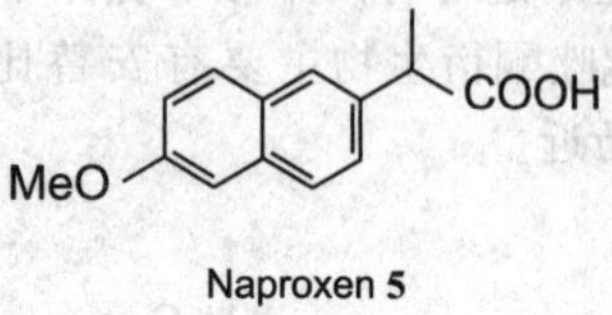

1992 年，美国 Hoechst-Celanese 公司与 Boots 公司联合开发实现了通过 1-(4-异丁基苯基）乙醇（IBPE）的羰化反应合成布洛芬的工业化生产（称为 BHC 法），合成路线如下：

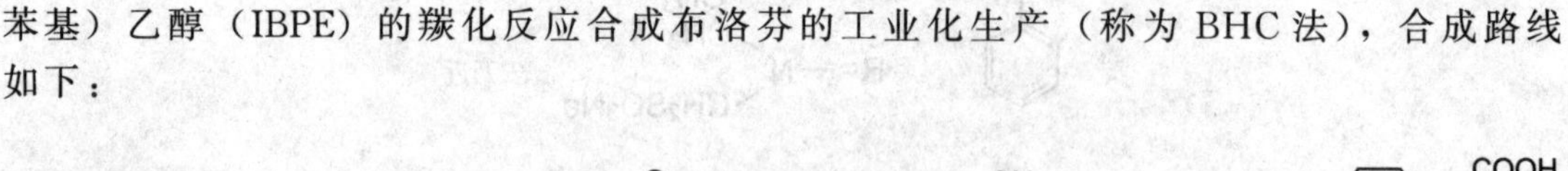

萘普生的合成方法如下。

方法 1 以 6-甲氧基-2-萘乙烯为原料羰化反应合成：

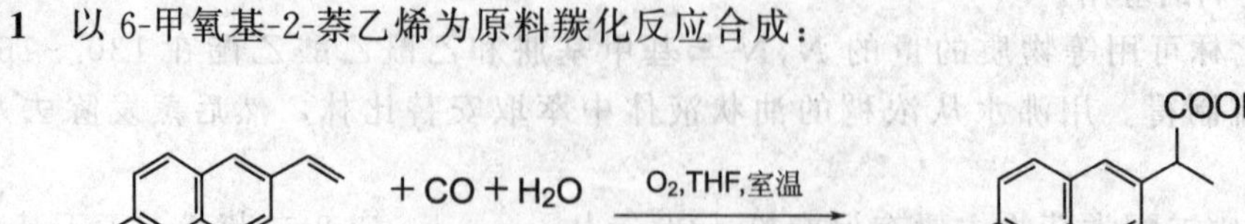

方法 2　1,2-芳基重排反应合成法：

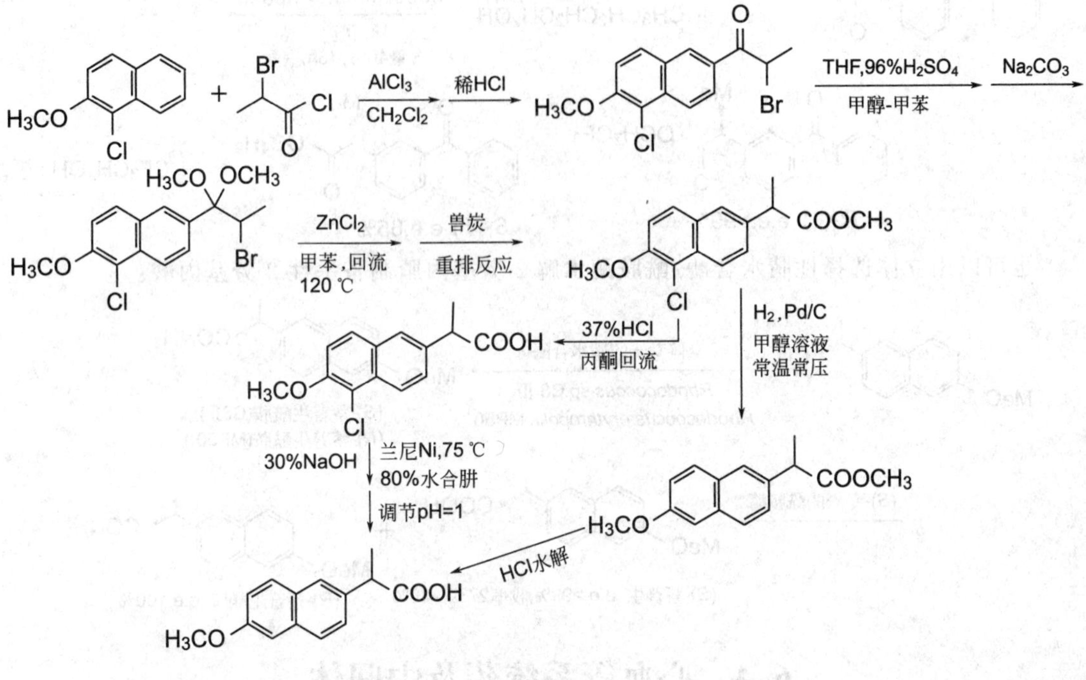

可用生物催化拆分法制备单一的手性对映体。

（1）2-芳基丙酸酯的酶催化水解反应

用柱状假丝酵母（*Candida cylindracea*）脂肪酶或皱褶假丝酵母（*Candida rugosa*）脂肪酶等催化水解 2-芳基丙酸酯，可得（*S*）-2-芳基丙酸。用游离酶或固定化酶，固定化载体可以用树脂（Amberlite XAD-7）、硅藻土、硅胶。反应体系：缓冲溶液（pH＝7.5），有机相如异辛烷（2％水）。体系中加入吐温-80、壬基酚聚氧乙烯醚等表面活性剂可以提高酶的活性 13 或 15 倍。

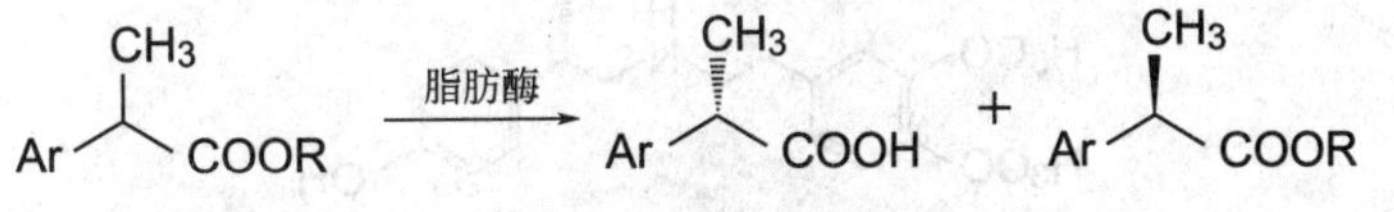

R=CH₃,CH₂CH₃,CH₂CH₂Cl
Ar=6-甲氧基-2-萘基,4-异丁基苯基

（2）2-芳基丙酸的酶催化酯化反应

酯化反应为水解反应的逆反应。反应体系采用混合有机溶剂：以异辛烷或环己烷为主溶剂，甲苯或四氯化碳为辅溶剂。

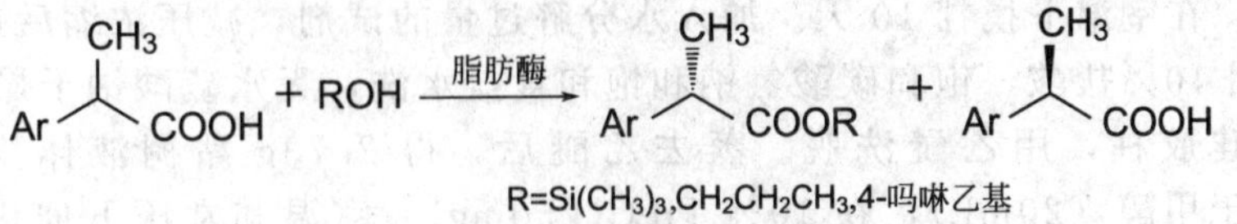

R=Si(CH₃)₃,CH₂CH₂CH₃,4-吗啉乙基
Ar=6-甲氧基-2-萘基,4-异丁基苯基

（3）2-芳基丙酸酯的酶催化酯交换反应

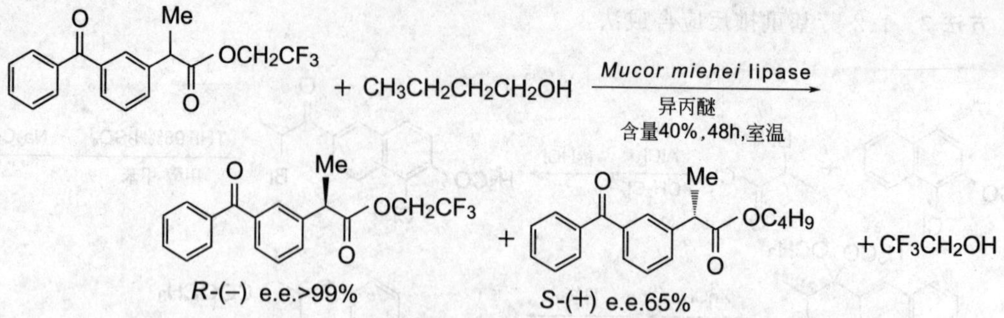

也可以由立体选择性腈水合酶/酰胺酶水解 2-芳基丙腈制备手性 2-芳基丙酸：

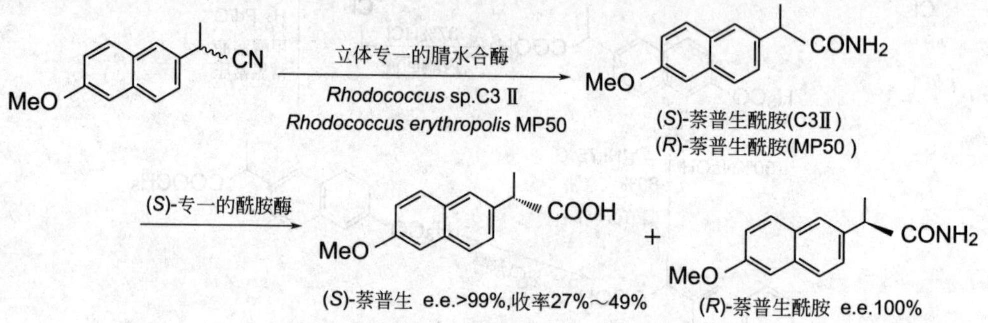

(S)-萘普生 e.e.>99%,收率27%～49%

(R)-萘普生酰胺 e.e.100%

6.4　心血管系统药及中间体

心血管系统药物包括强心药、抗心律失常药、抗心绞痛药、抗高血压药、降血脂药和周围血管扩张药等。

6.4.1　强心药

地诺帕明（Denopamine），化学名：(R)-α-[2-(3,4-二甲氧基苯基)乙基氨基甲基]-4-羟基苯甲醇，结构式为：

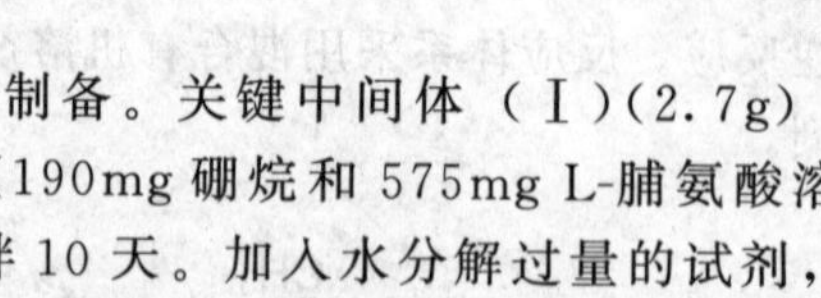

用途：强心药，可选择性地刺激肾上腺素 β_1-受体，使心肌收缩力持续加强，但对 β_2-和α-受体几无刺激作用，故不影响心搏数。作用特征为扩张冠脉血管，不易引起心律不齐。用于慢性心力衰竭。

制法：用不对称还原来制备。关键中间体（Ⅰ）(2.7g) 加到手性试剂 L-脯氨酸硼烷络合物（Ⅱ）的悬浮液（190mg 硼烷和 575mg L-脯氨酸溶于 10mL 四氢呋喃，室温搅拌 2h）中，在室温下搅拌 10 天。加入水分解过量的试剂，减压浓缩后用乙酸乙酯提取。提取液用 10% 盐酸、饱和碳酸氢钠和饱和食盐水洗，无水硫酸钠干燥。减压浓缩，剩余物通过硅胶柱，用乙醚洗脱。蒸去乙醚后，得 2.73g 黏稠液体。该黏稠液体（680mg）溶于甲醇（20mL），在 10% Pd-C(250mg)、室温和常压下催化氢化 2h。反应液过滤后，通入干燥的氯化氢气体。减压浓缩，剩余物用甲醇-乙醚重结晶，得 355mg 地诺帕明，收率 80%，熔点 130～140℃，$[\alpha]_D^{23}$ 为 $-24.6°$～$-23.6°$（$c=$ 1mol/L，甲醇）。

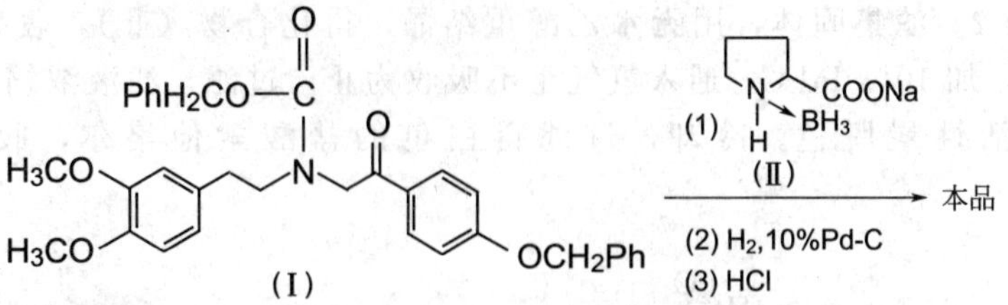

6.4.2　抗心律失常药

慢心律（Mexiletin），化学名 1-(2,6-二甲基苯氧基)-2-氨基丙烷盐酸盐，结构式为：

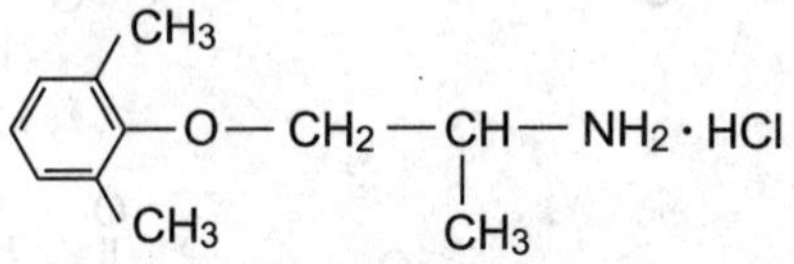

用途：抗心律失常药，主要用于急慢性室性心律失常，对室性早搏、室性心动过速的效果较好。

制法：2,6-二甲基苯酚与甲基环氧乙烷作用得 1-(2,6-二甲基苯氧基)-2-羟基丙烷，然后氧化为 1-(2,6-二甲基苯氧基)丙酮，与羟胺成肟后，氢化，或不经成肟直接与氨一起氢化得 1-(2,6-二甲基苯氧基)-2-氨基丙烷，与盐酸成盐得本品。

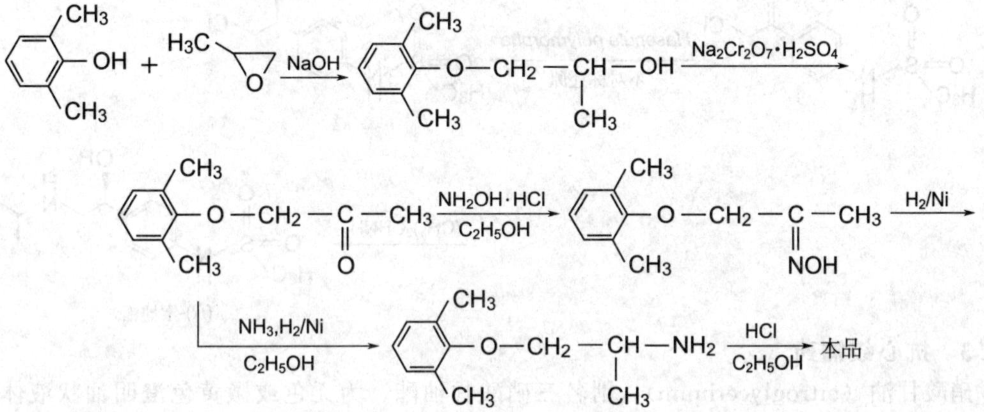

索他洛尔（Sotalol），别名心得怡，化学名：N-｛4-[(1-羟基-2-异丙氨基)乙基]｝甲磺酰苯胺盐酸盐，结构式为：

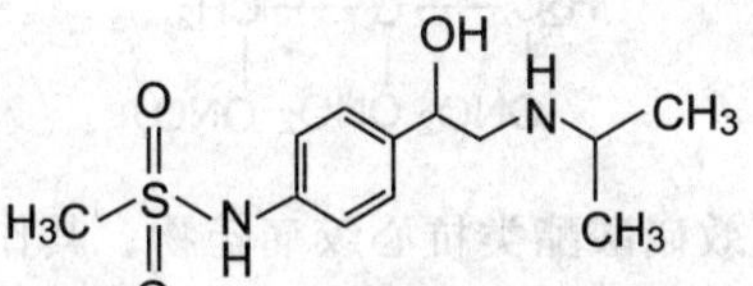

用途：β-受体阻滞剂。用于阵发性室上性心动过速和心房纤颤、心房扑动等心律失常，以及心绞痛和高血压等。

制法：在冰浴和搅拌下，往苯胺、三乙胺和乙醇的溶液中，滴加甲磺酰氯，控制温度在 −5～0℃。然后室温搅拌。过滤，滤液浓缩至一半，在约 0℃析出晶体。滤集固体，用乙醇重结晶，烘干得甲磺酰苯胺，收率为 84%。在冰浴和搅拌下，往甲磺酰苯胺、溴乙酰溴和二硫化碳的溶液中，加入无水三氯化铝，控制温度在 15℃以下。室温搅拌后回流。蒸发除去溶剂，倾入水中。过滤，用乙醇重结晶，烘干，得化合物（Ⅰ），收率 96.6%。在 −5℃左右和搅拌下，将化合物（Ⅰ）加入异丙胺的甲醇溶液中反应。减压浓缩，加丙酮，通入氯化氢至 pH 值为 2。滤集固体，用无水乙醇重结晶，得化合物（Ⅱ），收率 65％。化合物（Ⅱ）溶于甲醇，加 10％ Pd-C，通入氢气至不吸收为止。过滤，滤液浓缩至干，加入甲醇加热至全溶，活性炭脱色。冷却，过滤得白色的盐酸索他洛尔，收率 85％，熔点 206～207℃。

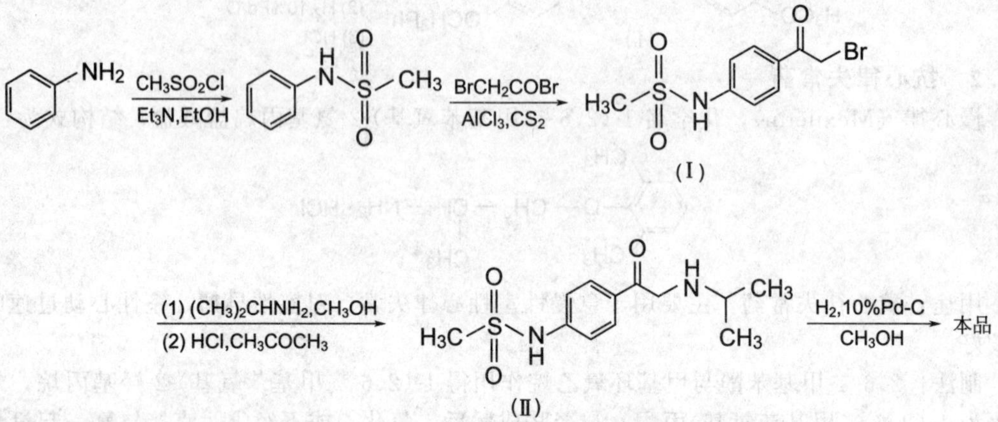

可以用微生物催化不对称还原制备手性（R）-索他洛尔：

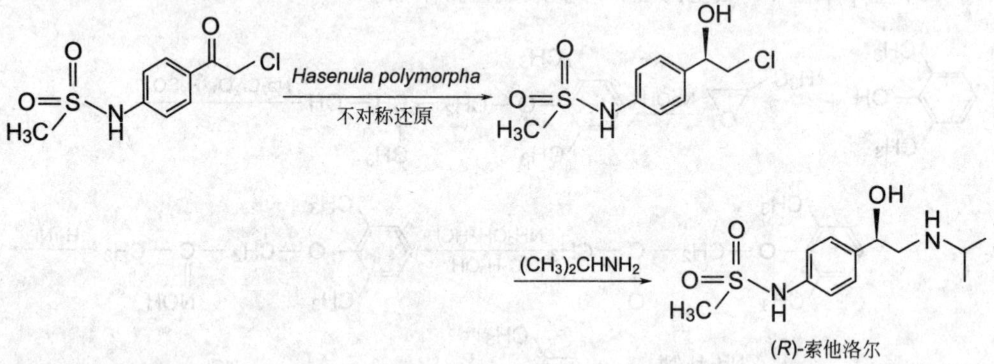

6.4.3 抗心绞痛药

硝酸甘油（nitroglycerinum），别名三硝酸甘油酯，为无色或微黄色澄明油状液体；无臭，味甜带辛。微溶于水，易溶于乙醇。结构式为：

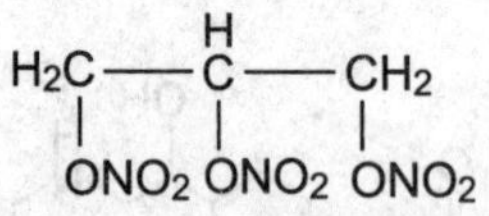

作用与用途：为速效、短效硝酸酯类抗心绞痛药物。其作用是直接松弛血管平滑肌，特别对小血管平滑肌，使全身血管扩张，外周阻力减小，血压下降，静脉回心量减少，心排血量降低，从而降低心肌耗氧量。此外尚有促进侧支循环的作用和对其他平滑肌的松弛作用。

尼莫地平（Nimodipine），化学名：2,6-二甲基-4-(3-硝基苯基)-1,4-二氢-3,5-吡啶二羧酸-2-甲氧乙酯-1-甲基乙酯，结构式为：

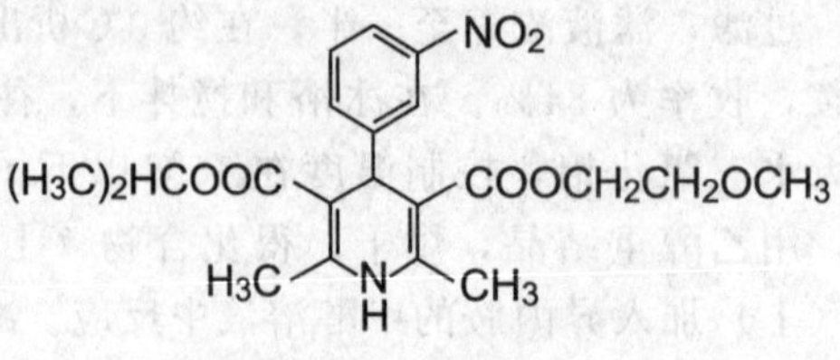

用途：钙通道拮抗剂，具有抗缺血和抗血管收缩的作用，为脑血管扩张和脑功能改善药。用于缺血性脑血管病、轻度高血压、偏头痛、脑血管痉挛、突发性耳聋等。

制法：间硝基苯甲醛先和乙酰乙酸甲氧基乙酯在盐酸或浓硫酸催化下缩合，得到的产物再和 3-氨基丁烯酸异丙酯在无水乙醇中加热环合，即可得尼莫地平。

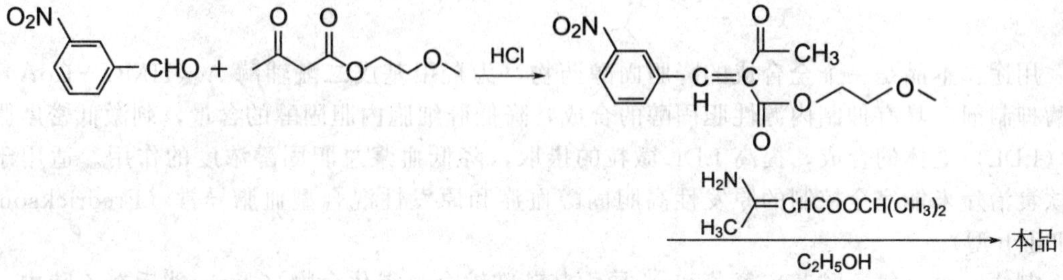

6.4.4 抗高血压药

卡托普利（Captopril），化学名：1-[（2S）-2-甲基-3-巯基-1-氧化丙基]-L-脯氨酸，结构式为：

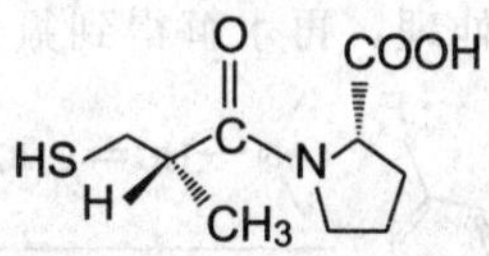

用途：血管紧张素转化酶抑制剂，有明显降压和减低心脏负荷等作用。用于不同类型的高血压，对心力衰竭也有效。

制法：α-甲基丙烯酸和硫代乙酸加成，得到 α-甲基-β-乙酰硫基乙酸，再用氯化亚砜氯化成酰氯后，直接和脯氨酸在氢氧化钠（作为缚酸剂）的作用下，得到 N-(3-乙酰硫基-2-甲基丙酰基)-L-脯氨酸，此是消旋体，用二环己胺成盐进行光学拆分，得到（S,S）体，然后氨解脱去乙酰基，即得卡托普利。

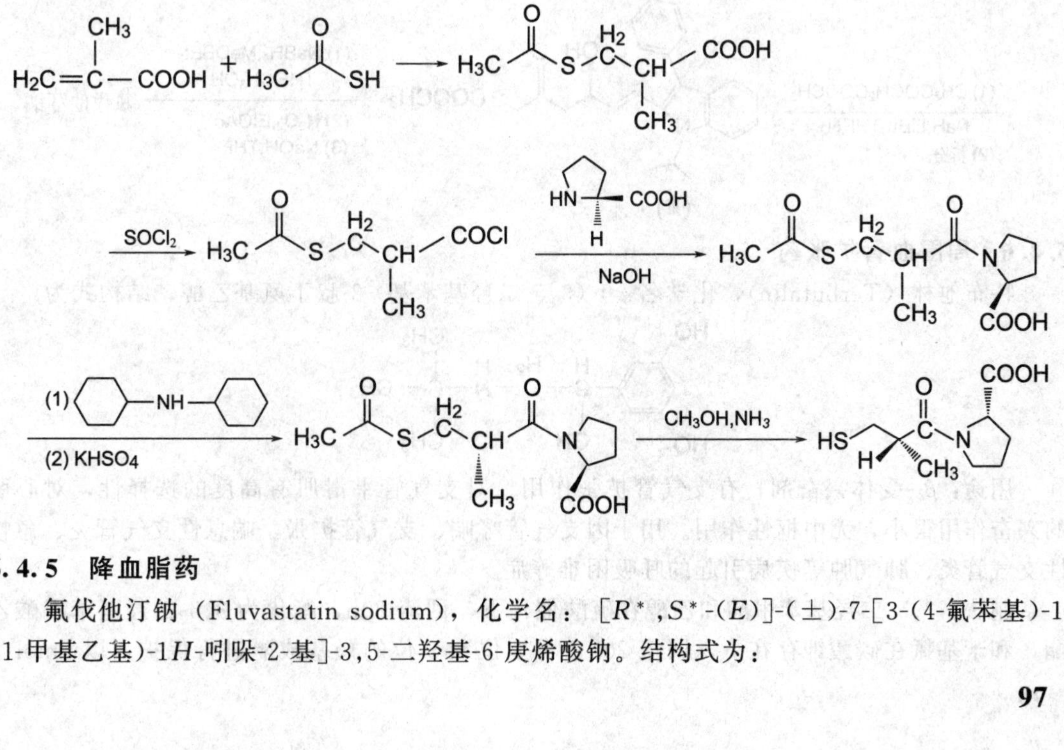

6.4.5 降血脂药

氟伐他汀钠（Fluvastatin sodium），化学名：[R*,S*-(E)]-(±)-7-[3-(4-氟苯基)-1-(1-甲基乙基)-1H-吲哚-2-基]-3,5-二羟基-6-庚烯酸钠。结构式为：

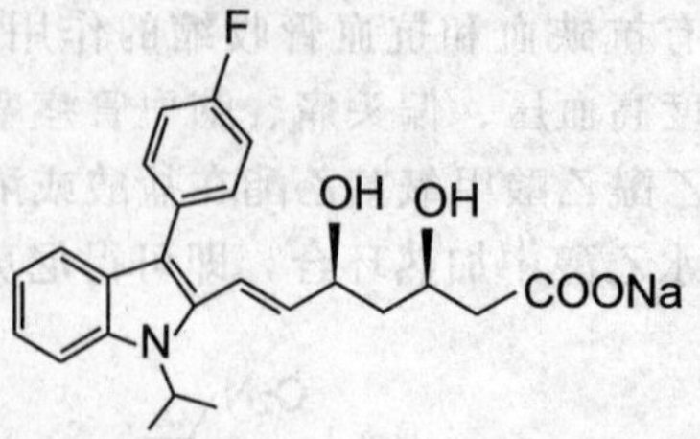

用途：本品是一个全合成的降胆固醇药物，为羟甲基戊二酰辅酶 A（HMG－CoA）还原酶抑制剂，具有抑制内源性胆固醇的合成，降低肝细胞内胆固醇的含量，刺激低密度脂蛋白（LDL）受体的合成，提高 LDL 微粒的摄取，降低血浆总胆固醇浓度的作用。适用于治疗饮食治疗未能完全控制的原发性高胆固醇血症和原发性混合型血脂异常（Fredrickson Ⅱa 和Ⅱb型）。

制法：对（氯乙酰基）氟苯和 N-异丙基苯胺缩合，得化合物（Ⅰ）。然后在乙腈中，三氯氧磷存在下，和 N,N-二甲基氨基丙烯醛反应，得化合物（Ⅱ）。化合物（Ⅱ）在强碱作用下，和乙酰乙酸甲酯缩合，再经拆分，得化合物（Ⅲ）。在－77～－74℃，将化合物（Ⅲ）滴加到硼氢化钠、甲氧基二乙基硼、THF 和甲醇的混合液中，搅拌 30min，得到的环状硼酸酯在乙酸乙酯中用 30％的双氧水处理，再水解得到氟伐他汀钠。

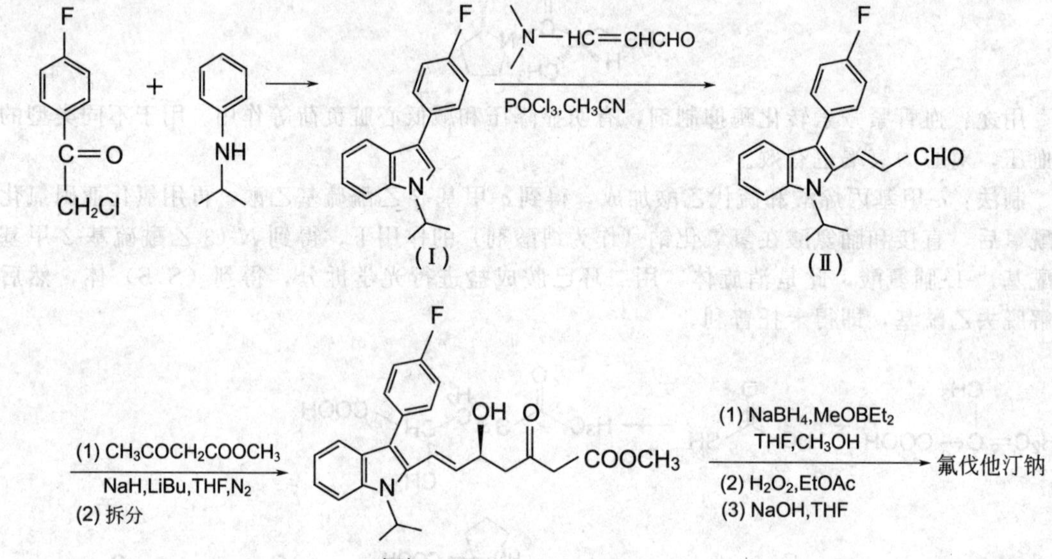

6.4.6 周围血管扩张药

特布他林（Terbutalin），化学名：1-(3,5-二羟基苯基)-2-叔丁氨基乙醇，结构式为：

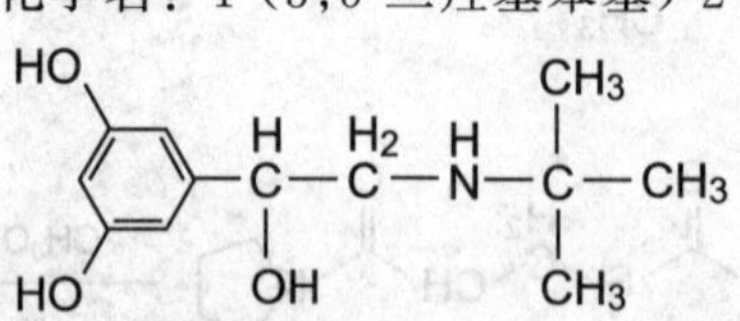

用途：β_2-受体兴奋剂，有支气管扩张作用。对支气管平滑肌有高度的选择性，对心脏的兴奋作用很小，无中枢性作用。用于因支气管哮喘、支气管扩张、喘息性支气管炎、急慢性支气管炎、肺气肿等疾病引起的呼吸困难等症。

制法：3,5-二羟基苯甲酸和乙醇在硫酸催化下，回流 20h，酯化为 3,5-二羟基苯甲酸乙酯，和苄基氯在碳酸钾存在下，回流 20h，与 3 位和 5 位的羟基成醚进行保护，以 5mol/L

的盐酸或氢氧化钾水解为游离酸，和氯化亚砜一起回流 1h，氯化为酰氯，和偶氮甲烷反应使成偶氮乙酰基，和溴化氢作用成为溴乙酰基，接着和叔丁胺回流 20h，最后在乙酸存在下催化氢化得到特布他林。

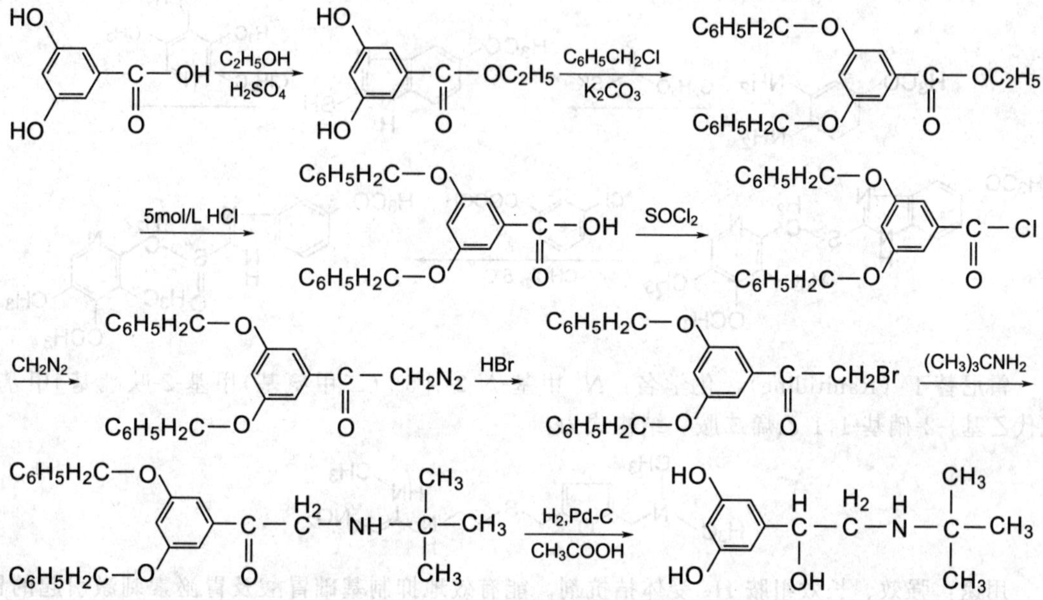

6.5 消化系统药及中间体

消化系统药包括消化性溃疡治疗药、止吐及催吐药、止泻药及泻药、利胆药、抗胰腺炎药、肝病用药。

6.5.1 消化性溃疡治疗药

奥美拉唑（Omeprazole），化学名：5-甲氧基-2{[（4-甲氧基-3,5 二甲基-2-吡啶基）甲基]亚磺酰}-1H-苯并咪唑，结构式为：

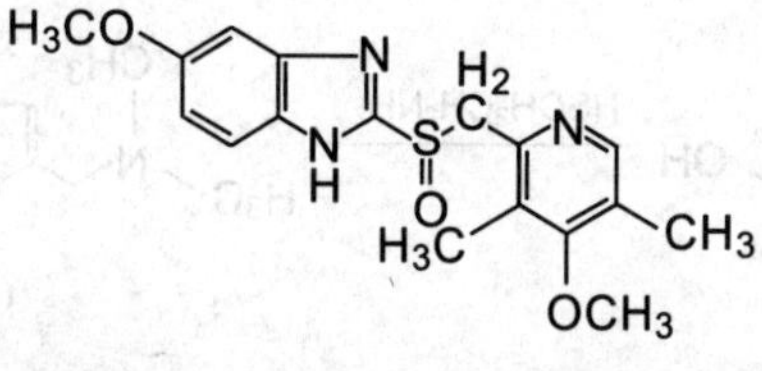

用途：质子泵抑制剂，即壁细胞内 H^+-K^+-ATP 酶抑制剂。有强而持久的抑制基础胃酸及食物、五肽胃酸泌素所致的胃酸分泌的作用。显效快，可逆，且无 H_2 受体拮抗剂诱发精神方面的副作用。用于胃及十二指肠溃疡、反流性或糜烂性食管炎、佐-埃二氏综合征等，对用 H_2 受体拮抗剂无效的胃和十二指肠溃疡也有效。

制法：3,5-二甲基-2-羟甲基-4-甲氧基吡啶经氯化，生成 2-氯甲基-3,5-二甲基-4-甲氧基吡啶。

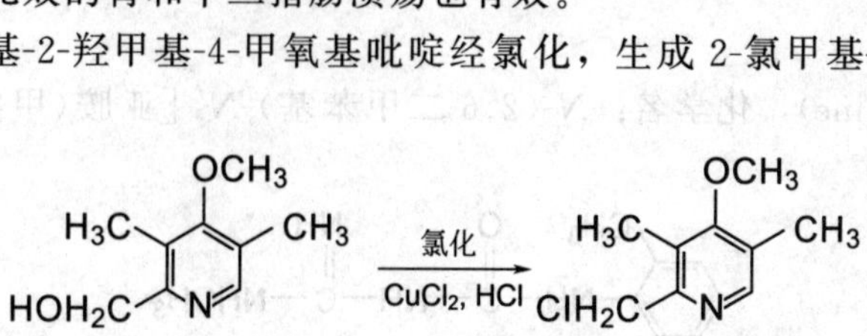

4-甲氧基-1,2-苯二胺和黄原酸钾反应，生成 2-巯基-5-甲氧基苯并咪唑，再和上面得到

99

的吡啶衍生物反应，生成 2-[(3,5-二甲基-4-甲氧基-2-吡啶基)甲硫基]-5-甲氧基-1H-苯并咪唑，最后在氯仿中，5℃下，用间氯过苯甲酸氧化，得到奥美拉唑。粗品奥美拉唑可用乙腈重结晶。

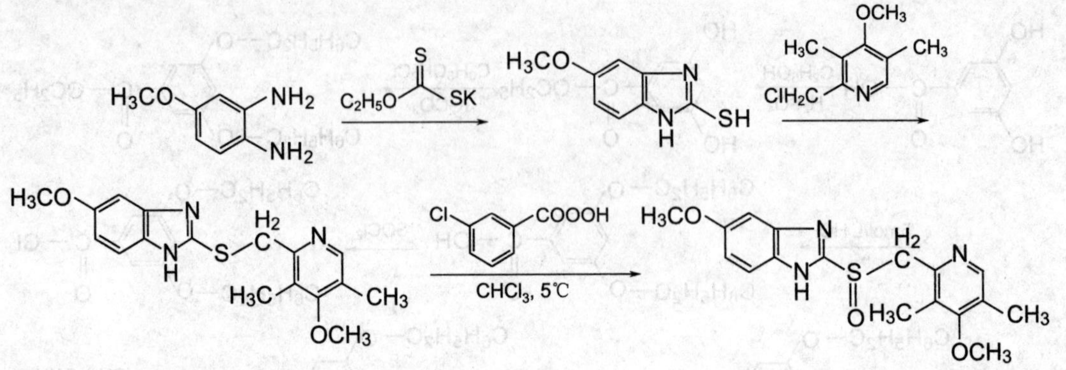

雷尼替丁（Ranitidine），化学名：N'-甲基-N-2-{[5-[(二甲氨基)甲基-2-呋喃基]甲基]硫代乙基}-2-硝基-1,1-乙烯二胺，结构式为：

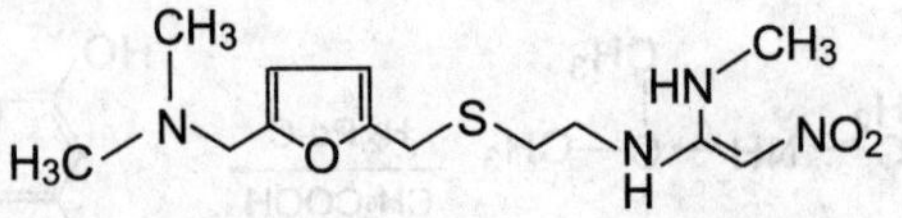

用途：强效、长效组胺 H_2 受体拮抗剂。能有效地抑制基础胃酸及胃泌素刺激引起的胃酸分泌，降低胃酸和胃酶的活性。对中枢神经系统、性腺等无不良反应。用于胃及十二指肠溃疡及胃酸高分泌疾病、反流性食道炎。

制法：5-[(二甲氨基)甲基]-2-呋喃甲醇（Ⅰ）和半胱氨酸反应，生成 2-{[5-[(二甲氨基)甲基-2-呋喃基]甲基]硫代}乙胺（Ⅱ）。230g N-甲基-1-甲硫基-2-硝基乙烯甲胺溶于 400mL 水，45～50℃加热搅拌，在 4h 内滴加 321g 化合物Ⅱ，加完后继续搅拌 3.5h，然后再回流 0.5h。冷却到 70℃，加入 2L 4-甲基-2-戊酮，在减压（34.7kPa）下共沸蒸出水，然后在 50℃下和 10g 活性炭作用。过滤除去活性炭后，冷至 10℃，过滤析出的雷尼替丁，干燥，约得 380g，熔点 69～70℃。

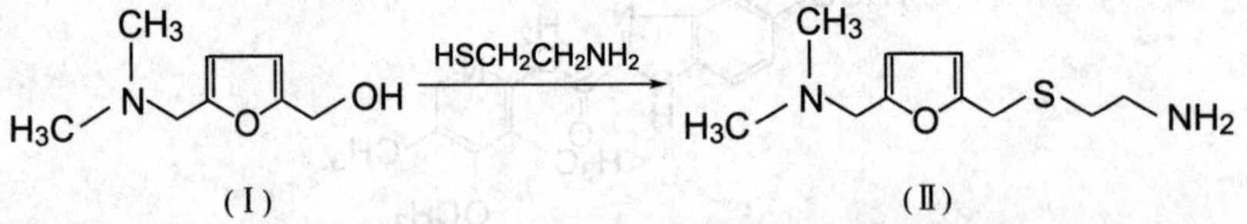

(Ⅰ)   (Ⅱ)

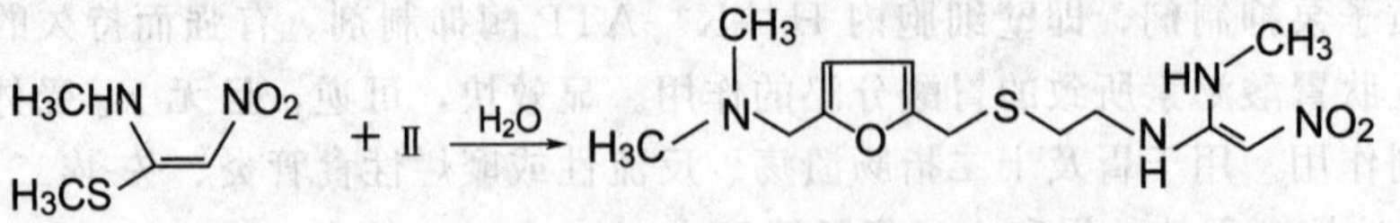

6.5.2 止泻药

利达脒（Lidamidine），化学名：N-(2,6-二甲苯基)-N'-[亚胺(甲氨基)甲基]脲，结构式为：

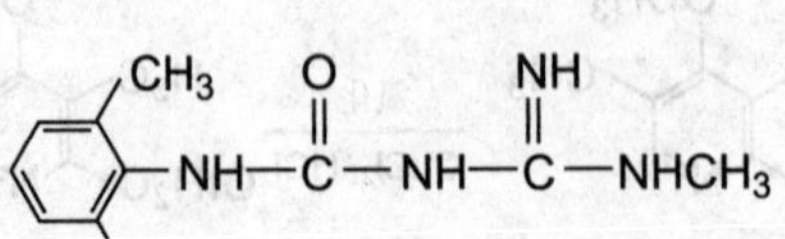

　　用途：高效止泻药，以抑制肠道分泌为主，并兼有抑制肠道运动作用。用于大肠炎、节段性回肠炎、溃疡性结肠炎与溃疡性直肠炎引起的慢性腹泻或暴发性腹泻，胃肠道运动障碍或癌症所致腹泻及糖尿病腹泻等。

　　制法：2,6-二甲基-N-烷氧羰基苯胺和游离甲基胍（经硫酸甲基胍而来）在氢氧化钠作用下反应即得利达胺。

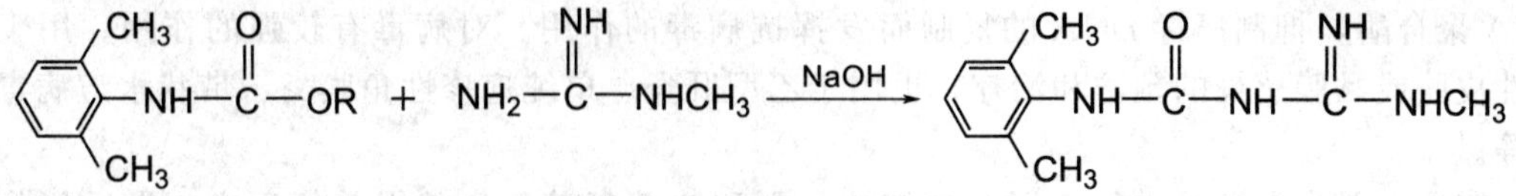

或异氰酸（2,6-二甲基苯酯）与硫酸甲基胍在氢氧化钠存在下反应制得。

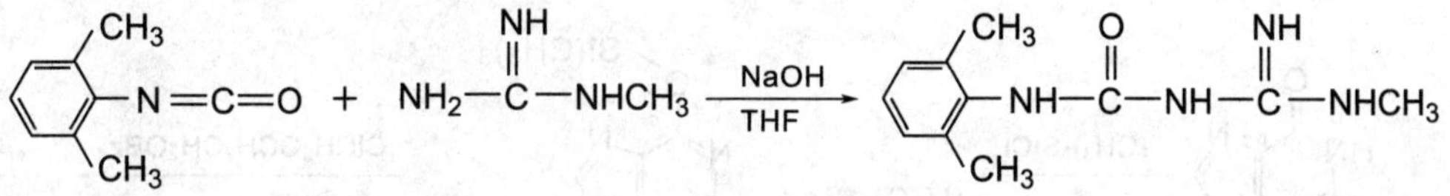

6.6　抗病原性微生物药

　　病原性微生物是指细菌、真菌、病毒和芽孢等。能杀灭和抑制这些微生物生长和繁殖的药物，均为抗病原性微生物药。按此定义，抗生素、抗病毒药物、抗真菌药物、喹诺酮类药物、磺胺类药物、硝基呋喃类药物等均属抗病原性微生物药。其中抗生素已在 6.2 中介绍，本节介绍其余几类抗病原性微生物药。

6.6.1　抗病毒药物

　　盐酸金刚乙烷（rimantadine hydrochloride），化学名：α-甲基-1-金刚烷甲基胺盐酸盐，结构式为：

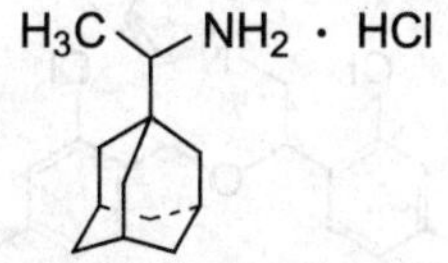

　　用途：抗病毒药。通过抑制病毒颗粒在宿主细胞内脱壳而在病毒复制周期的早期起作用。用于预防 A 型流感病毒株引起的感染。

　　制法：溴化金刚烷在三溴化铝催化下，和溴乙烯加成。生成物和氢氧化钾加热消除两分子的溴化氢，得到乙炔化物。再在氧化汞催化下，和硫酸水合得到酮，接着和羟胺成肟，最后用氢化铝锂还原（或在 Pd-C 下催化加氢），得到金刚乙胺。

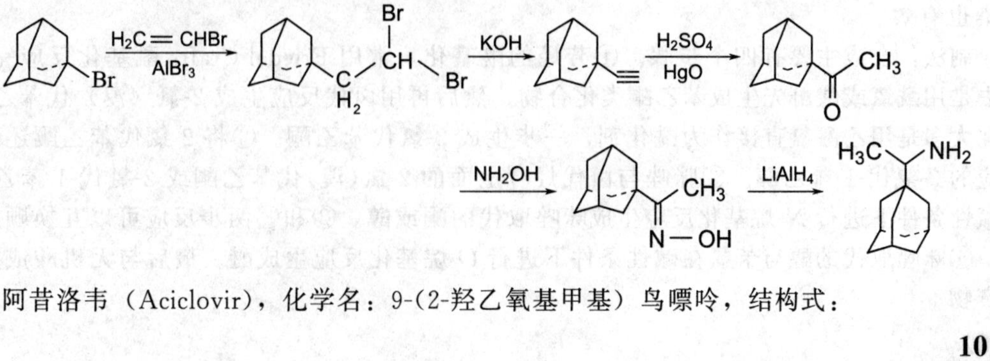

　　阿昔洛韦（Aciclovir），化学名：9-(2-羟乙氧基甲基)鸟嘌呤，结构式：

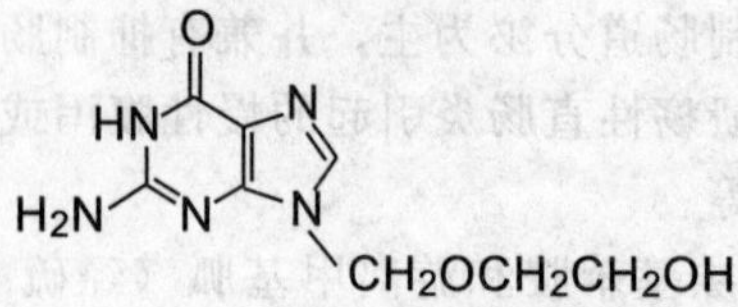

用途：广谱抗病毒药，含嘌呤母核化合物，在体内转化为三磷酸化合物，干扰病毒DNA 聚合酶，抑制病毒 DNA 的复制而发挥抗病毒的作用。对病毒有较强的作用。用于病毒性皮肤或黏膜感染的预防和治疗，也用于乙型肝炎、单纯疱疹性角膜炎、带状水痘病毒感染等。

制法：首先鸟嘌呤进行三甲基硅烷化，再和 2-苄氧基乙氧基甲基氯反应，最后氢化去掉苄基得阿昔洛韦，收率 24%。

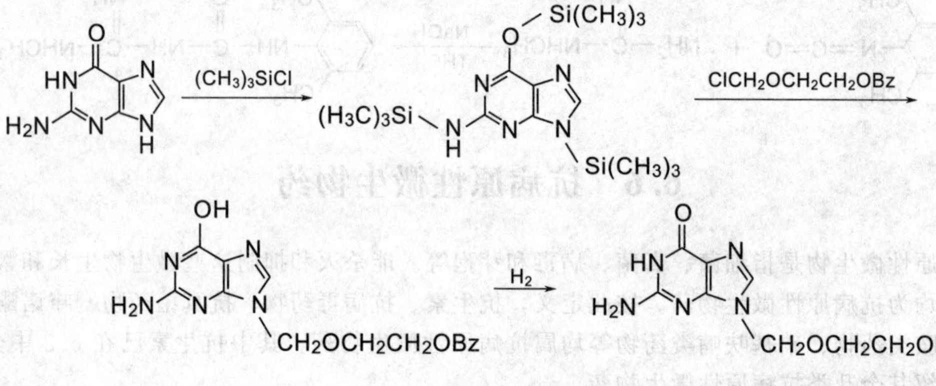

6.6.2 抗真菌药物

咪康唑（Miconazol），化学名：1-{2-(2,4-二氯苯基)-2-[(2,4-二氯苯基)甲氧基] 乙基}-1H-咪唑，结构式为：

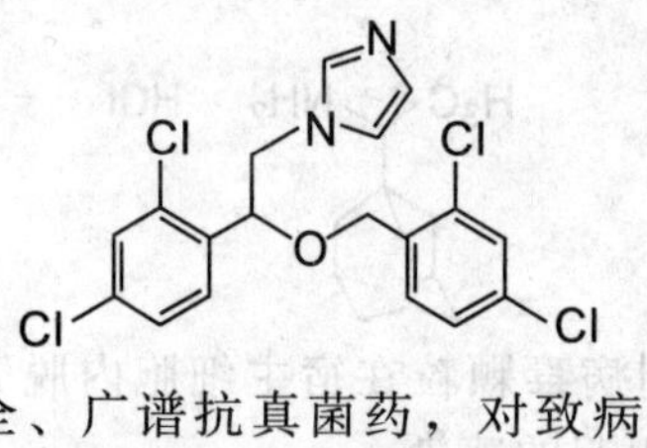

用途：咪康唑是高效、安全、广谱抗真菌药，对致病性真菌几乎都有作用。其机理是抑制真菌细胞膜的固醇合成，影响细胞膜通透性，抑制真菌生长，导致死亡。新型隐球菌、念珠菌和粗孢子菌对本品均敏感。皮炎芽生菌和组织胞浆菌对本品高度敏感，但对曲霉菌作用较差。另外，咪康唑对金葡菌和链球菌及革兰阳性球菌和炭疽菌等也有抗菌作用。本品主要用于治疗深部真菌病，对耳鼻咽喉、阴道、皮肤等部位的真菌感染也有效。

制法：合成主要有四个步骤。①芳烃的酰基化，常用 Friedel-Crafts 酰基化反应完成。过去是用酰氯或酸酐先生成苯乙酮类化合物，然后再用卤代反应生成 2-氯（溴）代苯乙酮。现在大多是用乙酰氯直接作为酰化剂，一步生成 2-氯代苯乙酮。②将 2-氯代苯乙酮还原成相应的 2-氯代-1-苯乙醇。③咪唑与卤代烃 [上面的 2-氯（溴）代苯乙酮或 2-氯代-1-苯乙醇] 在碱性条件下进行 N-烷基化反应生成咪唑取代的酮或醇。②和③两步反应可以互换顺序完成。④咪唑取代的醇与苄氯在碱性条件下进行 O-烷基化反应生成醚。最后与无机酸成盐即得产物。

102

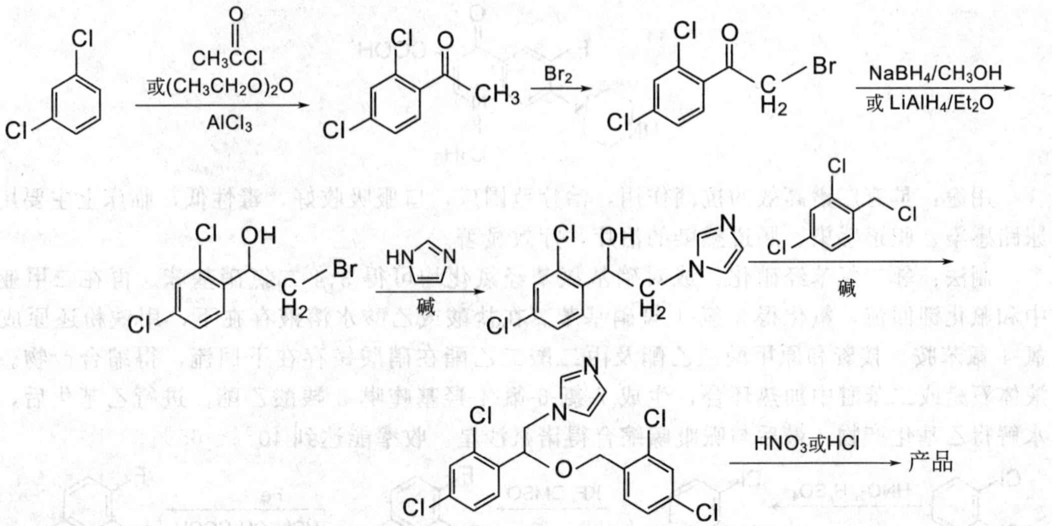

氟康唑（Fluconazol），化学名：2-(2,4-二氟苯基)-1,3-双(1H-1,2,4-三唑-1-基)-2-丙醇，结构式为：

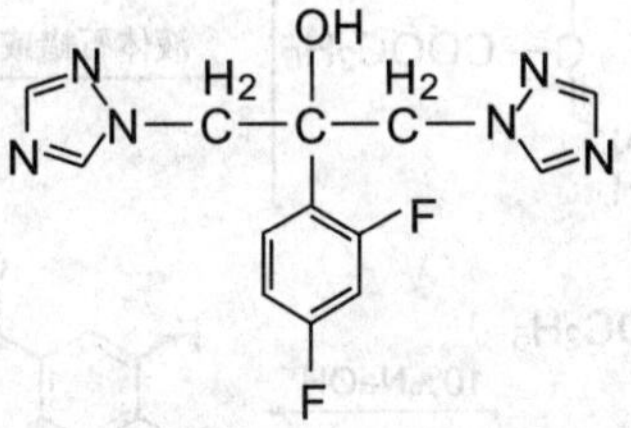

用途：本药为新型三唑类抗真菌药物，有广谱抗真菌作用，对真菌细胞色素 P-450 依赖酶的抑制作用具有高度选择性，能选择性地抑制真菌的甾醇合成。主要用于治疗深部真菌感染。隐球菌感染如隐球菌脑膜炎或其他部位感染，全身性念珠菌感染，黏膜念珠菌感染，急性及复发性阴道念珠菌感染，对癌症患者的口咽念珠菌感染也有效。

制法：由间二氟苯溴化得 2,4-二氟溴苯。镁溶于无水乙醚中，滴加 2,4-二氟溴苯的乙醚溶液，然后在冰浴冷却下滴加 1,3-二氯丙酮的乙醚溶液，室温搅拌过夜。加入冰醋酸和水。分出的有机层干燥后浓缩。浓缩液和三唑、碳酸钾、相转移催化剂溶于干燥的乙酸乙酯中，回流，过滤，水洗至中性，干燥。蒸发除去溶剂，用乙酸乙酯-环己烷（1：1）重结晶，得氟康唑，总收率 33.6%。

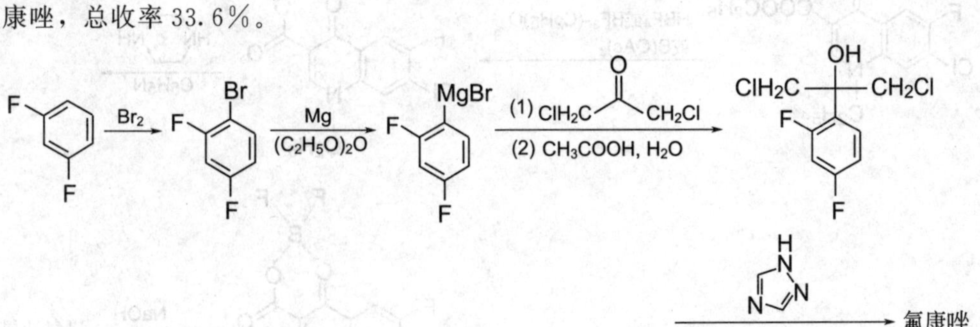

6.6.3 喹诺酮类药物

诺氟沙星（Norfloxacin），别名氟哌酸，化学名：1-乙基-6-氟-1,4-二氢-4-氧代-7-(1-哌嗪基)-3-喹啉羧酸，结构式为：

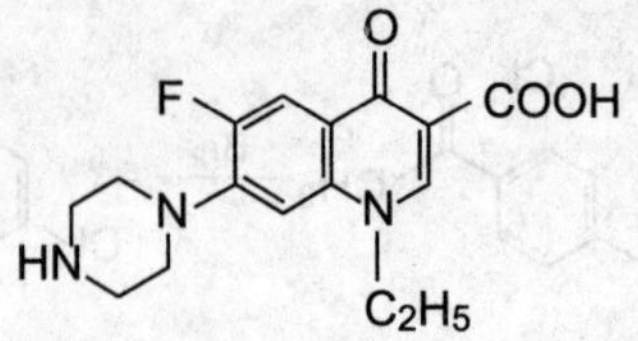

用途：具有广谱高效的抗菌作用，治疗范围广，口服吸收好，毒性低，临床上主要用于尿路感染、胆道感染、肠道感染的治疗，疗效显著。

制法：邻二氯苯经硝化，或对硝基氯苯经氯化均可得 3,4-二氯硝基苯。再在二甲亚砜中和氟化钾回流，氟化得 3-氯-4-氟硝基苯。在盐酸或乙酸水溶液存在下，用铁粉还原成 3-氯-4-氟苯胺。接着和原甲酸三乙酯及丙二酸二乙酯在硝酸铵存在下回流，得缩合产物。在液体石蜡或二苯醚中加热环合，生成 7-氯-6-氟-4-羟基喹啉-3-羧酸乙酯。进行乙基化后，再水解得乙基化产物。最后与哌吡嗪缩合得诺氟沙星。收率能达到 40%～65%。

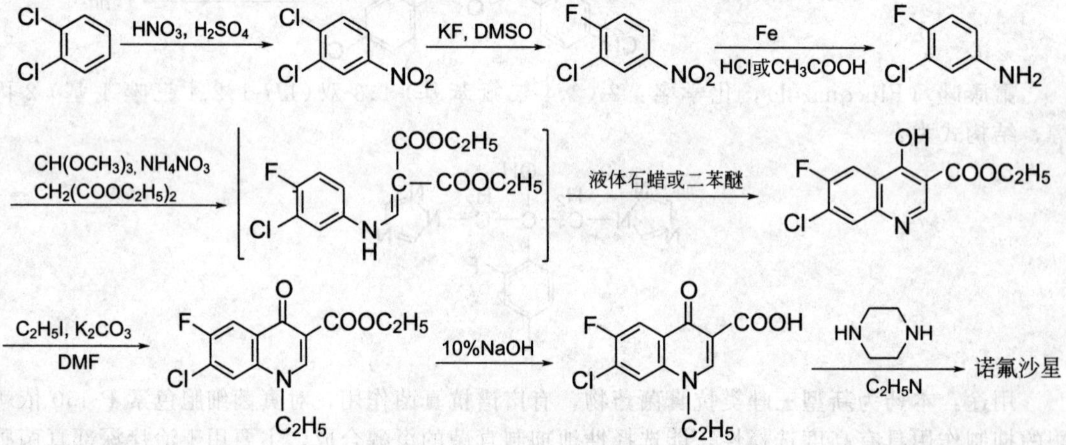

但上面的方法在 7 位引入哌嗪基时，6 位氟原子被取代的副产物可占 25%，影响收率。在引入哌吡嗪环前，1-乙基-6-氟-7-氯-1,4-二氢-4-氧代喹啉-8-羧酸乙酯先和氟硼酸或三氟化硼-乙醚或乙酸硼反应，使 4 位上的羰基形成硼螯合物，然后再引入哌吡嗪基，可使 7 位氟被置换的副反应减少，收率可提高 15% 以上，且产品的质量得到改善。

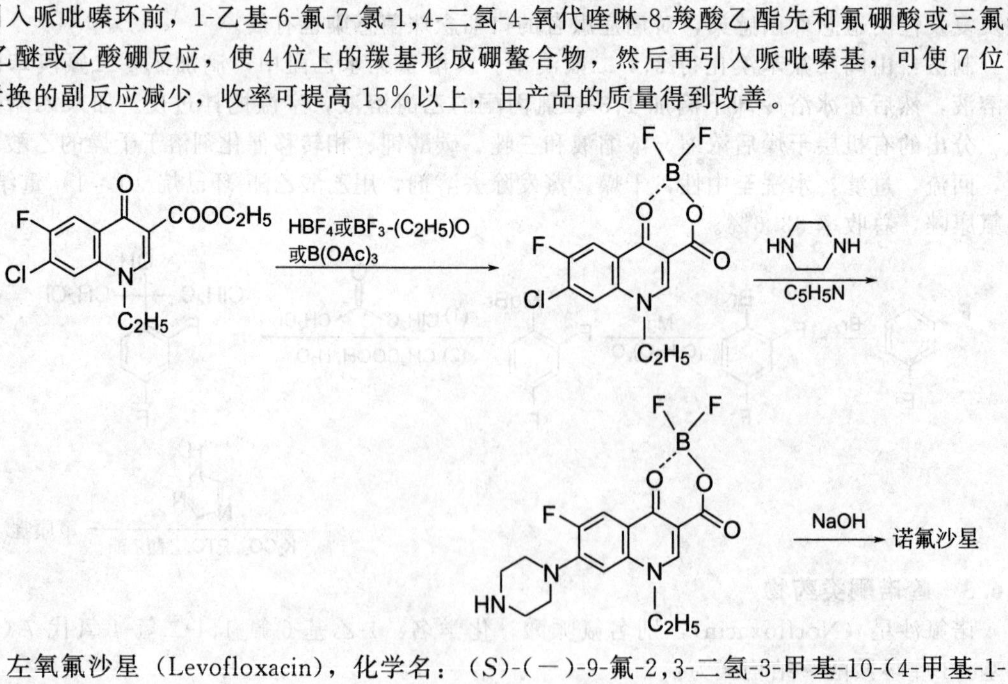

左氧氟沙星（Levofloxacin），化学名：(S)-(－)-9-氟-2,3-二氢-3-甲基-10-(4-甲基-1-哌

嗪基)-7-氧代-7H-吡啶〔1,2,3-de〕-1,4-苯并噁嗪-6-羧酸半水合物，结构式为：

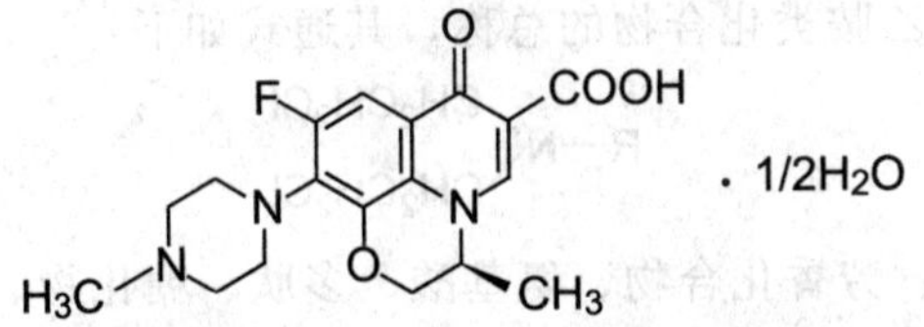

用途：左氧氟沙星具有卓越的体外活性，比氧氟沙星毒副作用小、安全性高以及具有良好的药代动力学性质。可广泛应用于呼吸道感染、妇科疾病感染、皮肤和软组织感染、外科感染、胆道感染、性传播疾病以及耳鼻口腔感染等多种细菌感染，是一种口服或肠胃外用的广谱氟喹诺酮抗菌药物。

制法：以2,3,4,5-四氟苯甲酸为原料，通过常用的方法制得2-(乙氧亚甲基)-3-氧代-3-(2,3,4,5-四氟苯基)丙酸乙酯后，再与（S)-2-氨基丙醇反应引入不对称碳原子，然后闭环、水解、引入甲基哌嗪而得产品。

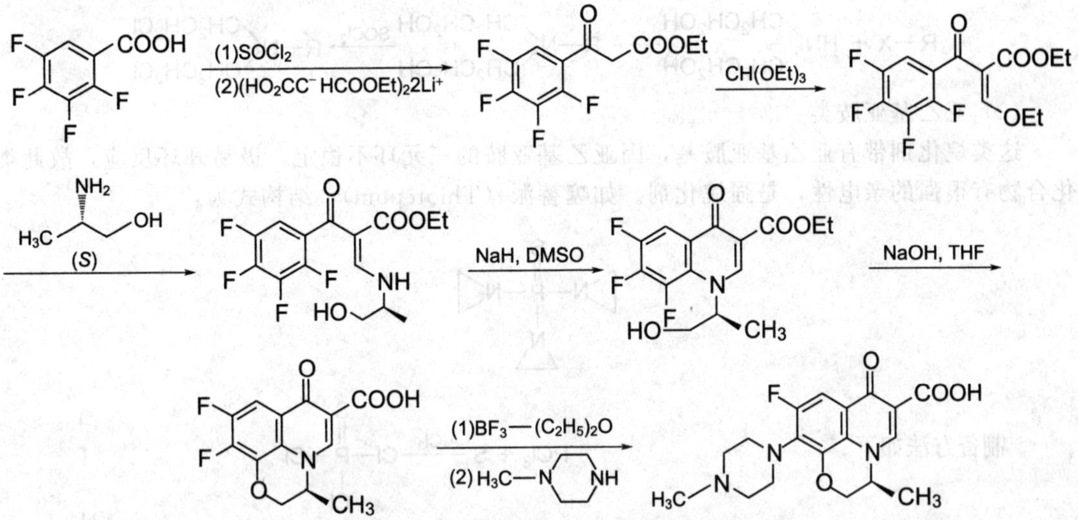

或将氧氟沙星以硫酸羟胺处理后，用盐酸酸化得盐酸盐经碱性离子交换柱处理，得到的两性化合物，加入（S)-(+)-扁桃酸拆分，其与（-）-异构体成盐后形成结晶，可通过离子交换树脂，再经过还原脱氨基得到产品。

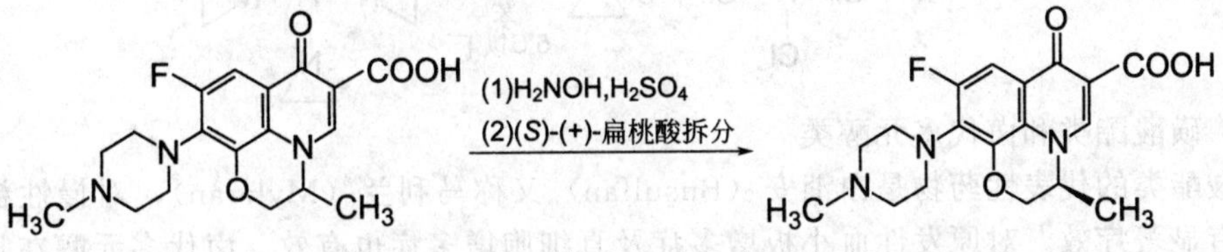

6.7 抗癌药物及其中间体

6.7.1 烷化剂抗肿瘤药物

烷化剂，也称生物烷化剂，此类药物有高度的化学活性，可与体内的生物大分子中的亲核基团发生烷化反应，从而破坏细胞DNA的结构和功能，使其失去活性，使细胞分裂繁殖停止或死亡。按其结构，烷化剂又可分为氮芥类、亚乙基亚胺类、磺酸酯类、多元醇类、亚硝基脲类、肼类、三氮烯咪唑类等。

（1）氮芥类

氮芥类烷化剂是 β-氯乙胺类化合物的总称，其通式如下：

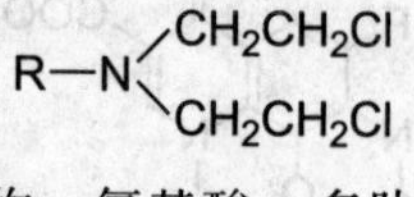

$$R-N\begin{array}{l}CH_2CH_2Cl\\CH_2CH_2Cl\end{array}$$

R 可以是脂肪化合物、芳香化合物、氨基酸、多肽、糖化物、杂环化合物或激素等。

氮芥类主要有两种制备方法：

① 伯胺和环氧乙烷在低温下进行反应，生成双（β-羟乙基）氨基化合物，再用氯化亚砜或其他氯化剂在有机介质中（如苯、氯仿等）氯化制得。

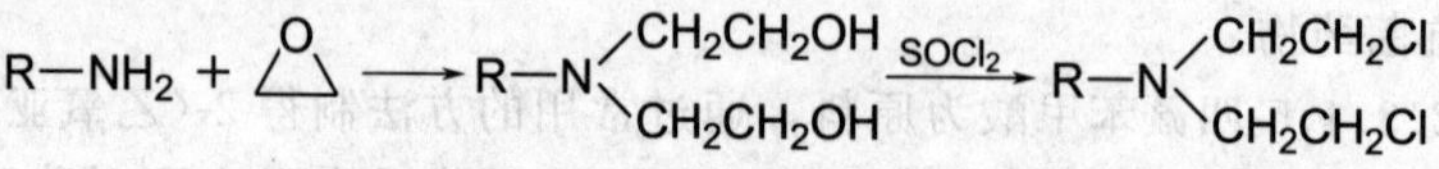

$$R-NH_2 + \triangle O \longrightarrow R-N\begin{array}{l}CH_2CH_2OH\\CH_2CH_2OH\end{array}\xrightarrow{SOCl_2} R-N\begin{array}{l}CH_2CH_2Cl\\CH_2CH_2Cl\end{array}$$

② 二乙醇胺和卤代烷在碱存在下进行亲核取代反应，生成双（β-羟乙基）氨基化合物，再进行氯化。

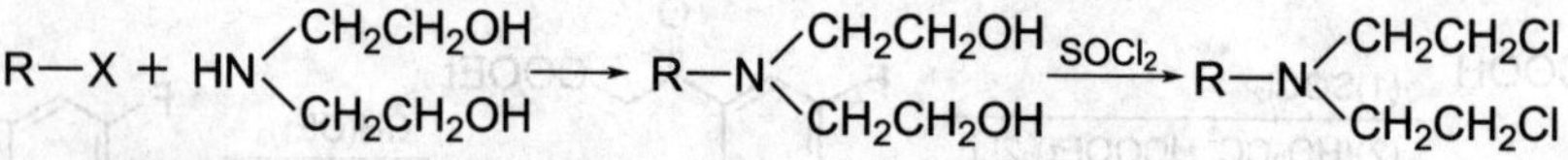

$$R-X + HN\begin{array}{l}CH_2CH_2OH\\CH_2CH_2OH\end{array}\longrightarrow R-N\begin{array}{l}CH_2CH_2OH\\CH_2CH_2OH\end{array}\xrightarrow{SOCl_2} R-N\begin{array}{l}CH_2CH_2Cl\\CH_2CH_2Cl\end{array}$$

（2）亚乙基亚胺类

这类烷化剂带有亚乙基亚胺基，因亚乙基亚胺的三元环不稳定，极易开环反应，故此类化合物有很强的亲电性，是强烷化剂。如噻替派（Thiotepum），结构式为：

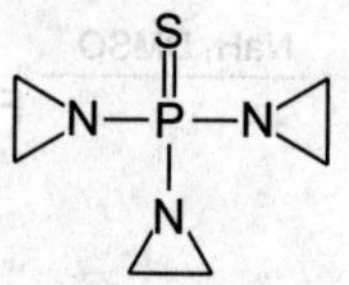

制备方法如下：

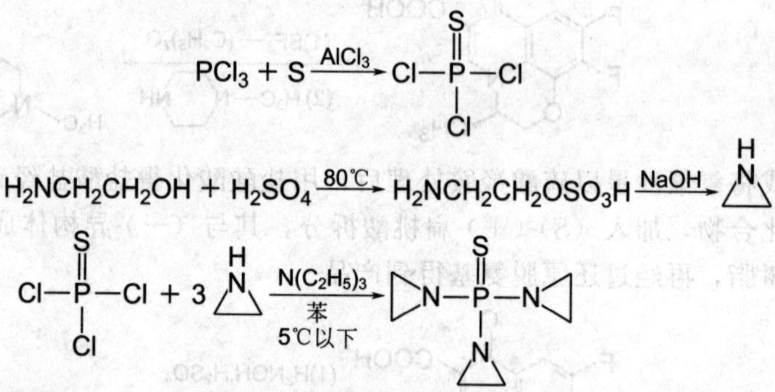

$$PCl_3 + S \xrightarrow{AlCl_3} Cl-\overset{\displaystyle S}{\underset{\displaystyle Cl}{P}}-Cl$$

$$H_2NCH_2CH_2OH + H_2SO_4 \xrightarrow{80℃} H_2NCH_2CH_2OSO_3H \xrightarrow{NaOH} \triangle NH$$

$$Cl-\overset{\displaystyle S}{\underset{\displaystyle Cl}{P}}-Cl + 3\ \triangle NH \xrightarrow[5℃以下]{\underset{苯}{N(C_2H_5)_3}} \triangle N-\overset{\displaystyle S}{\underset{\displaystyle N\triangle}{P}}-N\triangle$$

（3）磺酸酯类和卤代多元醇类

磺酸酯类的代表性药物是白消安（Busulfan）又称马利兰（Myleran），对慢性粒细胞性白血病有显著疗效，对原发性血小板增多症及真细胞增多症也有效。卤代多元醇在临床使用的主要有二溴甘露醇（dibromomannitol）和二溴卫矛醇（dibromodulcitol）。二溴甘露醇主要用于治疗慢性粒细胞性白血病。二溴卫矛醇抗肿瘤谱较广，对某些实体瘤和胃癌、肺癌、乳腺癌也有一定疗效。

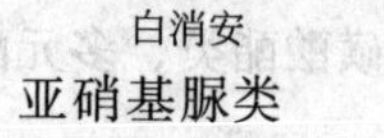

白消安 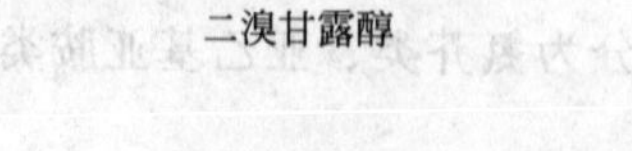　　　　　　二溴甘露醇 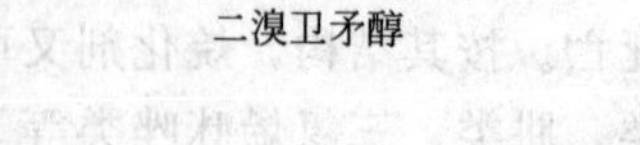　　　　　　二溴卫矛醇

（4）亚硝基脲类

其结构通式如下：

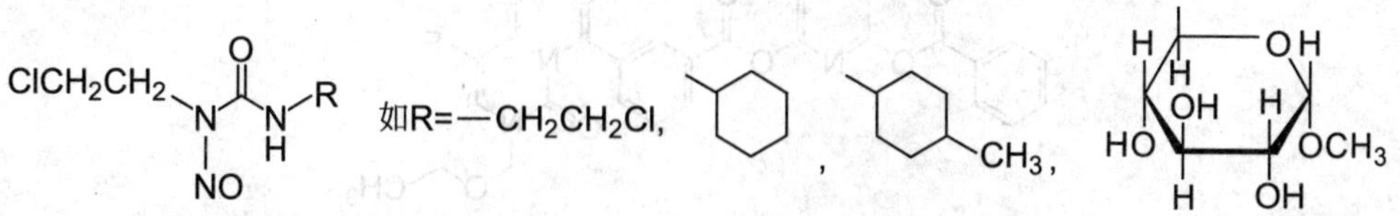

如R＝—CH₂CH₂Cl，

主要有以下两种合成方法。

① 异氰酸酯法　用氯乙基异氰酸酯与胺作用生成脲，再亚硝化而得。

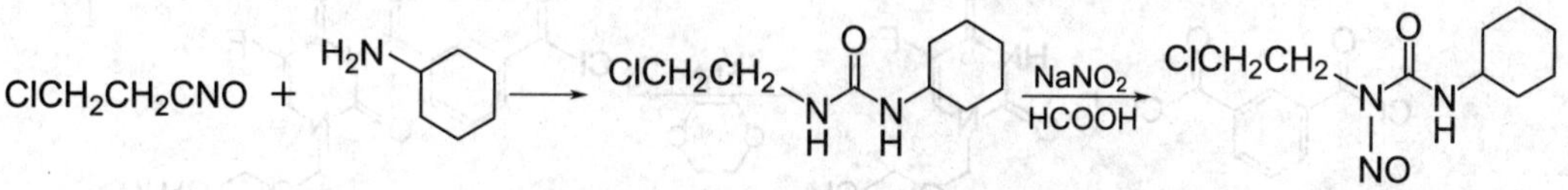

② 以脲为原料，通过 2-噁唑烷酮中间体进行合成　合成路线如下：

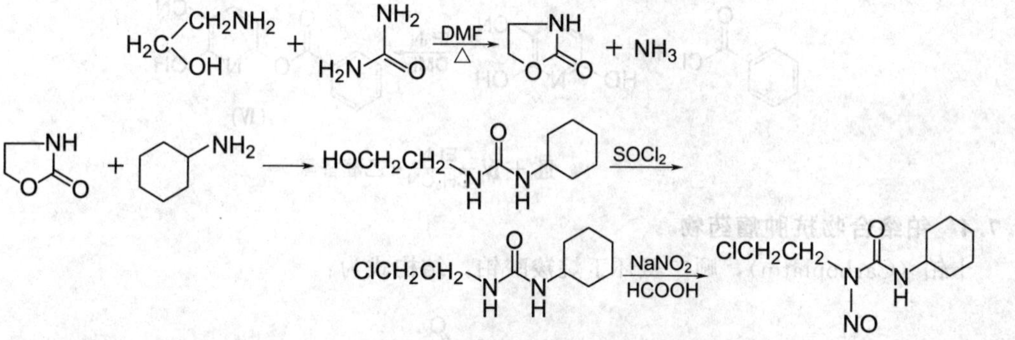

6.7.2　动植物类抗肿瘤药物

动植物类抗肿瘤药物是从动植物中提取的一些有抗肿瘤活性的化合物。如生物碱类的长春花碱、长春地辛、喜树碱衍生物等，苷类的足叶乙苷、紫杉醇等。

长春地辛（vindesine），又称去乙酰长春花碱酰胺，半合成长春花碱衍生物，抗癌谱较长春花碱、长春新碱广，疗效高，毒性低，为细胞周期特异性药物。用于肺癌、恶性淋巴瘤、乳腺癌、食管癌、小儿急性淋巴细胞白血病、慢性骨髓性白血病、黑色素瘤、生殖细胞瘤、卵巢癌等。

制法 1：长春碱在无水甲醇溶液中，加入无水液氨，于 100℃和加压下，进行约 60h 的氨解水解。反应完毕后，真空蒸发至干，柱色谱分离得到长春地辛。

制法 2：以长春碱为原料，在常压下，和无水肼反应后再还原得到长春地辛。

紫杉醇（paclitaxel），用于治疗转移性乳腺癌和转移性卵巢癌，是由紫杉（即红豆杉）的树皮、叶部、木质根部、嫩枝和幼苗中分离提纯的天然产物，以树皮中的含量最高。

制法：将红豆杉的树皮或树叶阴干，磨细后，以 95％的乙醇提取。提取物用二氯甲烷萃取。萃取物经处理后，进行柱色谱分离，再经制备型高效液相色谱仪分离，得到的产物再用含水乙醇重结晶，即得紫杉醇纯品。

6.7.3　抗代谢物抗肿瘤药物

抗代谢物抗肿瘤药物是干扰细胞正常代谢过程的一类化合物，为细胞周期特异性药物。这类药物的选择性较小，副作用较大，分为嘧啶拮抗剂、嘌呤拮抗剂和叶酸拮抗剂。

乙嘧替氟（Emitefur），为 5-氟脲嘧啶（5-fluorouracilum）衍生物，化学名：3-{［3-(乙氧基甲基)-5-氟-3,6-二氢-2,6-二氧-1(2H)-嘧啶基］羰基｝苯甲酸-6-(苯甲酰氧基)-3-氰基-2-吡啶基酯，结构式为：

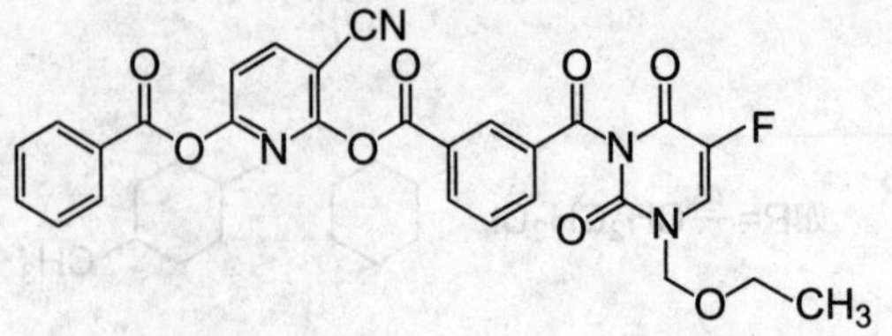

合成路线如下：

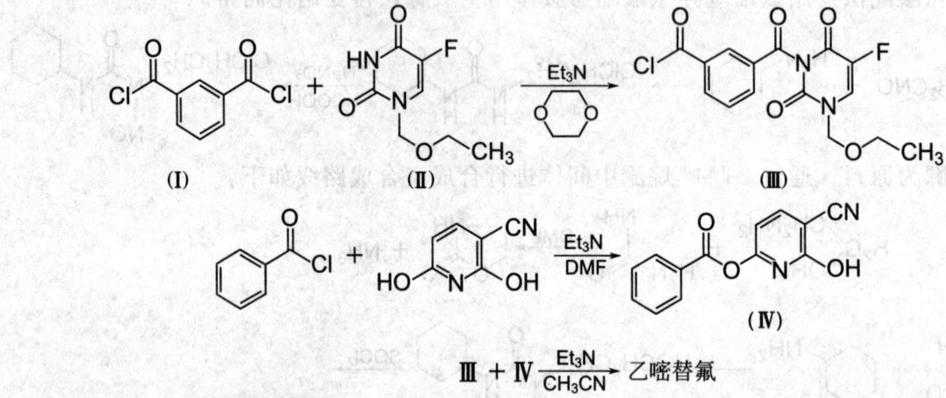

6.7.4 铂络合物抗肿瘤药物

卡铂（Carboplatin），顺二氨环丁烷羧酸铂，结构式为：

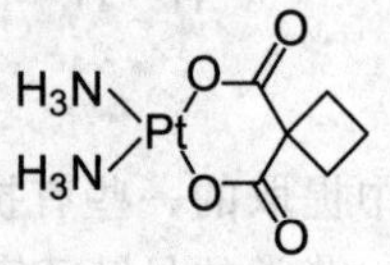

用途：第二代铂络合物抗肿瘤药。抗瘤谱及抗瘤活性和顺铂相似，但水溶性比顺铂好，对肾脏的毒性较低。对小细胞肺癌、卵巢癌、头颈部鳞癌、睾丸肿瘤、恶性淋巴瘤等有较好的疗效，另外也可用于宫颈癌、膀胱癌等。

制法：氯铂酸钾和盐酸肼及碘化钾反应，得到顺碘氨铂，顺碘氨铂可用二甲基甲酰胺和乙醇的混合液重结晶来提纯。顺碘氨铂加入水中，缓缓加入硫酸银，在 20～25℃下反应 2～3h。滤去不溶物，往滤液中缓缓加入 1,1-环丁烷二羧酸钡（由 1,1-环丁烷二羧酸和氢氧化钡反应而得），室温反应 3～4h，静置 12h 以上，过滤蒸干滤液。所得固体分别用水及 95% 乙醇洗涤。约 60℃干燥，得卡铂。收率 87.5%。

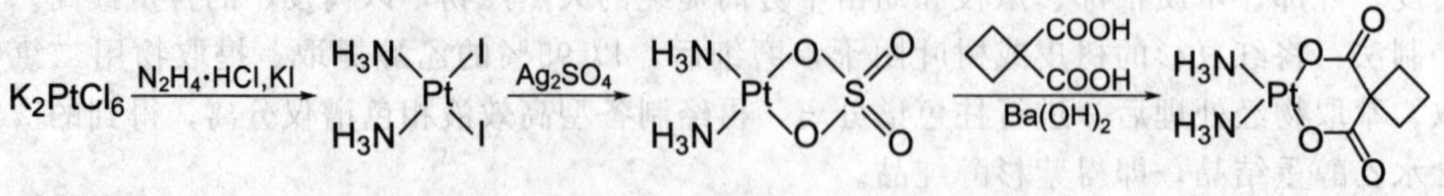

6.8 精神病治疗药及中间体

精神病治疗指用于治疗精神分裂症、抑郁症及焦虑不安等主要影响精神及行为的药物，按临床可分为抗精神症药、抗抑郁药及抗焦虑药三大类。

氟西汀（Fluoxetine），化学名：*N*-甲基-γ-[4-(三氟甲基)苯氧基]苯丙胺，结构式为：

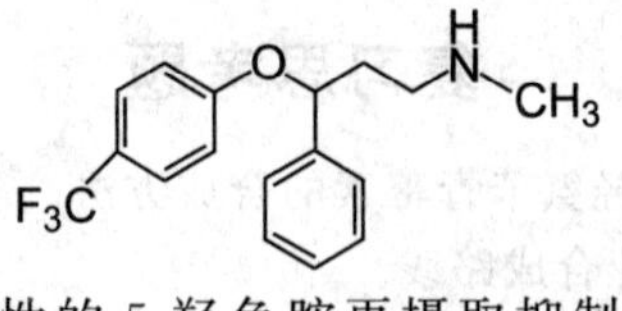

新型抗抑郁药，是一种选择性的 5-羟色胺再摄取抑制剂（SSRI），治疗抑郁性精神障碍。本身其代谢产物在长期用药后的半衰期达数天之久，并很少有其他直接药理作用，因而其毒副作用很小。可能对强迫症也有效。用于伴有焦虑的各种抑郁症。

制法 1：苯乙酮和多聚甲醛及甲胺进行 Mannich 反应，生成 β-甲氨基苯丙酮，用硼烷来还原 β-甲氨基苯丙酮为醇后，用氯化亚砜氯化，生成 3-甲氨基-1-苯基-1-丙醇，接着和对三氟甲基苯酚钠反应，得到氟西汀。

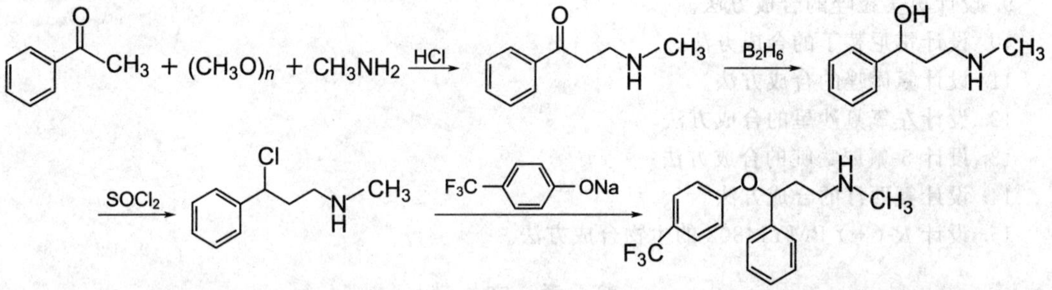

制法 2：用硼氢化钾，还原 β-甲氨基苯丙酮为醇后，将其在强碱条件下与对氯三氟甲苯进行取代反应制得氟西汀。再通氯化氢气体，制得其盐酸盐，用乙酸乙酯重结晶。

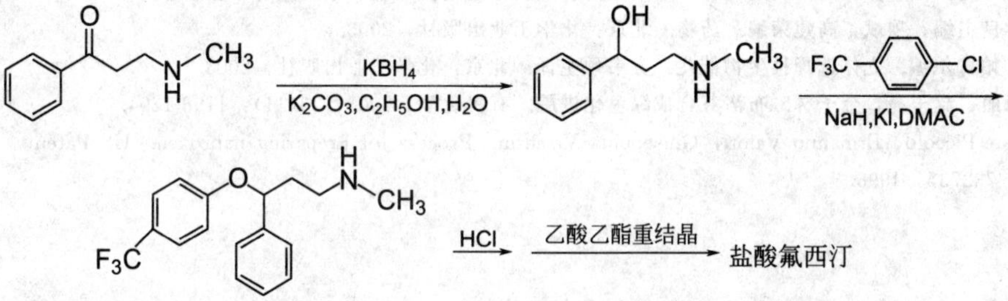

抗精神病药物 R-(＋)-BMY14802，用微生物不对称还原：

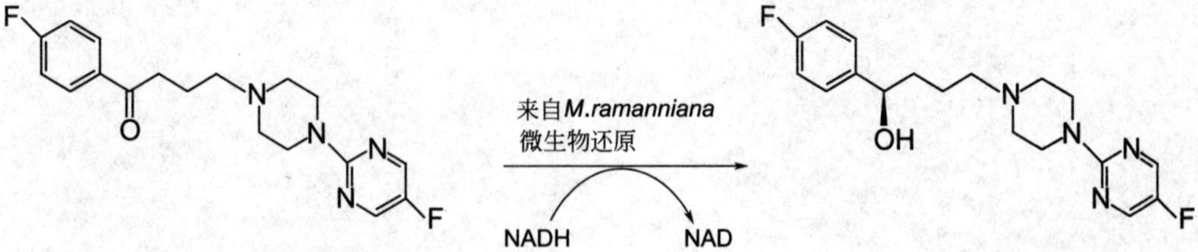

也可以用酶催化水解制备：

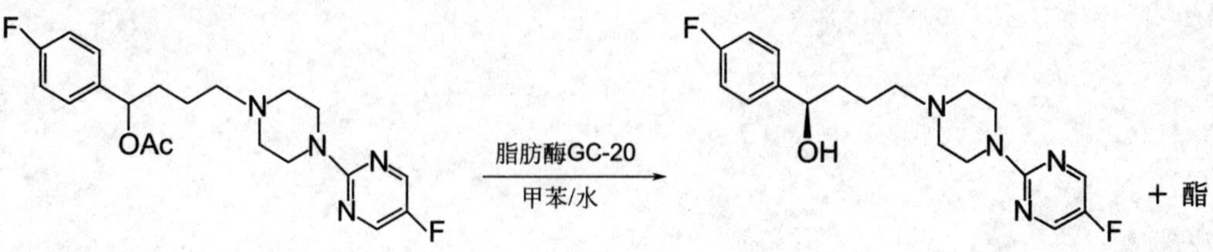

复习思考题

1. 写出 D-对羟基苯甘氨酸和羟氨苄青霉素的合成方法。
2. 写出对氨基苯磺酰胺的工业合成路线。
3. 写出乙酰水杨酸的工业合成路线。
4. 设计（S)-萘普生的制备方法。
5. 设计（R)-索他洛尔的制备方法。
6. 设计卡托普利的合成方法。
7. 设计氟伐他汀钠的合成方法。
8. 设计特布他林的合成方法。
9. 设计奥美拉唑的合成方法。
10. 设计雷尼替丁的合成方法。
11. 设计氟康唑的合成方法。
12. 设计左氧氟沙星的合成方法。
13. 设计 5-氟尿嘧啶的合成方法。
14. 设计氟西汀的合成方法。
15. 设计 R-(＋)-BMY14802 的生物合成方法。

参 考 文 献

［1］ 赵德丰，程侣柏，姚蒙正，高建荣编著. 精细化学品合成化学与应用. 北京：化学工业出版社，2001：72-107.
［2］ 叶树祥，徐强，王佳兵. 固定化青霉素酰化酶合成头孢拉定的工艺. 中国医药矿业杂志，2007，38(9)：619-620.
［3］ 周学良主编，项斌，高建荣编. 药物. 北京：化学工业出版社，2003.
［4］ R N 帕特尔编. 立体选择性生物催化. 方韦硕主译. 北京：化学工业出版社，2003.
［5］ 于凤丽，赵玉亮，金子林. 布洛芬合成绿色化进展. 有机化学，2003，23(11)：1198-1204.
［6］ Oreste Piccolo, Ermanno Valoti, Giuseppiua Visentin. Process for preparing naproxen. US Patent，Application No. 732735，1998.

第7章 农 药

7.1 概 述

7.1.1 农药的种类

农药是指能够防治危害农、林、牧、渔业产品和环境卫生等方面的害虫、螨、病菌、杂草、鼠等有害生物的药剂。农药属于精细化学品，已发展成为高投入、高风险、高附加值的行业，也是知识产权保护的热点领域之一。农药通常分成杀虫剂、杀菌剂、杀螨剂、杀鼠剂、除草剂、植物生长调节剂等几大类。

7.1.2 农药工业的发展历史、现状及趋势

将农药用于植物保护始于 1865 年，最早使用的农药是砷化物，主要用来控制棉花害虫。1874 年制成滴滴涕（DDT），它的化学名为 2,2-双（对氯苯基）-1,1,1-三氯乙烷，直到 1939 年才发现它是一种有效的杀虫剂，从而取代剧毒的砷化物，并将其应用范围不断扩大。

农药是与人类生存活动紧密相关的一类重要的农用化学品，农药的各项安全性标准趋于严格化，又不断淘汰和限制了部分农药品种的继续发展，因而农药工业一直处于不断更新的动态发展中。目前开发的新农药必须具有安全性高、残留低、无公害、生物活性高、使用费用低、选择性高的特性，在上述因素中，首先是考虑与环境的相容性，其次才是生物活性。由于上述多种因素的制约，新农药品种的开发日益困难，周期加长，投资加大，成功率降低，但只要开发成功，不仅回收所有投资，而且利润也非常可观，这种新农药开发的特点使得各农药公司竞争日益加剧，当今开发高效无毒"绿色农药"新产品成为世界农药界竞争的焦点。

新世纪国内外农药发展的战略是：化学农药将进入一个超高效、低毒化、无污染的新时期，农药工业将会发生大的变革。基因工程产品进入实用化，生物农药开发逐渐受到重视，生物农药形成初步规模。

① 重视设计生物合理性农药，着手开发生物农药，大力推广基因工程产品。国际上已有商品化的生物农药 30 种，目前最常用真菌杀虫剂为白僵菌和绿僵菌，能防治 200 种左右害虫，在细菌农药中，使用最广泛的为苏云金杆菌（Bt），用于防治柿、苹果等 150 多种鳞翅目及其他多种害虫，1997 年仅 Bt 制剂一项，销售额达 9.84 亿美元，因此生物农药的前景十分广阔。

② 含氮杂环化合物仍为化学农药研究重点，含氟化合物在农药上得到广泛的应用。据统计，超高效的农药中约有 70%为含氮杂环，而在含氮杂环化合物中又几乎有 70%的为含氟化合物，研究发现含氟化合物的特异生物活性，使原有的杀虫杀菌、除草和植物生长调节剂增添了新的活性，同时具有选择性好、活性高、用量少、毒性低的特性，受到各大农药公司的重视，当前正式商品化的含氟农药有 67 种（除草剂、植物调节剂 37 种，杀虫剂 18 种，杀菌剂 12 种）。

③ 手性农药的使用更加普遍，开发与应用备受重视。进入 20 世纪 90 年代后，出于提高有效活性同时又保护环境的考虑，国外一些农药行政管理部门只登记认可有效的单一光学活性异构体，不允许将无效的异构体施放到环境中去污染环境，因而在农药工业的合成工艺

上大力开发单一光学活性异构体的合成技术成为一种趋势，目前已开发了一批以单一光学活性异构体形式出现的除草剂、杀虫剂、杀菌剂、植物生长调节剂。

④ 倡导绿色农药，大力开发绿色化学技术和绿色农药制剂。大力开发绿色化学技术和绿色农药制剂成为农药工业可持续发展战略的明智选择。绿色农药的概念也包括绿色农药制剂，倡导使用低毒、低污染的农药剂型及相关填料、溶剂、助剂，其中一个有效的措施就是液剂减少有机溶剂用量，向悬浮剂或水乳剂发展，从而减少有机溶剂对环境的污染。

7.2　农药的作用形式与农药剂型

7.2.1　农药的作用形式

大多数农药能够对有生命机体的生命过程产生影响，然而其详细的生化作用形式则常常是不清楚的。对于大多数农药破坏主要生命过程的初级作用形式可以划分为四种类型。

第一种作用形式是破坏神经协调，如有机磷酸酯杀虫剂和氨基甲酸酯杀虫剂即属于这一类型。

第二种作用形式是打乱机体的结构。异稻瘟净即二异丙基-S-苄基硫化磷酸酯杀虫剂能够阻止壳多糖合成，而壳多糖是昆虫和真菌的生命结构成分，这与人类是不同的，因而它提供了控制这些害虫的选择性。

第三种作用形式是干扰机体的能量供应，如氟乙酸盐通过形成氟柠檬酸盐阻止克雷布斯循环（Krebs cycle），因此可用来作为杀鼠剂。又如，氨基三氮唑除草剂能阻止二十六烯的合成，后者是产生叶绿素的活性成分。

第四种作用形式是阻碍机体的生长和再生。可以认为影响细胞分裂和蛋白质合成是农药的一种重要作用，各种除草剂和杀菌剂常常是按这条路线起作用的。

还应当指出，某些化合物对害虫的大多数部位都能产生作用，因此定义为非特殊功能性农药。

7.2.2　农药剂型

为使农药成分发挥药效和适应多样化的靶标，要求将农药加工成多种剂型，现在国际上已有 50 多种不同的剂型（不包括混剂）。早年占统治地位的剂型是粉剂、可湿性粉剂和乳油。由于粉剂容易飘移，既影响药效，又污染环境；而乳油则需大量使用甲苯、二甲苯等有机溶剂，对人体和环境构成危害和污染。因此，随着人们对环保意识的日益增强，这几种剂型在农药中所占的比重呈不断下降趋势。

目前国内外农药剂型发展的趋势，正朝着水性、粒状、缓释、多功能和省力化的方向发展。

① 微乳剂和乳剂　微乳剂和乳剂是将农药的有效成分和乳化剂、分散剂、防冻剂、稳定剂及助溶剂等助剂，均匀地分散在基质水中，形成透明或乳状的液体。微乳剂与乳剂的区别在于分散在水中的有效成分的粒径不同，前者为 $0.01 \sim 0.1 \mu m$，后者为 $0.1 \sim 50 \mu m$。这两种剂型的优点是不再使用污染环境和对人体健康有害的有机溶剂，缺点是成本较高，尤其是微乳剂，给它的推广使用带来阻力。因此，发展这一剂型，应首先在高附加值的作物上（如蔬菜、水果）推广应用，通过提高作物的档次，再逐步扩大应用范围。

② 悬浮剂　悬浮剂是使农药的有效成分和分散剂、润湿剂、稳定剂、消泡剂、防冻剂分散在基质水中，形成高度分散稳定的悬浮体。它的优点是比可湿性粉剂安全，药粒细，有较高的生物活性。近年来我国制成悬浮剂的农药品种已有较大发展，但在产量上仍低于可湿性粉剂。同时发现部分产品在储存过程中结块严重，影响使用效果，这需要从配方、助剂选

择、包装材料等方面寻找结块原因。尽快排除结块现象，是发展我国悬浮剂剂型的关键所在。

③ 水分散性粒剂　将农药有效成分、分散剂、湿润剂、崩解剂、消泡剂、黏结剂、防结块剂等助剂以及少量填料，通过湿法或干法粉碎使之微细化后，再喷雾干燥、造粒，得到水分散性粒剂。这种剂型的特点是崩解性、分散性和悬浮性好，有效成分含量有的高达90％，储存时稳定，计量和使用方便，包装费低廉，避免了可湿性粉剂在使用时的粉尘对操作者和环境的侵害和污染。因此，发达国家对这种剂型的生产和推广使用，呈逐年增长趋势。

④ 微胶囊剂　经微胶囊技术应用于农药工业，国外始于 20 世纪 70 年代，在我国则还是近几年的事。微胶囊剂的特点是：持效期长、可降低用药量和减少施药次数、可避免在使用时中毒。微胶囊剂是目前农药剂型的一个发展方向。不过这一新技术的推广也存在较大阻力，其主要原因是囊皮材料价贵、制剂的费用较高，在经济上缺乏竞争力。因此，推广微胶囊剂的关键在于选择合适的囊壁材料和改进微胶囊化技术，以降低生产成本。

除上述几种有发展前途的剂型以外，为了节省劳力，工业发达国家还推出一批省力化的剂型，如水溶性薄膜袋装 U-粒剂、泡腾片剂等。

农药助剂在剂型的配制和赋予有效成分发挥最佳药效方面起重要作用。目前我国除乳化剂外，其他助剂品种还很少，与国外差距较大，因此大力开展高效扩散剂、渗透剂、黏着剂等多种新助剂的合成研究和筛选，为在我国推广农药新剂型创造条件，也是发展我国农药工业的重要课题之一。

7.3 杀虫剂

7.3.1 有机磷类

自 20 世纪 30 年代开发出有机磷类杀虫剂以来，由于具有药效高、使用方便、不少品种有内吸作用、容易在自然条件下降解等优点，因而在杀虫剂中从品种数到生产量均长期占据首位。此外，在杀菌剂、除草剂以及植物生长调节剂等其他农药领域，也有若干重要含磷产品。据统计，我国有机磷杀虫剂的产量占杀虫剂总产量的 70％左右。在有机磷品种中，敌敌畏、甲基对硫磷、对硫磷、氧乐果、甲胺磷和久效磷 6 个为高毒品种，发达国家和许多国家已禁用，在我国列为逐渐淘汰产品。不过，根据我国的实际国情，今后还会保持和开发一些高效、低毒的有机磷农药品种。

杀螟松是一个高效、广谱、使用安全的触杀性杀虫剂，可广泛应用于防治水稻、棉花、大豆、果树、蔬菜、烟草、茶等多种作物的害虫，尤以防治稻螟有特效。

杀螟松的化学结构式为：

$$H_3CO-\overset{\overset{S}{\|}}{\underset{\underset{OCH_3}{|}}{P}}-O-\text{（带}CH_3\text{和}NO_2\text{取代的苯环）}$$

合成方法：以间甲基酚、亚硝酸钠及硝酸经亚硝化、氧化反应，生成 4-硝基间甲酚，然后在甲苯中，氯化亚铜和碳酸钠存在下，于 90～100℃，O,O-二甲基硫代磷酸酰氯与 4-硝基间甲酚反应 3h，经过滤，取甲苯层依次用 NaOH 水溶液、水洗涤，减压蒸馏回收甲苯后，得杀螟松原油，含量 90％，收率 95％以上。

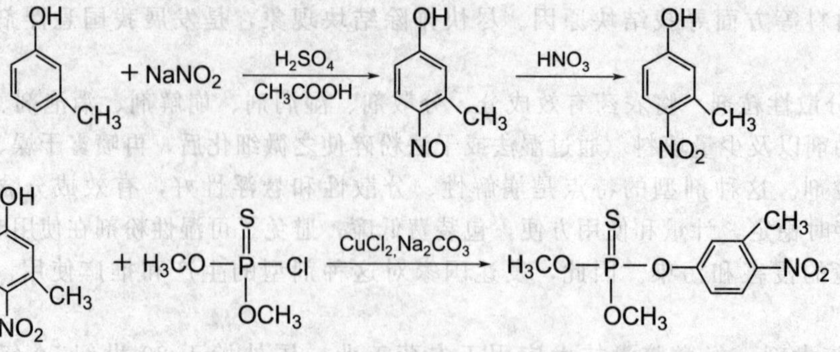

三唑磷是广谱性杀虫、杀螨剂，兼有一定的杀线虫作用。其对粮、棉、果树、蔬菜等主要农作物上的许多重要害虫，如螟虫、稻飞虱、蚜虫、红蜘蛛、棉铃虫、菜青虫、线虫等，都有优良的防效。

三唑磷的结构式为：

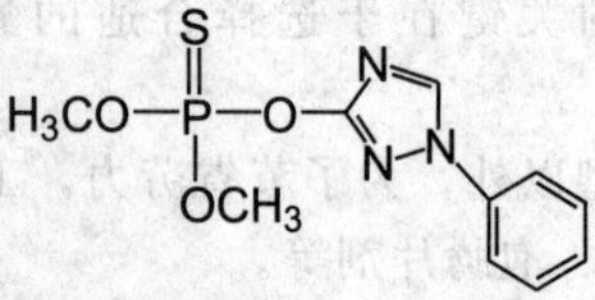

合成方法：以苯肼和三氯化磷为起始原料合成三唑磷。将苯肼盐酸盐和尿素混合，搅拌加热至 150～160℃，反应产生氨气，得黄色熔物。冷却，水洗，过滤，用乙醇重结晶，得到 1-苯基氨基脲（熔点 172℃）。将 1-苯基氨基脲、原甲酸三乙酯和甲苯一起搅拌加热，蒸去反应生成的乙醇，直至无乙醇蒸出为止。反应毕，冷却，过滤，洗涤，得 1-苯基-3-羟基-1,2,4-三唑（熔点 269～273℃）。在有 32.2g（0.2mol）1-苯基-3-羟基-1,2,4-三唑的 250mL 丙酮悬浮液中，加入 38g（0.2mol）O,O-二乙基硫代磷酰氯，接着滴加 22g（0.22mol）三乙胺，混合物约在 50℃搅拌 6h，冷却，过滤除去三乙胺盐酸盐，蒸除溶剂，得 60g 三唑磷。

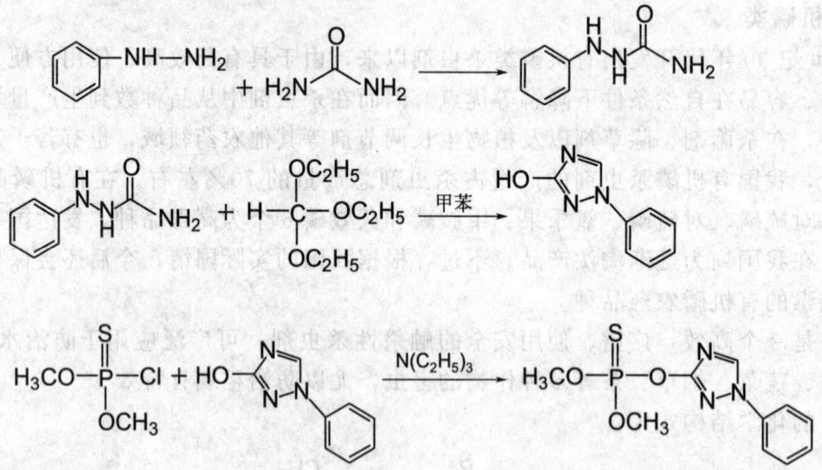

7.3.2 氨基甲酸酯类

克百威，化学名为：2,3-二氢-2,2 二甲基-7-苯并呋喃基-N-甲基氨基甲酸酯，别名呋喃丹。结构式为：

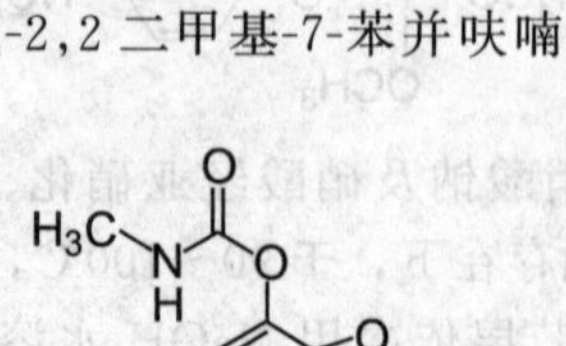

本品为广谱内吸性杀虫、杀螨和杀线虫剂，具有胃毒、触杀等作用，是防治棉花害虫的优良药剂，对烟草、甘蔗、马铃薯、花生、玉米等作物的害虫也有效。

合成方法：邻硝基酚与 3-氯异丁烯反应，生成 2-异丁烯基氧基硝基苯，然后在 175～195℃进行克莱森转位重排，150～190℃环化反应（三氯化铁为催化剂），生成 2,3-二氢-2,2 二甲基-7-苯并呋喃，加氢还原硝基为氨基，再重氮化，加热水解成 2,3-二氢-2,2 二甲基-7-羟基苯并呋喃，最后与甲基异氰酸酯反应而得产品。

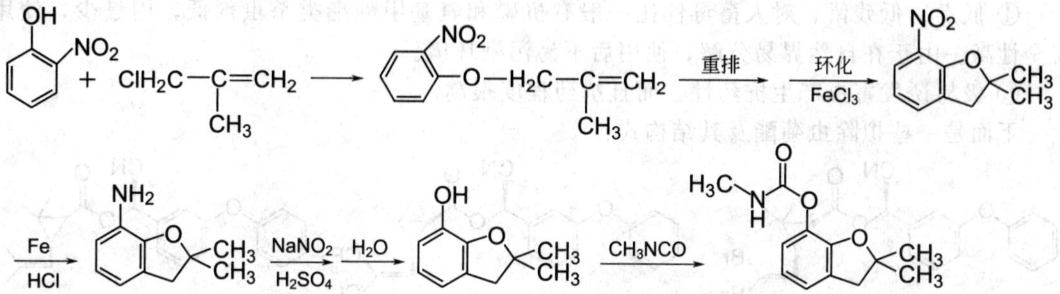

灭多威，又名乙肟威，化学名：1-(甲硫基)亚乙基氨甲基氨基甲酸酯。结构式为：

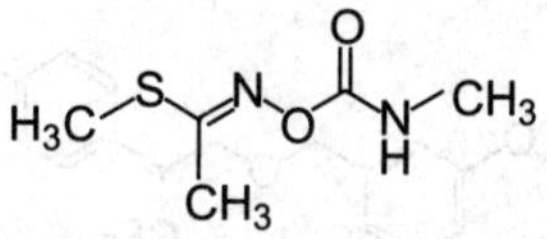

本品是速效性农药，兼有熏蒸、触杀和内吸作用，它对人和温血动物低毒。可防治多种害虫，可用于水稻、棉花、果树、蔬菜、烟草、苜蓿、草坪等。

合成方法：以硝基乙烷、甲硫醇钾、甲氨基甲酰氯为原料，硝基乙烷先与甲硫醇钾反应，生成灭多威肟，然后与甲氨基甲酰氯反应，生成灭多威。或者由甲醛合成乙醛肟，再依次与甲硫醇、异氰酸甲酯反应，制得灭多威。

苯氧威又名双氧威、苯醚威，化学名称：2-(4-苯氧基苯氧基）乙基氨基甲酸乙酯。苯氧威最早由瑞士 Ciba-Gaigy 公司在 20 世纪 90 年代开发，是具有保幼激素活性的非萜烯类昆虫生长调节剂类杀虫剂，兼具氨基甲酸酯类和类保幼激素的特点，对多种害虫表现出活性，对蜜蜂和有益生物无害。结构式为：

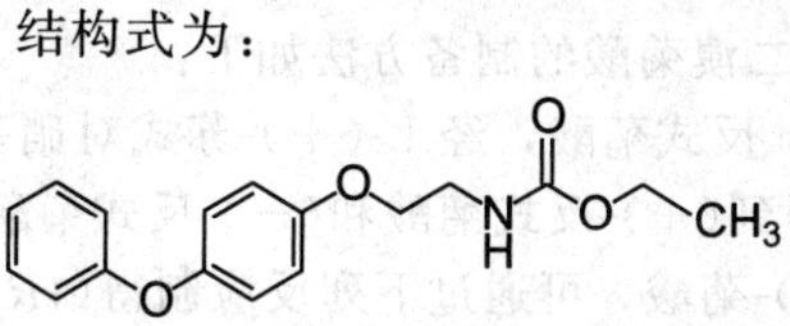

7.3.3 拟除虫菊酯类

除虫菊是指菊科菊属除虫菊亚属的若干种植物，具有杀虫剂的某些特性，并且对哺乳动物无害，缺点是在室外不稳定。20 世纪初已开始研究其有效成分的化学结构，历经半个多世纪，直到 1964 年才最后确定共有 6 种有效成分。在天然除虫菊素化学结构基本研究清楚的基础上，开始人工模拟合成研究，1947 年由美国人成功地合成了第一个人工合成的拟除虫菊酯——丙烯菊酯，并于 1949 年商品化。从此开发出一类高效、安全、新型的杀虫剂——拟除虫菊酯杀虫剂。其特点如下：

① 高效。其杀虫效力一般比常用杀虫剂高 10～50 倍，且速效性好，击倒力强。例如，溴氰菊酯每亩用药量仅 1/15g 左右，是迄今药效最高的杀虫剂之一。菊酯的分子含有多种立体异构体，毒力相差很大，分离或合成其中的高毒力异构体甚为重要。

② 广谱。对农林、园艺、仓库、畜牧、卫生等多种害虫，包括咀嚼式口器和刺吸式口

器的害虫均有良好的防治效果。早期开发的品种对螨的毒力较差，但目前已出现一些能兼治螨类的品种，如甲氰菊酯、氟氰菊酯，并有能当杀螨剂使用的氟丙菊酯。早期的品种由于对鱼、贝、甲壳类水生生物的毒性高，不允许用于水稻田，目前已开发出对鱼虾毒性较低的品种，如醚菊酯、乙氰菊酯可在稻田使用。

③ 这类药剂的常用品种对害虫只有触杀和胃毒作用，且触杀作用强于胃毒作用，要求喷药均匀。

④ 低毒、低残留。对人畜毒性比一般有机磷和氨基甲酸酯类杀虫剂低，用量少，使用安全性高。由于在自然界易分解，使用后不易污染环境。

⑤ 极易诱发害虫产生抗药性，而且抗药程度很高。

下面是一些拟除虫菊酯及其结构式：

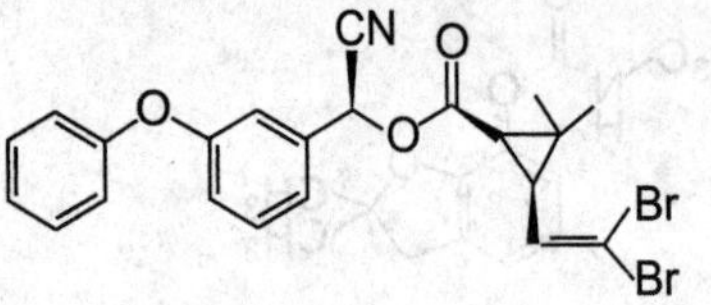

溴氰菊酯 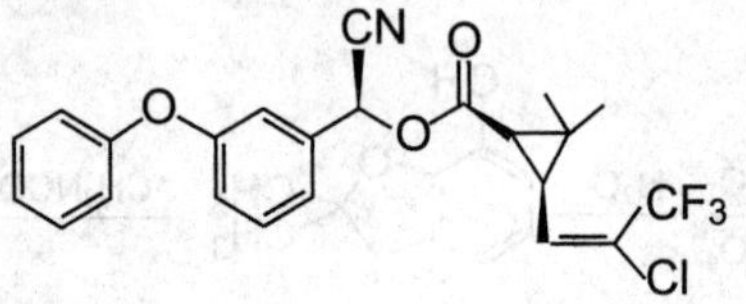　　　　　　　　　氯氟氰菊酯 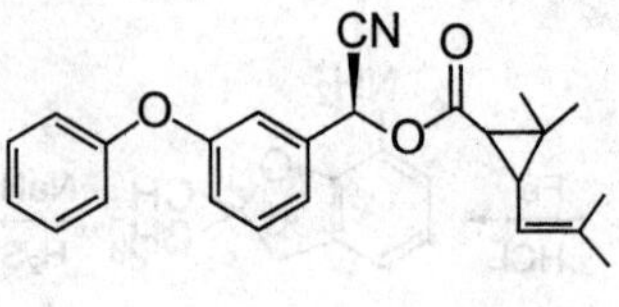　　　　　　　　甲氰菊酯

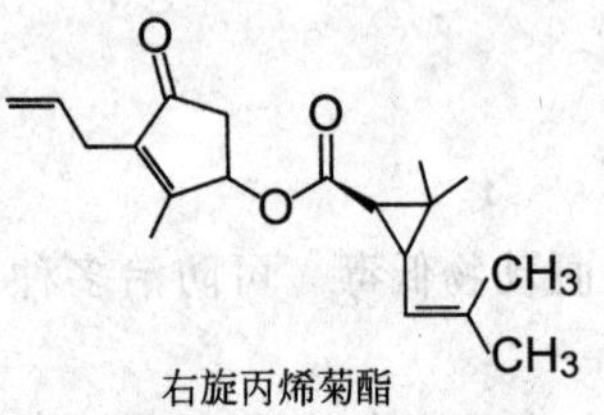

右旋丙烯菊酯 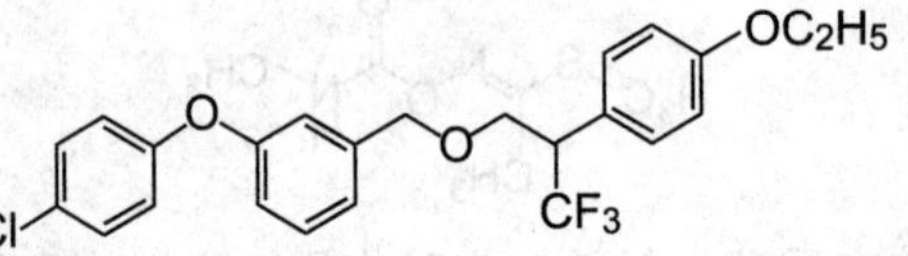　　　　　　　三氟醚菊酯 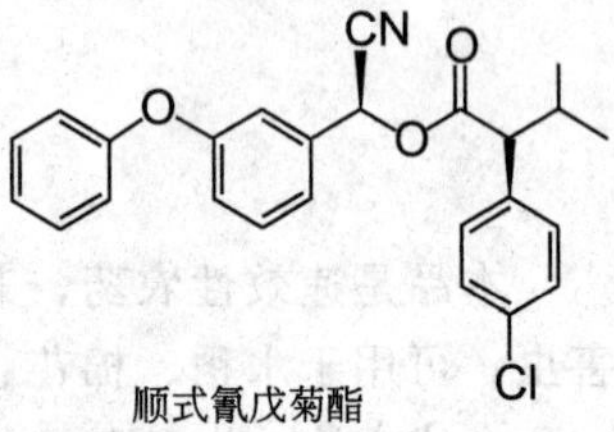　　　　　　　　顺式氰戊菊酯

溴氰菊酯的制法：由 (S)-α-氰基-3-苯氧基苄醇与 (1R，3R)-2,2-二甲基-3-(2,2-二溴乙烯基) 环丙烷羧酸 [简称(1R，3R)-二溴菊酸] 进行酯化缩合而成：

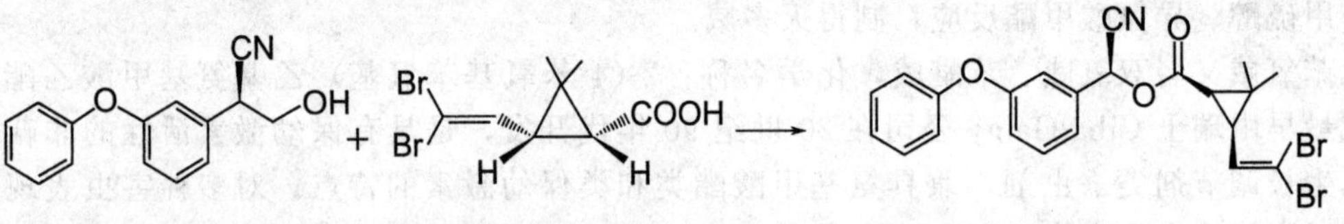

其关键手性中间体(1R，3R)-二溴菊酸的制备方法如下：

用 Martel 法合成的 (±) 反式菊酸，经 L-(+)-苏式对硝基苯基-2-N,N-二甲基-1,3-丙二醇或 α-甲基苄胺拆分分别得到(+)-反式菊酸和(−)-反式菊酸。

(+)-反式菊酸即(1R，3R)-菊酸，可通过下列反应制得(1R,3R)-二溴菊酸：

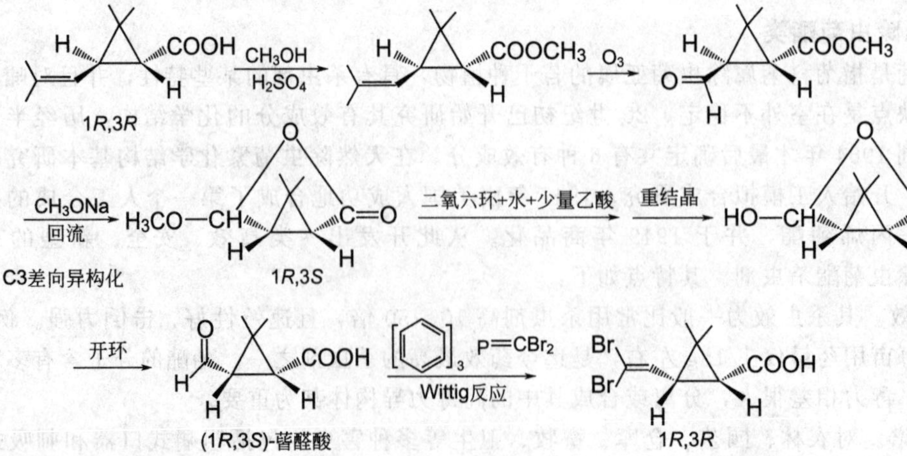

116

（一）-反式菊酸即(1S,3S)-菊酸，可通过下列反应制得(1R,3R)-二溴菊酸：

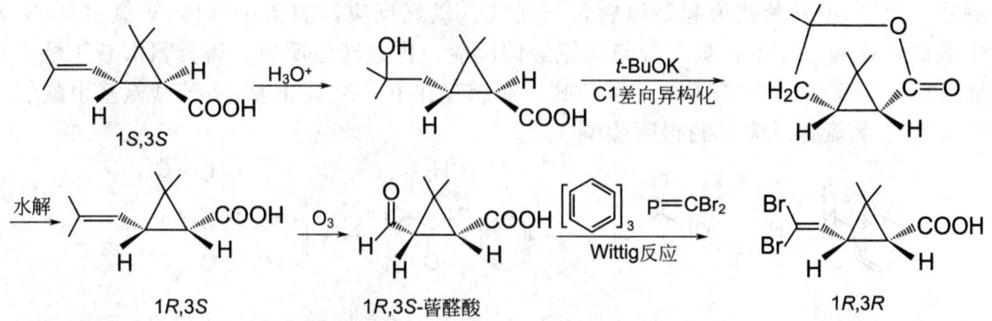

关键手性中间体(S)-α-氰基-3-苯氧基苄醇的制备方法：将外消旋 2-氰基-3-苯氧基苄基与乙酐或乙酰氯酯化成相应的乙酸酯，再在脂肪酶的存在下进行选择性水解，生成（S)-氰醇，而保留（R)-酯，经分离后，(R)-酯在三乙胺存在下消旋化水解生成(R,S)-氰醇，再重复套用。(S)-α-氰基-3-苯氧基苄醇$[\alpha]_D = 33°$(CCl$_4$)。

三氟醚菊酯的合成方法：

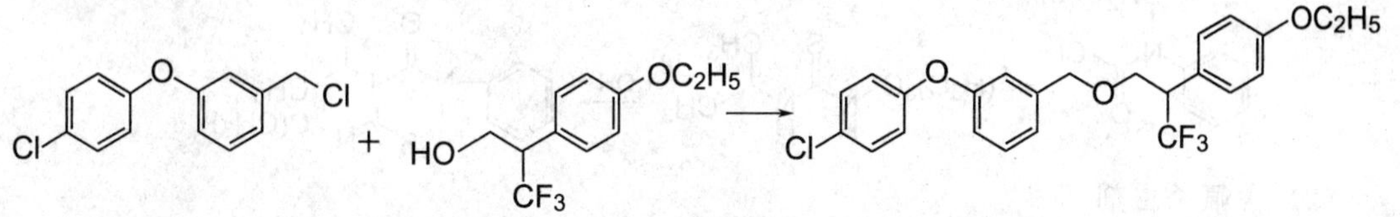

7.3.4 其他类型杀虫剂

（1）氮杂环杀虫剂

当前化学农药的开发热点是杂环化合物，尤其是含氮原子杂环化合物。杂环化合物的优点是对温血动物毒性低；对鸟类、鱼类比较安全；药效好，特别是对蚜虫、飞虱、叶蝉、蓟马等个体小和繁殖力强的害虫防治效果好；用量少，一般用量为 5～10 克/公顷；在环境中易于降解，有些还有促进作物生长的作用。含氮杂环新杀虫剂的品种较多，其中包括吡啶类、吡咯类、嘧啶类、吡唑类、三唑类、酰肼类、烟碱类等杂环化合物。

吡虫啉是由德国拜耳公司和日本特殊农药公司共同开发，于 1992 年商品化的新品种。这种杀虫剂能作用于神经肽后膜的乙酰胆碱受体而使害虫致死，它的特点是高效、低毒、内吸、与其他杀虫剂无交互抗性，可作用于防治叶蝉、飞虱、蚜虫等多种害虫，1998 年在世界市场上的销售额高达 7 亿美元。

锐劲特是由法国罗纳-普朗克公司开发的新品种。这类化合物作用于昆虫神经肽的 γ-氨基丁酸受体，与其他作用机制的杀虫剂无交互抗性。它可防治多种作物的地下及叶面害虫，对水稻、棉花、蔬菜等作物的鳞翅目、半翅目害虫有效，同时对动物寄生性螨也十分有效。

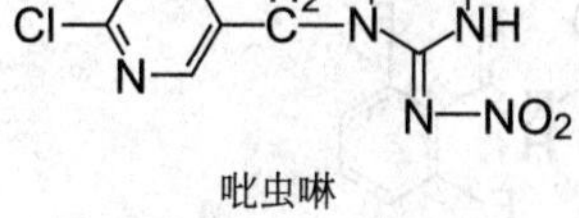

吡虫啉 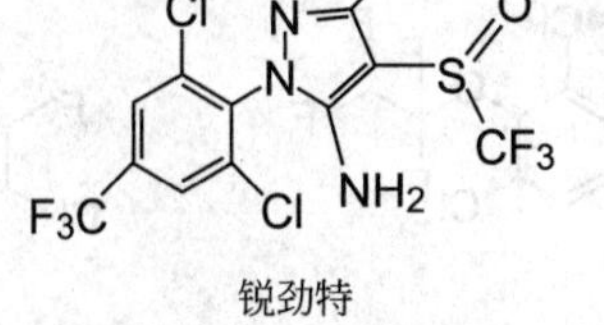　　　　　　　　　　　锐劲特 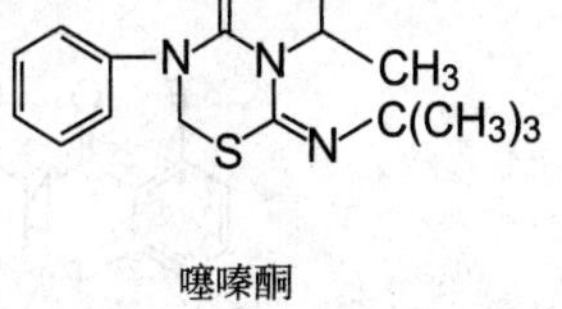　　　　　　　　　　　噻嗪酮

噻嗪酮，化学名：2-叔丁亚氨基-3-异丙基-5-苯基-3,4,5,6-四氢-2H-1,3,5-噻二嗪-4-酮。本品为新型高选择性杀虫剂，杀若虫活性高，接触药剂的害虫死于蜕皮期，推荐剂量不能直接杀死成虫，但能减少产卵和卵孵化，使子代大大减少。与其他种类杀虫剂无交互抗性问题。能有效防治稻和蔬菜上的飞虱、叶蝉、温室粉虱等害虫及果树和茶树上的介壳虫等

害虫。

制法：以 N-甲基苯胺为起始原料，与光气、氯气反应，制得中间体 N-氯甲基-N-苯基氨基甲酰氯；在酸存在下，叔丁醇与硫氰酸铵反应，再经转位反应，得异氰酸叔丁酯，再与异丙胺反应，制得 1-异丙基-3-叔丁基硫脲。在碱存在下，N-氯甲基-N-苯基氨基甲酰氯与 1-异丙基-3-叔丁基硫脲反应，制得噻嗪酮。

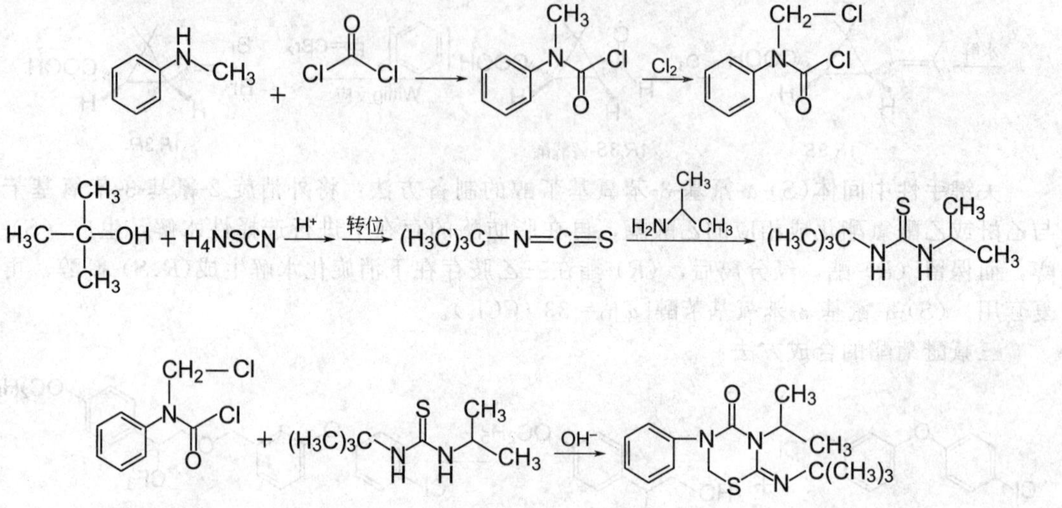

（2）含氟杀虫剂

由于氟原子半径小，又具有较大的电负性，它所形成的 C—F 键键能比 C—H 键键能要大得多，明显地增加了有机氟化合物的稳定性和生理活性，另外含氟有机化合物还具有较高的脂溶性和疏水性，促进其在生物体内吸收与传递，使生理作用发生变化。所以很多含氟农药在性能上相对具有用量少、毒性低、药效高等特点，目前含氟农药开发成为当今新农药的创制主体，在世界上千种农药品种中，含氟农药约占 15% 左右，据不完全统计，近十年来所开发的农药新品种中，含氟化合物更高达 50% 以上。其中，含氟杀虫剂已成为农药行业开发与应用的主导品种之一。

含氟杀虫剂主要有拟除虫菊酯类和苯甲酰脲类。芳环上含有氟原子结构的拟除虫菊酯主要品种有五氟苯菊酯、四氟菊酯、七氟菊酯、氟氯苯菊酯、氟氯氰菊酯、三氟醚菊酯，还有新开发的 F—7869 等；烷碳链上含氟原子的拟除虫菊酯有氯氟氰菊酯、联苯菊酯、氟酯菊酯、三氟醚菊酯等；芳环上含有—OCF₃、—CHF₂、—OCHF₂ 等基团的拟除虫菊酯有氟氰戊菊酯、氟溴醚菊酯、F—1327 等。目前国内能够生产的品种有四氟菊酯、五氟苯菊酯、七氟菊酯、氟氯苯菊酯、氟氯氰菊酯、氯氟氰菊酯、联苯菊酯等。苯甲酰脲类杀虫剂目前已成为杀虫剂重要品种之一，而且大部分为含氟化合物，主要品种有除虫脲、氟铃脲、氟幼脲、伏虫隆、氟虫脲、杀虫隆、啶蜱脲、氟酰脲、氟螨脲等。

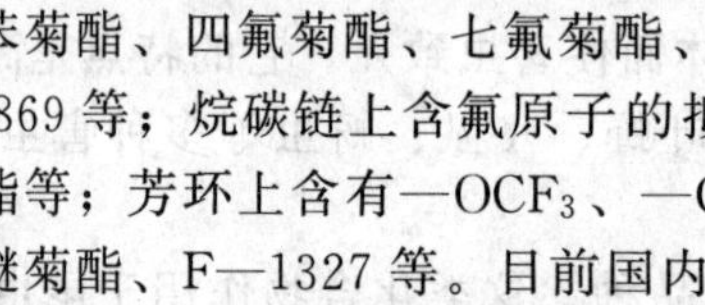

氟铃脲

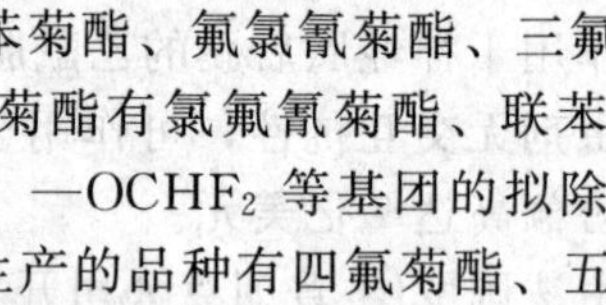

伏虫隆

（3）生物杀虫剂

针对化学农药的种种弊病，世界上不少国家已研制出一系列选择性强、效率高、成本低、不污染环境、对人畜无害的生物农药。生物农药定义为用来防治病、虫、草等有害生物的生物活体及其代谢产物和转基因产物，并可以制成商品上市流通的生物源制剂，包括细菌、病毒、真菌、线虫、植物生长调节剂和抗病虫草害的转基因植物等。生物农药主要分为植物源、动物源和微生物源三大类型。

植物源农药以在自然环境中易降解、无公害的优势，现已成为绿色生物农药首选之一，主要包括植物源杀虫剂、植物源杀菌剂、植物源除草剂及植物光活化霉毒等。到目前，自然界已发现的具有农药活性的植物源杀虫剂有杨林股份生产的博落回杀虫杀菌系列、除虫菊素、烟碱和鱼藤酮等。

动物源农药主要包括动物毒素，如蜘蛛毒素、黄蜂毒素、沙蚕毒素等。目前，昆虫病毒杀虫剂在美国、英国、法国、俄罗斯、日本及印度等国已大量施用，国际上已有 40 多种昆虫病毒杀虫剂注册、生产和应用。

微生物源农药是利用微生物或其代谢物作为防治农业有害物质的生物制剂。目前，在生物农药中，国际上最常用的真菌是白僵菌和绿僵菌，它能防治 200 种左右的害虫；最常用的细菌是苏云金杆菌（Bt），是目前世界上用途最广、开发时间最长、产量最大、应用最成功的生物杀虫剂，主要用于防治棉、菜、果等 150 多种鳞翅目及其他多种害虫，药效比化学农药高 55％；而病毒杀虫剂则可有效防治斜纹夜蛾核多角体病毒（SLNPV）等难症。

阿维菌素是近几年发展最快的一种大环内酯抗生素，至 2000 年底，国内已有 198 家企业获得批准生产阿维菌素单剂或以阿维菌素为原料的混配制剂的登记，该药具有很强的触杀活性和胃毒活性，能防治柑橘、林业、棉花、蔬菜、烟草、水稻等多种作物上的多种害虫。

现在国际上已有商品化的生物农药约 30 种，仅苏云金杆菌制剂一项，1997 年销售额就达 9.84 亿美元。统计资料表明，美国生物杀虫剂销售额 1990 年为 1500 万美元，而到 2000 年估计已达 6 亿美元。中国近 3 年生物农药增长了 80％，2000 年销售额所占比例由 9％上升至 20％。生物农药今后还将会有更大的发展空间。

7.4　除　草　剂

目前，大约已有 300 余种除草剂用于防除阔叶杂草和禾本科杂草，化学防治是当前杂草防除的最主要手段。纵观当今世界的农药发展动态，除草剂是其中研究最多、发展最快的一类农用化学品。

7.4.1　氨基甲酸酯类

具有代表性的品种是灭草灵，它的化学名是 3,4-二氯苯基氨基甲酸甲酯，其结构式为：

是由 3,4-二氯苯胺经光气化，再与甲醇反应制得的。

灭草灵对稗草、莎草、雨久草和牛毛草等一年生杂草有强杀伤力，可用于水稻田直播除草，是稻田除草的高效、安全、低毒、低残留品种。

除灭草灵外，我国生产的氨基甲酸酯类除草剂尚有杀草丹、燕麦敌等品种，不过此类除草剂的用量呈逐年下降趋势。

7.4.2　均三嗪类

这类除草剂的代表有莠去津、西玛津、氰草津、西草净、扑草净、氟草净、环草酮等。

莠去津，化学名：2-氯-4-乙氨基-6-异丙氨基-1,3,5-三嗪，结构式为：

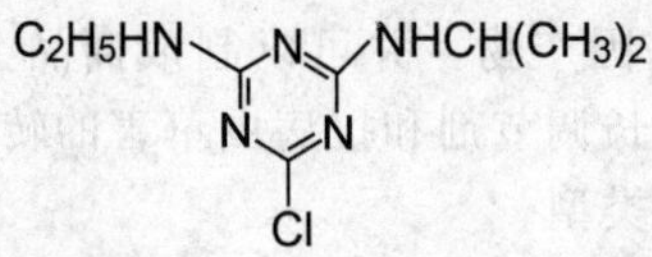

$$C_2H_5HN \diagdown \underset{\diagdown Cl}{\overset{N \diagup N}{\underset{N}{\bigtriangleup}}} \diagup NHCH(CH_3)_2$$

莠去津是选择性内吸传导型苗前、苗后除草剂，适用于玉米、高粱、甘蔗、茶园、果园、林地，防除一年生禾本科、阔叶杂草，对某些多年生杂草也有一定抑制作用。

制法：由三聚氰氯与异丙胺、一乙胺反应而制得。在合成釜中，加入氯苯或甲苯，在搅拌下加入三聚氰氯，冷却到 10～15℃，滴加乙胺，30min 内加完，继续反应 1.5h，加入烧碱，再搅拌反应 0.5h，在 30min 内加入异丙胺，反应 0.5h 后加入烧碱，反应温度控制在 15～30℃，反应 2h，反应毕，加热蒸馏除去溶剂，冷却，过滤，水洗，干燥，得纯度 95% 的产品，收率 92%。

已经发现，多种杂草已对化学结构不同的各种类型除草剂产生不同程度抗性，其中以抗均三嗪类除草剂的杂草种类为最多。据国外文献报道，已发现有 57 种杂草对莠去津产生抗性。由于这类除草剂的残效期较长，有的品种对下一茬农作物有影响，目前销售额成逐年下降趋势。

7.4.3 酰胺类

这类除草剂在我国的生产量较大，应用也较广泛，主要品种有敌稗、甲草胺、乙草胺以及我国创制生产的杀草胺和克草胺等，新近研制开发的苯噻草胺，则是日本于 1987 年才投产的新品种。

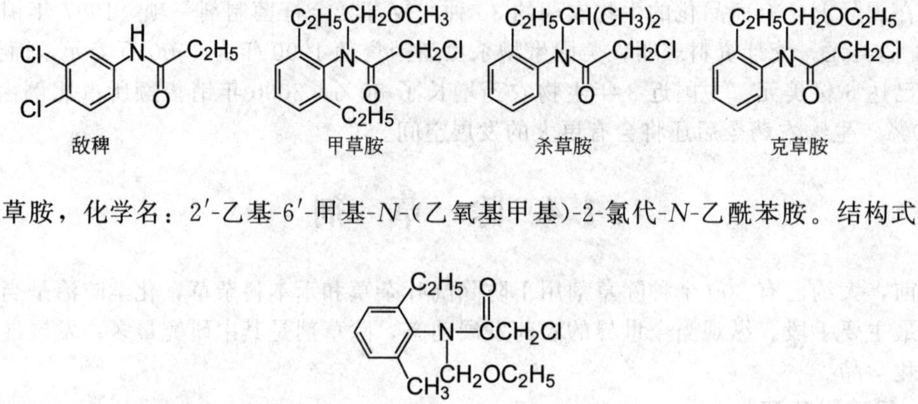

乙草胺，化学名：2′-乙基-6′-甲基-N-（乙氧基甲基）-2-氯代-N-乙酰苯胺。结构式为：

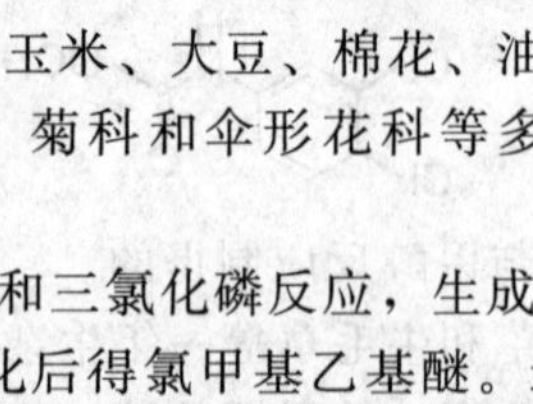

本品为选择性旱田芽前除草剂，在土壤中持效期在 8 周以上，一次施药可控制作物在整个生育期无杂草危害。可用于花生、玉米、大豆、棉花、油菜、芝麻、马铃薯、甘蔗、向日葵、果园及豆科、十字花科、茄科、菊科和伞形花科等多种蔬菜田防除一年生禾本科杂草等。

制法：2,6-甲乙基苯胺与氯乙酸和三氯化磷反应，生成 2,6-甲乙基氯代乙酰苯胺。乙醇与聚甲醛反应（在盐酸存在下），醚化后得氯甲基乙基醚。最后 2,6-甲乙基氯代乙酰苯胺与氯甲基乙基醚进行缩合反应，即得产品。

苯噻草胺的化学名是 2-(1,3-苯并噻唑-2-氧基)-N-甲基乙酰苯胺，是由拜尔公司研制开发的低毒水稻田高活性杀稗除草剂，在日本的投放面积已达 110 万公顷以上。国内许多研究单位和生产厂家纷纷对此产品进行仿制，其中江苏淮阴电化厂对文献方法作了改进，提出合成新工艺。新的工艺路线由以下三步组成：

（1）

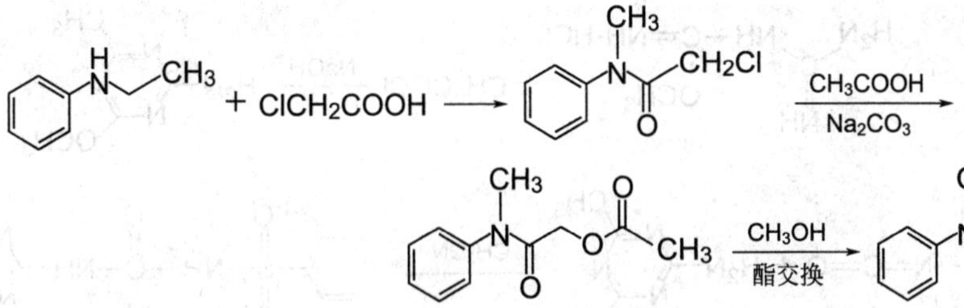

（2）

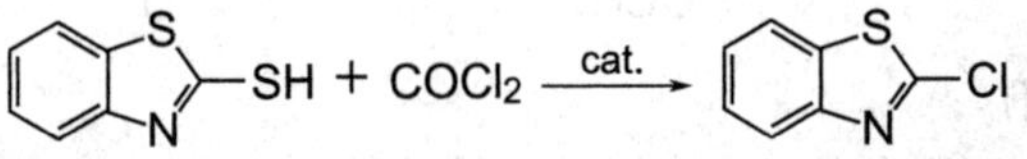

（3）

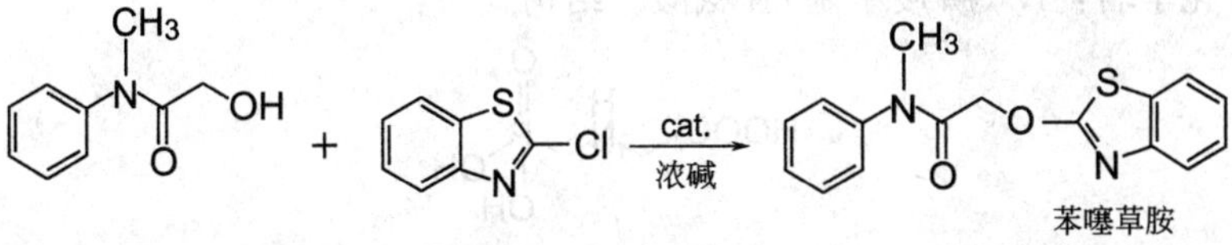

苯噻草胺

新工艺的优点是原料易得、成本较低、反应条件温和、产品质量好，苯噻草胺的收率在75％以上（按 N-甲基苯胺计）。

7.4.4 磺酰脲类

自 20 世纪 80 年代杜邦公司开发出磺酰脲类除草剂以来，此类化合物的发展十分迅速，已经研制成功多种适用于麦类和水稻作物的除草剂，和适用于玉米田除草的系列品种，它们均属于超高效除草剂。

氯黄隆，化学名：1-(2-氯苯基磺酰)-3-(4-甲氧基-6-甲基-1,3,5-三嗪-2-基)脲。结构式为：

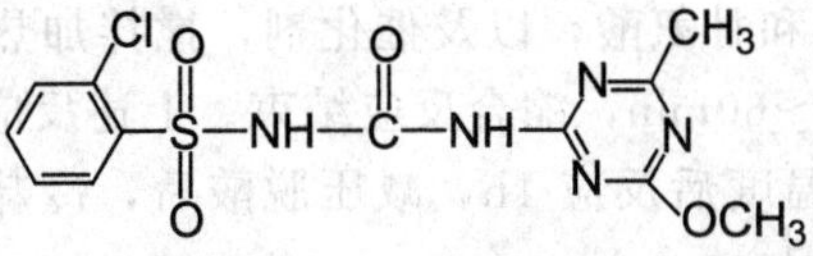

主要用于小麦、大麦、燕麦和亚麻田，防除绝大多数阔叶杂草，也可防除稗草、早熟禾、狗尾草等禾本科杂草。

制法：第一种生产工艺路线由邻氯苯磺酰基异氰酸酯与 2-氨基-4-甲基-6-甲氧基均三嗪加成而得；另一条生产工艺路线是邻氯苯磺酰胺与 4-甲基-6-甲氧基均三嗪基-2-异氰酸酯加成而得。

这里介绍第一条路线如下所示：

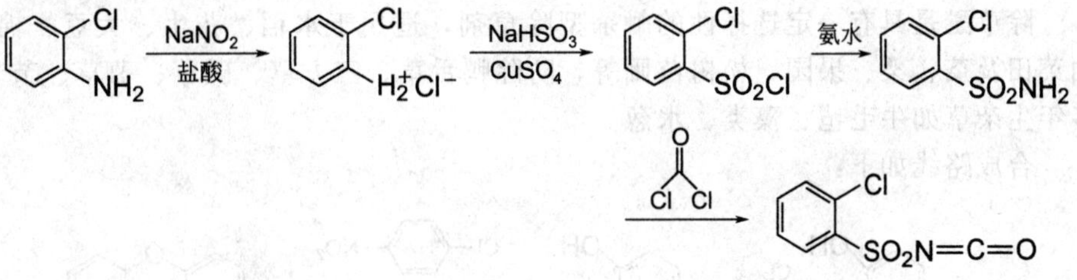

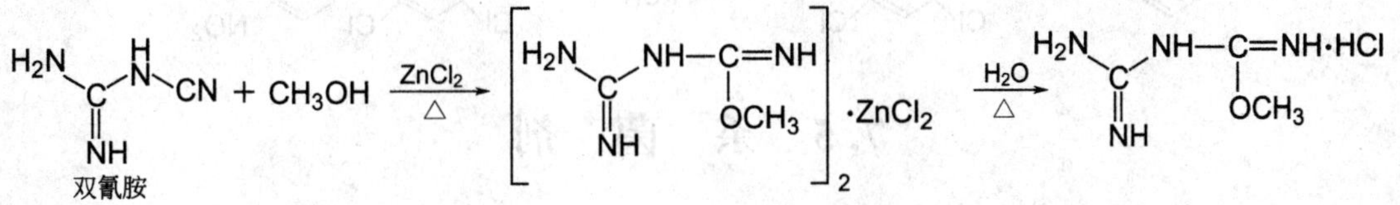

双氰胺

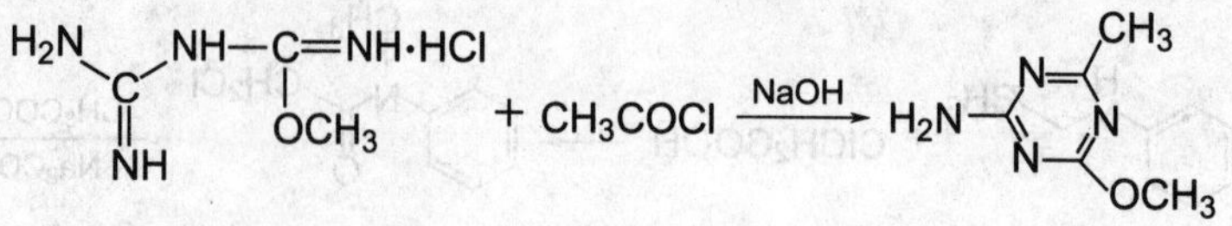

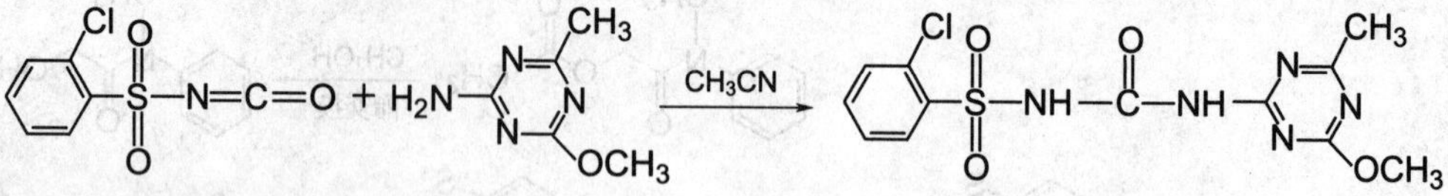

7.4.5 有机磷类除草剂

草甘膦，化学名：N-(膦羧甲基)甘氨酸。结构式为：

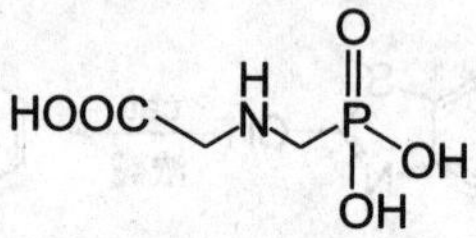

草甘膦为内吸传导型广谱灭生性除草剂，可用于玉米、棉花、大豆田和非耕地，防除一年生和多年生禾本科、莎草科、阔叶杂草、藻类、蕨类和杂灌木丛，对茅草、香附子、狗牙根等恶性杂草的防效也很好。

制法：现在常用常压法（亚氨基二乙酸法）和亚磷酸二烷基酯法。

常压法（亚氨基二乙酸法）以氯乙酸、氨水、氢氧化钙为原料，合成亚氨基二乙酸，然后与三氯化磷反应，生成双甘膦，双甘膦氧化生成草甘膦，氧化剂可采用浓硫酸和其他氧化剂。

亚磷酸二烷基酯法，以甘氨酸、亚磷酸二烷基酯、多聚甲醛为原料，经缩合反应后进行皂化、酸化后即得固体草甘膦，纯度95%左右，收率80%。具体过程：在合成釜中，加入溶剂（如甲醇等）、多聚甲醛和甘氨酸，以及催化剂，搅拌加热至一定温度后，加入亚磷酸二甲酯，加毕，回流反应30～60min，缩合反应结束。上述反应液移至水解釜，搅拌下慢慢加入盐酸，然后加热至一定温度后反应1h，减压脱酸后，冷却，结晶，过滤，干燥，得纯度95%以上的白色粉末状产品。

7.4.6 二苯醚类

具有代表性的如除草醚，化学名：2,4-二氯苯基-4'-硝基苯基醚。结构式为：

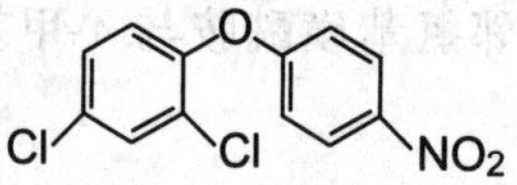

除草醚是具有一定选择性的触杀型除草剂，适用于水稻、花生、大豆、棉花、胡萝卜、油菜田及茶、桑、果园、松树苗圃等，防除鸭舌草、三方草、碱草、蓼草、节节草等，以及多年生杂草如牛毛毡、藻类、水葱。

合成路线如下：

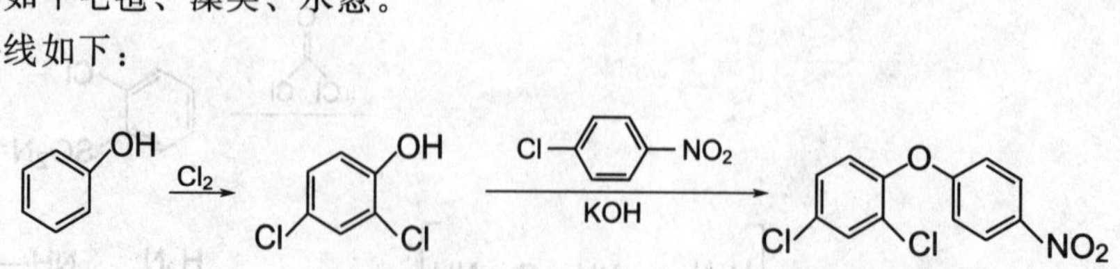

7.5 杀 菌 剂

杀菌剂又可进一步分为非内吸性杀菌剂、内吸性杀菌剂、生物来源杀菌剂和作物激活剂四种类型。有机杀菌剂始于 1934 年，先后有二甲基氨基二硫代甲酸盐类（福美类）、亚乙基双二硫代氨基甲酸盐类（代森类）和三氯甲硫基类（克菌丹等）杀菌剂问世。近年来又相继出现有机氯化物和邻苯二甲酰亚胺等类非内吸性杀菌剂品种。20 世纪 60 年代中期相继研制成功了一批优良的内吸性杀菌剂品种，从而大大改善了对许多植物病害的防治。

非内吸性杀菌剂的特点是不易产生抗性、价格低廉。某些植物病害，如马铃薯晚疫病，采用适当的非内吸性杀菌剂即可方便地加以防治，然而其应用面显然远不及内吸性杀菌剂普遍。生物来源杀菌剂中包括农用杀菌剂和天然产物杀菌剂，均属生物农药的范畴，应用也较普遍，如我国生产的井冈霉素，其质量和生产技术已达到国际先进水平。植物激活剂（plant activator）是近年来开辟的一个农药新领域，是指能使作物产生免疫作用，经诱导后可使植物"系统获得抗性"的一类化合物，它们在农药中代表一种全新的化学，已成为近期杀虫剂开发中的一个热点和亮点。

7.5.1 非内吸性杀菌剂

非内吸性杀菌剂是指在植物染病以前施药，通过抑制病原孢子萌发，或杀死萌发的病原孢子，以保护植物免受病原物侵害。一般来说，非内吸性杀菌剂只能防治植物表面的病害，对于深入植物内部和种子胚内的病害便无能为力，而且它的用量较多，药效受风雨的影响较大，这是它不如内吸性杀菌剂的地方。但它也有自己的特点，如制备较易，费用较廉，大多数非内吸性杀菌剂都是非"专一性"的，因而较少发生抗性问题，产生残毒的危害性也较小。

在有机氯化物当中可用做杀菌剂的有 2,3-二氯-1,4-萘醌，它是由 1,4-氨基萘磺酸在 $50\%\ H_2SO_4$ 中氯化制得。

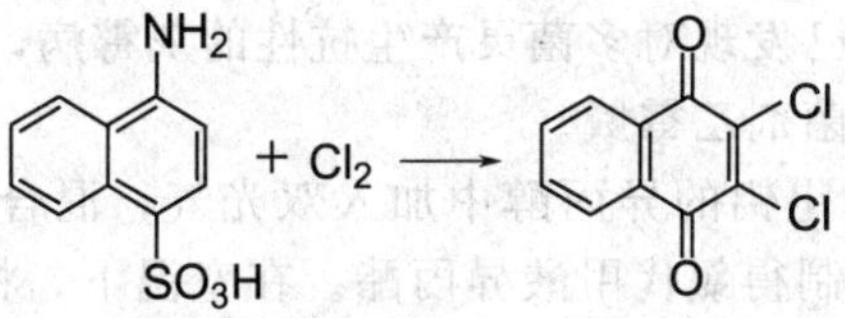

可用于防治苹果疮痂病、褐腐病、白粉病、锈病，也可用做种子消毒剂，防治水稻、小麦、玉米、甜菜等的苗立枯病、小麦坚黑穗病和甘薯黑斑病等。

二硫代氨基甲酸盐杀菌剂大量应用于苹果、土豆和蔬菜，其中最重要的是用于土豆。

代森钠是由乙二胺在 NaOH 存在下与二硫化碳反应制得的。

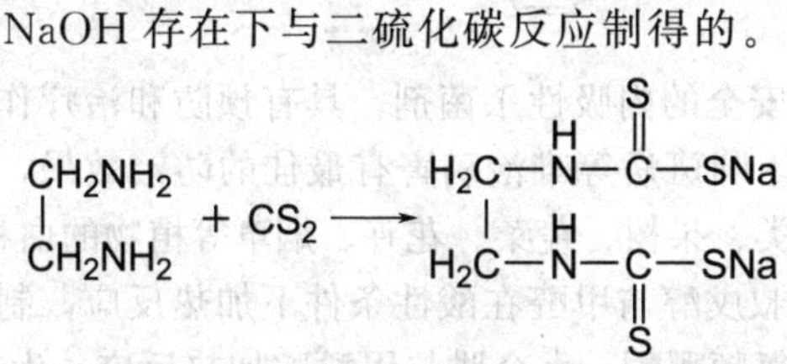

代森钠与硫酸锌的混合物称为代森锌，这种锌盐要比代森钠的用途更广，特别用于叶子的保护。

福美锌即二甲基二硫代氨基甲酸锌，是由二甲基二硫代氨基甲酸钠盐与可溶性锌盐反应制得的，被用于水果和蔬菜的防治。

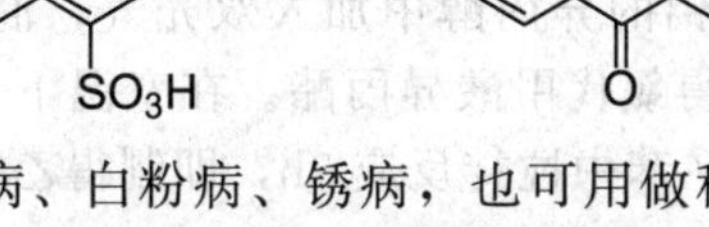

福美锌

7.5.2 内吸性杀菌剂

内吸性杀菌剂可以在寄生菌进入寄主时将它杀死，甚至在侵染已发生后尚可医治寄主，但是它不能提高寄主的抗病能力。

唑类杀菌剂，如多菌灵、苯菌灵、噻菌灵、三唑酮、腈菌唑等均是高效、广谱内吸性杀菌剂。

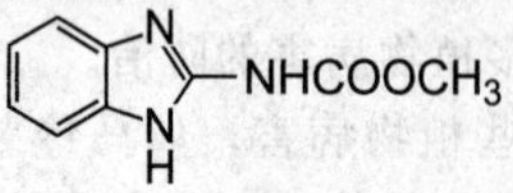

多菌灵 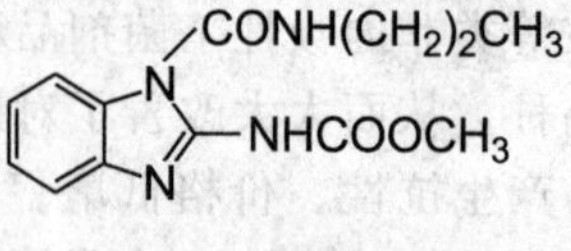　　　　　　　　苯菌灵 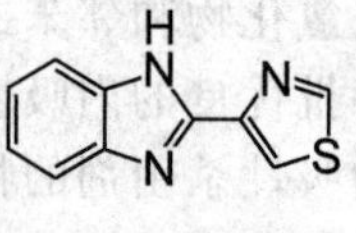　　　　　　　　噻菌灵

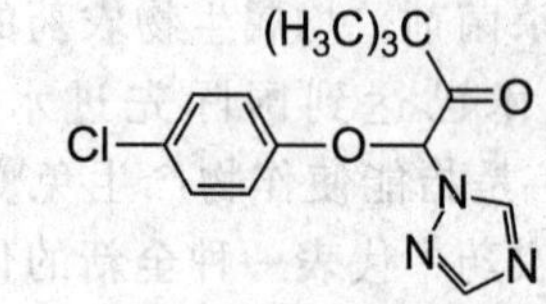

三唑酮 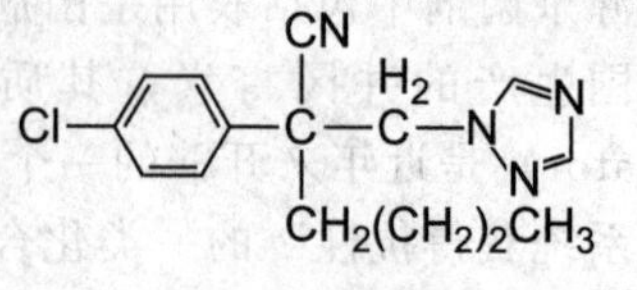　　　　　　　　　　　　腈菌唑

多菌灵是由氰氨基甲酸甲酯与邻苯二胺反应得到的。

$$CaCN_2 \xrightarrow{H_2O} H_2NCN \xrightarrow{ClCOOCH_3} CH_3OOCNHCN$$

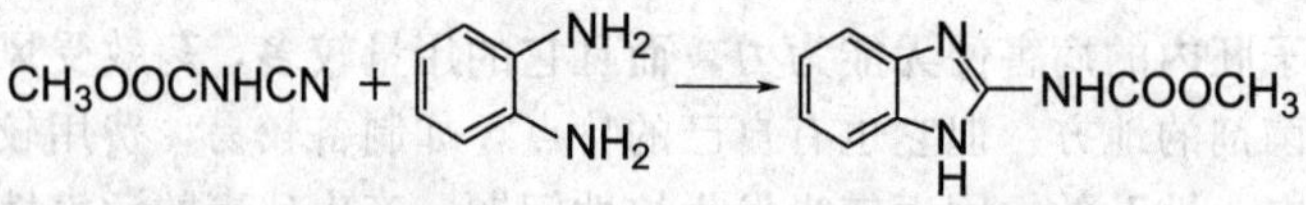

多菌灵

多菌灵的特点是使用浓度低、防治效果好、残效长，增产效果显著，使用中对人畜安全，可用来防治麦类赤霉病、水稻稻瘟病、棉花苗期病及花生倒秧病等，并对麦类赤霉病有特效。然而由于连年使用，已发现对多菌灵产生抗性的灰霉病，针对这一情况，又开发出对防治灰霉病有特效的新型杀菌剂乙霉威。

在 10～20℃，向有三氯化铝的异丙醇中加入双光气，混合物搅拌反应 4～6h，升温至50℃加热 30min 除去光气，制得氯代甲酸异丙酯。在室温下，将 3,4-二乙氧基苯胺、N,N-二乙基苯胺和氯代甲酸异丙酯在苯中搅拌反应 3h，即制得乙霉威。

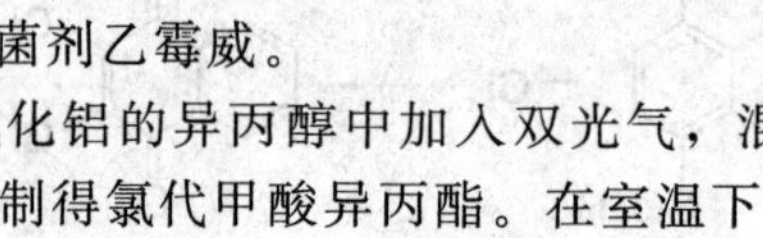

乙霉威

三唑酮是高效、广谱、安全的内吸性杀菌剂，具有预防和治疗作用，对小麦锈病、白粉病、黑穗病、高粱丝黑穗病、玉米圆斑病等难治病害有最佳的防治效果，对小麦全蚀病、腥黑穗病、散黑穗病、水稻纹枯病及瓜类、果树、蔬菜、花卉、烟草等植物的白粉病和锈病均有特效。

三唑酮的制法：首先由叔戊醇与甲醛在酸性条件下加热反应，制得频哪酮，用水蒸气蒸馏，频哪酮用氯气氯化，生成二氯频哪酮。水合肼与甲酰胺加热反应，生成 1,2,4-三唑（甲酰胺法）。最后在碳酸钾存在下，对氯苯酚与二氯频哪酮、1,2,4-三唑加热反应，即得三唑酮。

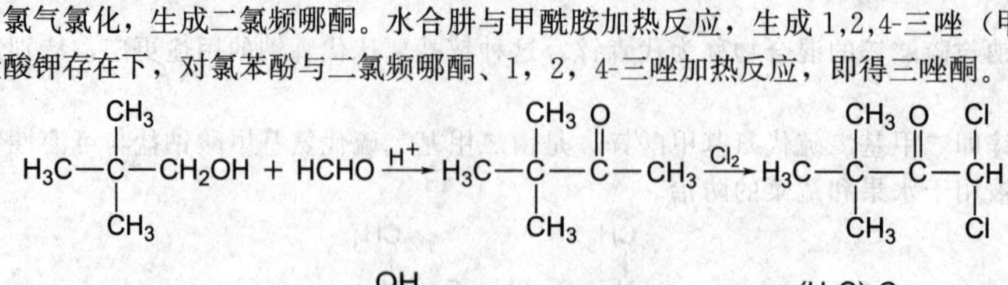

肟菌酯是由诺华公司开发的甲氧基丙烯酸酯类杀菌剂，其先导化合物也源于天然产物。此种类型内吸性杀菌剂的特点是杀菌谱很广，对几乎所有真菌纲病害，如白粉病、锈病、稻瘟病等均有良好的活性。其优点除具有高效、广谱、保护、治疗、铲除、渗透、内吸活性、对作物及环境安全外，还具有耐雨水冲刷和持效期长的长处。主要用于葡萄、苹果、小麦、花生、香蕉、蔬菜等作物的茎叶处理，用量为 3～200 克（有效成分）/公顷。

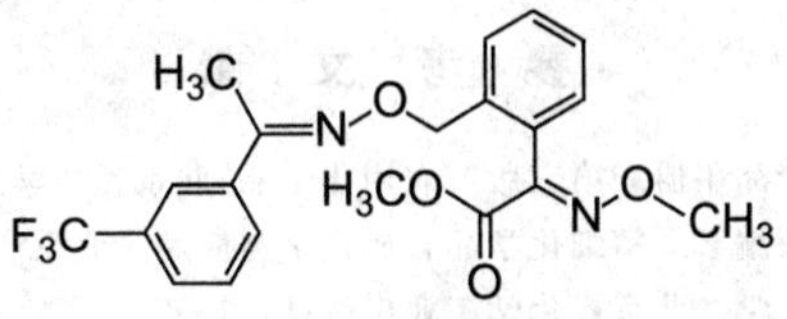

肟菌酯

7.5.3 生物源杀菌剂

抗生素是由微生物——真菌、细菌，特别是放线菌所产生的物质，它在非常低的浓度下就能抑制或杀死其他作物的微生物，因而可用来防治农作物的细菌和真菌病害。目前已有春雷霉素、井冈霉素等十几个品种在农业上得到应用。我国抗生素的开发较早，水平处于世界先进之列，产品有井冈霉素、农抗 120、公主岭霉素、灭瘟素、春雷霉素、链霉素等。值得一提的是 20 世纪 70 年代开发的井冈霉素经久不衰，至今仍是防治水稻纹枯病的当家品种，使用面积达 1.3 亿亩（1 亩＝666.67m²)，并在原有水剂基础上，开发出高含量的可溶性粉剂，使用面积进一步增加。

春雷霉素是选择性较强的抗生素，它对稻瘟病具有特效，而对其他真菌的活性小或者无效，对哺乳动物、人和鱼类的毒性较小。

井冈霉素又名稻瘟散，一般加工成水剂或粉剂，系低毒杀菌剂，可用来防治水稻纹枯病。以吸水链霉井冈变种为菌种，用含蛋白质和淀粉的粮食发酵，代谢产物经压滤、浓缩、脱色即得产品。

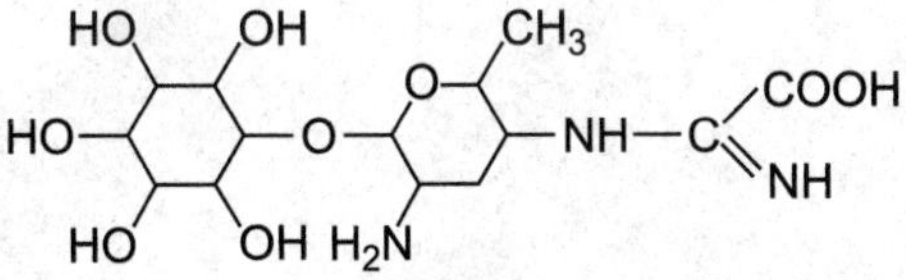

春雷霉素 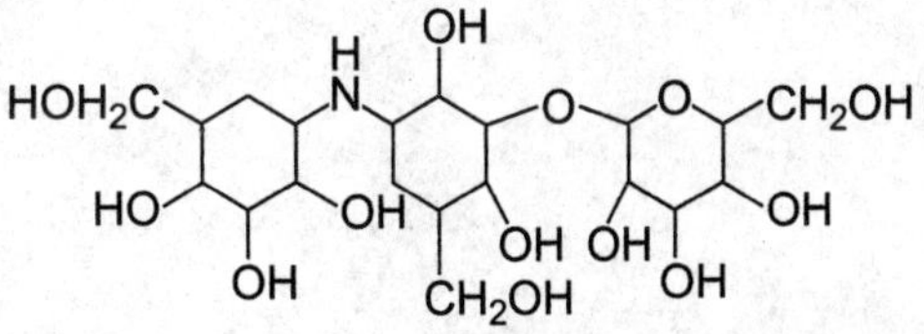   井冈霉素

复习思考题

1. 农药包括哪些种类？谈谈你对今后农药发展趋势的看法。

2. 农药剂型有哪些？各有什么特点？

3. 有机磷类杀虫剂有何特点？写出杀螟松、三唑磷的合成方法。

4. 写出百克威、灭克威的合成方法。

5. 拟除虫菊酯类农药有何特点？

6. 光学活性三氟醚菊酯是如何制备的？

7. 氮杂环杀虫剂有何特点？

8. 查资料设计吡虫啉、劲锐特、噻嗪酮的合成路线。

9. 含氟杀虫剂有何特点？目前这类杀虫剂主要有哪些品种？

10. 谈谈你对今后生物杀虫剂发展前景的看法。

11. 目前除草剂主要有哪些种类？

12. 查资料设计灭草灵、莠去津、乙草胺、氯黄隆、草甘膦、除草醚的合成路线和方法。

13. 杀菌剂分哪些类型？各有什么特点？

14. 写出代森钠的合成方法。

15. 写出多菌灵的合成路线。

16. 查资料设计三唑酮、肟菌酯的合成路线和方法。

17. 谈谈你对今后生物源杀菌剂发展前景的看法。

参 考 文 献

[1] 化学工业出版社组织编写. 化工产品手册. 第三版//农用化学品. 北京：化学工业出版社，1999.

[2] 赵德丰，程侣柏，姚蒙正，高建荣编著. 精细化学品合成化学与应用. 北京：化学工业出版社，2001：108-132.

[3] 曾繁涤主编. 精细化工产品及工艺学. 北京：化学工业出版社，1997.

[4] 薛振祥主编. 农药中间体手册. 北京：化学工业出版社，2004.

[5] 贺红武，刘钊杰. 国外农药开发的现状与发展趋势. 湖北化工，1999，16（6）：1-3.

[6] 梁诚. 含氟杀虫剂研究开发与生产现状. 有机氟工业，2003，2：29-34.

[7] 徐汉虹，安玉兴. 生物农药的发展动态与趋势展望. 农药科学与管理，2001，22（1）：32-34.

第8章 水处理剂

8.1 概　述

水处理剂即水处理用化学品，它主要是指为了除去水中的大部分有害物质（如腐蚀物，重金属及 Ca^{2+}、Mg^{2+}，污垢和微生物等）得到符合要求的民用或工业用水，在水处理过程中添加的化学药品。

水处理对于提高水质，防止结垢、腐蚀、菌藻滋生和环境污染，保证工业生产的高效、安全和长期运行，并对节水、节能、节材和环境保护等方面均有重大意义。

通常水处理剂包括三类产品：

① 通用化学品：原指用于水处理的无机化工产品，如 $Al_2(SO_4)_3$ 等。

② 专用化学品：包括活性炭、离子交换树脂和有机聚合物絮凝剂等。

③ 配方化学品：包括缓蚀剂、阻垢剂、杀菌剂、燃烧助剂等。

水处理化学品具有较强的专一性。按应用目的可将水处理化学品分成两大类。一类是净化水，如 pH 值调节剂、氧化还原剂、吸附剂、活性炭和离子交换树脂、混凝剂和絮凝剂等；另一类是为特殊工业目的而使用的，如缓蚀剂、阻垢分散剂、杀菌灭藻剂、软化剂等。

在实际应用中，水处理剂一般不是单一化合物，以复配型水处理剂为主要的应用形式，具有多功能、应用方便的优点。

目前，我国水处理剂的主要品种有阻垢剂、缓蚀剂、分散剂、絮凝剂、杀菌灭藻剂、净水剂、离子交换树脂等几大类。总的来说，生产厂家的生产能力大多较小，经营规模小，生产品种主要是剖析、仿制或依据国外专利研制的，发展和生产历史短，科研经费有限，因此基础薄弱，技术比较落后，整体水平不高，与国外相比还有较大差距。但我国是水资源短缺的国家，发展水处理技术和节水技术，开发环境友好的水处理剂，对我国的可持续发展具有非常重要的战略意义。

8.2　阻垢剂

在工业水处理中，把加入到水中用于控制产生水垢和泥垢的水处理剂称为阻垢剂。

8.2.1　阻垢剂的种类及作用机理

按照化学结构分类，阻垢剂主要有：

① 经加工天然物质：磺化木质素、单宁素。

② 无机聚合物：三聚磷酸钠、六偏磷酸钠等。

③ 有机多元膦酸，有机膦羧酸，有机膦酸酯，聚羧酸类化合物等。

阻垢剂的阻垢分散机理分为螯合作用、吸附作用和分散作用等。例如，有机多元膦酸能与 Ca^{2+}、Mg^{2+}、Fe^{3+}、Cu^{2+}、Zn^{2+} 等金属离子通过螯合作用形成各种组成稳定的水溶性配合物，阻止了钙垢、铁垢、锌垢等的形成。有机膦羧酸、聚羧酸类化合物等通过它们的吸附、离解的羧基和羟基提高了结垢物质微粒表面的电荷密度，使这些微粒的排斥力增大，降低了微粒的结晶速度，使结垢物质保持分散状态，阻止了水垢和泥垢的形成。

8.2.2 阻垢剂的化学工艺

8.2.2.1 有机多元膦酸

有机多元膦酸是指在分子中有两个或两个以上的膦酸基团直接与碳原子相连的有机化合物，按结构可以分为四大类：亚甲基膦酸型、同碳二膦酸型、羧酸膦酸类和其他原子膦酸型。有机多元膦酸既具有良好的阻垢性能，又有较好的缓蚀性能，已被大量用于水处理中。如氨基三亚甲基膦酸（ATMP），其结构式为：

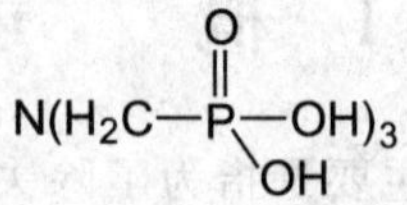

$$N(H_2C-\overset{\overset{\displaystyle O}{\|}}{\underset{\underset{\displaystyle OH}{}}{P}}-OH)_3$$

无色晶体，m.p.212℃，溶于水、乙醇、丙酮等，1%水溶液的 pH 值为 1.4±0.2。

其合成方法有两种：

（1）三氯化磷或亚磷酸与氯化铵和甲醛在酸性介质中一步合成法

$$PCl_3 + 3H_2O \longrightarrow H_3PO_3 + 3HCl$$

$$3H_3PO_3 + NH_4Cl + 3HCHO \longrightarrow N(CH_2PO_3H_2)_3 + HCl + 3H_2O$$

（2）氮化三乙酸与亚磷酸反应合成法

$$N(CH_2COOH)_3 + H_3PO_3 \longrightarrow N(CH_2PO_3H_2)_3 + CO_2 + 3H_2O$$

方法（2）的副反应少，产品质量好，产率较高，但原料难得，成本高，因此工业生产多采用方法（1）。

羟基亚乙基二膦酸（HEDP）的结构式为：

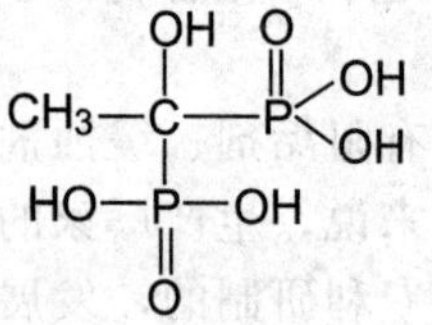

$$CH_3-\overset{\overset{\displaystyle OH}{|}}{\underset{\underset{\displaystyle \overset{|}{HO-P}}{}}{C}}-\overset{\overset{\displaystyle O}{\|}}{P}(OH)_2$$

白色晶体，m.p.198～199℃，易溶于水、甲醇。

合成方法：以亚磷酸和冰醋酸为原料或亚磷酸与醋酸酐，乙酰氯为原料

$$PCl_3 + 3CH_3COOH \longrightarrow 3CH_3COCl + H_3PO_3$$

$$CH_3COCl + H_3PO_3 \longrightarrow H_3C-\overset{\overset{\displaystyle O\ O}{\| \|}}{C}-P-OH(OH) + HCl$$

$$H_3C-C-P(OH)_2 + H_3PO_3 + CH_3COCl \longrightarrow H_3C-C-O-C-CH_3 + HCl$$

$$H_3C-C-O-C-CH_3 + H_2O \longrightarrow H_3C-C-OH + CH_3COOH$$

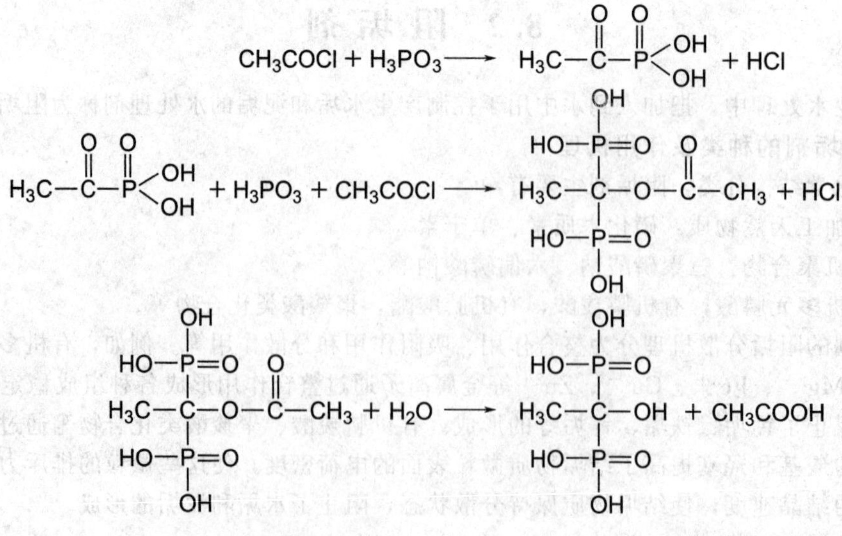

8.2.2.2　有机膦羧酸

有机膦羧酸是一类性能更优的新品种，其分子中同时含有—PO_3H_2 和—COOH 基团，阻垢和缓蚀性能俱佳。能在高硬度、高碱度、高氯离子含量和较高温度下使用，投药量更少。其代表性品种有 1,1'-二膦酸丙酸基膦酸钠（SDPP），2-膦酸基丁烷-1,2,4-三羧酸（PBTCA），2,4-二羧酸基丁烷-1,2-二羧酸（DPBDA）。该类化合物能与 Ca^{2+}、Mg^{2+} 等金属离子形成稳定的配合物，对 $CaCO_3$、$CaSO_4$、$CaSiO_3$ 等均具有优良的抑制和增溶作用，对碳钢的缓蚀性也很好。

1,1'-二膦酸丙酸基膦酸钠（SDPP）的结构式为：

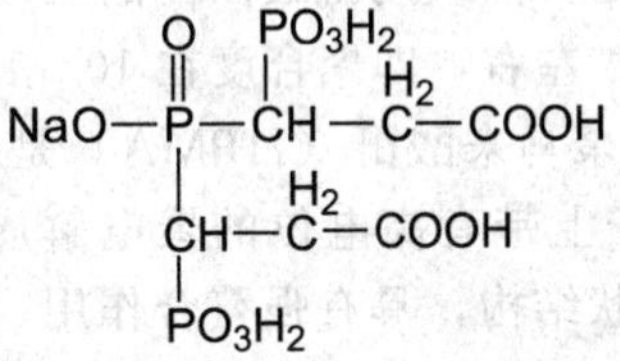

SDPP 的合成分两步进行：第一步由次磷酸钠与顺丁烯二酸在过氧化物催化作用下发生加成反应，生成中间体 2,2'-二丁二酸膦酸钠；第二步是中间体在有机溶剂中与亚磷酸发生脱羧置换反应，得到 1,1'-二膦酸丙酸基膦酸钠。合成反应式为：

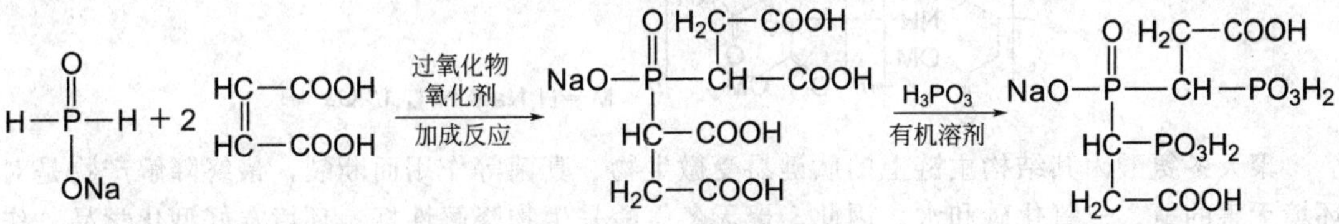

2-膦酸基丁烷-1,2,4-三羧酸（PBTCA）的结构式为：

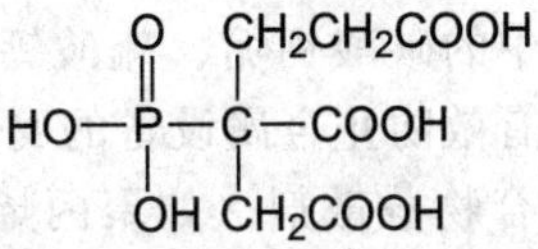

PBTCA 的合成反应：在催化剂存在下，亚磷酸二甲酯和顺丁烯二甲酸二甲酯于 $100 \sim 150℃$ 发生亲核加成反应生成膦酸二甲酯丁二酸二甲酯（Ⅰ），Ⅰ在催化剂存在下与丙烯酸甲酯发生 Micheal 加成反应生成 2-膦酸二甲酯基-1,2,4-三羧酸三甲酯（Ⅱ），Ⅱ在酸性或碱性催化剂存在下水解生成 PBTCA。合成反应式如下：

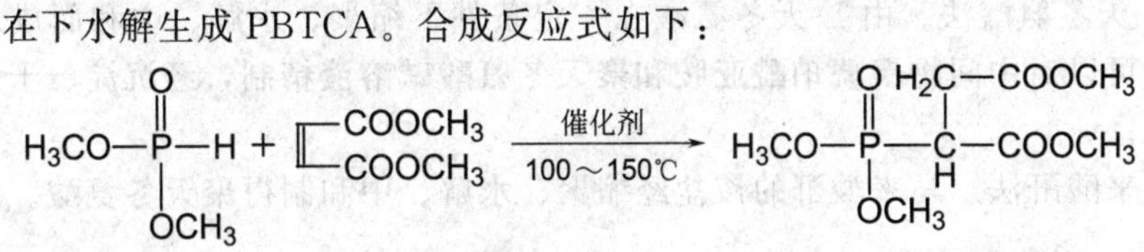

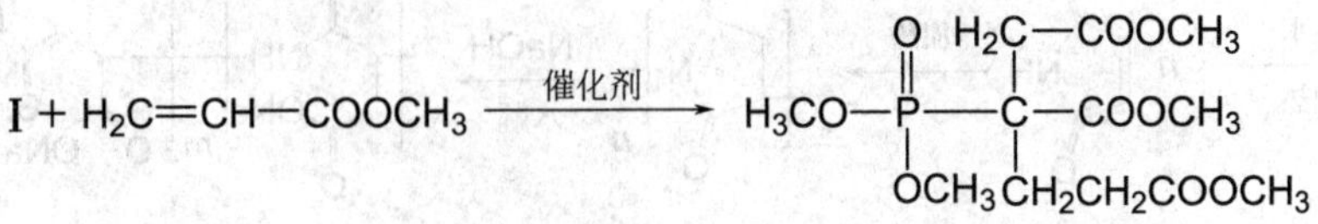

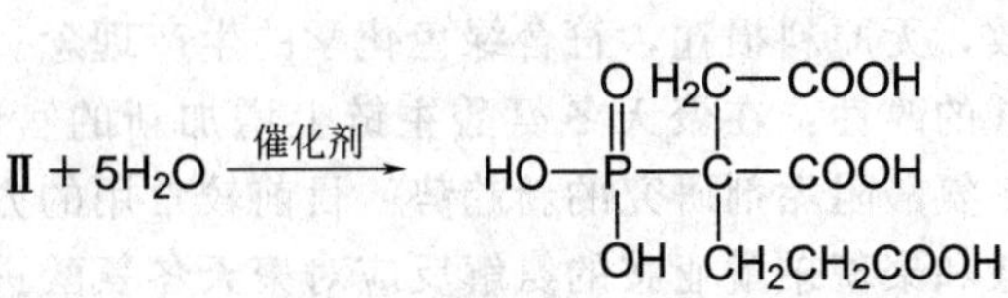

8.2.2.3 合成聚合物阻垢剂

常用的主要是低分子量的聚羧酸类物质，相对分子量通常小于 10^4。按结构不同分为均聚物和共聚物。常用的均聚物阻垢剂有聚丙烯酸、聚马来酸酐、水解聚马来酸酐、聚丙烯酸钠、聚甲基丙烯酸钠等。常用的共聚物阻垢剂有丙烯酸-丙烯酰胺共聚物、马来酸酐-丙烯酸聚合物、苯乙烯磺酸-马来酸共聚物等。作为阻垢剂使用的聚合物分子中通常含有—COOH，—SO₃H，—OH等多种不同的官能团，这类聚合物在水溶液中其羧基或磺酸基都会发生部分电离，起阻垢作用的主要是聚合物负离子。

聚丙烯酸及其钠盐（PPA）是目前应用得最广泛的聚羧酸型水处理剂之一。一般聚丙烯酸及其钠盐的相对分子质量在 10^3 左右，即聚合度在 $10\sim15$，其阻垢效果较好。

聚马来酸酐（PMA）和水解聚马来酸酐（HPMA）是一种广泛用于冷却水系统的阻垢分散剂。PMA是一种骨架碳原子上带有高电位的聚电解质，而且由于分子内氢键的作用，在水中离解时往往生成稳定的环状结构，具有强螯合作用。

8.2.2.4 聚天冬氨酸

聚天冬氨酸(polyaspartic acid,简写为 PASP)的结构式为：

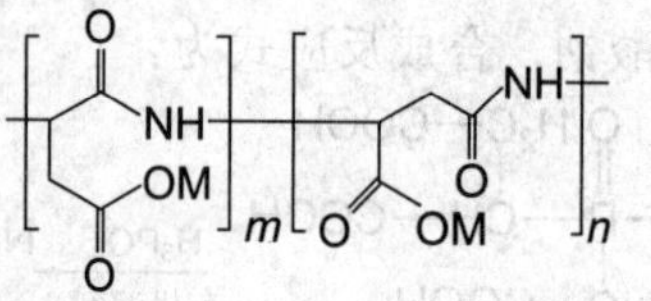

$M=H,Na,K,NH_4,1/2Ca$

聚天冬氨酸因其结构主链上的肽键易受微生物、真菌等作用而断裂，最终降解产物是对环境无害的氨、二氧化碳和水。因此，聚天冬氨酸是生物降解性好、环境友好型化学品。作为水处理剂，它的主要作用是阻垢和（或）分散，兼有缓蚀作用。作为阻垢剂，特别适合于抑制冷却水、锅炉水及反渗透处理中的碳酸钙垢、硫酸钙垢、硫酸钡垢和磷酸钙垢的形成。聚天冬氨酸同时具有分散作用并可有效防止金属设备的腐蚀。聚天冬氨酸与有机膦系缓蚀阻垢剂存在协同作用，常与乙烯基聚合物分散剂（如聚丙烯酸、水解聚马来酸酐、丙烯酸-丙烯酸乙酯-衣康酸共聚物等）、膦系化合物缓蚀阻垢剂（如 HEDP、ATMP、PBTCA 等）等复配成高效的、多功能的缓蚀阻垢剂。

聚天冬氨酸通常有两种生产方法。

方法一是L-天冬氨酸法。由L-天冬氨酸在一定条件下缩聚、水解、中和而成。如需制得高品质产品，可以对中间物聚琥珀酰亚胺和聚天冬氨酸碱溶液精制，经沉淀、干燥得聚天冬氨酸固体粉末。

方法二是马来酸酐法。马来酸酐的铵盐经缩聚、水解、中和制得聚天冬氨酸。反应过程如下：

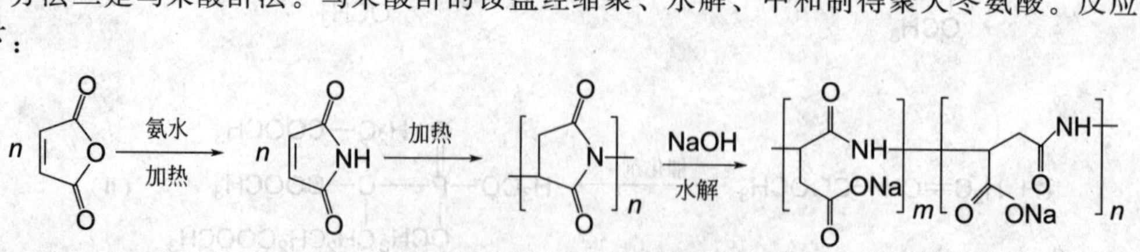

水处理用和农业用聚天冬氨酸可以用此法生产，聚天冬氨酸碱溶液可以作为产品。此法无"三废"排放，无原料损耗，符合绿色化学的生产理念。

聚天冬氨酸的改性：在聚天冬氨酸主链上增加新的官能团，使聚天冬氨酸具有多官能性，是对聚天冬氨酸阻垢剂研究的新趋势。目前较常用的方法有：采用柠檬酸进行改性；通过氨基甲基膦酸和聚琥珀酰亚胺的氨解反应对聚天冬氨酸进行改性，合成含膦酰基的聚天冬氨酸衍生物 N-（2-膦酰基甲基）天冬酰胺酸/天冬氨酸共聚物。

8.2.2.5　聚环氧琥珀酸

聚环氧琥珀酸（polyepoxysuccinic acid，简写为 PESA）是美国 20 世纪 80 年代末和 90 年代初开发的一种无磷非氮又易生物降解的绿色阻垢剂。其结构式为：

$$H-O-\underset{\underset{COOM}{|}}{\overset{\overset{H}{|}}{C}}-\underset{\underset{COOM}{|}}{\overset{\overset{H}{|}}{C}}-OH \quad M=H,Na,NH_4,K$$

PESA 对碳酸钙、硫酸锶、硫酸钡具有优异的阻垢性能。

目前 PESA 的合成大多采用以环氧琥珀酸为原料的一步合成法或采用以马来酸酐等为原料的多步合成法。

① 以马来酸酐为原料，将其溶解在水中生成马来酸，加入碱液调节 pH，在一定的温度下，以固体酸（如 Na_2WO_4）为催化剂，连续加入双氧水，生成环氧琥珀酸钠，再加入氢氧化钙和氢氧化钠，在一定温度下聚合，得到聚环氧琥珀酸钠盐，或将聚环氧琥珀酸钠加入盐酸或硫酸得到聚环氧琥珀酸。

② 以马来酸酐为原料，用碱液使之水解成马来酸盐，并调节 pH 值，在一定温度，过氧化物催化剂和钒系催化剂作用下进行环氧化反应，生成环氧琥珀酸盐，将合成的环氧琥珀酸盐用丙酮沉淀干燥后，配成一定浓度，并在一定温度下，用氢氧化钙引发聚合得到聚环氧琥珀酸盐。

PESA 由于结构单一，对磷酸钙等垢的抑制效果不理想，因此需要对其进行改性。

采用 3-氯-2-羟基丙磺酸盐改性 PESA，得到聚环氧磺羧酸。聚环氧磺羧酸的分子结构中同时含有聚醚、磺酸基团和羧酸基团，可以提高 PESA 及其盐在高温条件下的碳酸钙和硫酸钙阻垢性能，同时对磷酸钙阻垢性能也会有明显改善。

8.3　缓　蚀　剂

缓蚀剂是一类能有效地阻止和减少金属与腐蚀介质发生反应而延缓腐蚀的添加剂。

8.3.1　缓蚀剂的种类

缓蚀剂有多种分类方法，可从不同的角度对缓蚀剂分类。

（1）根据产品化学成分

可分为无机缓蚀剂、有机缓蚀剂、聚合物类缓蚀剂。

① 无机缓蚀剂　无机缓蚀剂主要包括铬酸盐、亚硝酸盐、硅酸盐、钼酸盐、钨酸盐、聚磷酸盐、锌盐等。

② 有机缓蚀剂　有机缓蚀剂主要包括膦酸（盐）、膦羧酸、巯基苯并噻唑、苯并三唑、磺化木质素等一些含氮氧化合物的杂环化合物。

③ 聚合物类缓蚀剂　聚合物类缓蚀剂主要包括聚乙烯类，膦酰基羧酸共聚物（POCA），聚天冬氨酸等一些低聚物的高分子化学物。

（2）根据生成保护膜的类型

除了中和性能的水处理剂，大部分水处理用的缓蚀剂的缓蚀机理是在与水接触的金属表面形成一层将金属和水隔离的金属保护膜，以达到缓蚀目的。根据缓蚀剂形成的保护膜的类型，缓蚀剂可分为氧化膜型、沉积膜型和吸附膜型缓蚀剂。

在工业水处理中使用的缓蚀剂的种类及其保护膜特征见表 8-1。

表 8-1　缓蚀剂的种类及保护膜特征

类型	药剂	保护膜特征	类型	药剂	保护膜特征
钝化膜型	重铬酸盐	致密稳定	沉淀膜型	聚磷酸盐	膜多孔
	亚硝酸盐	致密		硅酸盐	膜厚
	钼酸盐	膜较薄		锌盐	与金属络合不太紧密
	钨酸盐	膜较薄		巯基苯并噻唑苯并三氮唑	较为致密
吸附膜型	有机胺类	在非清洁表面吸附性较差			
	硫醇类				
	表面活性剂				
	木质素类				

8.3.2　缓蚀剂的性质与工艺

（1）铬酸盐

氧化性强，能与铁、铝等金属形成致密的钝化膜，常与聚磷酸盐、水溶性聚合物（如 PPA）等组成铬系配方，缓蚀性能极佳。但有毒，不主张用。

（2）钼酸盐

常用的是钼酸钠（$Na_2MoO_4 \cdot 2H_2O$），采用液碱浸取钼精矿的氧化焙烧物，即可得到钼酸钠，反应式为：

$$2MoS_2 + 7O_2 \longrightarrow 2MoO_3 + 4SO_2$$

$$MoO_3 + 2NaOH + H_2O \longrightarrow Na_2MoO_4 \cdot 2H_2O$$

钼酸盐水处理剂是低毒无公害产品。

（3）钨酸盐

黑钨矿用烧碱分解制备钨酸钠。

$$MnWO_4 \cdot FeWO_4 + 4NaOH \longrightarrow 2Na_2WO_4 + Mn(OH)_2 \cdot Fe(OH)_2$$

钨系水处理剂因其无毒无公害，加上我国钨矿资源丰富，因而有广阔的开发应用前景。

常用的钨系水处理剂配方：Na_2WO_4 100mg/kg；聚马来酸酐 4mg/kg；HEDP 4mg/kg。

（4）聚磷酸钠盐

聚磷酸钠盐是目前国内外广泛使用的一种水处理剂。分子结构可表示为 $(NaPO_3)_n$，作为水处理剂应用的是平均聚合度 n 为 14～20 的长链聚磷酸钠。产品为白色粉末状固体，易溶于水，具有络合作用，螯合封闭金属离子，与碱土金属、重金属离子形成各种螯合物。

（5）杂环化合物

常用的杂环化合物有巯基苯并噻唑、苯并三氮唑及甲基苯并三氮唑等，它们对钼及铜合金有特殊的缓释作用。

巯基苯并噻唑（MBT），化学名为 2-苯并噻唑硫醇，淡黄色粉末，有微臭和苦味，纯品的密度为 $1.42g/cm^3$，熔点 178～180℃。商品的密度为 $1.40～1.48g/cm^3$，熔点 170～178℃。溶于乙醇、氯仿及氨水、氢氧化钠和碳酸钠等碱性溶液，微溶于苯，不溶于水和汽油。结构式为：

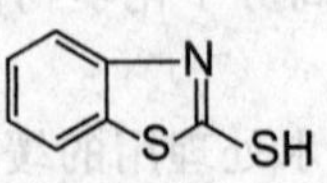

MBT 可以作为循环冷却水系统中的铜缓蚀剂。MBT 缓蚀作用主要依靠和金属铜表面上的活性铜原子或铜离子产生一种化学吸附作用，进而发生螯合作用，从而形成一层致密而牢固的保护膜，使铜材设备得到良好的保护，使用量一般为 4mg/L，MBT 也可以用做增塑

剂、酸性镀铜光度剂等使用。

MBT 一般以苯胺、二硫化碳和硫黄粉为主要原料合成，反应式为：

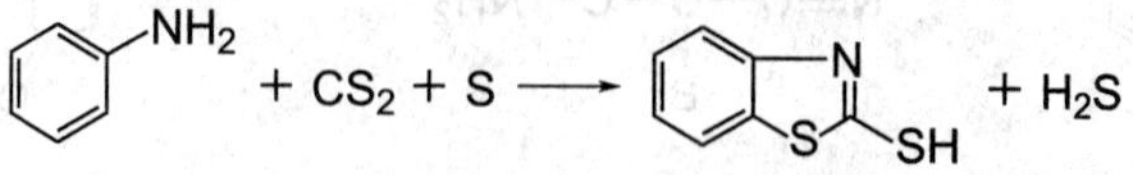

苯并三氮唑（BTA），白色、微黄或微红色针状结晶，熔点 95～100℃，微溶于水，溶于醇、苯、甲苯。结构式为：

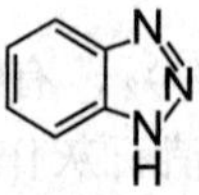

是一种最为常见的铜和铜合金缓蚀剂，能与铜金属表面的亚铜离子快速形成一层 $Cu(Ⅱ)$ BTA 薄膜，阻止溶解氧的电化学腐蚀，其缓蚀性能对铝、锌等金属同样有效。

（6）羧酸盐类

如葡萄糖酸钠、水杨酸钠等。

葡萄糖酸钠是一种多羟基羧酸盐，它在水溶液中很易与铁、铜、铝、钙等金属离子形成络合物，使这些金属离子的盐类失活，兼具缓蚀和阻垢能力；且无公害，价格低，是一种前景看好的水处理剂。葡萄糖酸钠适合于加入钼系、硅系、磷系、钨系或有机缓蚀剂中，可以显著增强缓蚀效果。

复合钼系缓蚀剂配方：钼酸钠 100mg/L，葡萄糖酸钠 100mg/L，聚丙烯酸钠 16mg/L，锌盐 5mg/L。

水杨酸钠由苯酚钠在 140～180℃ 和 0.7MPa 下，通过 CO_2 进行羧基化反应制得。无公害，在水处理中是常用的钢铁缓蚀剂之一。一般和其他缓蚀剂一起组成复合缓蚀剂使用，效果较好。例如用水杨酸钠和葡萄糖酸钠各 250mg/L 对碳钢缓蚀率达到 94.7%，而单独使用水杨酸钠 500mg/L 的缓蚀率仅 16.1%。

8.4 杀菌灭藻剂

工业用水中含有大量的细菌、藻类等微生物，使用前必须经过杀菌灭藻处理。控制微生物的方法可分为物理法、化学法和生物法三类。化学法是通过调节 pH 值、利用化学药剂等手段灭菌。用抗菌防腐剂防止微生物的生长，迄今仍是最广泛采用的方法。水处理杀菌灭藻剂是一类能抑制水中菌藻和微生物的滋长，以防止形成微生物黏泥，对系统造成危害的化学药品。

8.4.1 杀菌灭藻剂的类型

在工业和农业中常见的微生物有细菌、真菌、霉菌、酵母菌和藻类。水处理用杀菌灭藻剂的作用机理大致有：①使微生物蛋白质变性；②干扰微生物细胞膜；③干扰遗传机理；④干扰细胞内部酶的活力。

水处理杀菌剂分为氧化型和非氧化型两大类。

氧化型：氯气，$NaClO$，ClO_2，H_2O_2，$KMnO_4$，O_3 等。

非氧化型：五氯酚，2,2'-二羟基-5,5'-二氯二苯基甲烷（DDM），2,2-二溴-3-次氮基丙酰胺（DBNPA）十二烷基二甲基苄基氯化铵（俗称洁尔灭），十二烷基二甲基苄基溴化铵（俗称新洁尔灭），十六烷基三甲基对苯磺酸铵，二硫氰基甲烷，5-氯-2-甲基 4-异噻唑啉-3-酮等。

DDM

DBNPA

5-氯-2-甲基-4-异噻唑啉-3-酮

8.4.2 杀菌灭藻剂的化学工艺

（1）漂白粉

漂白粉的主要成分是 $CaCl_2$ 和 $Ca(ClO)_2$，有效成分是 $Ca(ClO)_2$，在水中分解出次氯酸，是一种高效氧化型杀菌剂。由氯气和消石灰作用可制得漂白粉，反应式为：

$$2Cl_2 + 2Ca(OH)_2 = Ca(ClO)_2 + CaCl_2 + 2H_2O$$

（2）二氧化氯（ClO_2）

是一种强氧化型杀菌灭藻剂，使用 pH 值范围为 $6\sim10$。二氧化氯常温（20℃）下是一种黄绿色的气体，具有与氯气、臭氧类似的刺激性气味。20 世纪 40 年代，二氧化氯开始应用于食品加工的杀菌消毒，造纸的漂白和水的净化处理等。二氧化氯消毒的安全性被世界卫生组织（WHO）列为 A1 级，被认定为氯系消毒剂最理想的更新换代产品。目前，美国和欧洲已有上千家水厂采用 ClO_2 消毒，我国则多用于造纸、纺织等行业，并逐步应用于自来水厂。

化学反应制取 ClO_2 的方法如下：

① 亚氯酸钠水溶液加氯气制备　反应式为：

$$Cl_2 + H_2O \longrightarrow HOCl + HCl$$

$$2NaClO_2 + HOCl + HCl \longrightarrow 2ClO_2 + 2NaCl + H_2O$$

通常写成：
$$2NaClO_2 + Cl_2 = 2ClO_2 + 2NaCl$$

② 盐酸与氯酸钠制备　反应式为：

$$2NaClO_3 + 4HCl = 2NaCl + 2ClO_2 + 2H_2O + Cl_2$$

③ 二氧化硫与氯酸钠制备　反应式为：

$$2NaClO_3 + SO_2 = 2ClO_2 + Na_2SO_4$$

④ 氯酸钠加硫酸及甲醇制备　反应式为：

$$6NaClO_3 + 6H_2SO_4 + CH_3OH = 6ClO_2 + 6NaHSO_4 + 5H_2O + CO_2$$

⑤ 氯酸钠加硫酸及氯化钠制备　反应式为：

$$NaClO_3 + NaCl + H_2SO_4 = ClO_2 + 1/2Cl_2 + Na_2SO_4 + H_2O$$

电解 NaCl 溶液生产 ClO_2 以食盐为原料，采用隔膜电解工艺，在阳极室注入饱和食盐水，阴极室加入自来水，接通电源后使离子定向迁移，从而在阳极室及中性电极周围产生 ClO_2、O_3、H_2O_2、Cl_2 等混合气体。生产中可以通过降低电解温度，控制盐水流量，增加阳极室 ClO_3^- 含量等方法提高 ClO_2 产率。产生的混合气体 ClO_2 仅占 10% 左右，除了 O_3、H_2O_2 外，大部分是氯气。这就无法避免液氯消毒的缺点，同时设备复杂。但目前国内仍多用此法。

（3）氯酚类

$2,2'$-二羟基-$5,5'$-二氯二苯基甲烷（DDM）的合成方法为：以对氯苯酚和甲醛为原料，在浓硫酸催化下缩合而成。反应式为：

$$\text{HO} \langle \text{benzene} \rangle \text{Cl} + HCHO \xrightarrow{H_2SO_4} \text{(缩合产物)} + H_2O$$

这类化合物都不易降解，对水生物和哺乳动物都有毒害作用，因此污染问题必须引起足够的重视。

（4）季铵盐类

十二烷基二甲基苄基氯化铵的制备：以十二烷基二甲基胺与氯化苄为原料，在 $100\sim 120℃$ 下反应，反应式为：

$$C_{12}H_{25}N(CH_3)_2 + \langle \text{benzene} \rangle CH_2Cl \xrightarrow{100\sim120℃} \left[C_{12}H_{25}N(CH_3)_2 \overset{H_2}{C} \langle \text{benzene} \rangle \right]^{\oplus} Cl^{\ominus}$$

（5）二硫氰基甲烷

用二卤代烷与硫氰酸钠为原料，在醇与水的混合介质中，于 75℃ 在 $294\sim 392kPa$ 压力下反应可制得，反应式为：

$$CH_2X_2 + NaSCN \xrightarrow[294\sim392kPa]{75℃} NCS-H_2C-SCN + NaX \quad X=Cl,Br,I$$

改进的方法是以四丁基氢氧化铵作相转移催化剂，在水相中高压合成二硫氰基甲烷。

（6）异噻唑啉酮

是一类较新的有机硫化物杀菌灭藻剂，它具有高效、广谱、低毒对环境无污染的特点，是一种较为理想的水处理药剂。用于水处理的异噻唑啉酮类不需要分离出纯品，只需一步合成两个异噻唑啉酮衍生物的混合物即可。从基础原料出发，合成该产品的工艺路线共分为三步。

① 制备二硫代二丙酸二甲酯 合成反应如下：

$$H_2C=CHCOOCH_3 + Na_2S_x \xrightarrow{0\sim5℃} H_3COOCCH_2CH_2-S-S-CH_2CH_2COOCH_3$$

② 制备 N,N'-二甲基二硫代二丙酰胺 合成反应如下：

$$H_3COOCCH_2CH_2-S-S-CH_2CH_2COOCH_3 + CH_3NH_2$$

$$\xrightarrow{0\sim5℃} H_3CHN-\overset{O}{\overset{\|}{C}}CH_2CH_2-S-S-CH_2CH_2\overset{O}{\overset{\|}{C}}-NHCH_3$$

③ 制备异噻唑啉酮 合成反应如下：

$$H_3CHN-\overset{O}{\overset{\|}{C}}CH_2CH_2-S-S-CH_2CH_2\overset{O}{\overset{\|}{C}}-NHCH_3 \xrightarrow[\text{中和}]{Cl_2} \text{(异噻唑啉酮)} + \text{(氯代异噻唑啉酮)}$$

（7）2,2-二溴-3-次氮基丙酰胺（DBNPA）

DBNPA 的合成方法较多，可以用氯乙酸、氰乙酸甲酯（或其乙酯、丁酯）等为原料，先制备氰乙酰胺，再进行溴化得到。以氯乙酸为原料的合成路线如下：

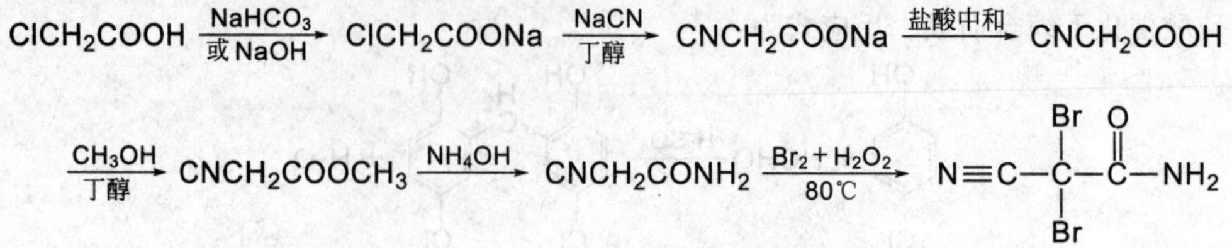

$$ClCH_2COOH \xrightarrow[\text{或 NaOH}]{NaHCO_3} ClCH_2COONa \xrightarrow[\text{丁醇}]{NaCN} CNCH_2COONa \xrightarrow{\text{盐酸中和}} CNCH_2COOH$$

$$\xrightarrow[\text{丁醇}]{CH_3OH} CNCH_2COOCH_3 \xrightarrow{NH_4OH} CNCH_2CONH_2 \xrightarrow[80℃]{Br_2+H_2O_2} \underset{\overset{|}{Br}}{\overset{\overset{Br}{|}}{N\equiv C-C}}-\overset{O}{\overset{\|}{C}}-NH_2$$

8.5　絮凝剂

在水处理时，向浑水中加入药剂使水中产生大颗粒凝聚体的过程称为絮凝过程，加入的药剂称为絮凝剂。在原水处理中可用于除浊，脱色，除臭及除去其他杂质；在废水处理中，用于脱除废水中的油类，重金属类，有毒有害物质等，絮凝技术还用于选矿和污泥脱水等。

8.5.1　絮凝剂的分类

絮凝剂分为无机絮凝剂和有机絮凝剂两大类。无机絮凝剂主要是铝盐、铁盐，如聚硫酸铝、聚氯化铝、聚氯化铁、聚硫酸铁等。有机絮凝剂可分为阳离子型、阴离子型和非离子型三类。阳离子型主要有聚硫脲盐酸盐，水溶性氨基树脂，聚乙烯基吡啶盐酸盐。阴离子型主要有羧甲基纤维素钠，藻酸钠，聚丙烯酸钠。非离子型主要有聚丙烯酸胺，聚氧乙烯醚等。

天然高分子絮凝剂以改性淀粉为主。淀粉分子中有许多羟基，通过这些羟基的酯化、醚化、氧化、交联等反应改变淀粉的性质，还能与丙烯腈、丙烯酸、丙烯酰胺等高分子单体进行接枝共聚反应。利用这些性质生产改性淀粉絮凝剂。除了改性淀粉絮凝剂外，还有纤维素及其衍生物、聚藻元酸盐、甲壳素与壳聚糖等。

8.5.2　有机高分子絮凝剂

有机高分子絮凝剂采用的是水溶性线型聚合物，其基本性能是具有"架桥"作用。其特点是用量小、处理效率高、适应能力广、种类繁多。

（1）聚二甲基二烯丙基氯化铵（PDADMA）

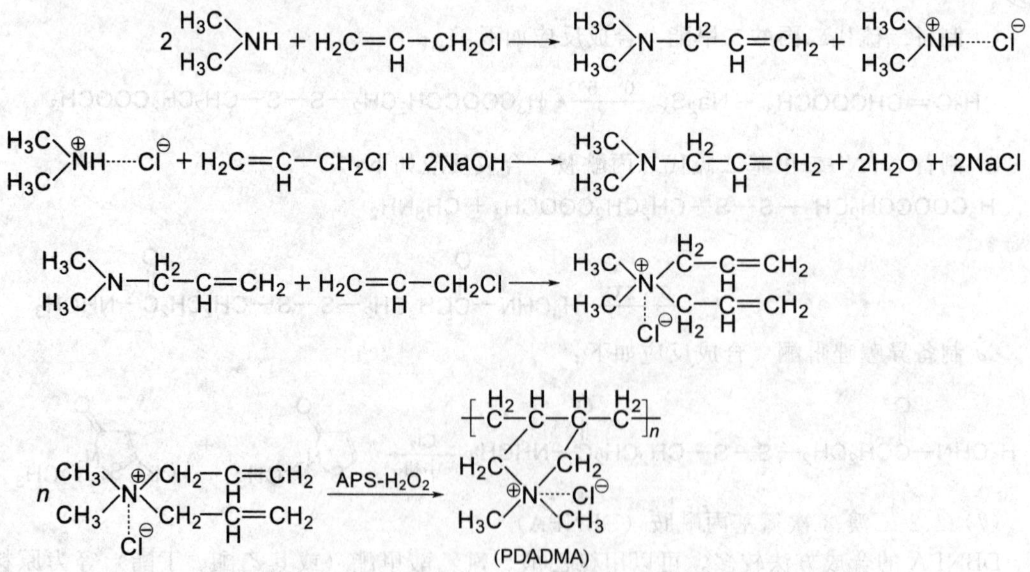

（2）聚胺类高分子絮凝剂

① 卤代烷与氨反应

$$n\text{ClCH}_2\text{CH}_2\text{Cl} + n\text{NH}_3 \longrightarrow \left[\begin{array}{c}\text{H}_2 \quad \text{H}_2 \\ \text{C}-\text{C}-\text{NH}\end{array}\right]_n$$

$$2n\text{ClCH}_2\text{CH}_2\text{Cl} + n\text{NH}_3 \longrightarrow \left[\begin{array}{c}\text{H}_2 \quad \text{H}_2 \\ \text{C}-\text{C}-\text{N} \\ | \\ \text{CH}_2 \\ | \\ \text{CH}_2\end{array}\right]_n$$

$$\text{ClCH}_2\text{CH}_2\text{Cl} + \text{NH}_3 \longrightarrow \cdots \left[\begin{array}{c}\text{H}_2 \quad \text{H}_2 \\ \text{C}-\text{C}-\text{N} \\ | \\ \text{CH}_2 \\ | \\ \text{CH}_2\end{array}\right]_n - \text{CH}_2\text{CH}_2 - \left[\text{N}\bigcirc\text{N}\right]_m - \left[\text{CH}_2\text{CH}_2\text{NHCH}_2\text{CH}_2\right]_r$$

② 烷基二胺与氯代烷反应

$$n\text{H}_2\text{N}-\text{R}^1-\text{NH}_2 + n\text{ClR}^2\text{Cl} \longrightarrow \left[\text{NHR}^1\text{NHR}^2\right]_n$$

$$n\text{NH}_2\text{R}^1\text{NH}_2 + 2n\text{ClR}^2\text{Cl} \longrightarrow \left[\begin{array}{c}\text{NH}-\text{R}^1-\text{N}-\text{R}^2 \\ | \\ \text{R}^2\end{array}\right]_n \quad (支化)$$

$$n\text{NH}_2\text{R}^1\text{NH}_2 + 3n\text{ClR}^2\text{Cl} \longrightarrow \left[\begin{array}{c}\text{N}-\text{R}^1-\text{N}-\text{R}^2 \\ | \qquad | \\ \text{R}^2 \qquad \text{R}^2\end{array}\right]_n \quad (支化)$$

$$2n\text{NH}_2\text{R}^1\text{NH}_2 + 4n\text{ClR}^2\text{Cl} \longrightarrow \left[\begin{array}{c}\text{N}-\text{R}^1-\text{N}-\text{R}^2 \\ | \qquad | \\ \text{R}^2 \qquad \text{R}^2 \\ | \qquad | \\ \text{N}-\text{R}^1-\text{N}-\text{R}^2\end{array}\right]_n \quad (交联)$$

生成的有机高分子絮凝剂是带有侧链和成环的高分子胺，产品结构中环状和支链结构不利于絮凝作用，应尽量避免，所以在合成工艺中控制好反应物的摩尔比是十分重要的。

③ 烷基二胺与环氧氯丙烷反应

$$n\text{H}_2\text{N}-\text{R}-\text{NH}_2 + n\text{CH}_2\text{Cl}\text{环氧} \longrightarrow \left[\begin{array}{c}\text{H} \quad \text{H} \quad \text{OH} \\ \text{N}-\text{R}-\text{N}-\text{C}-\text{C}-\text{C} \\ \qquad\qquad | \\ \text{Cl}\end{array}\right]_n$$

$$n\left[\text{HN}\bigcirc\text{NH}\right] + n\text{CH}_2\text{Cl}\text{环氧} \longrightarrow \left[\begin{array}{c}\text{H} \quad \text{OH} \\ \text{N}\overset{\oplus}{\bigcirc}\text{N}-\text{C}-\text{C}-\text{C} \\ \text{Cl}^{\ominus}\end{array}\right]_n$$

④ 离子化聚丙烯酰胺絮凝剂的合成

$$\left[\text{H}_2\text{C}-\text{C}\right]_n + \text{CH}_2\text{Cl}\text{环氧} \longrightarrow \left[\text{H}_2\text{C}-\text{C}\right]_n$$
$$\quad | \qquad\qquad\qquad\qquad\qquad\qquad |$$
$$\text{C}=\text{O} \qquad\qquad\qquad\qquad\qquad \text{C}=\text{O}$$
$$| \qquad\qquad\qquad\qquad\qquad\qquad\quad |$$
$$\text{NH}_2 \qquad\qquad\qquad\qquad \text{NH}-\text{C}-\text{C}-\text{CH}_2\text{Cl}$$

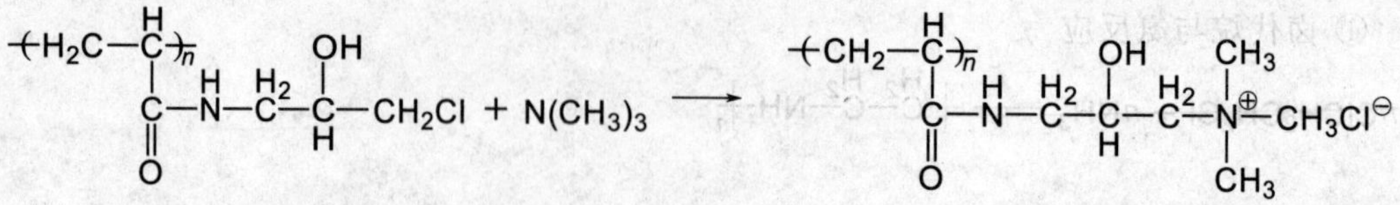

$$\begin{CD} \end{CD}$$

$+CH_2-CH\xrightarrow{}_n$ 结构式（淀粉改性阳离子化反应式）

（反应式）—CH₂—CH—…—C—N—C—C—CH₂Cl + N(CH₃)₃ →—CH₂—CH—…—C—N—CH₂—CH—CH₂—N⁺(CH₃)₃CH₃Cl⁻

（3）聚丙烯酰胺及其改性絮凝剂

聚丙烯酰胺是常用的絮凝剂，可以应用于各种污水处理（包括原水处理、污水处理和工业水处理）。通过对聚丙烯酰胺进行改性可明显提高絮凝效果。

淀粉改性接枝型聚丙烯酰胺絮凝剂的制备方法如下。

将带有搅拌器、温度计及氮气进出管的四颈瓶置于恒温水浴中，加入准确称量的淀粉和去离子水，通氮气并搅拌，当水浴温度升至 85～90℃，糊化 30 min，然后加入引发剂［如 $(NH_4)_2S_2O_8$ ＼$CH_3NaO_3S \cdot 2H_2O$ 和偶氮类化合物］及准确称量的丙烯酰胺单体，维持反应 3h。产物用丙酮沉淀，再用丙酮洗涤数次，在 50℃真空干燥箱中烘干。

天然高分子化合物（淀粉或纤维素）半刚性主链和柔性的聚丙烯酰胺支链以化学键结合成紧密的包埋结构，形成了体积庞大、刚柔相济的网状大分子，这种结构比均聚丙烯酰胺更具有独特的性能：絮凝能力强，分子链稳定性增加，适应范围广，阳离子化反应更容易进行。

聚丙烯酰胺接枝淀粉絮凝剂与硫酸铝复配使用，可明显提高聚丙烯酰胺的使用范围，使之更适合于高浊度水体的助凝处理。

复习思考题

1. 水处理剂包括哪些产品？
2. 常见的阻垢剂有哪些？
3. 写出 ATMP 的工业合成方法。
4. 常见杀菌灭藻剂有哪些？它们是如何制备的？
5. 常见絮凝剂有哪些种类？各举 1～2 个例子。

参 考 文 献

［1］ 赵德丰，程侣柏，姚蒙正，高建荣编著. 精细化学品合成化学与应用. 北京：化学工业出版社，2001：282-293.
［2］ 曾繁涤主编. 精细化工产品及工艺学. 北京：化学工业出版社，1997：1-6.
［3］ 叶文玉编. 水处理化学品. 北京：化学工业出版社，2002.
［4］ 陆柱，蔡兰坤，陈中兴，黄光团编著. 水处理药剂. 北京：化学工业出版社，2002.
［5］ 张立娣，赵雷. 水处理剂—配方·制备·应用. 北京：化学工业出版社，2010.

第9章 高分子材料助剂

9.1 概　述

高分子材料已经与钢铁、木材、水泥一起，构成现代社会的四大基础材料，被广泛应用于国民经济的各个领域及人民生活的各个方面。高分子材料通常要配以相应的助剂，通过特定的加工工艺和配方技术而形成功能性制品。高分子材料助剂是指在树脂或聚合物成型加工中加入的某些能改善加工性能和产品性能的化学物质。同时，加入这些助剂，还能降低成本，增强制品的商品价值。助剂在高分子材料中的用量较少，但不可或缺。如聚氯乙烯的加工温度和分解温度相近，如果不采用热稳定剂就无法加工。聚氯乙烯大分子中含有的C—Cl键有较强的极性，大分子间的结合力较强，故聚氯乙烯分子柔顺性差，质脆，若不加入增塑剂，就不能制成软质聚氯乙烯，若不增韧就无法扩大应用范围。不加抗氧剂和光稳定剂，在室外使用时就易老化，使用寿命大为缩短。没有阻燃剂，增强剂，静电防止剂，高分子材料就无法应用于航空航天、电子电器、建筑交通等部门。没有染料颜料之类的着色剂，高分子材料制品会因色调单一而失去商品的竞争价值。

随着高分子材料工业的发展，产品种类增多，加工技术不断进步，应用日益扩大，助剂的品种也日益增多，目前已成为一个品目繁多的精细化工行业。从助剂的结构看，有无机物和有机物。按类型分，有单体型和聚合型。以组成而论，有单一组分和混合组分。按其对高分子材料的作用看，有提高制品稳定性、延长使用寿命的助剂（抗氧化剂，光稳定剂等）；改进加工性能的助剂（热稳定剂，润滑剂等）；增大或降低机械强度或降低成本的助剂（增塑剂，填充剂，偶联剂等）；改善制品表面性能和外观性能的助剂（着色剂，抗静电剂等）；其他功能助剂（阻燃剂，发泡剂等）。目前对高分子材料助剂的研究，偏重于高效、低毒、价廉、多功能新品种的开发上，而对各种助剂的作用机理还了解不够，需进一步研究和谈讨。

9.2　增塑剂

目前，各种新型塑料已渗透到工农业、运输、交通、医药、食品、服装、建筑、国防等各个领域。增塑剂是现代塑料工业最大的助剂品种，对促进塑料工业特别是聚氯乙烯工业的发展起着决定性作用。现代的增塑剂工业已发展成为以石油化工为基础，以邻苯二甲酸酯为核心的多品种、大生产的化工行业。

9.2.1　增塑剂的定义和性能要求

增塑剂是一种加入到高分子聚合物中能增加它们的可塑性、柔韧性或膨胀性的物质。

增塑剂的主要作用是削弱聚合物分子间的范德华力，从而增加了聚合物分子链的移动性，降低了聚合物分子链的结晶性，即增加了聚合物分子链的塑性。表现为聚合物的硬度、模量、转化温度和脆化温度的下降及伸长率、曲挠性和柔韧性的提高。

一些常用的热塑性高分子聚合物具有高于室温的玻璃化转变温度（T_g），在此温度以下，聚合物处于玻璃样的脆性状态，在此温度以上，高分子聚合物呈较大的回弹性、柔韧性和冲击强度。加入增塑剂就可以使玻璃化转变温度降到使用温度之下。在所有有机助剂中，增塑剂的产量和消耗量都占第一位。

增塑剂通常是对热和化学试剂都较稳定的化合物，一般是在一定范围内能与聚合物相容，而沸点高不易挥发的液体，少数是低熔点的固体。增塑过程可看成是聚合物和低分子物互相溶解的过程，但增塑剂与一般溶剂不同，它不挥发而是长期留在聚合物中，并可改变聚合物的柔韧性、耐寒性、玻璃化转变温度 T_g、熔点 T_m、黏度、流动性等，改善聚合物的性能。一般而言，对用做增塑剂的物质，有如下要求：

① 相容性　是对增塑剂的基本要求。相容性指两种或两种以上的物质混合时的分子间的可混性。相容性是选择增塑剂时需首先考虑的问题。相容好，能形成均质混合体系，相容性不好者，最好不要选用。通常认为以 100g 聚合物吸收 150mL 增塑剂而没有渗出现象者则相容性好。一般增塑剂与树脂结构类似时，相容性好。同时还要考虑透明性，塑化效率，刚性，强度，伸长率，低温柔韧性，低温脆性，橡胶状弹性，耐曲挠性，尺寸稳定性，电绝缘性，耐电压性，介电性，抗静电性和黏合性等。

② 耐久性　因为增塑剂的挥发、迁移、抽出等损失，往往会导致聚合物性能的变坏，以致无法使用。所以要求增塑剂能长期存在于塑料制品中，耐久性包括耐热着色性，耐热老化性，耐光性，耐寒性，耐酸碱性，耐候性，耐水性，耐磨耗性，耐迁移性，耐抽出性。

③ 加工性　与相容性密切相关，使用相容性好的增塑剂的配合物，加工性也好，包括加工操作性，干燥性，润滑性，交联性，塑性流动性，长期反复操作性。

④ 安全性　要求对人、畜、农作物等无毒无害，对环境不造成污染。包括卫生性，无臭性，无味性，不燃性，再生利用性，可降解性。

⑤ 经济性　价格低。实际上要求一种增塑剂具备以上全部条件是不可能的。因此，往往是把两种或两种以上的增塑剂混合使用，或根据需要选择合适的增塑剂单独使用。

9.2.2　增塑剂的分类

由于增塑剂的种类繁多，性能不同，用途各异，因此分类方法也有很多种，常用的分类方法有以下几种。

(1) 按与被增塑物的相容性分类

① 主增塑剂　与被增塑物相容性良好，重量相容比几乎可达 1∶1，可单独使用，如邻苯二甲酸酯类，磷酸酯类，烷基磺酸苯酯类。

② 辅助增塑剂　又称非溶剂型增塑剂，重量相容比为 1∶3，一般不单独使用。如脂肪族二元酸酯类，多元醇酯类，脂肪酸酯类，环氧酯类等。

③ 增量剂　相容性较差，重量相容比低于 1∶20，但与主增塑剂和辅助增塑剂有一定的相容性，且能与它们配合使用以降低成本和改善某些性能，如含氯化合物。

(2) 按增塑剂的相对分子质量大小分类

① 单体型增塑剂　一般为有明确结构和低相对分子质量的简单化合物，相对分子质量在 200～500。绝大多数增塑剂为单体型，有固定的相对分子质量，如邻苯二甲酸酯类、脂肪酸二元酸酯类等，也有相对分子质量不固定的单体增塑剂，如环氧大豆油。

② 聚合型增塑剂　相对分子质量大于 1000 的线型聚合物，由二元酸与二元醇缩聚而得的聚酯（相对分子质量为 1000～6000）。

(3) 按应用性能分类

分为通用型和特殊型。

一些增塑剂性能比较全面，但没有特殊的性能，称为通用型增塑剂，如邻苯二甲酸酯类；一些增塑剂除了增塑作用外，尚有其他功能，如脂肪酸二元酸酯类等，具有良好的低温柔曲性能，称为耐寒增塑剂，而磷酸酯类有阻燃性能，称为阻燃增塑剂。

（4）按化学结构分类

这是最常用的分类方法。

① 邻苯二甲酸酯（如：DBP，DOP，DIDP）；

② 脂肪族二元酸酯（如：己二酸二辛酯 DOA，癸二酸二辛酯 DOS）；

③ 磷酸酯（如：磷酸三甲苯酯 TCP，磷酸甲苯二苯酯 CDP）；

④ 环氧化合物（如：环氧化大豆油，环氧油酸丁酯）；

⑤ 聚合型增塑剂（如：己二酸丙二醇聚酯）；

⑥ 苯多酸酯（如：1,2,4-偏苯三酸三异辛酯）；

⑦ 含氯增塑剂（如：氯化石蜡、五氯硬脂酸甲酯）；

⑧ 烷基磺酸酯；

⑨ 多元醇酯；

⑩ 其他增塑剂。

（5）按添加方式分类

① 外增塑剂　在塑料加工过程中加入的增塑剂。外增塑剂的性能比较全面，生产和使用方便，应用最广，一般所讨论的增塑剂为外增塑剂。

② 内增塑剂　在树脂合成中，作为共聚单体加入的，以化学键结合到树脂上，它实际上是聚合物分子的一部分，通常应用范围小，仅用在略可挠曲的塑料制品上。

9.2.3　增塑机理

关于增塑剂的增塑机理已争论了近半个世纪，曾有人用"润滑，凝胶，自由体积等理论来给予解释"，虽然这些理论都在一定范围内解释了增塑原理，但迄今为止，还未有一个完整的理论来解释增塑的复杂机理。现就大家普遍认可的理论给大家介绍一下。

当聚合物中加入增塑剂时，塑化物体系中存在以下几种分子间作用力：

聚合物分子与聚合物分子之间的作用力（Ⅰ）；

增塑剂本身分子间的作用力（Ⅱ）；

增塑剂与聚合物分子间的作用力（Ⅲ）。

通常，增塑剂系小分子，故Ⅱ很小，可不考虑。关键在于Ⅰ的大小：若是非极性聚合物，则Ⅰ小，增塑剂易插入，增塑效果好；反之，若是极性聚合物，则Ⅰ大，增塑剂不易插入，需选用极性增塑剂，使Ⅲ增大，达到增塑目的。

（1）塑化作用

增塑剂插入聚合物大分子之间，大分子间作用力削弱，间隔也增大，从而妨碍了聚合物分子链的接近，其微小热运动变得容易，于是就成了柔软的塑料了。

一般增塑剂分子内部都必须含有能与极性聚合物（如 PVC，硝酸纤维素、聚醋酸乙烯酯、ABS 等）相互作用的极性部分（如酯型结构）和不与聚合物作用的非极性部分。常用的增塑剂分为邻苯二酸酯、脂肪族二元酸酯、磷酸酯等。

具体来讲，增塑剂分子插入聚合物大分子之间，削弱大分子间的作用力而达到增塑作用，有三种作用形式。

① 隔离作用　非极性增塑剂加入到非极性聚合物中增塑时，非极性增塑剂通过聚合物-增塑剂之间的"溶剂化"作用，来增大分子间的距离，削弱它们之间本来就很小的作用力。

许多实验数据指出，非极性增塑剂对降低非极性聚合物的玻璃化转化温度 ΔT_g，是直接与增塑剂的用量成正比的，用量越大，隔离作用越大，T_g 降低越多（但有一定范围）。其关系式可以表示为：

$$\Delta T_g = B\varphi$$

式中，B 为比例常数；φ 为增塑剂的体积分数。

由于增塑剂是小分子，其活动较大分子容易，大分子链在其中的热运动也较容易，故聚合物的黏度降低，柔软性等增加。

② 相互作用　极性增塑剂加入到极性聚合物中增塑时，增塑剂分子的极性基团与聚合物分子的极性基团"相互作用"，破坏了原聚合物分子间的极性连接，减少了连接点，削弱了分子间的作用力，增大了塑性。其增塑效率与增塑剂的物质的量成正比：

$$\Delta T_g = Kn$$

式中，K 为比例常数；n 为增塑剂的物质的量。

③ 遮蔽作用　非极性增塑剂加到极性聚合物中增塑时，非极性的增塑剂分子遮蔽了聚合物的极性基团，使相邻聚合物分子的极性基不发生或很少发生"作用"，从而削弱聚合物分子间的作用力，达到增塑目的。

上述三种增塑作用不可能截然划分，事实上在一种增塑过程中，可能同时存在着几种作用。例如，以 DOP 增塑 PVC，聚氯乙烯的各链节由于有氯原子存在是有极性的，它们的分子链相互吸引在一起，当加热时，分子链的热运动变得激烈，分子链间的作用力削弱，分子链间间隔也有所增加。此时，增塑剂分子钻到分子链间隔中，聚氯乙烯的极性部分和增塑剂的极性部分相互作用，聚氯乙烯-增塑剂体系即使冷却后，增塑剂的极性分子也仍留在原来的位置上，从而妨碍了聚氯乙烯分子链之间的接近，使分子链的微小热运动变得比较容易，聚氯乙烯就变成柔软的塑料了。另一方面，DOP 的非极性亚甲基夹在 PVC 分子链之间，把 PVC 的极性基遮蔽起来，也减小 PVC 分子链间的作用力，这样在加工变形时，链的移动就容易多了。

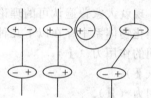

DOP对PVC的增塑模式

（2）反增塑现象

当增塑剂加入到聚合物中时，正常情况下，它们能降低弹性模量，降低拉伸强度和增加伸长率。但有时加入少量增塑剂却往往会出现树脂硬化的现象，即反增塑。

反增塑作用在不同类型的树脂中，如聚甲基丙烯酸甲酯、聚碳酸酯、聚砜、聚苯醚、尼龙-66 等都可以发生。这些树脂有些是无定形的，有的是高度结晶的。只有加入大量增塑剂，结晶才能充分溶解，产生明显的增塑。

一般的，反增塑剂是两个或多个芳环靠在一起，有极性、有较高刚性的物质，如氯化联苯、氯化三联苯、聚苯基二乙醇。具有强极性的增塑剂尤其有明显的反增塑作用。

9.2.4　增塑剂的结构与增塑剂性能的关系

增塑剂的特性都是由它们本身的化学结构所决定的。

① 增塑剂与聚合物化学结构上的类似性　如果增塑剂与聚合物具有类似的化学结构，就能得到较好塑化效果。

② 极性部分的结构　酯型结构。绝大部分增塑剂都含有 1～3 个酯基，一般随着酯基数目的增多，相容性和透明性都会更好。极性部分还有环氧基、酮基、醚键、酰胺基、氰基和氯基等，环氧基有优良的耐热性、酮基相容性好、醚键对相容性也有改善但耐水性和耐热

性差。

③ 非极性部分的结构　常用增塑剂，邻苯二甲酸酯类、脂肪族二元酸酯类等，随着直链烷基碳原子数的增加，耐寒性和耐挥发性提高，但相容性、塑化效率等相应降低。碳原子数在 4～8 之间变化时上述影响并不显著；但碳原子数增加到 14 以上时，这种影响就特别显著了。碳原子数相同的支链烷基与直链烷基相比较，其塑化效率、耐寒性、耐老化和耐挥发性均较差。同时随着支链的增加，这种倾向更为明显。但是 $R^1CR^2R^3R^4$ 的分支结构却对热氧化分解有极良好的稳定性，这是因为季碳原子上没有氢的缘故。

④ 非极性部分与极性部分的比例（Ap/Po）　Ap/Po 值为增塑剂分子中非极性的脂肪碳原子数（Ap）与极性基（Po）的比值。例如，壬二酸二辛酯的 Ap/Po 值为 11.5，DOP 的 Ap/Po 值为 8（忽略了半极性的苯基），磷酸三辛酯的 Ap/Po 值为 8。

⑤ 相对分子质量大小　增塑剂相对分子质量的大小要适当，相对分子质量较大的增塑剂耐久性好，但塑化效率低、加工性能差；相对分子质量较低的增塑剂相容性、加工性、塑化效率等较好，但耐久性差。一般增塑剂相对分子质量在 300～500，如 DOP 为 390，DIDP 为 446。

对 PVC 而言，一个性能良好的增塑剂，其分子结构应该具备以下几点：

相对分子质量在 300～500；

具有 2～3 个极性强的极性基团；

非极性部分与极性部分的比例适当；

分子形状呈直链，少分支。

9.2.5　增塑剂的主要品种

(1) 苯二甲酸酯类

苯二甲酸酯类是增塑剂中最重要的品种，品种多、产量大，约占增塑剂年销量的 80% 以上。

苯二甲酸酯是一类高沸点的酯类化合物，它们一般都具有适度的极性，与 PVC 有良好的相容性。与其他增塑剂相比较，还具有适用性广、化学稳定性好、生产工艺简单、原料便宜易得、成本低廉等优点。

由邻苯二甲酸酐与各种醇类酯化可以制取多品种的邻苯二甲酸酯类系列化合物，其结构通式为：（苯环结构）COOR¹ / COOR²，R^1、R^2 为 $C_1 \sim C_{13}$ 烷基或环烷基或苯基或苄基等。

邻苯二甲酸二辛酯（DOP）占邻苯二甲酸酯类增塑剂总产量的 70% 以上。

性能及用途：无色或淡黄色油状透明液体。溶于大多数有机溶剂和烃类，微溶于乙二醇、甘油和某些胺类，与大多数工业用树脂如聚氯乙烯、氯乙烯-醋酸乙烯共聚物、聚苯乙烯、聚甲基丙烯酸甲酯、硝酸纤维素、乙基纤维素、醋酸丁酯纤维素等树脂和橡胶有良好的相容性，与醋酸纤维素、聚醋酸乙烯酯部分相容。本品是塑料加工中使用最广泛的增塑剂之一。增塑效率高，挥发性小，耐紫外光，耐水抽出，迁移性小，而且耐寒性、柔软性和电性能等良好，是一类比较理想的增塑剂。本品除大量用于 PVC 树脂外，还广泛用于各种纤维素树脂、不饱和聚酯、环氧树脂、醋酸乙烯树脂和某些合成橡胶中。

安全注意事项：本品毒性低，大白鼠和家兔经口 $LD_{50} > 30g/kg$ 体重。美国食品药物管理局准许本品用于食品包装用玻璃纸、涂料、黏合剂、橡胶制品。

(2) 脂肪族二元酸酯

脂肪族二元酸酯的化学结构通式为：$R^1OOC(CH_2)_nCOOR^2$。式中 n 一般为 1～11，即由丙二酸至十三烷二酸。R^1、R^2 一般为 $C_4 \sim C_{11}$ 烷基或环烷基，R^1 与 R^2 可以相同也可以不同。常用长链二元酸与短链一元醇或用短链二元酸与长、短链一元醇进行酯化反应，使总碳数在 18～26 之间，以保证增塑剂与树脂获得较好的相容性和低挥发性。

脂肪族二元酸酯增塑剂约为增塑剂产量的 5%。主要品种有：癸二酸二（2-乙基）己酯通称癸二酸二辛酯（简称 DOS），癸二酸二丁酯（DBS），己二酸二（2-乙基）己酯（DOA）。

（3）磷酸酯

磷酸酯的化学结构通式为：$O{=}P{\langle}^{O-R^1}_{O-R^2}_{O-R^3}$，式中 R^1、R^2、R^3 为烷基、卤代烷基或芳基。主要品种有：磷酸三甲苯酯（TCP）（产量最大），磷酸甲苯二苯酯（CDP）（产量次之），磷酸三苯酯（TPP）（产量第三）。磷酸酯类增塑剂具有良好的相容性，突出优点是具有防腐性和抗菌性。主要缺点是：价格较贵，耐寒性较差，大多具有毒性。

磷酸二苯一辛酯（DPOP 或 ODP）是允许用于食品包装的唯一磷酸酯类增塑剂。

（4）环氧化合物

含有环氧基团的化合物。作为增塑剂的环氧化物主要有环氧化油，分子中都含有环氧结构，用在 PVC 中可以改善制品对热和光的稳定性。环氧增塑剂毒性低，可允许用做食品和医药品的包装材料。

（5）聚酯增塑剂

聚酯类增塑剂是属于聚合型的增塑剂，它是由二元酸和二元醇缩聚而制得，其结构为：$H{\xleftarrow{}}OR^1OOCR^2CO{\xrightarrow{}}_nOH$。式中 R^1 与 R^2 分别代表二元醇（有 1,3-丙二醇，1,3-或 1,4-丁二醇、乙二醇等）和二元酸（有己二酸、癸二酸、苯二甲酸等）的烃基。有时为了通过封闭基进行改性，使分子量稳定，则需加入少量一元醇或一元酸。

聚酯增塑剂的最大特点是其耐久性突出，因而有永久型增塑剂之称。

（6）含氯增塑剂

含氯化合物作为增塑剂最重要的是氯化石蜡，其次为含氯脂肪酸酯等。它们最大的优点是具有良好的电绝缘性和阻燃性；其缺点是与 PVC 相容性差，热稳定性也不好，因而一般作辅助增塑剂用。高含氯量（70%）的氯化石蜡可作阻燃剂用。

氯化石蜡是指 C_{10}～C_{30} 正构混合烷烃的氯化产物，有液体和固体两种。按含氯量多少可以分为 40%、50%、60% 和 70% 几种。物化性质取决于原料构成、含氯量和工艺条件三因素。

氯化石蜡对光、热、氧的稳定性差，要提高稳定性，可以提高原料石蜡的含正构烷烃的纯度（百分比）；适当降低氧化反应温度；加入适量稳定剂以及对氯化石蜡进行分子改性（引入—OH、—SH、—NH$_2$、—CN 等极性基团）。

（7）其他类别的增塑剂

除上述的增塑剂种类以外，还有烷基磺酸苯酸类（力学性能好，耐皂化，迁移性低，电性能好，耐候性好等），多元醇酯类（耐寒），柠檬酸酯（无毒），丁烷三羧酸酯（耐热性和耐久性好），环烷酸酯（耐热性好）等。

9.2.6 增塑剂生产工艺实例——DOP

DOP 制造技术包括酯化、脱醇、中和水洗、汽提、过滤、醇回收、原料及成品等工序。

（1）酯化反应原理

邻苯二甲酸酯类是由醇和苯酐经酯化反应合成的，其反应式如下。

主反应：

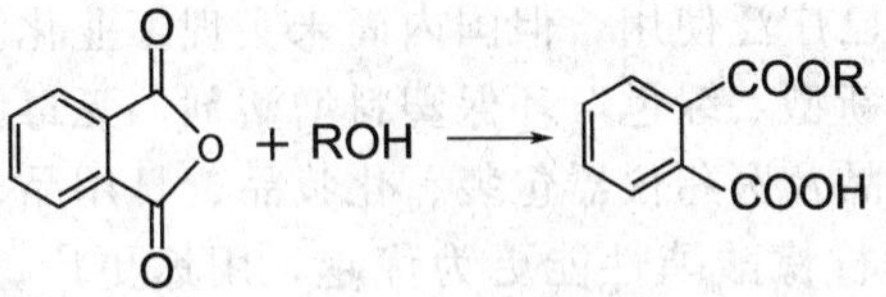

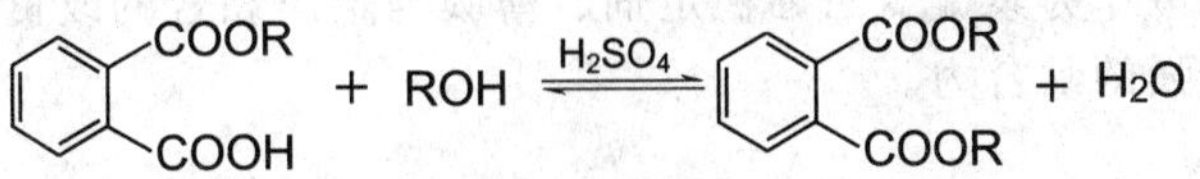

副反应：

$$ROH + H_2SO_4 \longrightarrow RHSO_4 + H_2O$$

$$RHSO_4 + ROH \longrightarrow R_2SO_4 + H_2O$$

$$2ROH \longrightarrow ROR + H_2O$$

提高生产效率应注意以下几点：

① 原料之一过量，一般为醇过量，使平衡反应尽量向右移动。

② 将反应生成的产物水或酯及时从反应系统中除去，促进酯化反应完全。生产中，常以过量醇作溶剂与水起共沸作用，且这种共沸剂可以在生产过程中循环使用。

③ 酯化反应一般分两步进行，第一步生产单酯，反应速率很快，单酯转化为双酯的过程反应速率较慢，工业上一般采用催化剂和提高反应温度提高反应速率。

催化剂分为酸性催化剂和非酸催化剂。

酸性催化剂：酯化过程中，H^+ 对酯化反应有较好的催化作用。硫酸、对甲苯磺酸等是工业上广泛使用的催化剂，还有磷酸、过氯酸、萘磺酸、甲基磺酸等。

酸性催化剂的优点是催化活性高、反应时间短、能耗低、价廉易得。缺点是产物易着色，产生废液多，对设备的腐蚀性大。

非酸催化剂：①铝的化合物，如氧化铝，铝酸钠，含水 $Al_2O_3 + NaOH$ 等；②ⅣB 族元素的化合物，特别是原子序数 $\geqslant 22$ 的 ⅣB 族元素的化合物，如氧化钛、钛酸四丁酯等；③碱土金属氧化物，氧化镁等；④ⅤA 族元素的化合物，如氧化锑、羧酸铋等；⑤稀土固体酸催化剂，我国稀土资源丰富，利用稀土氧化物作为合成 DOP 的催化剂主要有 Gd_2O_3、Lu_2O_3 等。

非酸催化剂的优点是产品质量好，废水量少且易处理，回收醇质量高，对设备腐蚀性小，总投资费用少。缺点是催化剂活性低于硫酸，反应温度较高，需 $40kg/cm^2$ 中压蒸汽（或加热油炉）。此法为目前大多数生产厂家所采用。

（2）间歇法 DOP 的生产工艺过程

苯酐与 2-乙基己醇重量比＝1∶2；硫酸 $0.25\% \sim 0.3\%$（总物料）；反应温度 150℃；压力 80kPa（600mmHg）；时间 2～3h。

优点：设备简单，改变品种容易。缺点：原料消耗高、能耗高、劳动生产率低、产品质量不稳定。

（3）连续法 DOP 的生产工艺过程

优点：流程简单、产品质量优良、不产生废水、节能降耗明显。

9.2.7　增塑剂的发展趋势

增塑剂的发展趋势是增塑效率高、无毒或低毒、可生物降解的产品，清洁化工业生产方式。增塑剂行业努力推广和生产环氧增塑剂、柠檬酸酯、聚酯增塑剂、偏苯三酸酯、对苯二甲酸二辛酯（DOTP）等安全环保性能较好的增塑剂，它们技术成熟，较易形成效益规模。柠檬酸三丁酯（TBC）和乙酰柠檬酸三丁酯（ATBC）为无毒增塑剂，已被 FDA 批准可用于食品和医疗用品，目前国外已广泛使用，但国内尚未实现工业化。

柠檬酸酯类产品作为一种新型"绿色"环保塑料增塑剂，无毒无味，可替代邻苯二甲酸酯类传统增塑剂，广泛用于食品及医药仪器包装、化妆品、日用品、玩具等领域，同时也是重要的化工中间体。其中乙酰柠檬酸酯性能更为优越，用途更广，不仅是无毒无味的"绿色"塑料增塑剂，还可作为聚偏氯乙烯稳定剂、薄膜与金属黏合的改良剂，其黏合物长时间浸泡于水中仍具有很强的黏合力。

9.3 抗氧化剂

9.3.1 概述

高分子材料，无论是天然的还是人工合成的，在成型、储存和使用过程中，其性能往往会发生变化而失去应用的价值，这种现象称为老化。高分子聚合物在老化过程中结构发生变化。这些变化有分子链的断裂，交联，聚合物链的化学结构变化，侧链的变化等。高分子的老化是一个不可逆的过程，如农膜经日晒雨淋后变脆，电线用久后龟裂，橡胶的发黏硬化等。老化后，材料表观变色，变黏，变形，龟裂，脆化。在物理化学性能方面，耐热性降低、耐寒性变差等。在力学性能方面，抗张强度、伸长率、抗冲击强度、耐疲劳强度等大大降低。在电性能方面，绝缘电阻、介电常数、击穿电压也发生不利的变化。所以对于高分子材料来说，防止或延缓老化，保持其原来的优良性能以延长使用寿命是十分重要的。

首先必须了解高分子老化的原因。造成高分子材料老化的原因很多，内因包括聚合物结构，合成材料中各种添加剂、少量杂质的结构与性能；外因包括大气环境，污染物引发，光照，氧气、臭氧和水的作用，受热，微生物侵蚀，机械磨损等，其中氧气、光、热的影响尤为显著。

为了解决高分子材料的老化问题，一般采取以下措施：

① 设法改进高聚物的化学结构（采用含有抗氧剂的乙烯基团的单体进行共聚改性）；

② 对活泼端基进行消除不稳定处理（缩醛类高聚物）；

③ 添加适当的物质以抑制延缓老化过程，提高高分子材料的应用性能和寿命。

如果加入的物质主要是用来防止氧化老化的叫做抗氧化剂（抗氧剂），防止热老化的叫做热稳定剂，防止光老化的叫做光稳定剂，统称稳定化助剂，也可称为"防老剂"。本节讨论抗氧化剂。

抗氧化剂的品种繁多，有各种分类方法。

① 按照功能不同，可分为链终止型氧化剂（或称自由基抑制剂）和预防型抗氧剂（包括过氧化物分解剂、金属离子钝化剂），前者称为主抗氧剂，后者称为辅助抗氧剂。

② 按分子量不同，可分为低分子量抗氧化剂和高分子量抗氧化剂。

③ 按化学结构，分为胺类、酚类、含硫化合物、含磷化合物、有机金属盐类。

④ 按用途，分为塑料、橡胶、纤维抗氧剂。

一般而言，高分子材料抗氧剂应满足如下条件：

① 有优越的抗氧化性能；

② 与聚合物的相容性好；

③ 与合成材料中的其他助剂不发生反应，不影响聚合物的其他性能；

④ 不变色，污染小，无毒或低毒。

9.3.2 抗氧化剂的作用机理

高分子化合物与氧发生反应的形式是多种多样的，但对于高分子材料的氧化老化而言，其所发生的反应一般都是自动氧化反应。所谓自动氧化反应是指：在室温到150℃间物质按链式自由基机理进行的具有自动催化特征的氧化反应，它由链引发、链传递与增长、链终止三阶段组成。这样聚合物的高分子链就通过分解、重排而造成断裂，使高分子材料的力学性能下降，另外，反应中无序的交联往往形成无法控制的网状结构，造成高分子材料的脆化、硬化、弹性下降等。

根据高分子聚合物的氧化降解机理，要想提高高分子材料的抗氧化能力，必须设法阻止游离基的产生；阻止链传递。这就是高分子材料抗氧剂的作用机理。

根据上述机理，可将抗氧剂分为两大类：

① 能终止氧化过程中链的传递与增长的抗氧剂称为链终止型抗氧剂，这种抗氧剂能与由热、光和氧的作用生成的大分子自由基 R· 和过氧自由基 ROO· 等结合，使 R· 和 ROO· 稳定化，自身变成活性低的、不能传递链式反应的自由基 A·，从而使链式反应停止。这种抗氧剂又称主抗氧剂，以 AH 表示。

② 阻止或延缓高分子材料氧化降解中自由基产生的抗氧剂称预防型抗氧剂，又称辅助抗氧剂。由于高分子材料中含有微量的过氧化物与变价金属离子，而且主抗氧剂在抑制氧化降解的同时产生高分子氢过氧化物，它易产生自由基重新引起自由基链反应。所以除需加入主抗氧剂外，还需配合使用辅助抗氧剂，一是分解过氧化物，阻止自由基产生，二是抑制变价金属离子的催化作用。这类抗氧剂包括一些过氧化物分解剂和金属离子钝化剂。过氧化物分解剂包括一些酸的金属盐、硫化物、硫酯和亚磷酸酯等化合物，它们能与过氧化物反应并使之转变为稳定的非自由基产物（如羟基化合物），从而完全消除自由基的来源。金属离子钝化剂是具有防止重金属离子对高聚物产生引发氧化作用的物质。金属离子会与氢过氧化物生成一种不稳定的配合物，继而此种配合物进行电子转移而产生自由基，导致引发加速，氧化诱导期缩短。金属钝化剂应该在聚合物材料中的金属离子与氢过氧化物形成配合物分解以前，就先和该金属离子形成稳定的螯合物，从而阻止自由基产生。工业上生产和研制的金属钝化剂主要是酰胺和酰肼两类化合物。

9.3.3　抗氧化剂的选用原则

为了使高分子材料达到理想的抗氧效果，正确选用抗氧剂十分重要。一般而言，有以下原则：

① 溶解性好　抗氧剂在其所使用的聚合物中的溶解性（或相容性）应该比较好，而在其他介质中则较低。抗氧剂不应在水中或溶剂中被抽出，或发生向固体表面迁移的现象。

② 挥发性小　挥发性的大小影响到抗氧剂从聚合物中的损失量。挥发性的大小同分子结构、分子量大小有关。一般而言，分子结构相似，分子量较大的，挥发性小。分子类型的影响更大。如：2,6-二叔丁基-4-甲酚（$M=220g/mol$）挥发性比 N,N-二苯基对苯二胺（$M=260g/mol$）的大 3000 倍。阻位酚和某些胺的衍生物挥发性大，但阻位多元酚挥发性小。挥发性还与 T、比表面大小、空气流动有关。

③ 稳定性好　抗氧剂应对光、热、氧、水等外界因素很稳定，耐候性好。

④ 变色和污染性低　胺类抗氧剂有较强的变色性和污染性，而酚类抗氧剂则不发生污染。因而，酚类抗氧剂可用于无色和浅色的高分子材料中。而胺类抗氧剂往往抗氧效率高，因而在橡胶工业，电线电缆和机械零件上用得很多。

⑤ 物理性能　聚合物材料的制造过程中，一般优先选用液体的和易乳化的抗氧剂；而在橡胶加工过程中常选用固体的，易分散而无尘的抗氧剂。此外，在与食品有关的制品中，必须选用无毒的抗氧剂。

9.3.4 各类抗氧化剂简介

在高分子合成材料中，抗氧剂的主要使用对象是塑料和橡胶，而它们两者使用的抗氧剂品种、类型却有所不同。塑料制品使用的抗氧剂主要是酚类化合物、含硫有机酯类和亚磷酸酯类化合物。橡胶制品所用的防老剂则主要采用胺类化合物，其次是酚类化合物和少数其他品种防老剂。

（1）胺类抗氧剂

胺类抗氧剂广泛使用在橡胶工业中，是一类发展最早、效果最好的抗氧剂，它不仅对氧，而且对臭氧均有很好的防护作用，对光、热及 Cu^{2+} 的防护也很突出。常用的有下列几种：

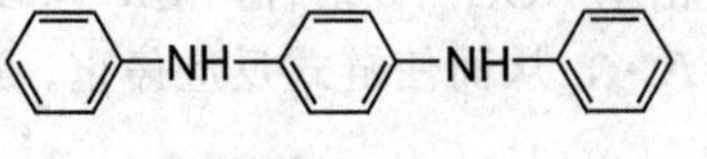

N,N-二苯基对苯二胺(代号抗氧剂H) 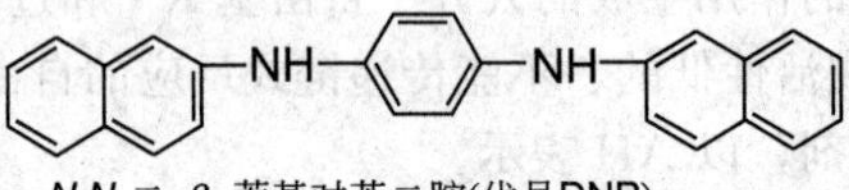   *N,N*-二-β-萘基对苯二胺(代号DNP)

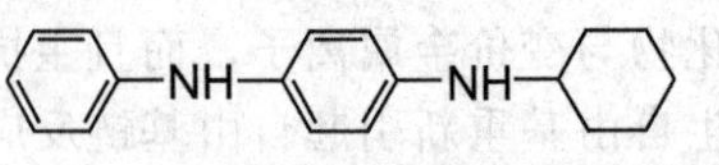

N-苯基-*N'*-环己基对苯二胺(代号4010) 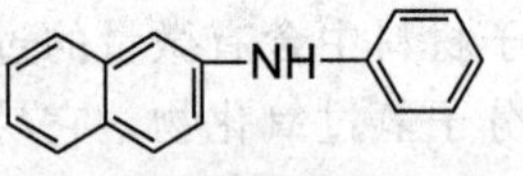   苯基-β-萘胺(防老剂D)

（2）酚类抗氧剂

酚类抗氧剂防护能力不及胺类，但它们具有胺类所没有的不变色、不污染的优点，因而用途广泛。大多数酚类抗氧剂具有阻位酚的化学结构。

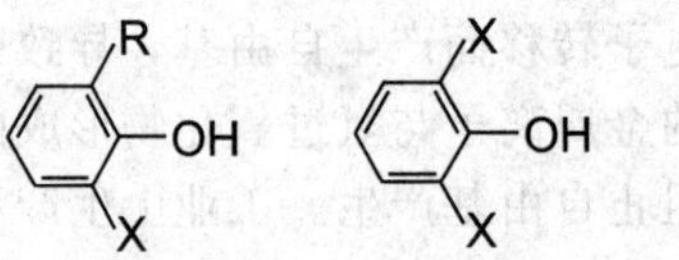

其中R为 —CH₃，—CH₂—，—S—
X为 —C(CH₃)₃

常用的酚类抗氧剂如：

2,6-二叔丁基-4-甲基苯酚(代号264) 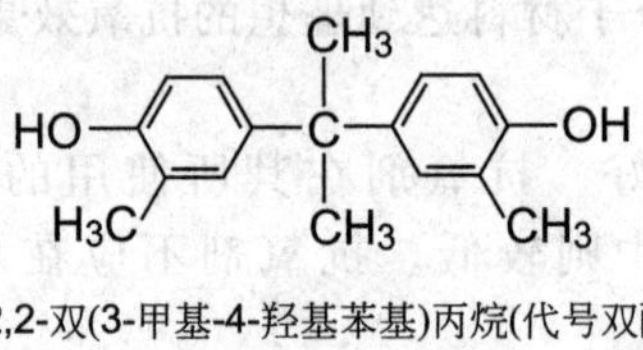   2,2-双(3-甲基-4-羟基苯基)丙烷(代号双酚C)

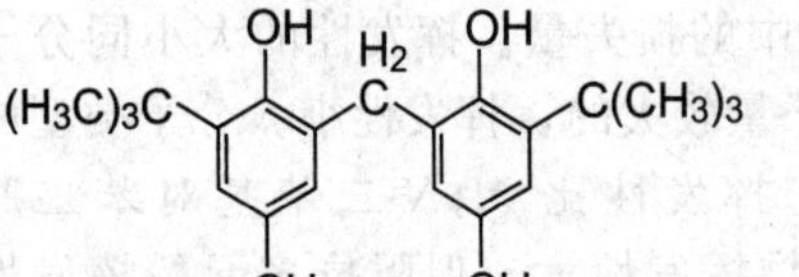

2,2′-亚甲基双(4-甲基-6-叔丁基苯酚)(代号2246) 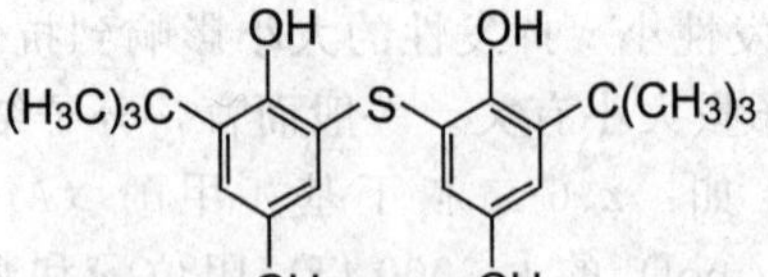   2,2′-双(4-甲基-6-叔丁基苯酚)硫醚(代号2246-S)

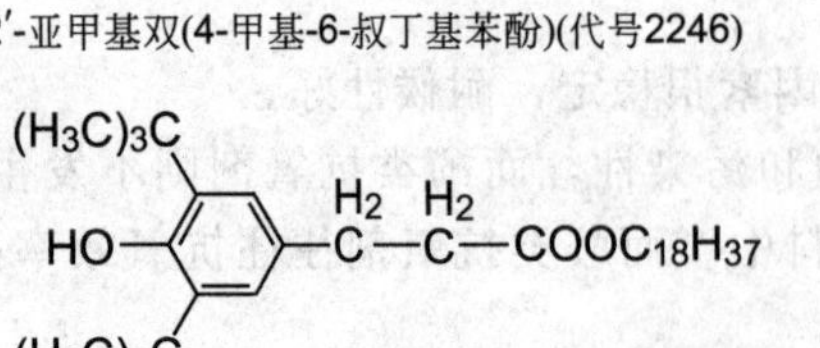

3-(3,5-二叔丁基-4-羟基苯基)丙酸十八醇酯(代号1076) 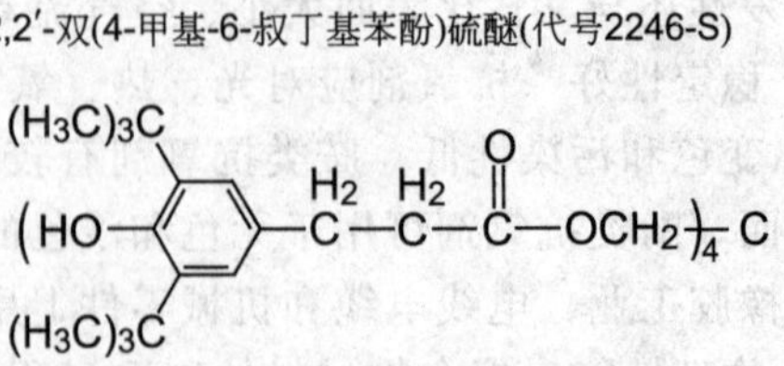   四[3-(3,5-二叔丁基-4-羟基苯基)丙酸]季戊四醇酯(代号1010)

（3）二价硫化物

二价硫化物是一类过氧化物分解剂，因而属于辅助抗氧剂。它们能分解氢过氧化物产生稳定化合物，从而阻止氧化作用，主要品种如下：

$$S(CH_2CH_2COOC_{12}H_{25})_2 \qquad S(CH_2CH_2COOC_{18}H_{37})_2$$

硫代二丙酸二月桂酯(DLTP) 　　　　　　硫代二丙酸十八醇酯(DSTP)

（4）亚磷酸酯

亚磷酸酯也是一类过氧化物分解剂，和氢过氧化物反应生成醇，起还原剂作用。

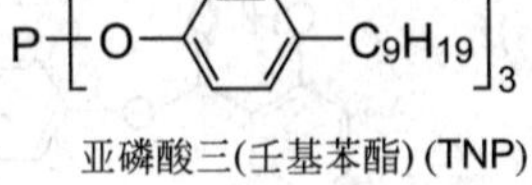

$$P \{ O \text{—} \boxed{} \text{—} C_9H_{19} \}_3$$

亚磷酸三(壬基苯酯) (TNP)

9.4　光　稳　定　剂

9.4.1　概述

高分子材料在日光或强的荧光下，将吸收紫外光，引发自动氧化导致聚合物降解。日光对聚合物的降解作用是光和氧两种作用的综合效应，通常称为光氧化降解作用。光氧化降解反应通常伴随着发生链的断裂和交联，形成—CO、—COOH、—OH、过氧化物等，而且聚合物的外观和物理机械性能遭到破坏，这一过程称为光氧化或光老化。凡能抑制或延缓这一过程的措施称为光稳定，所加物质称为光稳定剂。一般光稳定剂用量极少，通常为高分子材料的 $0.01\%\sim0.05\%$。随着合成材料应用领域的日益扩大，光稳定剂的重要作用正进一步显示出来。光稳定剂按作用机理可分为四类。①光屏蔽剂：炭黑、氧化锌、无机颜料；②紫外线吸收剂：水杨酸酯类、二苯甲酮类、苯并三唑类、氰基丙烯酸酯类、三嗪类；③猝灭剂：二价 Ni 有机螯合物；④自由基捕获剂：受阻胺类（抗氧剂）。光稳定剂的应用以聚烯烃为主，其中以聚丙烯对光稳定剂的需求量最大，其他则用于 PVC、聚碳酸酯、聚酯等方面。

光稳定剂的选择应考虑以下几个条件：

① 强烈吸收 $290\sim400nm$ 的光，或有效地猝灭激发态分子的能量，或具有足够的捕获自由基的能力；

② 相容性好、不喷霜、不渗出；

③ 稳定性好（光、热、化学）；

④ 不污染制品、耐抽出、耐水解，不与其他助剂反应，不影响材料性质；

⑤ 无毒或低毒、价低。

光稳定剂的研究与开发一直是一个比较活跃的领域，由于受阻胺类具有独特的、优越的光防护性能，国内外积极从事这方面的研究。

9.4.2　各类光稳定剂简介

（1）光屏蔽剂

能反射紫外光，使不透入聚合物内部，兼有吸收紫外光和抗氧化老化的作用。主要有：炭黑（吸收光）；ZnO，TiO_2（反射光）；颜料如镉系铁红，酞菁蓝，酞菁绿。

（2）紫外线吸收剂

能够强烈地、选择性地吸收高能量的紫外线，并以能量转换的形式将吸收的能量以热能或低能辐射的形式释放或消耗，从而防止聚合物中的发色团吸收 UV 能量而发生激发的物质称为紫外线吸收剂。这类化合物中，一般含发色团。以下是常用的紫外线吸收剂：

① 二苯甲酮类

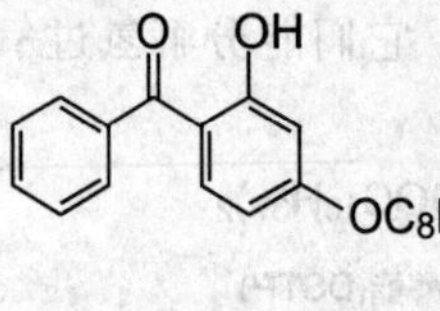

2-羟基-4-正辛氧基二苯甲酮
(代号UV-531)

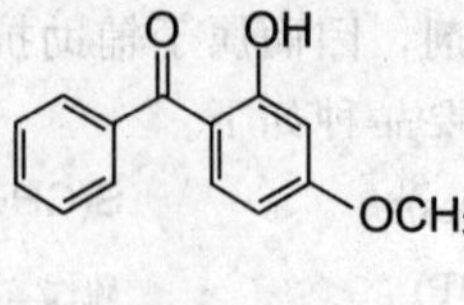

2-羟基-4-甲氧基二苯甲酮
(代号UV-9)

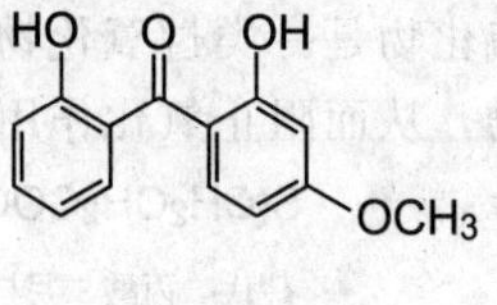

2,2'-二羟基-4-甲氧基二苯甲酮
(代号UV-24)

② 水杨酸酯类

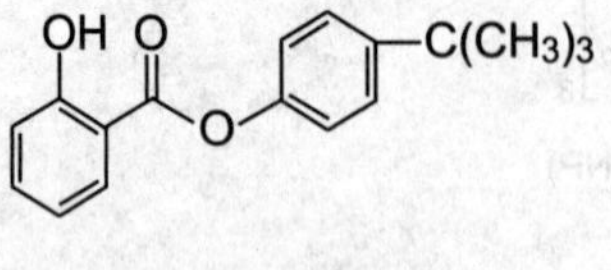

水杨酸对特丁基苯酯(代号TBS)

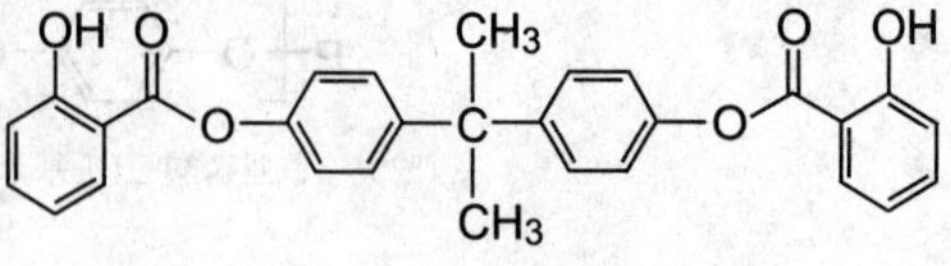

双酚A双水杨酸酯(代号BAD)

③ 邻羟基苯并三唑类

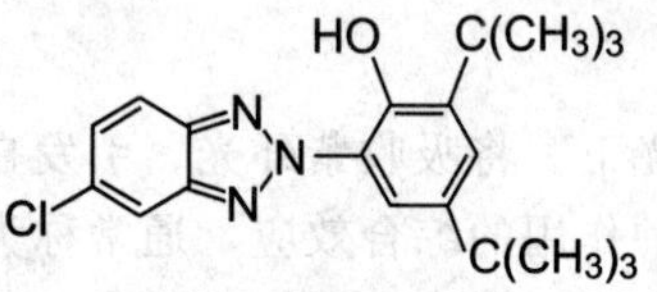

2-(2'-羟基-3',5'-二叔丁基苯基)-3-氯苯并三唑(代号UV-327)

④ 取代丙烯腈类

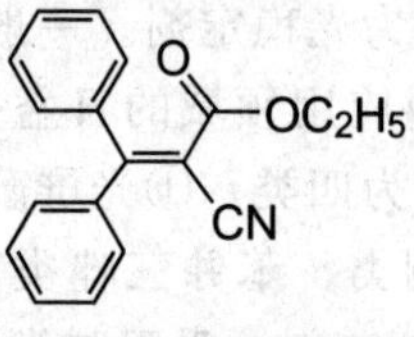

2-氰基-3,3-二苯基丙烯酸乙酯(代号N-35)

⑤ 三嗪类

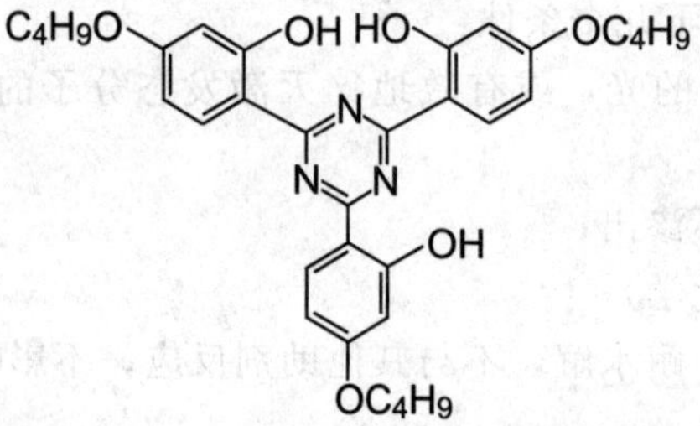

2,4,6-三(2'-羟基-4'-丁氧基苯基)-1,3,5-三嗪(代号三嗪-5)

（3）猝灭剂

猝灭剂是通过分子之间的作用转移激发能量，接受塑料中发色团的能量，迅速而有效地将激发态分子猝灭。本身对 UV 光的吸收能力很低，在稳定过程中不发生较大的化学变化。主要有 Ni、Co、Fe 的有机络合物（作为单线态氧猝灭剂及氢过氧化物的分解剂）。

镍螯合物对激发的单线态和激发的三线态有强烈的猝灭作用，其本身也是高效的氢过氧化物分解剂。它们耐溶剂、耐水洗，但它们一般有绿色，不适于浅色制品和透明制品，另外含硫，高温加工有变色倾向。它们可与二苯酮类，苯并三唑类并用，有协同效应。有的兼有抗氧剂和抗臭氧剂作用，广泛用于聚烯烃（效果突出），多用于纤维和薄膜。

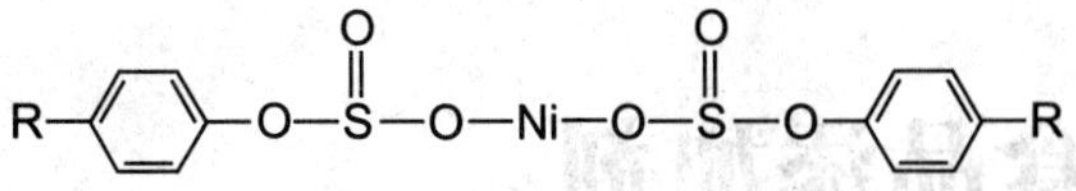

Ni-双(4-叔辛基苯)单亚硫酸镍 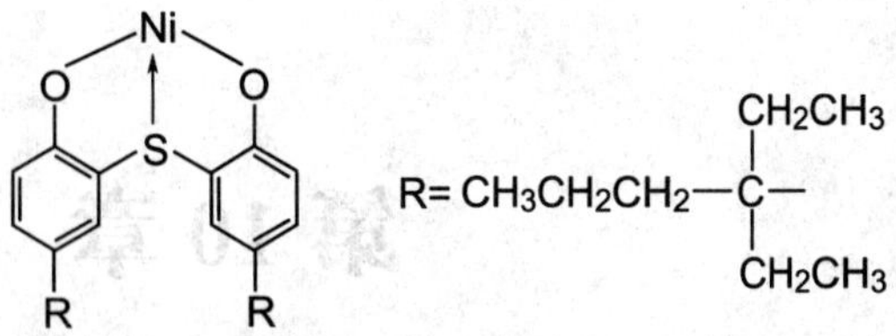　　　　　硫代双(4-叔辛基苯酚)镍

$$R= CH_3CH_2CH_2C \begin{matrix} CH_2CH_3 \\ | \\ CH_2CH_3 \end{matrix}$$

复习思考题

1. 什么叫增塑剂？对增塑剂性能有哪些基本要求？

2. 增塑剂的结构与增塑剂性能有什么关系？对 PVC 而言一个性能良好的增塑剂，其分子结构应具备什么？

3. 如何选择增塑剂？

4. 用方块图表示间歇法生产 DOP 工艺过程。

5. 按作用机理抗氧剂分为哪几类？目前常用的抗氧剂有哪些？举例说明。

6. 光稳定剂按作用机理可分为哪几类？举例说明。

参 考 文 献

［1］ 李玉龙主编. 高分子材料助剂. 北京：化学工业出版社，2008.

［2］ 林尚安，陆耘，梁兆熙编著. 高分子化学. 北京：科学出版社，2000：657-756.

［3］ 冯亚青，王利军，陈立功，刘东志等合编. 助剂化学及工艺学. 北京：化学工业出版社，1997.

第10章 食品添加剂

10.1 概　述

10.1.1 食品添加剂的定义及分类

食品添加剂是指为改善食品品质和色、香、味，以及为防腐和加工工艺的需要而加入食品中的化学合成或者天然物质。食品添加剂是构成现代食品工业的重要因素，它对于改善食品的色、香、味，增加食品营养，提高食品品质，改善加工条件，防止食品变质，延长食品的保质期有极其重要的作用。因此，食品添加剂在食品工业中地位重要，可以说没有食品添加剂就不可能有现代食品工业。当前食品添加剂已经进入面食、乳品、营养品、休闲食品、粮油、肉禽、果蔬、加工各领域，包括饮料、冷食、调料、酿造、甜食等各部门。

食品添加剂依据来源和生产方法分为天然的和人工化学合成的两大类。天然食品添加剂是指利用动植物或微生物的代谢产物等为原料，经提取所获得的天然物质。人工合成的食品添加剂是指采用化学合成方法得到的物质。目前使用的大多数属于人工合成的食品添加剂。依据功能和用途，我国的《食品添加剂使用卫生标准》将食品添加剂分为23类：①防腐剂；②抗氧化剂；③护色剂；④漂白剂；⑤酸味剂；⑥凝固剂；⑦膨松剂；⑧增稠剂；⑨消泡剂；⑩甜味剂；⑪着色剂；⑫乳化剂；⑬品质改良剂；⑭抗结剂；⑮增味剂；⑯酶制剂；⑰被膜剂；⑱发泡剂；⑲保鲜剂；⑳香料；㉑营养强化剂；㉒其他添加剂；㉓食品加工助剂。

10.1.2 食品添加剂的一般要求与安全使用

为了确保食品添加剂的食用安全，使用食品添加剂应该遵循以下原则：

① 经过规定的食品毒理学安全评价程序的评价，证明在使用限量内长期使用对人体安全无害。

② 不影响食品感官性质和原味，对食品营养成分不应有破坏作用。

③ 食品添加剂应有严格的质量标准，其有害杂质不得超过允许限量。

④ 不得由于使用食品添加剂而降低良好的加工措施和卫生要求。

⑤ 不得使用食品添加剂掩盖食品的缺陷或作为伪造的手段。

⑥ 未经卫生部允许，婴儿及儿童食品不得加入食品添加剂。

评价食品添加剂的毒性（或安全性），首要标准是 ADI 值（人体每日摄入量），它指人一生连续摄入某物质而不致影响健康的每日最大摄入量，以每日每千克体重摄入的质量（毫克数）表示，单位是 mg/kg。这是评价食品添加剂最主要的标准。对小动物（大鼠、小鼠等）进行近乎一生的毒性试验，取得 MNL 值（动物最大无作用量），其 $1/100 \sim 1/500$ 即为 ADI 值。

评价食品添加剂安全性的第二个常用指标是 LD_{50} 值（半数致死量，亦称致死中量），它是粗略衡量急性毒性高低的一个指标。一般指能使一群被试验动物中毒而死亡一半时所需的最低剂量，其单位是 mg/kg(体重)。不同动物和不同的给予方式对同一受试物质的 LD_{50} 值均不相同，有时差异甚大。试验食品添加剂的 LD_{50} 值，主要是经口的半数致死量。一般认为，对多种动物毒性低的物质，对人的毒性亦低，反之亦然。表 10-1 是 LD_{50} 值与毒性分级和对人的毒性的对照。

表 10-1　LD₅₀值与毒性分级和对人的毒性对照

毒性程度	LD$_{50}$（大鼠经口）/（mg/kg）	对人致死推断量	毒性程度	LD$_{50}$（大鼠经口）/（mg/kg）	对人致死推断量
极大	<1	约 50mg	小	500～5000	200～300g
大	1～50	5～10g	极小	5000～15000	500g
小	50～500	20～30g	基本无害	>15000	>500g

10.1.3　食品添加剂的发展前景

随着食品工业和餐饮业的迅猛发展，作为食品加工和餐饮业必不可少的食品添加剂，也同时获得了更好的发展环境和条件。近年来，国外食品添加剂市场发展迅速，全球食品添加剂市场规模约 200 亿美元。其中调味剂（含香料、增味剂）约 50 亿美元，甜味剂约 20 亿美元，增稠剂约 15 亿美元，乳化剂约 10 亿美元，年增长率在 2.5%～4%。由发展改革委高技术产业司和中国生物工程学会编写的《中国生物产业发展报告 2006》指出，随着食品工业的发展，对食品添加剂提出了种种要求，我国的食品添加剂也相应得到了蓬勃发展。至今我国食品添加剂生产企业超过 1500 家，产品品种达到 1600 种，许多品种在国际市场上占有重要地位，年生产能力约为 400 万吨，产量约 325 万吨，产值 350 亿元左右。报告预计，今后 5 年国际食品添加剂销售额的年总增长率约 2.5%～4%。其中，增稠剂将年增长 5%，黄原胶年需求量上升到 2.7 万～4 万吨，增长 5%～7%，防腐剂将稳定增长，山梨酸年增长率 4%～5%，苯甲酸年增长率 2%～3%，抗氧化剂增长率约 4%。

① 天然、健康、安全的食品添加剂仍是今后的发展方向　现在人们对自身生命健康和生活质量日益关注，对食品的要求越来越高，营养食品、绿色食品、保健食品、功能食品已成为新的消费热点，世界食品工业呈现安全、营养、方便、美味、天然五大趋势。因此，天然、健康、安全的食品添加剂仍是今后的发展方向。

② 研究开发生物食品添加剂将是一个发展方向　现代生物工程技术将在食品添加剂开发中发挥巨大作用。例如，发酵法生产赖氨酸等氨基酸；发酵法制有机酸味剂，柠檬酸、乳酸、乙酸、D-酒石酸大部分或全部采用生物技术生产；新型甜味剂果葡糖浆由玉米粉经酶转化制得。用生物技术生产食用色素、香料、微生物、乳化剂、保鲜剂等产品也将逐渐增多。目前我国已经形成产业化规模的生物合成添加剂主要是柠檬酸、酶制剂、维生素 C、乳链菌肽、味精等几十种产品。用生物合成食品添加剂取代化学合成食品添加剂已是大势所趋。

③ 具有特定保健功能的食品添加剂将迅速发展　我国食品工业今后重点发展方向之一是方便食品、营养食品、保健食品、功能型食品等。例如，儿童食品应集中发展营养型、乳品型、益智型产品，老年人食品以清淡型、风味型、疗养型为主，并注意低糖、低脂、低盐。为了使食品体现这些特色，就要求开发生产各种新型特别是具有特定保健功能的食品添加剂。较为典型的有：可被肠道内双歧杆菌利用、促进双歧杆菌增殖的低聚糖产品；热量低、不刺激胰岛素分泌、能缓解糖尿病的糖醇类产品；起保护细胞、传递代谢物质作用的磷脂类产品等。

④ 复配型食品添加剂市场潜力很大　随着人们对食品品种多样化、营养保健化、质量高档化日益增长的需求，复合食品添加剂的应用日趋广泛，复配型食品添加剂市场潜力很大，复合型食品添加剂的研究和生产正逐步发展成为一个新的方向。

⑤ 食品保鲜剂仍将迅猛发展　随着人民生活水平的提高，对保持食品色味和营养成分的保鲜剂的要求也越来越高。今后我国食品保鲜剂不仅有广阔的应用领域，而且将采用一系

列设备优良的现代加工流水线，食品保鲜剂的开发和应用将达到一个崭新的高度。

10.2 防腐剂和抗氧化剂

10.2.1 防腐剂

防腐剂（preservatives）是为了抑制食品腐败和变质，从而延长储存期和保鲜期的一类添加剂。目前常用的食品防腐剂主要有4类：苯甲酸及其钠盐，山梨酸及其盐类，丙酸及其盐类，对羟基苯甲酸及其酯类。

（1）苯甲酸及其钠盐

苯甲酸又称安息香酸，是一种常用的有机杀菌剂，在pH值2.5～4，对很多微生物都有效。苯甲酸进入人体后，大部分与甘氨酸化合成马尿酸，剩余部分与葡萄糖醛酸化合而解毒，并全部从尿中排出，不在人体内蓄积。

苯甲酸的制备方法：甲苯液相空气催化氧化制得苯甲酸，精制苯甲酸加小苏打中和、脱色、浓缩制苯甲酸钠。反应式如下：

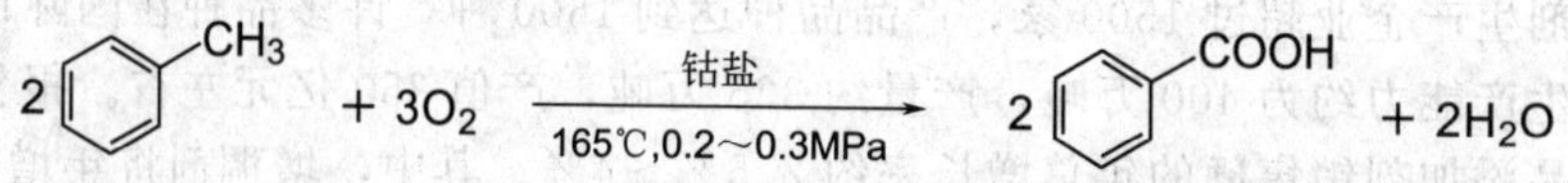

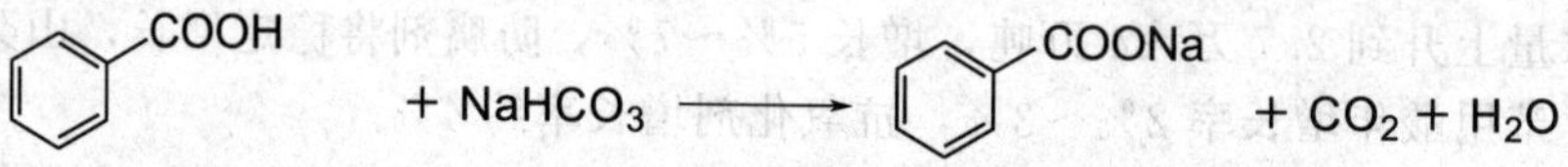

$$2 \; C_6H_5CH_3 + 3O_2 \xrightarrow[165℃,0.2～0.3MPa]{钴盐} 2 \; C_6H_5COOH + 2H_2O$$

$$C_6H_5COOH + NaHCO_3 \longrightarrow C_6H_5COONa + CO_2 + H_2O$$

常用的催化剂通常是乙酸、环烷酸、硬脂酸、苯甲酸的钴盐或锰盐。

（2）山梨酸及其盐类

山梨酸化学名为2,4-己二烯酸。其结构式为：$H_3C—HC=CH—CH=CH—COOH$

山梨酸及其钠盐、钾盐是一种新型食品添加剂，能抑制细菌、霉菌和酵母菌的生长，效果显著。作为一种不饱和脂肪酸，在体内可以直接参与脂肪代谢，最后被氧化为二氧化碳和水，因此几乎没有毒性，是各国普遍使用的一种较安全的防腐剂。

山梨酸的制备方法：20世纪80年代以来国内主要采用丁烯醛和乙烯酮为原料，在三氟化硼乙醚络合物存在下，在0℃反应生成己烯酸内酯，然后再用硫酸作用水解成山梨酸，收率70%。

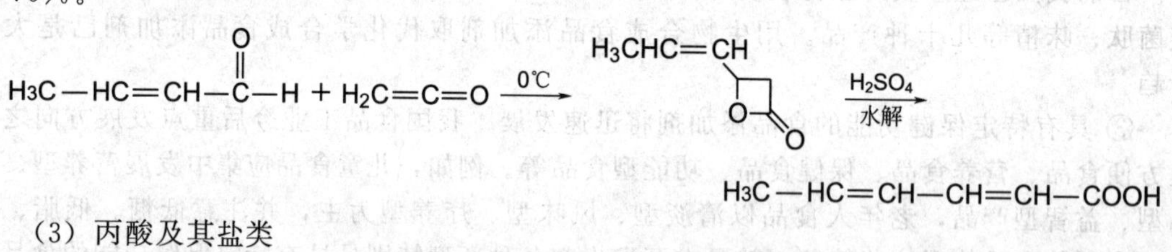

$$H_3C—HC=CH—C(O)—H + H_2C=C=O \xrightarrow{0℃} \text{(己烯酸内酯)} \xrightarrow[水解]{H_2SO_4} H_3C—HC=CH—CH=CH—COOH$$

（3）丙酸及其盐类

丙酸是具有类似乙酸刺激酸香的液体，也是国内外允许使用，特别是西方国家早已普遍使用的酸型防腐剂，由于它是人体新陈代谢的正常中间物，故无毒性，其ADI值不加限制。主要用于面包及糕点制作。丙酸盐具有相同的防腐效果，可以是钙盐或钠盐，是通过分解为丙酸而发挥作用的。丙酸及其盐的最大使用量规定为5g/kg，其最小抑菌浓度在pH值为5.0时是0.01%，pH值为6.5时是0.5%。

（4）对羟基苯甲酸及其酯类

对羟基苯甲酸酯又称尼泊金酯，其通式为：$RO—C(O)—C_6H_4—OH$，$R=C_2H_5,C_3H_7,C_4H_9$。

它是无色结晶或白色结晶粉末，无味，无臭。防腐效果优于苯甲酸及其钠盐，使用量约为苯甲酸钠的 1/10，使用范围 pH 4～8。对羟基苯甲酸酯的毒性低于苯甲酸。主要用于酱油、果酱、清凉饮料等。缺点是水溶性较差，同时价格也较高。

（5）天然防腐剂

天然防腐剂具有抗菌性强、安全无毒、水溶性好、热稳定性好、作用范围广等合成防腐剂无法比拟的优点。因此近年来，天然防腐剂的研究和开发利用成了食品工业的一个热点。主要品种：那他霉素、葡萄糖氧化酶、鱼精蛋白、溶菌酶、聚赖氨酸、壳聚糖、果胶分解物、蜂胶、茶多酚等。

10.2.2 抗氧化剂

抗氧化剂是重要的一类食品添加剂，它可防止食品成分氧化变质和腐败，提高食品的稳定性和储存期。抗氧化剂主要用于防止油脂及富脂食品的氧化酸败，防止食品褪色、褐变、维生素被破坏。

使用范围：食用油脂、富脂饼干、早餐谷物、汤粉、速煮面、冷冻或干制鱼贝类。

抗氧化剂按其溶解性可分为：油溶性抗氧化剂，水溶性抗氧化剂。按其来源可分为：天然抗氧化剂，合成抗氧化剂。油溶性合成抗氧化剂，如丁基羟基茴香醚（BHA），二丁基羟基甲苯（BHT），没食子酸丙酯（PG），叔丁基对苯二酚（TBHQ），2,4,5-三羟基苯丁酮（THBP），乙氧喹（EMQ）等；水溶性合成抗氧化剂，如 L-抗坏血酸（维生素 C）及其钠盐、异抗坏血酸及其钠盐。

10.2.2.1 油溶性抗氧化剂

（1）丁基羟基茴香醚（BHA）

主要成分：以 3-叔丁基-4-羟基茴香醚（3-BHA）为主，与少量 2-叔丁基-4-羟基茴香醚（2-BHA）的混合物。BHA 是白色或微黄色蜡状固体，稍带刺激性气味，不溶于水，易溶于乙醇、丙二醇和各种油脂中，除抗氧化作用外，它还有较强的抗菌作用。BHA 是世界各国广泛使用的油溶性抗氧化剂，油脂中含 0.1～0.2g/kg 的 BHA 就可达到很好的效果，广泛用于焙烤食品。它可由对羟基苯甲醚和叔丁醇反应制备，合成反应式如下：

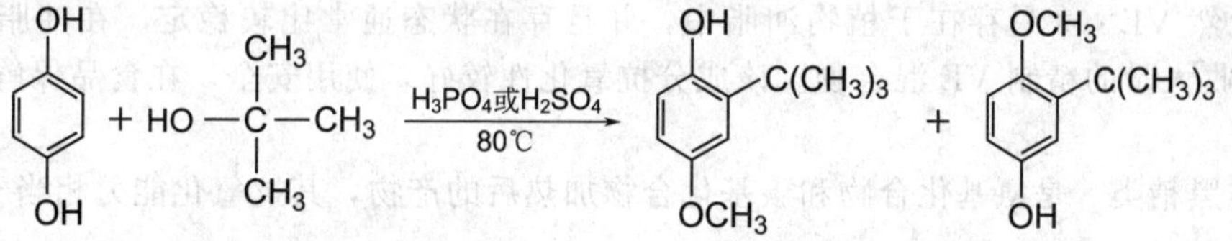

（2）二丁基羟基甲苯（BHT）

二丁基羟基甲苯的学名是 4-甲基-2,6-二叔丁基苯酚，为白色结晶。不溶于水和甘油，能溶于乙醇和油脂中，抗氧化性和稳定性均较好，无臭无味，价格低廉。缺点是其毒性相对较高。在催化剂存在下，对甲酚与异丁烯发生烃化反应制得，合成反应式如下：

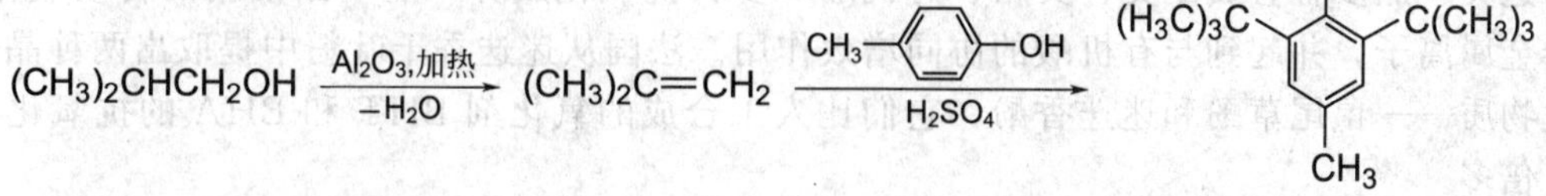

（3）没食子酸丙酯（PG）

没食子酸丙酯化学名是 3,4,5-三羟基苯甲酸丙酯。PG 是白色至淡褐色或乳白色结晶，无臭，稍有苦味，易溶于乙醇、丙酮、乙醚而难溶于水、氯仿和油脂。它对猪油的抗氧化作用较 BHA 或 BHT 强，但有着色的缺点，常与其他抗氧化剂并用。PG 的 LD_{50} 值为

3800mg/kg（大鼠经口），ADI 值暂定为 0～0.2mg/kg。其合成反应式如下：

$$HO-C_6H_2(OH)_2-COOH + CH_3CH_2CH_2OH \xrightleftharpoons{H^+} HO-C_6H_2(OH)_2-COOCH_2CH_2CH_3 + H_2O$$

BHA、BHT 和 PG 三者单独使用时效果比较差，如混合使用或与增效剂柠檬酸、抗坏血酸同时使用则起协同作用，抗氧化效果显著提高，所以实际使用中多为两种或三种混合使用。

（4）特丁基对苯二酚（TBHQ）

TBHQ 为白色至淡灰色结晶，有极淡的特殊香味。易溶于乙醇、丙二醇和脂肪，几乎不溶于水，抗氧性能优于目前常用的普通抗氧化剂（如 BHA、BHT、PG 等），能有效抑制细菌和霉菌的生长。热稳定性较好，可用于需在高温条件下制作的食品中。与其他抗氧化剂相比，具有更高的安全性，不会在人体内积聚。用途：可用于食用油脂、油炸食品、干面制品、饼干、方便面、干鱼罐头、腌制肉制品中，最大使用量 0.2g/kg。

10.2.2.2　水溶性抗氧化剂

该类抗氧化剂多用于防止食品氧化变色、变味、变质等方面。此外，还把柠檬酸亚锡用在罐头镀锡铁皮防腐蚀上。常用的有 L-抗坏血酸（维生素 C）及其钠盐等。用途：啤酒、无醇饮料、果汁等饮料类的抗氧化剂。

10.2.2.3　天然抗氧化剂

据有关资料证实，在人们长期食用的食品中，天然抗氧化剂成分的毒性远远低于人工合成的抗氧化剂。因此，近年来从自然界寻求天然抗氧化剂的研究已引起各国科学家的高度重视。目前，世界各国开发的大量天然抗氧化剂产品，受到人们的普遍欢迎。其主要产品有天然 VE、类黑精类（melanoidins）、红辣椒提取物、香辛料提取物、糖醇类抗氧化剂等。研究证明，多数天然抗氧化剂中的有效抗氧化成分是类黄酮类化合物和酚酸类物质，有很好的生物活性和保健功能。

① 天然 VE　大量存在于植物油脂中，并且存在状态通常比较稳定。在油脂精制过程中，可回收大量的精制 VE 混合物。该成分抗氧化性较好，使用安全，在食品保鲜中已得到大量使用。

② 类黑精类　是氨基化合物和羰基化合物加热后的产物，其抗氧化能力相当于 BHA 和 BHT。

③ 红辣椒提取物　红辣椒中含有大量的抗氧化物质，是 VE 和香草酰胺的混合物。如能将其中辣味去掉，则是一种极好的抗氧化剂。

④ 香辛料提取物　早在 20 世纪 30 年代，人们就开始对香辛料的抗氧化作用进行研究。到 50 年代，科研人员对 32 种香辛料进行分析，发现其中抗氧化性能最好的是迷迭香和鼠尾草。这类产品多含有黄酮类、类萜、有机酸等多种抗氧化成分，能切断油脂的自动氧化链、螯合金属离子，并起到与有机酸的协同增效作用。法国从迷迭香干叶粉中提取出两种晶体抗氧化物质——鼠尾草酚和迷迭香酚，它们比人工合成的氧化剂 BHT 和 BHA 的抗氧化能力强 4 倍多。

⑤ 茶多酚类　即从茶叶中提取的抗氧化物质，含有 4 种组分：表没食子儿茶素、表没食子儿茶素没食子酸酯、表儿茶素没食子酸酯以及儿茶素。它的抗氧化能力比 VE、VC、BHT、BHA 强几倍，因此日本已开始茶多酚类抗氧化剂的商品化生产。

⑥ 糖醇类　糖类从化学结构上可分为单糖类、双糖类、三糖类、四糖类等，其中五碳

糖和六碳糖单糖促进氧化，双糖略有抗氧化作用，果糖和糖醇则具有较强的抗氧化能力。食品中广泛使用的是山梨糖醇和麦芽糖醇作为抗氧化剂。木糖醇也是抗氧化剂，它具有和 VE 协同增效的作用。

⑦ 氨基酸和二肽类　氨基酸如蛋氨酸、色氨酸、苯丙氨酸、脯氨酸等都能与金属离子螯合，所以它们为良好的辅助抗氧化剂。近年来，食品科学工作者发现，丙氨酸末端为氮的 9 种二肽比任何一种氨基酸的抗氧化能力都强。其中尤以丙氨酸-组氨酸、丙氨酸-酪氨酸、丙氨酸-色氨酸 3 种二肽抗氧化能力最强，值得大力开发。

10.3　食用色素

用于食品着色的添加剂称为食用色素。其目的是增加食品色泽以刺激食欲。食用色素按来源分为人工合成色素和天然色素两类。截至 1998 年底，我国批准允许使用的合成色素有：苋菜红、苋菜红铝色淀、胭脂红、胭脂红铝色淀、赤藓红、赤藓红铝色淀、新红、新红铝色淀、柠檬黄、柠檬黄铝色淀、日落黄、日落黄铝色淀、亮蓝、亮蓝铝色淀、靛蓝、靛蓝铝色淀、叶绿素铜钠盐、β-胡萝卜素、诱惑红、酸性红、二氧化钛，共 21 种。这 21 种合成色素在最大使用限量范围内使用，都是安全的。合成色素有着色泽鲜艳、稳定性较好、宜于调色和复配、价格低的优点，因此，是我国食品、饮料的主要着色剂。

10.3.1　食用合成色素

（1）柠檬黄

柠檬黄为橙黄色粉末或颗粒，各国都允许广泛使用，主要用于糕点、饮料、农畜水产品加工、医药及化妆品。其特点是耐热、耐酸、耐光及耐盐性均好，耐氧化性较差，遇碱稍变红，还原时褪色。最大使用量为 0.1g/kg。

柠檬黄由双羟基酒石酸与苯酚肼对磺酸缩合制得，或者由对氨基苯磺酸经重氮化后与 1-(4′-磺酸基)-3-羧基-5-吡啶酮偶合，经氯化钠盐析后精制而得。

（2）日落黄

日落黄又称晚霞黄，为橙色颗粒，易溶于水呈橙黄色，溶于甘油和乙二醇，但难溶于乙醇和油脂；耐光、耐热性强；在柠檬酸、酒石酸中稳定；遇碱变为褐红色。日落黄为水溶性合成色素，鲜艳的红光黄色，广泛应用于冰淇淋、雪糕、饮料、糖果包衣等的着色。最大使用量为 0.1g/kg。

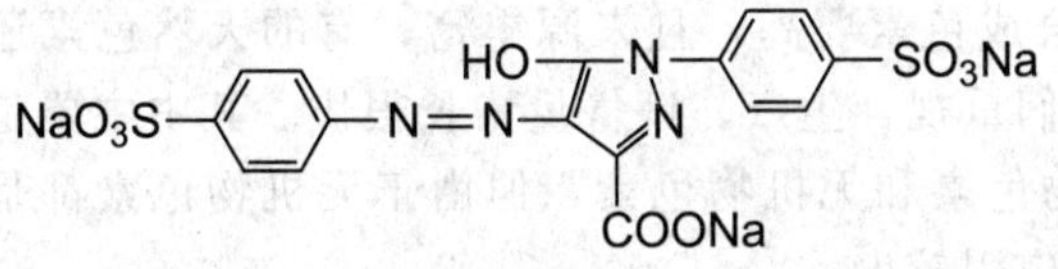

柠檬黄 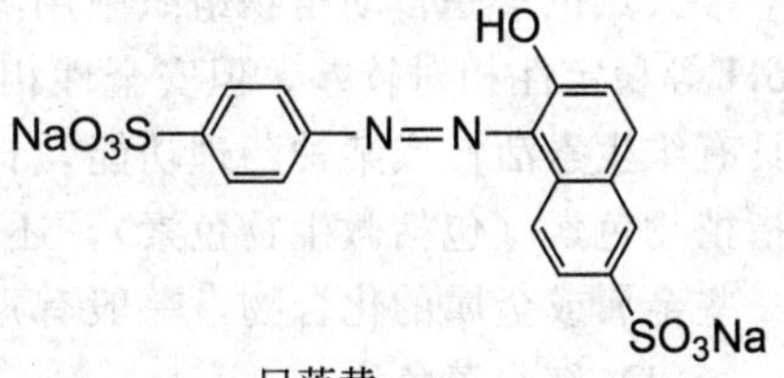　　　　　　　　　　　　　　　　　　日落黄

将对氨基苯磺酸重氮化后，在碱性条件下与 2-萘酚-6-磺酸偶合制得，经氯化钠盐析后精制而得。

（3）胭脂红

胭脂红又名丽春红 4R，是红色至深红色粉末，为国内外普遍使用的合成色素。本品耐酸性、耐光性好，但耐热性、耐还原性较差，遇碱变成褐色。本品多用于糕点、饮料、农畜水产品加工。最大使用量为 0.05g/kg。

胭脂红可由 4-氨基-1-萘磺酸经重氮化，再和 G 酸钠（2-萘酚-6,8-二磺酸钠）反应，经氯化钠盐析后精制而得。

（4）苋菜红

苋菜红无臭，耐光、耐热性强，耐氧化、还原性差，不适用于发酵食品及含有还原性物质的食品。它对柠檬酸、酒石酸稳定；遇碱变为暗红色，遇铜、铁易褪色；易溶于水及甘油，微溶于乙醇。苋菜红多用于饮料、果酱和罐头，最大使用量为 0.05g/kg。

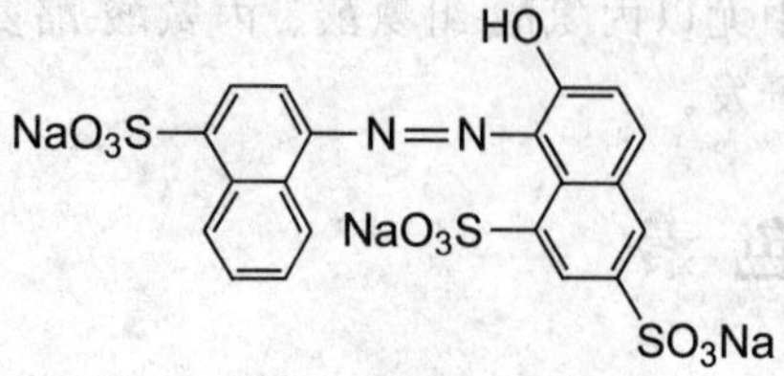

胭脂红

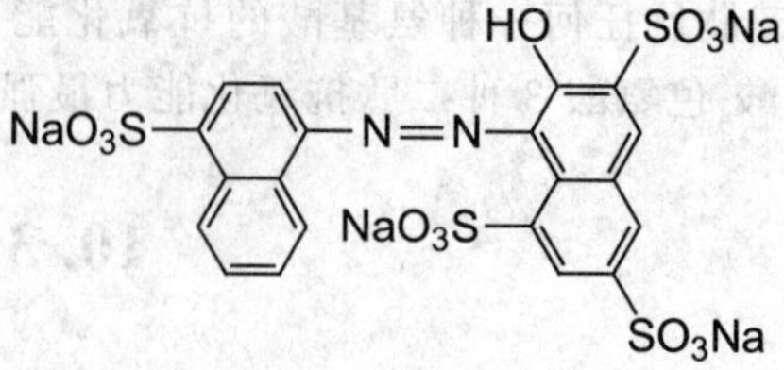

苋菜红

（5）赤藓红

这种合成色素易溶于水，耐热、耐还原性好，耐酸性差，是一种红色食用色素，广泛应用于发酵性食品、焙烤食品、冰淇淋、腌制品等非酸性食品，不用于饮料及硬糖。最大使用量为 0.05～0.1g/kg。化学结构式为：

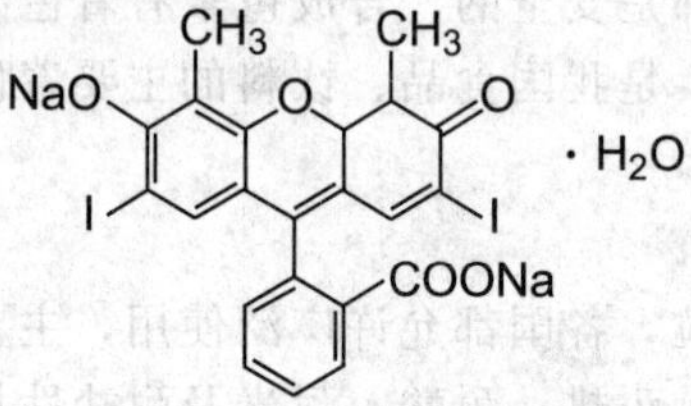

由间苯二酚、邻苯二甲酸酐及无水氯化锌加热熔融而制得粗制荧光素，经精制、碘化后，经氯化钠盐析后精制而得。

10.3.2　食用天然色素

随着科学技术发展和人类对自身健康的重视，人们逐渐认识到许多化学合成色素对人体有害。卫生部发布《苏丹红危险性评估报告》的结论为：对人健康造成危害的可能性很小，偶然摄入含有少量苏丹红的食品，引起的致癌性危险性不大，但如果经常摄入含较高剂量苏丹红的食品就会增加其致癌的危险性。因此，大力研究开发无毒、无害、无副作用及具有疗效和保健功能的天然色素是当今食品添加剂行业的新趋势。

天然色素是自动植物组织中用溶剂萃取而制得的。天然色素虽然色泽稍逊，对光、热、pH 等稳定性相对较差，但安全性相对比人工合成色素要高，且来源丰富，有的天然色素还具有维生素活性或某种药理功能，日益受到人们重视，生产、销售量增长很快。其中主要是指植物色素（包括微生物色素），还有少量动物色素和无机物色素，但由于无机物色素都是一些金属或金属的化合物，一般有毒性，所以应用较少。

（1）红花黄色素

来源：菊科植物红花的花瓣。用途：天然食用色素，本品可用于茶、饮料、高级点心、面条、糖果、饼干、罐头和酒类等食品着色，特别适宜含维生素高的饮料。红花黄与合成色素柠檬黄相比，不仅对人体无毒无害，而且有一定的营养和药理作用。它用于食品着色，具有清热、利湿、活血化淤、预防心脏病等保健作用。

（2）栀子黄色素

来源：茜草科植物栀子。用途：天然食用色素，本品可用于面条、糖果、饼干、饮料、酒类等食品着色。

（3）甘蓝红色素

来源：从红甘蓝的叶中提取、精制而成。主要由花青素、黄酮等组成。用途：天然食用色素，用于酸性食品如葡萄酒、饮料、果酱、果冻等食品的着色。

（4）红曲色素

来源：是从红曲霉中提取的色素。主要采用发酵法。常用的菌株有紫红红曲霉、安卡红曲霉、巴克红曲霉等。将菌体散布培养基内，于 30℃静置培养 3 周，液体培养需振荡，菌株在培养基内全面繁殖，呈深红色，经干燥、粉碎、浸提而得；或将米（大米或糯米）制成红曲米，再从红曲米中提取。

红曲红素为红色或暗红色液体，糊状或粉末状物。不溶于水、甘油，溶于乙醇、乙醚、冰醋酸中。色调对 pH 稳定，耐热性强，耐光性强，几乎不受金属离子的影响。用途：适用于酸性食品、饮料、汽酒、冰淇淋、糖果、干酒和红酒等方面的着色，特别是葡萄酒最理想的着色剂。

10.4 酸味剂和甜味剂

10.4.1 酸味剂

以赋予食品酸味为主要目的的食品添加剂称为酸味剂。酸味剂给味觉以爽快的感觉，具有增进食欲的作用。酸还具有一定的防腐作用，并有助于溶解纤维素、钙、磷等物，可以促进消化吸收，它还可以控制食品和加工体系的酸碱性。

酸味剂主要有有机酸类：柠檬酸、乳酸、酒石酸、苹果酸、富马酸和己二酸；无机酸类：食用磷酸、碳酸等。其中食用最多的是柠檬酸，常用于饮料、果酱、糖类、酒类和冰淇淋等食品的制作。

（1）柠檬酸

柠檬酸的化学名为 2-羟基丙烷-1,2,3-三羧酸，其化学结构式为：

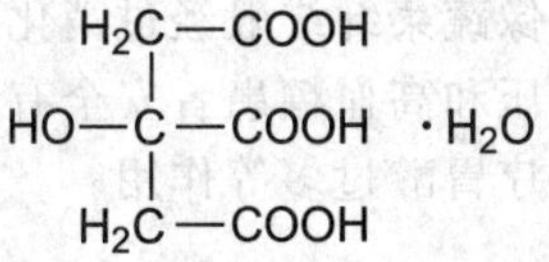

$$
\begin{array}{l}
H_2C-COOH \\
HO-C-COOH \cdot H_2O \\
H_2C-COOH
\end{array}
$$

性能：无色半透明晶体或白色颗粒或白色结晶性粉末，无臭，味极酸，易溶于水和乙醇，水溶液显酸性。熔点 153℃（失水）。在干燥空气中微有风化性，在潮湿空气中有潮解性。175℃以上分解放出水及二氧化碳。柠檬酸是一种较强的有机酸，有 3 个 H^+ 可以电离；水溶液呈酸性。加热可以分解成多种产物，与酸、碱、甘油等发生反应。

制备方法：①由淀粉原料（如玉米、白薯、小麦等）或糖（如甜菜、甘蔗、葡萄糖结晶母液等）经黑曲霉发酵、提取精制而得；②另一条途径是从含酸分丰富的原料中提取，特别是在果品加工中进行综合利用，如制梅胚后排出的咸酸汁液，其含酸量可达 4%～5%，制柑橘胚后排出的咸酸汁液都是提取柠檬酸很好的原料。

（2）乳酸

乳酸的化学名为 2-羟基丙酸，其化学结构式为：

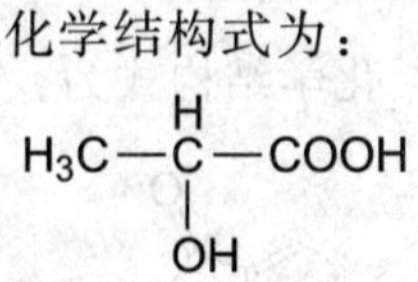

$$
H_3C-\overset{H}{\underset{OH}{C}}-COOH
$$

性能：纯品为无色液体，工业品为无色到浅黄色液体。无气味，具有吸湿性。相对密度 1.2060(25℃/4℃)。熔点 18℃。沸点 122℃(2kPa)。折射率 n_D(20℃)1.4392。能与水、乙醇、甘油混溶，不溶于氯仿、二硫化碳和石油醚。在常压下加热分解，浓缩至 50％时，部分变成乳酸酐，因此产品中常含有 10％～15％的乳酸酐。

制备方法：①发酵法以粮食为原料，糖化接入乳酸菌种，在 pH 5、温度 49℃条件下，发酵 3～4 天后，经浓缩结晶，用 CaCO₃ 中和，趁热过滤，精制得乳酸钙，然后用硫酸酸化进行复分解反应，再经过滤除去硫酸钙，减压浓缩，趁热脱色得到产品；②丙烯腈法，将丙烯腈和硫酸反应，生成粗乳酸和硫酸氢铵的混合物，再将混合物与甲醇进行酯化反应生成乳酸甲酯，经蒸馏得精酯，再将精酯加热分解得乳酸。

10.4.2 甜味剂

甜味剂是以赋予食品甜味为主要目的的食品添加剂。按其来源可分为天然甜味剂和合成甜味剂两类。天然甜味剂又分为糖与糖的衍生物、非糖天然甜味剂两类。人工合成甜味剂主要是一些具有甜味的化学物质，甜度一般比蔗糖高数十倍至数百倍，但不具任何营养价值。化学合成甜味剂主要品种有：糖精（邻磺酰苯甲酰亚胺）、甜蜜素（环己基氨基磺酸钠）、阿斯巴甜（天冬酰苯丙氨酸甲酯、甜味素、APM）、安赛蜜等。

（1）天然甜味剂

天然甜味剂可分为糖类、糖醇类和非糖类三种。糖与糖醇类如：木糖醇、山梨糖醇、麦芽糖醇。非糖类如：甜菊糖、甘草素。

木糖醇是将木材、玉米芯等材料中的木糖或聚木糖还原后制成的一种糖醇。木糖醇为白色结晶或结晶性粉末，分子式为 $C_5H_{12}O_5$，具有清凉甜味，甜味度为砂糖的 65％～100％，发热量为 3kcal(1cal＝4.1840J)，比其他糖醇高，有抑制形成龋齿的菌类变形杆菌活动的功效。木糖醇除具有蔗糖、葡萄糖的共性外，还具有特殊的生化性能，它不需要通过胰岛素，就能透过细胞壁被人体吸收，并有降低血脂、抗酮体等功能。可用于制作饮料、糖果、罐头等食品。

甜菊糖又称甜菊苷，它是植物甜菊中提取的多种苷的混合物，比较安全，甜度为糖的 300 倍左右。其味感与蔗糖相似，甜味纯正，存留时间长，后味可口，对热和酸、碱都很稳定，是理想的低能甜味剂。甜菊苷像蔬菜纤维般经过消化系统，不为机体吸收，它不影响血糖水平，对糖尿病、肥胖症、高血压和高血糖患者安全有益。甜菊苷还能防止蛀牙。有报道说，它还具有降血压、促代谢和治疗胃酸过多等作用。

（2）人工合成甜味剂

阿斯巴甜，化学名天冬酰苯丙氨酸甲酯，化学结构式为：

$$\text{HOOCCH}_2\text{CH}\overset{\text{NH}_2}{|}\text{—C}\overset{\text{O}}{\underset{\|}{}}\text{—NHHC}\overset{\text{COOCH}_3}{|}\text{—CH}_2\text{—}\bigcirc$$

它是由氨基酸〔L-苯丙氨酸（L-phenylalanine）及天冬氨酸（aspartic acid）〕所构成，是一种氨基酸二肽衍生物，它是一种白色结晶性粉末，具有清爽的甜味，其甜度为蔗糖的 180～200 倍，和其他甜味剂相比具有味质佳，安全性高，热量低，糖尿病患者食用不会引起血糖上升等优点，因而风靡欧美市场。目前阿斯巴甜已在世界 93 个国家和地区获准使用，并被世界卫生组织（WHO）和联合国粮农组织隶属的食品添加剂联席委员会（JECFA）确认为国际 A(Ⅰ) 级甜味剂。

糖精，化学名邻磺酰苯甲酰亚胺，化学结构式为：

白色晶体或结晶性粉末。密度 $0.828g/cm^3$。熔点 $228.8\sim229.7℃$。其稀水溶液甜度约为蔗糖的 $300\sim500$ 倍。易溶于水，微溶于乙醇、氯仿、乙醚。由邻甲苯磺酸经氯化成邻甲苯磺酰氯，再与氨反应成邻甲苯磺酰胺，最后经氧化而制得，是糖的代用品。少量无毒，但无营养价值。

甜蜜素，化学名环己基氨基磺酸钠，化学结构式为：

$$\text{NH—SO}_3\text{Na}$$

白色针状或片状晶体。熔点 $265℃$。易溶解于水，溶解后其液体呈中性。对热、酸、碱很稳定、不变质，长时间与空气接触不吸潮，而且无色无味，清澈透明。纯品为蔗糖甜度的 $50\sim60$ 倍以上。甜蜜素无毒性，连续食用甜蜜素后，不会蓄积于人体内而发生有害作用，比糖精更可以安心使用。根据我国《食品添加剂使用卫生标准》（GB 2760—1996）的规定，"甜蜜素"可以作为甜味剂，其使用范围为：①酱菜、调味酱汁、糕点、饼干、面包、雪糕、冰淇淋、冰棍、饮料等，其最大使用量为 $0.65g/kg$；②蜜饯，最大使用量为 $1.0g/kg$；③陈皮、话梅、话李、杨梅干等，最大使用量为 $8.0g/kg$。

10.5　其他食品添加剂

10.5.1　乳化剂

凡是添加少量即能使互不相溶的液体（如油和水）形成稳定乳浊液的食品添加剂称为乳化剂。主要品种有：单甘油酯、山梨醇脂肪酸酯、蔗糖脂肪酸酯、大豆卵磷脂、丙二醇酯等。应用范围：面包、糕点、糖果、饮料等食品中。

脂肪酸甘油酯是一类使用量最大的乳化剂，甘油和脂肪酸反应，可以生成单、双和三酯。单脂肪酸甘油酯，简称单酯，广泛用于起酥油、糕点、面包、糖果、冰淇淋中起乳化、起泡、防结晶、抗老化作用。

蔗糖脂肪酸酯是一种性能优良高效而安全的乳化剂，全世界每年用做食品添加剂的大约两千吨左右，蔗糖酯广泛应用在饮料（如豆奶、椰奶、花生奶、杏仁奶等）、冷饮、八宝粥、面包、糖果糕点、方便面等。例如它可给予冰淇淋良好的组织与质地，使冰晶细小、口感细腻、提高膨胀率、增加抗溶性，在温度剧变情况下，能确保冰淇淋长时间保持细腻、润滑的结构。蔗糖脂肪酸酯是以蔗糖部分为亲水基，长碳链脂肪酸部分为亲油基，在体内它可被消化成蔗糖和脂肪酸而被吸收。它是一种安全、无毒、无刺激，且易被生物降解的表面活性剂，因此在食品中的使用没有限制。其结构式如下：

$$\begin{array}{c} \text{CH}_2\text{OR}^1 \quad \text{CH}_2\text{OR}^2 \\ \text{HO} \quad \text{OH} \quad \text{HO} \\ \text{OH} \quad \text{OH} \quad \text{CH}_2\text{OR}^3 \end{array}$$

R^1、R^2、R^3 为脂肪酰基或H

10.5.2　增稠剂

增稠剂是一类能提高食品黏度并改变性能的食品添加剂。一般属于亲水性高分子化合物，可水化而形成高黏度的均相液，故常称为水溶胶、亲水胶或食用胶。在一定条件下，它们可起到增稠剂、稳定剂、悬浮剂、胶凝剂、成膜剂、充气剂、乳化剂、润滑剂、组织改进剂和结构改进剂等作用。

目前国内外常用的动物来源增稠剂有明胶、酪蛋白酸钠（又名酪朊酸钠）等；微生物来源的增稠剂有黄原胶、β-环糊精等；常用的植物及海藻来源的增稠剂有阿拉伯胶（又名金合欢胶）、罗望子多糖胶、田菁胶、琼脂（又名琼脂冻粉或洋菜）、海藻酸钠（又名藻朊酸钠或藻酸钠）、海藻酸丙二醇酯、卡拉胶（又名鹿角藻胶、角叉胶）、果胶、麦芽糊精、羧甲基纤维素钠（CMC-Na）、羧甲基淀粉钠（CMS-Na）、淀粉磷酸酯钠和羟丙基淀粉等。

（1）黄原胶

黄原胶是以淀粉为主要原料，经微生物发酵及一系列生化过程，最终得到的一种生物高聚物。其主要成分为葡萄糖、甘露糖、葡萄糖醛酸等。相对分子质量达数百万。

黄原胶是一种安全无毒、无味的新型食品添加剂，它具有优异的增稠、悬浮、乳化、稳定等多种理化功能，是目前国内外微生物多糖产品中最具商业价值，产量最大，市场覆盖面最广的产品。黄原胶具有优良的增稠性能，采用很低的浓度，就能达到所需要的黏度，1983年联合国粮农组织和世界卫生组织（FAO/WHO）正式批准为安全食品添加剂，并对添加量不作限制。据报道，黄原胶还是一种免疫激活剂，具有提高免疫力的保健功能。

（2）果胶

果胶是一种广泛存在于植物组织中的多糖物质，其主要成分为半乳糖醛酸，是受FAO/WHO食品添加剂联合委员会推荐，不受添加量限制的公认安全的食品添加剂。

果胶在食品中主要起胶凝和增稠稳定的作用。另外果胶能有效地排除人体内汞、砷、钡等，起到排毒作用，同时果胶还具有降低血糖血脂、减少胆固醇、抗癌、防癌作用。果胶对治疗急慢性胃炎、胃溃疡、十二指肠溃疡有良好的功效。

（3）卡拉胶

卡拉胶是由红藻中提取的天然植物胶，卡拉胶是三大海藻胶——褐藻胶、琼胶、卡拉胶中最年轻的一个，其主要成分都是D-和L-半乳糖。卡拉胶由麒麟菜、沙菜、角叉菜等原料中提取。卡拉胶分为七种类型。在食品工业上使用的卡拉胶主要有凝胶性、黏稠性、稳定性、乳化性及悬浮性等特性，被广泛应用于乳制品、冰淇淋、果汁饮料、面包、水凝胶（啫喱等）、肉制品、罐头食品等方面。

10.5.3 鲜味剂

鲜味剂或称风味增强剂，是补充或增强食品原有风味的物质。它们不影响任何其他味觉、刺激，而只增强其各自的风味特征，从而改进食品的可口性。它们对各种蔬菜、肉、禽、乳类、水产类乃至酒类都起着良好的增味作用。

第一代鲜味剂——谷氨酸钠（味精），其性状为无色至白色结晶或晶体粉末，无臭，微有甜味或咸味，有特有的鲜味，易溶于水，微溶于乙醇，不溶于乙醚和丙酮等有机溶剂。相对密度1.65，无吸湿性。以蛋白质组成成分或游离态广泛存在于植物组织中，100℃下加热3h，分解率为0.3%，120℃失去结晶水，在155～160℃或长时间受热，会失水生成焦谷氨酸钠，鲜味下降。

第二代鲜味剂——核苷酸类，如5′-鸟苷酸二钠、5′-肌苷酸二钠、琥珀酸二钠。

肌苷酸钠是在20世纪60年代兴起的鲜味剂。它是用淀粉糖化液经肌苷菌发酵后逐步制得，呈鸡肉鲜味，其增强风味的效率是味精的20倍以上，可添加在酱油、味精之中。倘若将99%以上的谷氨酸钠的鲜度定为100，那么肌苷酸钠的鲜度可达4000。

5′-肌苷酸二钠又名鸟苷磷酸二钠，呈鲜菇鲜味。分子式：$C_{10}H_{12}N_5Na_2O_8P \cdot 7H_2O$。5′-肌苷酸二钠结构式如下：

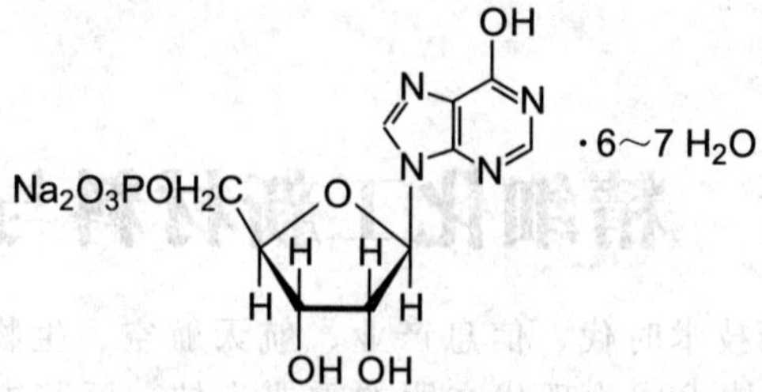

$$Na_2O_3POH_2C \qquad \cdot 6\sim 7\,H_2O$$

鸟苷酸钠和适量味精在一起会发生"协同作用",可比普通味精鲜 100 多倍。

新型鲜味剂如:动物蛋白水解物,植物蛋白水解物,酵母抽提物(酵母精)。新型鲜味剂通过生物技术将动植物水解,水解液富含各种氨基酸、短肽、核酸、维生素,可以保有原有的营养,更易为人体所吸收,更具有一定的保健作用。例如鸡精,除含有鸡肉粉、鸡蛋粉外,又添加了水解蛋白、呈味核酸等。

复习思考题

1. 什么是食品添加剂?使用食品添加剂应该遵循哪些安全原则?
2. 你对食品添加剂的发展前景有什么看法?
3. 食品防腐剂主要有哪些种类?它们通常是如何制备的?
4. 食品抗氧化剂有哪些种类?它们是如何制备的?
5. 常用的食用合成色素有哪些种类?常用的食用天然色素有哪些种类?
6. 常用的酸味剂有哪些?它们是如何制备的?
7. 常用的甜味剂有哪些?它们是如何制备的?
8. 食品中常用的乳化剂有哪些?
9. 食品中常用的增稠剂有哪些?
10. 食品中常用的鲜味剂有哪些?

参 考 文 献

[1] 周立国,段洪东,刘伟主编. 精细化学品化学. 北京:化学工业出版社,2007:120-168.
[2] 侯振建编著. 食品添加剂及其应用技术. 北京:化学工业出版社,2004.
[3] 韩长日,宋小平主编. 食品添加剂生产与应用技术. 北京:中国石化出版社,2006.
[4] 赵德丰,程侣柏,姚蒙正,高建荣编著. 精细化学品合成化学与应用. 北京:化学工业出版社,2001.

第11章 精细化工新材料与新技术

21世纪被称为是高新技术时代，信息产业、航天航空、生物工程、材料、能源、微电子和光纤等新一代科学技术成为现代文明的重要支柱，而其中材料是最根本的物质基础，各种新功能材料的研制和应用已成为推动高新技术发展的动力之一。另外，在精细化学品的设计、生产制造方面，日益广泛采用各种高新技术，如计算机和组合化学技术在分子设计上的应用，生物工程在医药、农药、营养品中的应用，新催化剂及催化技术、膜分离技术、超临界萃取技术、纳米技术、分子蒸馏技术等在精细化学品的合成、分离、制造中将进一步得到应用。本章对一些功能高分子材料及膜分离技术、生物工程技术、新催化剂和催化技术作简要介绍，帮助读者了解精细化工新材料、新技术的发展方向和广阔的应用前景。

11.1 功能高分子材料及其分类

功能高分子材料，简称功能高分子（functional polymer），是指那些可用于工业和技术中的具有物理和化学功能如光、电、磁、声、热等特性的高分子材料。例如感光高分子、导电高分子、光电转换高分子、医用高分子、高分子催化剂等。

通常，人们对特种和功能高分子的划分普遍采用按其性质、功能或实际用途划分的方法，可以将其分为八种类型。

① 反应性高分子材料　包括高分子试剂、高分子催化剂、高分子染料，特别是高分子固相合成试剂和固定化酶试剂等。

② 光敏性高分子材料　包括各种光稳定剂、光刻胶、感光材料、非线性光学材料、光导电材料及光致变色材料等。

③ 电性能高分子材料　包括导电聚合物、能量转换型聚合物、电致发光和电致变色材料及其他电敏感性材料。

④ 高分子分离材料　包括各种分离膜、缓释膜和其他半透明膜材料、离子交换树脂、高分子絮凝剂、高分子螯合剂等。

⑤ 高分子吸附材料　包括高分子吸附树脂、吸水性高分子等。

⑥ 高分子智能材料　包括高分子记忆材料、信息存储材料和光、磁、pH值、压力感应材料等。

⑦ 医用高分子材料　包括医用高分子材料、药用高分子材料和医用辅助材料等。

⑧ 高性能工程材料　如高分子液晶材料、耐高温高分子材料、高强度高模量高分子材料、阻燃性高分子材料、生物可降解高分子和功能纤维材料等。

11.2 感光性高分子

11.2.1 概述

感光性高分子（photosensitive polymer）是指吸收了光能后能在分子内或分子间产生化学、物理变化的一类功能高分子材料。这种变化发生后，材料将输出其特有的功能。本节主要介绍目前开发比较成熟、有实用价值的光致抗蚀材料和光致诱蚀材料，产品包括光刻胶、光固化黏合剂、感光油墨、感光涂料等。

所谓光致抗蚀材料，是指高分子材料经光照辐射后，分子结构从线型可溶性的转变为体型不可溶的，从而产生了对溶剂的抗蚀能力。而光致诱蚀材料正相反，当高分子材料受光照辐射后，感光部分发生光分解反应，从而变成可溶性。目前广泛使用的预涂感光版，简称PS 版式，就是将感光材料树脂预先涂在亲水性的基材（如阳极氧化铝板）上制成的。晒印时，树脂若发生光交联反应，则溶剂显像时未曝光的树脂被溶解，感光部分的树脂保留了下来，这种 PS 版称为负片型；而晒印时发生光分解反应，则溶剂将曝光分解部分的树脂溶解，这种 PS 版称为正片型。

光刻胶是微电子技术中细微图形加工的关键材料之一，特别是近年来大规模和超大规模集成电路的发展，更是大大促进了光刻胶的研究开发和应用。印刷工业是光刻胶应用的另一重要领域。1954 年由明斯克（Minsk）等人首先研究成功的聚乙烯醇肉桂酸酯就是用于印刷工业的，以后才用于电子工业。与传统的制版工业相比，用光刻胶制版，具有速度快、重量轻、图案清晰等优点，尤其是与计算机配合后，更使印刷工业向自动化、高速化的方向发展。

感光性黏合剂、感光性油墨、感光性涂料是近年来发展较快的精细化工产品，与普通黏合剂、油墨、涂料相比，前者具有固化速度快、涂膜强度高、不易剥落、印迹清晰等特点，适合于大规模快速生产。

11.2.2　具有感光基团的高分子及其合成方法

在有机化学中，许多基团具有光学活性，其中以肉桂酰基最为著名，此外，重氮基、叠氮基都可引入高分子形成感光性高分子。以下介绍几种重要的带感光基团的高分子及其合成方法。

（1）聚乙烯醇肉桂酸酯及其类似高分子

肉桂酸在光照下，双键能够发生 2+2 环合反应，反应式如下：

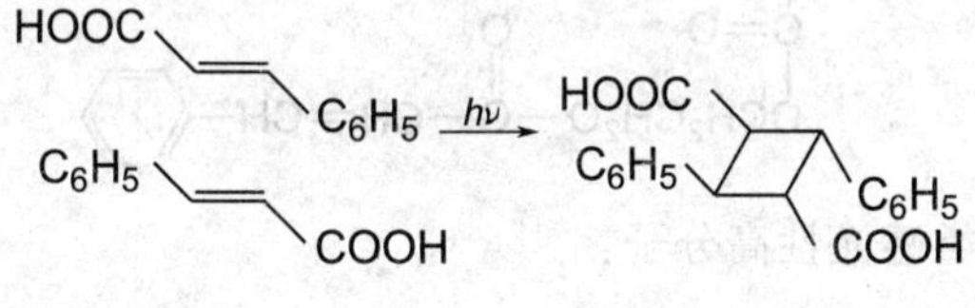

α-吐星酸

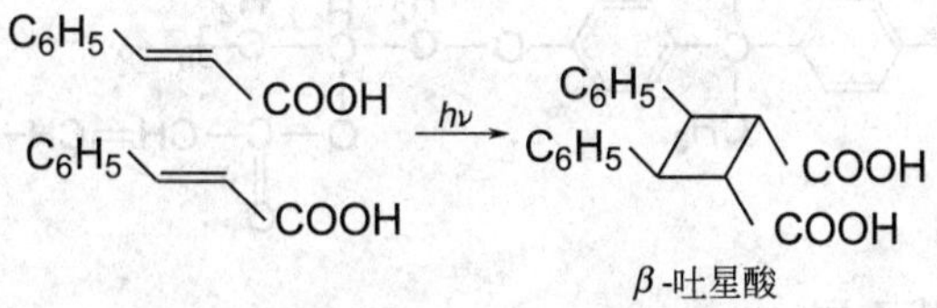

β-吐星酸

聚乙烯醇肉桂酸酯由聚乙烯醇和肉桂酰氯反应制备，反应式如下：

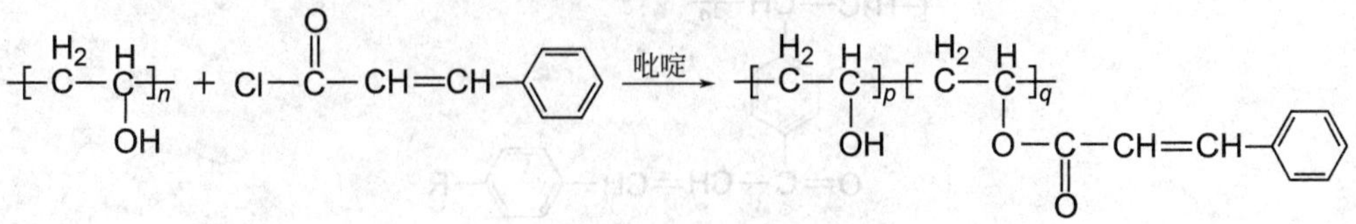

聚乙烯醇肉桂酸酯与肉桂酸一样，在光照下侧基可发生二聚反应，形成环丁烷基而交联：

165

聚乙烯醇肉桂酸酯虽然是一种性能优良的光致抗蚀剂，但它的显影剂是有机溶剂，故在操作环境方面和经济方面都存在问题。因此，又研究了聚乙烯醇的肉桂酸-二元酸混合酯，如下面结构的聚乙烯醇的肉桂酸-二元酸混合酯，分子链中的肉桂酰基赋予了感光性，羧基则提供碱可溶性，从而可用碱水显影。

丙烯酸系肉桂酸类感光性高分子：

环氧树脂的肉桂酸酯类感光性高分子：

（2）聚乙烯亚苄基苯乙酮

可通过以下合成路线制备：

166

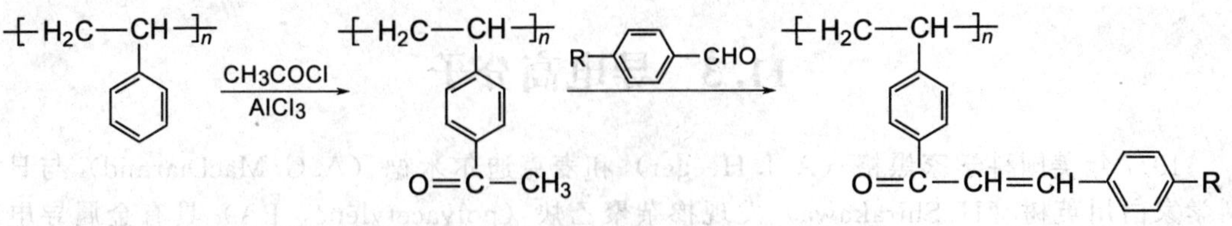

（3）含 α-苯基马来酰亚氨基的感光性高分子

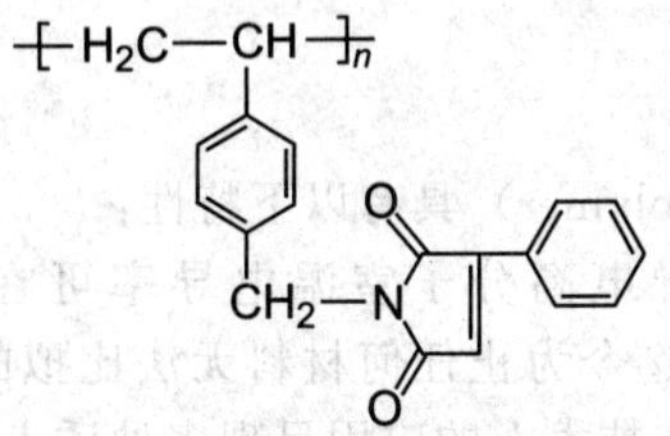

可通过以下合成路线制备：

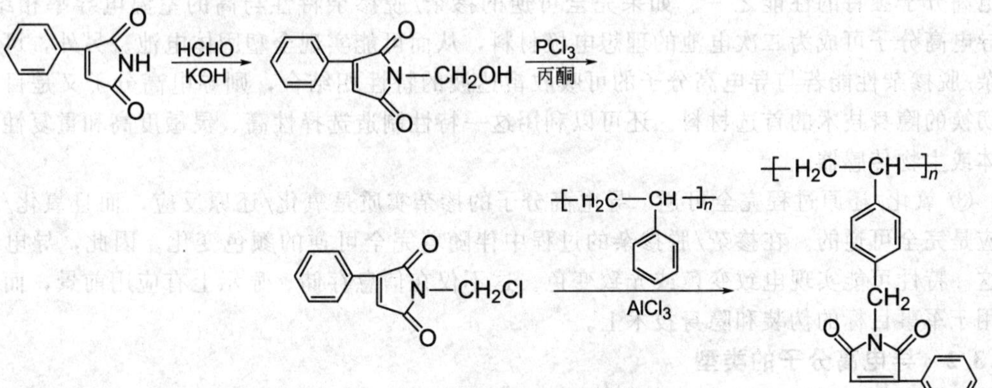

（4）叠氮型感光树脂

1963 年由梅里尔（Merrill）等人制备的第一个叠氮树脂是将部分皂化的 PVA 用叠氮苯二甲酸酐酯化而成的。

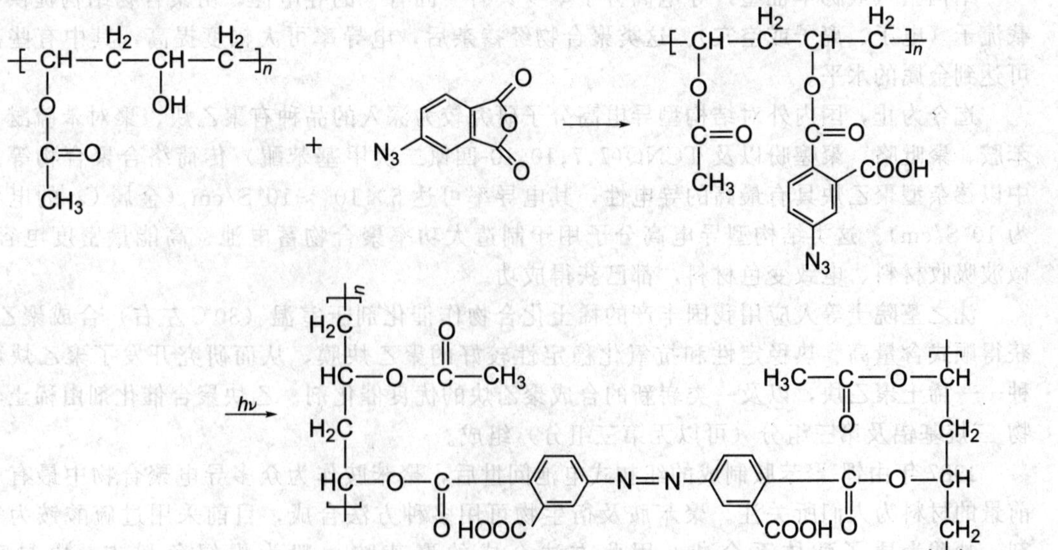

11.3　导电高分子

1977 年美国科学家黑格（A. J. Heeger）和麦克迪尔米德（A. G. MacDiarmid）与日本科学家白川英树（H. Shirakawa）发现掺杂聚乙炔（polyacetylene，PA）具有金属导电特性，有机高分子不能作为电解质的概念被彻底打破，上述三位科学家因此获 2000 年诺贝尔化学奖。

11.3.1　导电高分子的特性

导电高分子（conducting polymer）具有以下特性：

① 室温电导率范围大　导电高分子室温电导率可在绝缘体-半导体-金属态范围内（$10^{-9} \sim 10^5$ S/cm）变化。这是迄今为止任何材料无法比拟的。正因为导电高分子的电学性能覆盖如此宽的范围，因此它在技术上的应用呈现多种诱人前景。

② 掺杂/脱掺杂的过程完全可逆　导电高分子不仅可以掺杂，而且还可以脱掺杂，这是导电高分子独特的性能之一。如果完全可逆的掺杂/脱掺杂特性与高的室温电导率相结合，则导电高分子可成为二次电池的理想电极材料，从而可能实现全塑固体电池。另外，可逆的掺杂/脱掺杂性能若与导电高分子的可吸收雷达波的特性相结合，则导电高分子又是目前快速切换的隐身技术的首选材料。还可以利用这一特性制造选择性高、灵敏度高和重复性好的气体或生物传感器。

③ 氧化/还原过程完全可逆　导电高分子的掺杂实质是氧化/还原反应，而且氧化/还原反应是完全可逆的。在掺杂/脱掺杂的过程中伴随着完全可逆的颜色变化。因此，导电高分子这一特性可能实现电致变色或光致变色。这不仅在信息存储、显示上有应用前景，而且也可用于军事目标的伪装和隐身技术上。

11.3.2　导电高分子的类型

按照材料的结构与组成，可将导电高分子分成两大类。一类是结构型（或称本征型）导电高分子，另一类是复合型导电高分子。

（1）结构型导电高分子

结构型（或称本征型）导电高分子本身具有"固有"的导电性，由聚合物结构提供导电载流子（电子、离子或空穴）。这类聚合物经掺杂后，电导率可大幅度提高，其中有些甚至可达到金属的水平。

迄今为止，国内外对结构型导电高分子研究较为深入的品种有聚乙炔、聚对苯硫醚、聚苯胺、聚吡咯、聚噻吩以及 TCNQ(7,7,10,10-四氰二次甲基苯醌) 传荷络合聚合物等。其中以掺杂型聚乙炔具有最高的导电性，其电导率可达 $5 \times 10^3 \sim 10^4$ S/cm（金属 Cu 的电导率为 10^5 S/cm）。这类结构型导电高分子用于制造大功率聚合物蓄电池、高能量密度电容器、微波吸收材料、电致变色材料，都已获得成功。

沈之荃院士等人应用我国丰产的稀土化合物作催化剂于室温（30℃左右）合成聚乙炔，获得顺式含量高、热稳定性和抗氧化稳定性较好的聚乙炔膜，从而研究开发了聚乙炔新品种——稀土聚乙炔，以及一类崭新的合成聚乙炔的优良催化剂。乙炔聚合催化剂由稀土化合物-三烷基铝及第三组分（可以无第三组分）组成。

1987 年由锂-聚苯胺制成的纽扣式电池问世后，聚苯胺作为众多导电聚合物中最有应用前景的材料为人们所关注。聚苯胺及衍生物可用多种方法合成，目前采用过硫酸铵为氧化剂，盐酸为质子酸体系合成。用此方法合成的聚苯胺一般为黑绿色粉末，电导率为 $(5 \sim 10) \times 10^2$ S/m。

（2）复合型导电高分子

复合型导电高分子是在不具备导电性的高分子材料中掺杂混入大量导电物质，如炭黑、金属粉、箔等，通过分散复合、层积复合、表面复合等方法构成的复合材料，其中以分散复合最为常用。复合型导电高分子材料制作方便，有较强的实用性，用做导电橡胶、导电涂料、导电黏合剂、电磁波屏蔽材料和抗静电材料，在许多领域发挥着重要作用。

目前所选择的高分子材料主要有：聚乙烯、聚丙烯、聚氯乙烯、聚苯乙烯、ABS、环氧树脂、丙烯酸酯树脂、酚醛树脂、不饱和聚酯、聚氨酯、聚酰亚胺、有机硅树脂等。丁基橡胶、丁苯橡胶、丁腈橡胶、天然橡胶等也常用做导电橡胶的基质。

常用的导电填料有：金、银、铜、镍、钯、钼、铝、钴等金属粉，镀银二氧化硅粉，镀银玻璃微珠，炭黑、石墨，碳化钨、碳化镍等。

11.3.3　光导电高分子（photoconductive polymer）

所谓光导电，是指物质在受到光照时，其电子电导载流子数目比其热平衡状态时多的现象。换言之，当物质受到光激发后产生电子、空穴等载流子，它们在外电场作用下移动而产生电流，电导率增大。这种现象称为光导电。由光的激发而产生的电流称为光电流。

不少低分子有机化合物是优良的光导电物质，如蒽及其电荷转移络合物。许多高分子化合物，如聚苯乙烯、聚卤代乙烯、聚酰胺、热解聚丙烯腈、涤纶树脂等，都被观察到具有光导电性。在众多的光导电性聚合物中，研究得最为系统的是聚乙烯基咔唑（PVK），其结构式如下：

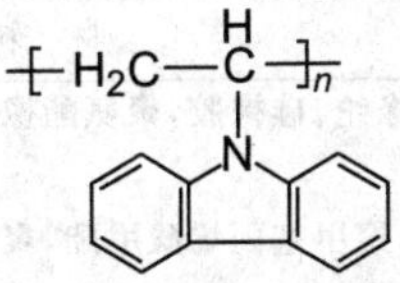

$$+H_2C-\overset{H}{\underset{|}{C}}+_n$$

重要的光导电聚合物有五类：①线型 π 共轭聚合物；②平面型 π 共轭聚合物；③侧链或主链中含有多环芳烃的聚合物；④侧链或主链中含有杂环基团的聚合物；⑤高分子电荷转移络合物。

11.4　生物医用高分子

生物医学材料是生物医学科学中的最新分支学科，它是生物、医学、化学和材料科学交叉形成的边缘学科。生物医用高分子（biomedical polymer）是生物医用材料中的重要组成部分，主要用于人工器官、外科修复、理疗康复、诊断检查、患疾治疗等医疗领域。

11.4.1　医用高分子的分类

按材料的来源不同，医用高分子分为：

① 天然医用高分子材料，如胶原、明胶、丝蛋白、角质蛋白、纤维素、甲壳素及其衍生物等。

② 人工合成医用高分子材料，如聚氨酯、硅橡胶、聚酯等。

11.4.2　对医用高分子材料的基本要求

医用高分子材料一般要满足下列条件：

① 在化学上是惰性的，不会因为与体液接触而发生反应；

② 对人体组织不会引起炎症或异物反应；

③ 不会致癌；

④ 具有良好的血液相容性，不会在材料表面凝血；

⑤ 长期植入体内，不会减小机械强度；

⑥ 能经受必要的清洁消毒措施而不产生变形；

⑦ 易于加工成需要的复杂形状。

11.4.3 生物降解医用高分子材料

生物降解高分子材料是指在自然界的微生物或在人体及动物体内的组织细胞、酶和体液的作用下，使其化学结构发生变化，致使其分子量下降及性能发生变化的高分子材料。起生物降解作用的微生物主要包括真菌、霉菌或藻类。目前已研究开发的生物降解聚合物主要有天然高分子、微生物合成高分子和人工合成高分子三大类。

天然高分子是利用淀粉、纤维素、木质素、甲壳素、蛋白质等天然高分子材料制备的生物降解材料。这类物质来源丰富，可完全生物降解，而且产物安全无毒性，因而日益受到重视。但是其热学、力学性能差，成型加工困难，不能满足工程材料的各种性能要求，因此需通过改性才能得到具有使用价值的可生物降解材料。

人工合成高分子是在分子结构中引入易被微生物或酶分解的基团而制备的生物可降解材料，大多数引入的是酯基、酰胺基结构。现在研究开发较多的生物降解高分子材料有脂肪族聚酯类、聚乙烯醇、聚酰胺、聚氨酯及聚氨基酸等。生物降解高分子材料在生物医用材料方面的应用成为近年来研究的热点之一，主要集中在药物控制缓释系统和组织工程材料方面的应用。表 11-1 列出了一些用于体内的高分子材料。

表 11-1 医用高分子材料体内应用范围及选用的材料

应用范围	材料名称
人工血管	人造丝，尼龙，腈纶，涤纶，硅橡胶，聚氨酯橡胶，聚四氟乙烯，聚乙烯醇海绵体，多孔聚四氟乙烯-胶原-肝素复合体
人工心脏	聚氨酯橡胶，硅橡胶，聚甲基丙烯酸甲酯，聚四氟乙烯，尼龙，涤纶
人工心脏瓣膜	聚氨酯橡胶，硅橡胶，聚甲基丙烯酸甲酯，聚四氟乙烯，聚乙烯醇，聚乙烯
心脏起搏器	聚氨酯橡胶，硅橡胶
人工食道和人工气管	聚乙烯醇，聚乙烯，聚四氟乙烯，硅橡胶
人工尿道	硅橡胶，聚甲基丙烯酸羟乙酯
人工头盖骨	聚甲基丙烯酸甲酯，聚碳酸酯，碳纤维
人工骨及人工关节	聚甲基丙烯酸甲酯，尼龙，聚氯乙烯，聚氨酯泡沫，聚四氟乙烯，聚乙烯，硅橡胶涂聚丙烯
人工腱	尼龙，涤纶，硅橡胶，聚氯乙烯
人工血浆	右旋糖酐，聚乙烯醇，聚乙烯吡咯酮
人工晶状体	硅凝胶，硅油
人工角膜	胶原与聚乙烯醇复合体，聚甲基丙烯酸羟乙酯，硅橡胶
人工齿及牙托	尼龙，聚甲基丙烯酸甲酯，硅橡胶
人工鼻	硅橡胶，聚氨酯橡胶，聚乙烯
人工乳房	硅橡胶囊内充硅凝胶
人工耳及耳软骨	硅橡胶，聚氨酯橡胶，聚乙烯，硅橡胶与胶原复合体，硅橡胶与聚四氟乙烯复合体
人工节育环和节育器	硅橡胶，尼龙，聚乙烯

11.5 高分子分离膜与膜分离技术

膜是指能以特定的形式限制和传递各种物质的分隔两相的界面。膜在生产和研究中的使用技术被称为膜技术。

11.5.1 高分子分离膜（polymeric membrane for separation）的分类和材料

① 膜的分类 随着新型功能膜的开发，日本著名高分子学者清水刚夫将膜按功能分为：分离功能膜（包括气体分离膜、液体分离膜、离子交换膜、化学功能膜）；能量转化功能膜

（包括浓差能量转化膜、光能转化膜、机械能转化膜、电能转化膜、导电膜）；生物功能膜（包括探感膜、生物反应器、医用膜）等。

②　膜材料　高分子膜材料有纤维素酯、聚碳酸酯、聚酰胺、聚砜类、磺化聚砜、聚芳香杂环类（聚苯并咪唑、聚苯并咪唑酮、聚吡嗪酰胺、聚酰亚胺、磺化聚苯醚）、聚乙烯醇、聚乙烯吡咯烷酮、聚丙烯酯、聚丙烯腈、聚丙烯酰胺、聚偏氯乙烯、聚四氟乙烯、聚二甲基硅氧烷等。

11.5.2　典型的膜分离技术（membrane separation technology）及其应用领域

典型的膜分离技术有微滤膜（MF）、超滤膜（UF）、反渗透膜（RO）、纳滤膜（NF）、渗透膜（D）、电渗透膜（ED）、液膜（LM）、渗透蒸发膜（PV）、气体分离膜。

膜分离技术主要应用于以下领域：

①　化工生产中：如液体和气体混合物的分离。

②　环境保护中：废水处理。

③　海水和苦咸水的淡化、软化。

④　电子工业中。

⑤　生物技术及医药食品生产中。

（1）微滤膜、超滤膜及其应用

微孔过滤（简称微滤）和超过滤（简称超滤）属于精密过滤，是以压力差为推动力的膜分离过程，一般用于液相分离，也可用于气相分离，比如空气中细菌与微粒的去除。

微滤所用的膜为微孔膜，平均孔径 $0.02\sim10\mu m$，能够过滤微米级（μm）或纳米级（nm）的微粒和细菌。其基本原理是筛分过程，操作压力通常为 $0.7\sim7kPa$，原料液在压差作用下，其中水（溶剂）透过膜上的微孔流到膜的低压侧，为透过液，大于膜孔的微粒被截留，从而实现原料液中的微粒与溶剂的分离。决定膜分离效果的是膜的物理结构，孔的形状和大小。主要用于滤除 $0.05\sim10\mu m$ 的细菌和悬浊微粒。微滤膜材质分为有机和无机两大类：有机聚合物有醋酸纤维素、聚丙烯、聚碳酸酯、聚砜、聚酰胺等；无机膜材料有陶瓷和金属等，膜的孔径大约 $0.1\sim10\mu m$，其操作压力在 $0.01\sim0.2MPa$。

微滤技术主要应用领域如下：

①　水处理行业：水中悬浮物，微小粒子和细菌的去除。

②　电子工业：半导体工业超纯水、集成电路清洗用水终端处理。

③　制药行业：医用纯水除菌、除热原，药物除菌。

④　食品工业：酒、饮料中酵母和霉菌的去除，果汁的澄清过滤。

⑤　化学工业：各种化学品的过滤澄清。

超滤所用的膜为非对称膜，其表面活性分离层平均孔径约为 $10\sim200\text{Å}$，能够截留相对分子质量为 500 以上的大分子与胶体微粒，所用操作压差在 $0.1\sim0.5MPa$。原料液在压差作用下，其中溶剂透过膜上的微孔流到膜的低限侧，为透过液，大分子物质或胶体微粒被膜截留，不能透过膜，从而实现原料液中大分子物质与胶体物质和溶剂的分离。超滤膜对大分子物质的截留机理主要是筛分作用，决定截留效果的主要是膜的表面活性层上孔的大小与形状。除了筛分作用外，膜表面、微孔内的吸附和粒子在膜孔中的滞留也使大分子被截留。目前用做超滤膜的材料主要有聚砜、聚砜酰胺、聚丙烯腈、聚偏氟乙烯、醋酸纤维素等。

在超滤过程中，由于被截留的杂质在膜表面上不断积累，会产生浓差极化现象，当膜面溶质浓度达到某一极限时即生成凝胶层，使膜的透水量急剧下降，这使得超滤的应用受到一定程度的限制。减缓浓差极化措施为：一是提高料液的流速，控制料液的流动状态，使其处于紊流状态，让膜面处的液体与主流更好地混合；二是对膜面不断地进行清洗，消除已形成的凝胶层。

超滤技术主要应用领域如下：

① 制药行业：用于中草药的精制和浓缩，除去中草药中的鞣质、蛋白、淀粉、树脂等大分子物质。

② 生物制品工业：用于狂犬疫苗、乙型肝炎疫苗、转移因子、尿激酶、胸腺素等分离提纯。

③ 水处理行业：去除废水中的大分子物质和微粒。

④ 食品工业：用于牛奶中蛋白质和乳糖等小分子物质分离。

⑤ 化学工业：有机溶液的超滤分离、涂料浓缩、聚合物与单体的分离等。

（2）反渗透膜及其应用

反渗透亦称逆渗透，是渗透的一种反向迁移运动，是一种在压力驱动下，借助于半透膜的选择截留作用将溶液中的溶质与溶剂分开的分离方法，它已广泛应用于各种液体的提纯与浓缩。反渗透膜是从水溶液中除去尺寸为 $3\sim12\text{Å}$ 的溶质的膜分离技术。

反渗透原理机制：当纯水和盐水被理想半透膜隔开，理想半透膜只允许水通过而阻止盐通过，此时膜纯水侧的水会自发地通过半透膜流入盐水一侧，这种现象称为渗透，若在膜的盐水侧施加压力，那么水的自发流动将受到抑制而减慢，当施加的压力达到某一数值时，水通过膜的净流量等于零，这个压力称为渗透压力，当施加在膜盐水侧的压力大于渗透压力时，水的流向就会逆转，此时，盐水中的水将流入纯水侧，上述现象就是水的反渗透（RO）处理的基本原理。

用于反渗透法制备纯水的半透膜一般用高分子材料制成。如醋酸纤维素膜、芳香族聚酰肼膜、芳香族聚酰胺膜。表面微孔的直径一般在 $0.5\sim10\text{nm}$，透过性的大小与膜本身的化学结构有关。

反渗透技术主要应用领域如下：

① 水处理行业：广泛应用于海水淡化、苦咸水淡化、城市污水处理、工业废水处理等领域，海水淡化是反渗透技术应用的最主要领域。

② 制药行业：生药浓缩，糖液浓缩，氨基酸分离浓缩。

③ 食品工业：牛奶处理，果汁浓缩，大豆及淀粉工业排水浓缩。

④ 化学工业：己内酰胺水溶液浓缩。

11.6 离子交换树脂与大孔吸附树脂

11.6.1 离子交换树脂

离子交换树脂（ion exchange resin）是一类具有离子交换功能的高分子材料。这类材料大多数具有网状结构，并在大分子主链上带有活性交换基团的不熔不溶性功能高分子化合物，其基体大多是苯乙烯-二乙烯苯共聚体或丙烯酸及其衍生物与二乙烯苯的共聚物，其侧基上含有可进行离子交换的官能团（如磺酸基、季铵基等）。共聚体中交联剂的质量分数（百分数中的数值）称为离子交换树脂的交联度，一般交联度为 $4\sim14$，常见为 8。交联度的大小对树脂性能有很大影响，主要影响有：树脂网状结构的紧密度，孔径大小，交换速度，选择性。离子交换树脂在国内外都有很多制造厂家和很多品种。国内制造厂有数十家，主要的有上海树脂厂、南开大学化工厂、晨光化工研究院树脂厂、南京树脂厂等；国外较著名的如美国 rohm & hass 公司生产的 amberlite 系列、dow 化学公司的 dowex 系列、法国 duolite

系列和 asmit 系列、日本的 diaion 系列，还有 ionac 系列、allassion 系列等。

11.6.1.1　离子交换树脂的基本类型

离子交换树脂根据交换基团性质不同通常分为两大类：阳离子交换树脂和阴离子交换树脂。阳离子交换树脂是一类可与溶液中的阳离子进行交换反应的树脂，阳离子交换树脂可离解的反离子是氢离子及金属阳离子。阴离子交换树脂是一类可与溶液中的阴离子进行交换反应的树脂，它可离解的反离子是氢氧根离子及其他酸根离子。

（1）强酸性阳离子交换树脂

这类树脂含有大量的强酸性基团，如磺酸基—SO_3H，容易在溶液中离解出 H^+，故呈强酸性。它在溶液中解离如下：

$$R—SO_3H \Longrightarrow R—SO_3^- + H^+ \quad R \text{ 代表聚合物集体}$$

树脂离解后，本体所含的负电基团，如 $R—SO_3^-$，能吸附结合溶液中的其他阳离子。这两个反应使树脂中的 H^+ 与溶液中的阳离子互相交换。强酸性树脂在酸性或碱性溶液中均能离解和产生离子交换作用。

树脂在使用一段时间后，要进行再生处理，即用化学药品使离子交换反应以相反方向进行，使树脂的官能基团回复原来状态，以供再次使用。如上述的阳离子树脂是用强酸进行再生处理，此时树脂放出被吸附的阳离子，再与 H^+ 结合而恢复原来的组成。

用途最广、用量最大的一种强酸性阳离子交换树脂是以苯乙烯-二乙烯苯共聚球体为基体，用浓硫酸或发烟硫酸、氯磺酸等磺化而得。磺化后的树脂是 H^+ 型，为储存和运输方便，生产厂家都把它转变成 Na^+ 型。

（2）弱酸性阳离子交换树脂

这类树脂含弱酸性基团，如羧基—COOH，能在水中离解出 H^+ 而呈酸性。树脂离解后余下的负电基团，如 $R—COO^-$（R 为碳氢基团），能与溶液中的其他阳离子吸附结合，从而产生阳离子交换作用。这种树脂的酸性即离解性较弱，在低 pH 值下难以离解和进行离子交换，只能在碱性、中性或微酸性溶液中（如 pH 5～14）起作用。这类树脂亦是用酸进行再生（比强酸性树脂较易再生）。

弱酸性阳离子交换树脂常用甲基丙烯酸或丙烯酸与二乙烯苯进行悬浮共聚合制备；有时也用甲基丙烯酸甲酯或丙烯酸甲酯与二乙烯苯悬浮共聚合后再水解制备。

（3）强碱性阴离子交换树脂

这类树脂含有季铵基——N^+R_3OH（R 为碳氢基团）强碱性基团，能在水中离解出 OH^- 而呈强碱性。这种树脂的正电基团能与溶液中的阴离子吸附结合，从而产生阴离子交换作用。它在酸性、中性、碱性介质中都可显示离子交换功能，它用强碱（如 NaOH）进行再生。

常用的强碱性离子交换树脂是用苯乙烯-二乙烯苯共聚得白球后经氯甲基化和叔胺化而制得。当用三甲胺胺化时，得到Ⅰ型强碱性交换树脂；用二甲基乙醇胺胺化，得到Ⅱ型强碱性交换树脂。

（4）弱碱性阴离子交换树脂

这类树脂含有弱碱性基团，如伯氨基—NH_2、仲氨基—NHR 或叔氨基—NR_2，它们在水中解离程度小而呈弱碱性。因树脂碱性较弱，只能交换盐酸、硫酸、硝酸这样的无机酸阴离子，对硅酸等弱酸几乎没有交换吸附能力。它只在中性或酸性介质中显示离子交换功能。它可用 Na_2CO_3、NH_4OH 进行再生。

常用的弱碱性阴离子将换树脂是将苯乙烯-二乙烯苯共聚形成球粒，再进行氯甲基化、伯胺或仲胺化制得。

11.6.1.2 离子交换树脂的物理结构

离子树脂常分为凝胶型和大孔型两类。

凝胶型树脂的高分子骨架，在干燥的情况下内部没有毛细孔。它在吸水时润胀，在大分子链节间形成很微细的孔隙，通常称为显微孔（micro-pore）。湿润树脂的平均孔径为 2～4nm。这类树脂较适合用于吸附无机离子，它们的直径较小，一般为 0.3～0.6nm。这类树脂不能吸附大分子有机物质，因后者的尺寸较大，如蛋白质分子直径为 5～20nm，不能进入这类树脂的显微孔隙中。

大孔型树脂是在聚合反应时加入致孔剂，形成多孔海绵状构造的骨架，内部有大量永久性的微孔，再导入交换基团制成。它并存有微细孔和大网孔（macro-pore），润湿树脂的孔径达 100～500nm，其大小和数量都可以在制造时控制。孔道的比表面积可以增大到超过 1000m²/g。这不仅为离子交换提供了良好的接触条件，缩短了离子扩散的路程，还增加了许多链节活性中心，通过分子间的范德华引力产生分子吸附作用，能够像活性炭那样吸附各种非离子性物质，扩大它的功能。一些不带交换功能团的大孔型树脂也能够吸附、分离多种物质，例如化工厂废水中的酚类物。大孔树脂内部的孔隙又多又大，表面积很大，活性中心多，离子扩散速度快，离子交换速度也快很多，约比凝胶型树脂快十倍。使用时的作用快、效率高，所需处理时间缩短。大孔树脂还有多种优点：耐溶胀，不易碎裂，耐氧化，耐磨损，耐热及耐温度变化，以及对有机大分子物质较易吸附和交换，因而抗污染力强，并较容易再生。

11.6.1.3 离子交换树脂的应用简介

离子交换树脂用于许多工业生产和科研领域，下面作一简单介绍。

① 水处理　水处理领域离子交换树脂的需求量很大，约占离子交换树脂产量的 90%，用于水的软化、脱盐、纯化。

② 食品工业　离子交换树脂可用于制糖、味精、酒的精制、生物制品等工业装置上。

③ 制药工业　离子交换树脂对发展新一代的抗生素及对原有抗生素的质量改良具有重要作用。链霉素的开发成功即是突出的例子。

④ 合成化学和石油化学工业　在有机合成中常用酸和碱作催化剂进行酯化、水解、酯交换、水合等反应。用离子交换树脂代替无机酸、碱，同样可进行上述反应，且优点更多。如树脂可反复使用，产品容易分离，反应器不会被腐蚀，不污染环境，反应容易控制等。甲基叔丁基醚（MTBE）的制备，就是用大孔型离子交换树脂作催化剂，由异丁烯与甲醇反应而成，代替了原有的可对环境造成严重污染的四乙基铅。

⑤ 环境保护　离子交换树脂已应用在许多非常受关注的环境保护问题上。目前，许多水溶液或非水溶液中含有有毒离子或非离子物质，这些可用树脂进行回收使用。如去除电镀废液中的金属离子，回收电影制片废液里的有用物质等。

⑥ 湿法冶金及其他　离子交换树脂可以从贫铀矿里分离、浓缩、提纯铀及提取稀土元素和贵金属。

11.6.2　大孔吸附树脂

大孔树脂（macroporous resin）又称全多孔树脂，它是以苯乙烯和丙烯酸酯为单体，加入二乙烯苯为交联剂，甲苯、二甲苯为致孔剂，它们相互交联聚合形成了多孔骨架结构。树脂本身由于依靠它和被吸附的分子（吸附质）之间的范德华力和氢键作用，具有吸附性，又因具有网状结构和很高的比表面积，而有筛选性能，能从溶液中有选择地吸附有机物质，使有机化合物根据吸附力及其分子量大小可以经一定溶剂洗脱而分开，达到分离、纯化、除杂、浓缩等不同目的。

根据树脂的表面性质，大孔吸附树脂（macroporous adsorbing resin）可以分为非极性、中极性和极性三类。非极性吸附树脂是由偶极矩很小的单体聚合而成，不含任何功能基团，孔表面的疏水性较强，可通过与小分子内的疏水部分的作用吸附溶液中的有机物，最适用于从极性溶剂（如水）中吸附非极性物质。中极性吸附树脂含有酯基，其表面兼有疏水和亲水部分，既可由极性溶剂中吸附非极性物质，也可以从非极性溶剂中吸附极性物质。极性树脂含有酰胺基、氰基、酚羟基等极性功能基，它们通过静电相互作用吸附极性物质。根据树脂孔径、比表面积、树脂结构、极性差异，大孔吸附树脂又分为许多类型，且分离效果受被分离物极性、分子体积、溶液值、洗脱液的种类等因素制约，在实际应用中，要根据分离要求加以选择。

大孔树脂吸附技术最早用于废水处理、医药工业、化学工业、分析化学、临床检定、治疗、原子能工业、海洋资源利用和食品工业等领域。而近年来大孔树脂吸附层析法在中草药有效成分的提取、分离、纯化方面显示出独特的作用。与传统的提取方法相比，大孔吸附树脂具有以下特点。①缩小剂量，提高中药内在质量和制剂水平。经大孔树脂吸附技术处理后得到的精制物可使药效成分高度富集、杂质少，使有效成分含量提高，剂量减小，有利于制成现代剂型的中药，也便于质量控制。②减小产品的吸潮性。传统的提取方法所提的中成药大部分具有较强的吸潮性，是中药生产及储藏中长期存在的问题。而经大孔树脂吸附处理后，可有效去除吸潮成分，增强产品的稳定性。③可有效去除重金属，既保证了患者的用药安全，同时也解决了中药重金属超标的难题，为中药进入国际市场创造了条件。④具有较好的安全性。吸附树脂是一类高度交联的、具有三维网状结构的高分子聚合物，不溶于任何溶剂，在常温下十分稳定，因此在使用过程中不会有任何物质释放出来。

11.7 新型催化剂及其在精细化工中的应用

目前在精细化工中，新型催化剂的研制和清洁催化技术的开发与应用研究进展十分迅速，成为精细化工推行绿色化清洁生产的重要手段，如固体超强酸催化剂（solid superacid catalyst）、杂多酸催化剂（heteropolyacid catalyst）、固定化生物催化剂等。

（1）固体超强酸催化剂

超强酸是指酸性超过 100％硫酸的酸，如用 Hammett 酸度函数 H_0 表示酸强度，100％硫酸的 H_0 值为 -11.93，$H_0 < -11.93$ 的酸就是超强酸。固体超强酸分为两类：一类含卤素、全氟磺酸树脂或氟化物固载化物；另一类不含卤素，为 SO_4^{2-}/M_xO_y 型，它由吸附在金属氧化物或氢氧化物表面的硫酸根，经高温燃烧制备，如 SO_4^{2-}/ZrO_2、SO_4^{2-}/Fe_2O_3、SO_4^{2-}/Al_2O_3、SO_4^{2-}/TiO_2 等单组分型，$NiO\text{-}ZrO_2\text{-}SO_4^{2-}$、$Fe_2O_3\text{-}ZrO_2\text{-}SO_4^{2-}$、$WO_3\text{-}ZrO_2\text{-}SO_4^{2-}$ 等复合型。后一类因无卤素，在制备和处理过程中不会产生"三废"，而受到人们的重视。

固体超强酸的主要优点是无腐蚀性，易与产物分离，常使反应在较温和的条件下进行。已用于酯化、酰化、烷基化、烯烃多聚、烯烃与醇加成等。

目前，固体超强酸已发展到杂多酸固体超强酸，负载金属氧化物的固体超强酸，复合稀土元素型固体超强酸，磁性复合固体超强酸和分子筛超强酸。在保证超强酸酸性前提下，综合其他成分的优点，如沸石催化剂，在工业上应用已很成熟，在此基础上引入超强酸的高催化活性，可以创造出新一代的工业催化剂，如具有规整介孔结构的 MCM-41 等分子筛，其比表面积大（1000m²/g），热稳定性好，且孔径在一定范围内可调，以其作为载体可以为超强酸提供更多的比表面积。

（2）杂多酸催化剂

HPA 是由杂原子（P、Si、Fe、Co 等）和多原子（Mo、W、V、Nb、Ta 等）按一定结构通过氧原子配位桥联的含氧多酸，是一种酸碱性和氧化还原性兼具的双功能绿色催化剂。

固态杂多酸化合物由杂多阴离子、阳离子（质子、金属阳离子、有机阳离子）及水或有机分子组成。目前用于催化的主要是分子式为 $H_nAM_{12}O_{40} \cdot xH_2O$ 具有 Keggin 结构的杂多酸，如 $H_4SiW_{12}O_{40} \cdot xH_2O$、$H_3PMo_{12}O_{40} \cdot xH_2O$ 等，它们是由中心配位杂原子形成的四面体和多酸配位基团所形成的八面体通过氧桥连接形成的笼状大分子，其具有类沸石的笼状结构。这类杂多酸易溶于水、乙醇、丙酮等极性较强的溶剂，因杂多酸的比表面积较小（$1 \sim 10 m^2/g$），在应用中，将杂多酸固载在合适的载体上，以提高比表面积，载体主要有活性炭、SiO_2、TiO_2、γ-Al_2O_3、MCM-41 分子筛、硅藻土（DE）、离子交换树脂、聚合物等大孔材料。大多采用浸渍法固载，改变杂多酸溶液浓度及浸渍时间是调节浸渍量的主要手段。

由于 HPA 阴离子体积大，对称性好，电荷密度低的缘故，使其表现出比传统的无机含氧酸（硫酸、磷酸等）更强的酸性。传统杂多酸的酸性顺序为：$H_3PW_{12}O_{40} >$ $H_4PW_{11}VO_{40} > H_3PMo_{12}O_{40} \sim H_4SiW_{12}O_{40} > H_4PMo_{11}VO_{40} \sim H_4SiMo_{12}O_{40} \gg HCl$，$HNO_3$。用 HPA 作酸催化剂具有以下优点：活性比传统的硫酸高；不腐蚀设备；不污染环境；可进行均相反应，也可进行非均相反应。在精细化学品的合成中应用于：烷基化和脱烷基反应；酯化反应；醇脱水反应和烯烃水合反应；环醚开环反应；醇醛缩合反应；烯烃加成酯化和醚化反应。

HPA 不仅具有超然的强酸性，还兼具氧化还原性。HPA 用做氧化还原催化剂具有以下特点：比较稳定，在较强氧化条件下也不易分解；既可进行均相反应又可进行非均相反应；在反应过程中主要是些阴离子起催化作用，因而活性和选择性较高，还能进行相转移催化氧化。应用于烷烃、烯烃、炔烃、醇、酚、醚、胺、醛和酮的氧化及还原反应。

（3）相转移催化剂

从 20 世纪 70 年代初起，相转移催化（phase transfer catalyst，PTC）技术成为有机合成中的非常重要的新方法，成为精细化工和药物合成的强有力工具。相转移催化这个名词是 C. M. Starks 于 1966 年首次提出的，并在 1971 年正式使用这个名词。所谓相转移催化是指：一种催化剂能加速或者能使分别处于互不相溶的两种溶剂（液-液两相体系或固-液两相体系）中的物质发生反应。反应时，催化剂把一种实际参加反应的实体（如负离子）从一相转移到另一相中，以便使它与底物相遇而发生反应，催化机理符合萃取机理。相转移催化剂在这个过程中没有损耗，只是穿梭于两相间重复地起"转运"负离子的作用。

PTC 法的优点：能使采用传统方法较难实现的反应顺利进行；反应条件温和，操作简单，反应时间短，副反应少，选择性高，产率高；无需使用昂贵的溶剂，用一般的溶剂即可。

常用的相转移催化剂有下列几种：

① 锡盐 这是一类使用范围广、价格也便宜的催化剂，其中最常用的是四级铵盐，和该盐同属于一类的还有：鏻盐、锍盐和钾盐，后几种使用较少。溴化十六烷基三甲基铵（HTMAB），氯化四正丁基铵（TBAC），溴化四正丁基铵（TBAB），氯化三正辛基甲基铵（TOMAC），氯化苄基三甲基铵（TMBAC），氯化苄基三乙基铵（TEBAC），氯化四正丁基

磷（TBPC），溴化十六烷基三正丁基磷（HTBPB）等。

② 阴离子表面活性剂　如十二烷基磺酸钠，四苯基硼钠。

③ 冠醚　冠醚有络合金属离子的能力。在相转移反应中，冠醚与碱金属离子络合形成伪有机正离子，它与四级铵盐的正离子很相像，因此也能使有机的和无机的碱金属盐溶于非极性有机溶剂中，大多用于固-液相催化。但由于它价格昂贵且毒性较大，故未能得到广泛应用，在工业上就更不宜使用。冠醚在强碱性溶液中极为稳定，因此是在强碱性溶液中进行相转移催化反应的重要催化剂。

④ 开链多聚醚　如聚乙二醇或聚乙二醇醚与冠醚相似，它们与碱金属、碱土金属离子以及有机正离子络合，只不过没有冠醚的效果强。

应用：主要用于合成医药、农药、香料、染料中间体及特种高分子。可用于以下反应：酯化反应、醚化反应、合成醛、醛酐缩合反应、氰化反应、烷基化、酰基化、烷基氧化、酚的氧化环化等。

（4）不对称合成用催化剂

光学活性膦配位络合物催化剂、过渡金属（Ru、Rh 等）膦配位络合物。如下面是几个 C_2 对称性的双齿手性膦配体。

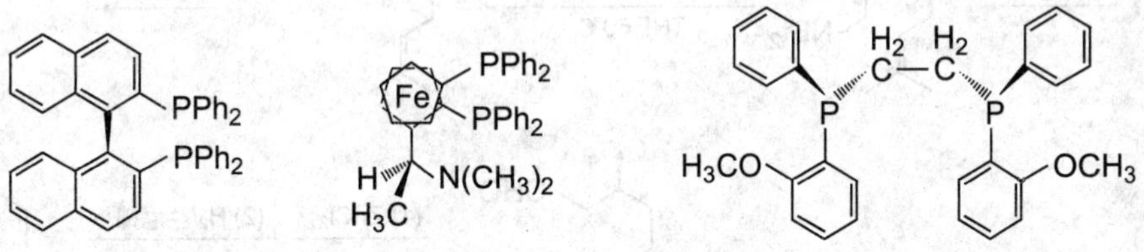

BINAP　　　　　BPPFA　　　　　DIPAMP

主要应用于以下方面：

① 不对称催化氢化　如（S）-萘普生的合成，产率 92%，e.e. 值 97%。

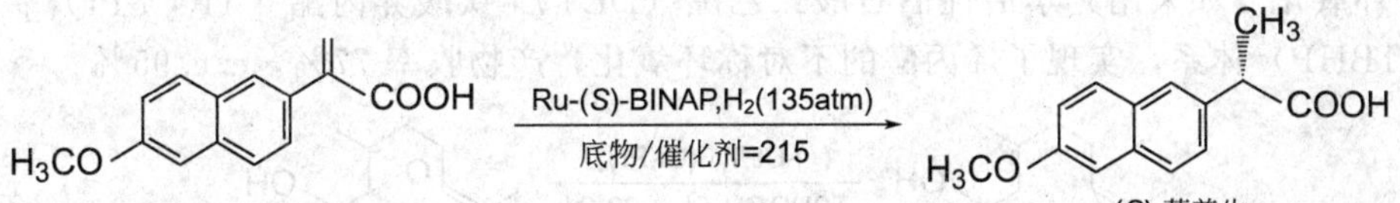

（S）-萘普生

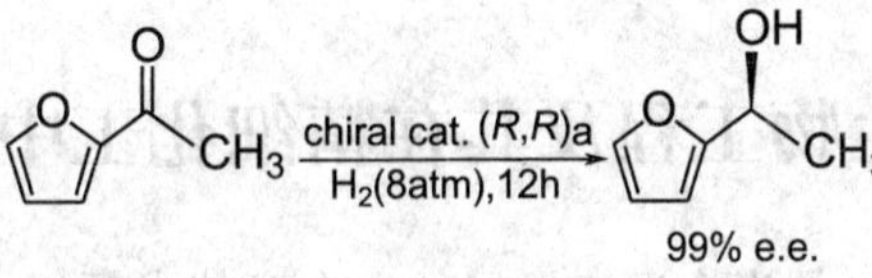

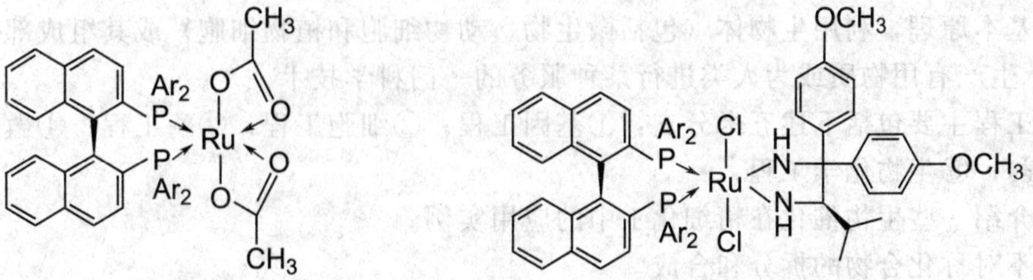

99% e.e.

Ru-(S)-BINAP　　　　　chiral cat.(R,R)a

美国孟山都公司已用 DIPAMP/Rh 生产治疗帕金森氏病药物左旋多巴的母体化合物，e.e.94%。

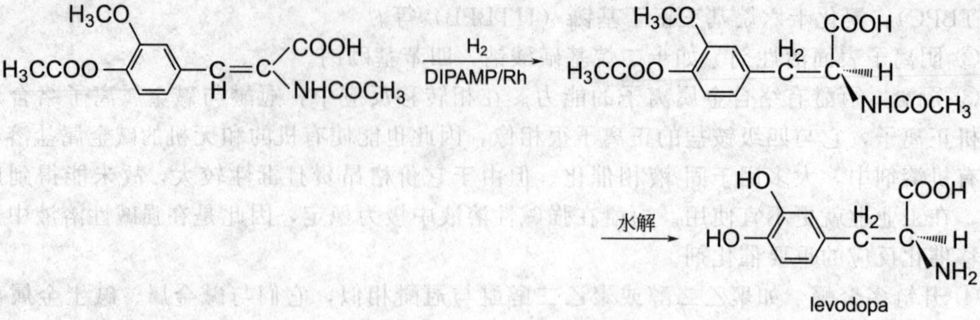

levodopa

甜味剂天冬氨酰苯丙氨酸甲酯（Aspartame）使用光学活性膦配位的 Rh 催化剂进行不对称氢化，日本已用于生产中。

② 异构化　如由二聚异戊二烷基二乙胺异构化，再水解成 D-香茅醛，然后合成 L-薄荷醇：

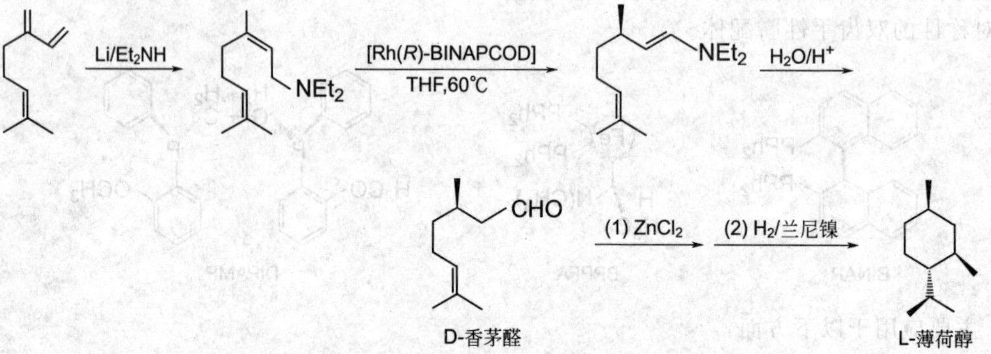

D-香茅醛　　　　　　　　　　　　　　　　　　　　　　L-薄荷醇

③ 环氧化　如采用光学活性酒石酸二乙酯（DET）-钛酸异丙酯［Ti(Oi-Pr)$_4$］-过氧叔丁醇（TBHP）体系，实现了烯丙醇的不对称环氧化，产物收率 77％，e.e. 95％。

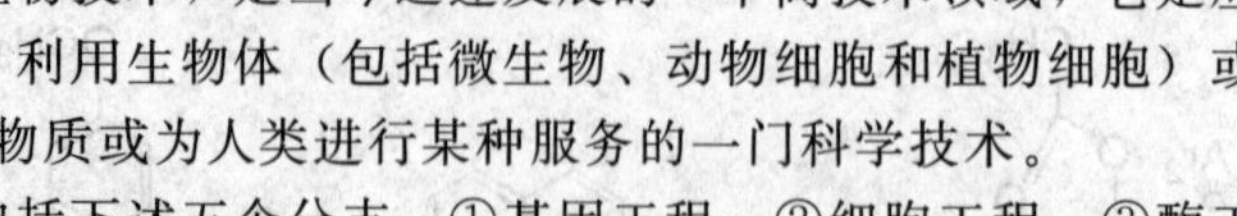

11.8　生物工程及其在精细化工中的应用

生物工程也称生物技术，是当今迅速发展的一个高技术领域，它是应用生物学、化学和工程学的基本原理，利用生物体（包括微生物、动物细胞和植物细胞）或其组成部分（细胞器和酶），生产有用物质或为人类进行某种服务的一门科学技术。

生物工程主要包括下述五个分支：①基因工程；②细胞工程；③酶工程；④微生物工程（发酵工程）；⑤生物化学工程。

下面介绍一些生物催化在精细化工中的应用实例。

（1）不对称化合物的拆分和合成

利用酶的高度立体专一性制备手性化合物，在精细化学品合成中具有重要意义。例如，利用水解酶可将消旋化合物拆分成对映体，利用酶法可合成光学活性氨基酸如 L-赖氨酸。由 DL-氨基己内酰胺生产 L-赖氨酸的过程如下：

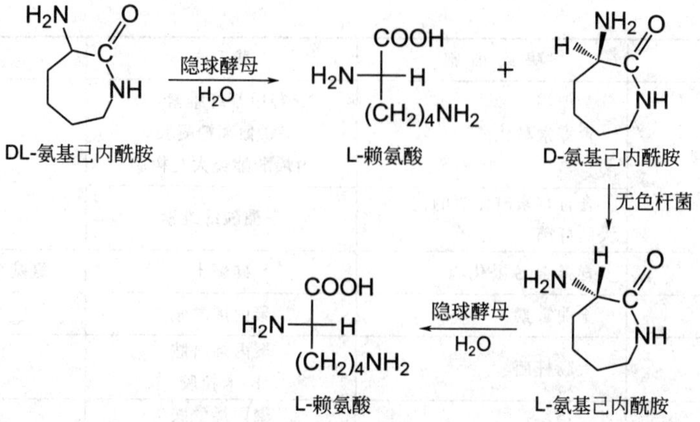

最近，还利用氨基酸脱氢酶将 α-酮酸还原氨化，制备高光学纯度的 L-氨基酸。还可用酶法生产 D-氨基酸，它是 β-内酯抗生素的组成部分，又是甜味剂合成和拟除虫菊酯中间体拆分所必需的化合物。还有 D-p-羟基苯甘氨酸是以酚、乙醛酸和尿素为原料，采用两步化学法和一步酶法，利用二氢嘧啶酶催化得到的。以甾醇类为原料可发酵生产氢化可的松、强的松龙、雌酚酮等 30 多种甾体激素类药物。

（2）合成抗生素

例如，近年来采用青霉素酰化酶的基因工程菌合成 6-氨基青霉烷酸即 6-APA 获得成功，从而取代了化学法，实现了工业化。其反应如下：

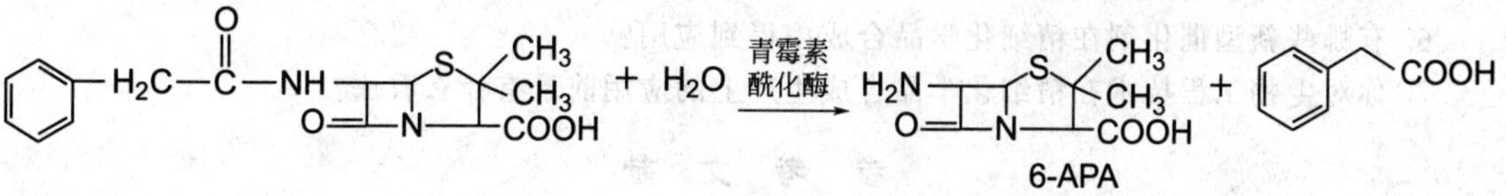

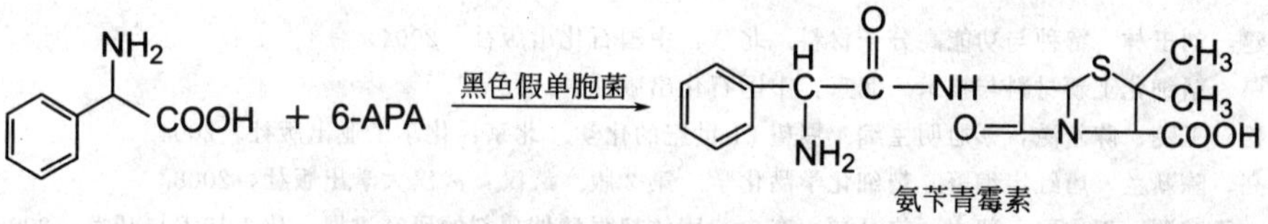

该法的最大优点是使用的青霉素酰化酶具有高度的专一性，它只水解侧链的酰胺键而不影响 β-内酰胺环。使 6-APA 再与苯甘氨酸在黑色假单胞菌存在下反应，即得到氨苄青霉素，氨苄青霉素是目前半合成青霉素中产量最大的品种。

固定化酶或固定化细胞进行精细化学品生产的部分实例列于表 11-2。

影响固定化生物催化剂工业应用的主要障碍是酶在有机溶剂中不稳定，另外就是固定化技术尚不够成熟，适合于固定化生物催化剂的生化反应器尚有待研究与开发。

表 11-2　固定化生物催化剂在精细化工中的应用

原　料	酶或细胞	载　体	产　物
N-酰化-DL-氨基酸	氨基酰化酶	DEAE-纤维素 DEAE-葡萄糖凝胶	L-氨基酸
天冬氨酸	假单胞菌	K-卡拉胶	L-丙氨酸
富马酸	含 L-天冬氨酸-β-脱羧酶 和天冬氨酸酶的两种菌	K-卡拉胶	L-丙氨酸
丙烯腈	假单胞菌	聚丙烯酰胺	丙烯酰胺
葡萄糖	谷氨酸棒杆菌	K-卡拉胶	L-谷氨酸
十二烷二醇	热带假丝酵母	K-卡拉胶	十二烷二酸

续表

原　料	酶或细胞	载　体	产　物
青霉素 G	青霉素酰化酶	羟甲基纤维素， 交联葡萄糖凝胶， 丙烯酸酯类大孔树脂	6-APA
	含青霉素酰化酶的 大肠杆菌	三醋酸纤维素	
头孢菌素化合物	青霉素 G 酰化酶	硅藻土	7-氨基头孢霉烷酸（7-ACA）
葡萄糖	土曲霉素	聚丙烯酰胺	衣康酸
富马酸和氨	大肠杆菌	聚丙烯酰胺 K-卡拉胶	L-天冬氨酸
氢化可的松	简单节杆菌	聚丙烯酰胺 光交联树脂	氢化泼尼松

复习思考题

1. 什么是功能高分子？功能高分子主要有哪些类型？
2. 按感光基团分类，感光性高分子有哪些主要类型？
3. 导电高分子有哪些类型？什么是光导电材料？有哪些主要的光导电材料？
4. 对医用高分子材料的基本要求有哪些？
5. 什么是分离膜？典型的膜分离技术有哪些？
6. 有哪些新型催化剂在精细化学品合成中得到应用？
7. 你对生物工程技术在精细化学品合成生产上的应用前景有什么看法？

参 考 文 献

［1］ 王国建，刘玉林. 特种与功能高分子材料. 北京：中国石化出版社，2004.
［2］ 孙履厚. 精细化工新材料与技术. 北京：中国石化出版社，1998.
［3］ 王佛松，王臻，陈新滋，彭旭明主编. 展望 21 世纪的化学. 北京：化学工业出版社，2004.
［4］ 张先亮，陈新兰，唐红定编著. 精细化学品化学. 第 2 版. 武汉：武汉大学出版社，2008.
［5］ 赵强，孟双明，王俊丽，郭永，樊月琴，李忠. 固体超强酸催化剂的研究进展. 化工技术与开发，2008，37（9）：13-17，33.
［6］ 汪颖军，孙博，张海菊. SO_4^{2-}/M_xO_y 型固体超强酸研究进展. 工业催化，2008，16（2）：12-17.
［7］ 赵忠奎，李宗石，王桂茹，乔卫红，程侣伯. 杂多酸催化剂及其在精细化学品合成中的应用. 化学进展，2004，16（4）：620-630.
［8］ Landini D，Maia A. Phase transfer catalysis（PTC）：search for alternative organic solvents, even environmentally benign ［J］. Journal of Molecular Catalysis A：Chemical，2003：204-205，235-243.
［9］ 邢其毅，徐瑞秋，周政编著. 基础有机化学. 北京：高等教育出版社，1980.

第 12 章　绿色精细化学品设计与开发

12.1　概述

12.1.1　绿色精细化学品的产生

化学工业为人类创造了巨大的物质财富，促进了社会的文明与进步，对社会经济的发展和人民生活水平的提高无疑起了巨大的作用，但也带来了有害化学品对生态环境的污染问题。由于世界人口急剧增加，各国工业化进程和发展加快，资源和能源日渐减少，大量排放的工农业污染物和生产废弃物，使人类生存的生态环境迅速恶化。主要表现在：大气污染；酸雨成灾；全球气候变暖；臭氧层被破坏；淡水资源的紧张和污染；海洋污染；土地资源的退化；森林锐减；生物多样性减少；环境公害；有毒化学品和危险废物。从而使人类正面临有史以来最严重的环境危机。

保护生态环境、加强污染治理、实现可持续发展已成为世界共识，一系列法规的颁布和实施推动了绿色化学的兴起和发展。1972 年，联合国召开了人类环境会议，发表了《环境宣言》。美国在 1990 年颁布了《污染防治条例》并确定为国策；1995 年设立"总统绿色化学挑战奖"。1992 年，在巴西里约热内卢举行了举世瞩目的联合国环境与发展大会，102 个国家元首或政府首脑出席会议，共同签署了《关于环境与发展的里约热内卢宣言》，制订了关于可持续发展的《21 世纪议程》，得到了世界各国的普遍认同。欧洲国家实行环境保护新政策，推进清洁生产技术：德国于 1991 年制订"为环境而研究的计划"；英国 2000 年设立"Jerwood Salters 环境奖"；荷兰制订《清洁生产手册》。日本制订"21 世纪重建绿色地球"的"新阳光计划"。我国于 1994 年发表了《中国 21 世纪议程》，制订了"科教兴国"和"可持续发展"的战略。2003 年我国开始实施《中华人民共和国清洁生产促进法》，这表明清洁生产已成为我国工业污染防治工作战略转变的重要内容，成为实现可持续发展战略的法律手段。

12.1.2　绿色化学的概念和特点

绿色化学（green chemistry），又称环境友好化学（environmental benign chemistry），可持续性化学（sustainable chemistry），是运用现代科学技术的原理和方法来减少或消除化学产品的设计、生产和应用中有害物质的使用与产生，使所研究开发的化学产品和过程更加对环境友好。

在绿色化学基础上发展的技术称为绿色技术或清洁生产技术。理想的绿色技术是采用具有一定转化率的高选择化学反应来生产目的产品，不生成或很少生成副产物或废物，实现废物的"零排放"；工业过程使用无害的原料、溶剂和催化剂；生产环境友好的产品。

绿色化学的显著特点在于：①充分利用资源和能源，采用无毒、无害的原料；②在无毒、无害的条件下进行反应，以减少废物向环境排放；③提高原子的利用率，力图使所有作为原料的原子都被产品所消纳，实现"零排放"；④生产出有利于环境保护、社区安全和人体健康的环境友好的产品。因此，绿色化学的目的是把现有的化学工业生产的技术路线从"先污染、后治理"改变为"从源头上消除污染"。绿色化学是发展生态经济和工业的关键。

12.1.3　绿色化学原理（绿色精细化学的 12 项原则和 5R 理论）

Paul T. Anastas 博士和麻省理工大学的 John C. Warner 教授提出了有关绿色化学的 12 条原则，为绿色化学奠定了理论基础。

（1）防止污染优于污染的治理（Prevention）　防止产生废物比在它产生后再处理或清除更好。

（2）提高合成反应的原子经济性（Atom Economy）　设计合成方法时，应尽可能使生产加工过程的材料都进入最后的产品中。

（3）无害化学合成（Less Hazardous Chemical Syntheses）　所设计的合成方法应不使用和不产生对人类健康和环境有害的物质。

（4）设计安全化学品（Design Safer Chemicals）　化学产品的设计应该在保护原有功效的同时尽量使其无毒或毒性很小。

（5）采用安全的溶剂和助剂（Safer Solvents and Auxiliaries）　所使用的辅助物质包括溶剂，分离试剂，与其他物品使用时都应是无害的。

（6）合理使用和节省能源（Design for Energy Efficiency）　化学过程的能源要求应考虑其环境的和经济影响并应尽量节省。如果可能，合成应在室温和常压下进行。

（7）使用可再生资源为原料（Use Renewable Feedstocks）　若技术和经济上可行，原料和加工料都应可再生。

（8）减少衍生化步骤（Reduce Derivatives）　尽量减少和避免利用衍生化反应，此步骤需要添加额外的试剂并可能产生废物。

（9）催化反应（Catalysis）　具有高选择性的催化剂比化学计量学的试剂优越得多。

（10）设计可降解的化学品（Design for Degradation）　化学产品的设计应使它们在功能终了时分解为无害的降解产物。

（11）预防污染的现场实时分析（Real-Time Analysis for Pollution Prevention）　需要进一步开发新的分析方法时可进行实时的生产过程监测并在有害物质形成之前给予控制。

（12）防止生产事故的安全工艺（Inherently Safer Chemistry for Accident Prevention）　减少或消除制备和使用过程中的事故和隐患。

绿色化学的 5R 理论。

（1）减量（Reduction）　减量是从省资源少污染角度提出的。减少用量、在保持产量的情况下如何减少原料用量，有效途径之一是提高转化率、减少损失率。减少"三废"排放量。主要是减少废气、废水及废弃物的排放量。

（2）重复使用（Reuse）　重复使用是降低成本和减废的需要。诸如化学工业过程中的催化剂、载体等，从一开始就应考虑有重复使用的设计。

（3）回收（Recycling）　回收主要包括：回收未反应的原料、副产物、助溶剂、催化剂、稳定剂等。

（4）再生（Regeneration）　再生是变废为宝，节省资源、能源，减少污染的有效途径。它要求化工产品生产在工艺设计中应考虑到有关原材料的再生利用。

（5）拒用（Rejection）　拒绝使用是杜绝污染的最根本办法，它是指对一些无法替代，又无法回收、再生和重复使用的毒副作用、污染作用明显的原料，拒绝在化学过程中使用。

12.1.4　绿色精细化工的内涵

所谓绿色精细化工，就是运用绿色化学的原理和技术，尽可能选用无毒无害的原料，开发绿色合成工艺和环境友好的化工过程，生产对人类和环境无害的精细化学品。

绿色精细化工的内涵主要包括：

（1）精细化工原料的绿色化。要求尽可能选用无毒无害化工原料和可再生资源进行精细化学品的合成，以减少原料生产所带来的环境污染和毒害品伤害。

（2）精细化工工艺技术的绿色化。要求利用全新化工技术，如新催化技术、生物技术等，开发高效、高选择性的原子经济性反应和绿色合成工艺，从源头上减少或消除有害废物的产生；或者改进化学反应及相关工艺，降低或避免对环境有害的原料的使用，减少副产物的排放，最终实现零排放。

（3）精细化工产品的绿色化。要求根据绿色化学的新观念、新技术和新方法，研究和开发无公害的传统化学用品的替代品，设计和合成更安全的化学品，采用环境友好的生态材料，实现人类和自然环境的和谐与协调。

12.2　安全绿色化工产品的设计

12.2.1　安全化学品的特征

所谓安全化学品，应根据化学产品的生命周期进行评价。首先该产品的起始原料应尽可能来自可再生资源，然后产品本身必须不会引起人类健康和环境问题，最后当产品使用后，应能再循环或易于在环境中降解为无毒无害的物质。

12.2.2　设计安全无毒化学品的一般原则

实际上，任何化学品往往很难达到完全无毒无害。因此，设计安全化学品应该是在这些产品被期望功能得以实现的同时，将它们的毒害作用降到最低限度。

避免化学品有害的两种主要途径：①使其不能进入机体——"外部"效应；②要求它对机体内正常的生物化学和生理过程不产生有害的影响——"内部"效应。

（1）"外部"效应原则——减少接触的可能性

主要是指通过分子设计，改善分子在环境中的分布，改善人和其他生物机体对它的吸收性质等重要物理化学性质，从而减少它的有害生物效应。例如：通过分子结构设计，增大物质降解速度、降低物质的挥发性、减少分子在环境中的残留时间、减小物质在环境中转变为具有有害生物效应物质的可能性等。通过分子设计，降低或妨碍人类、动物和水生生物对物质的吸收。要充分考虑生物集聚（Bioaccumulation）或生物放大（Bio-magnification）效应。所谓生物聚集是指某些化学品在某些生物体内会聚集和积累，造成累计性中毒。例如：水生生物和鱼类体内累积铅、铬、镉、汞等有毒重金属，含量是水体中浓度的 $100 \sim 10000$ 倍。生物放大是指生物体内的有毒转化和食物链的延伸使化学品的毒性放大，达 $10 \sim 10000$ 倍。

（2）"内部"效应原则——预防毒性

"内部"效应原则通常包括通过分子设计达到以下目标。

① 增大生物解毒性　a. 增大代谢的可能性，可采取措施：选择亲水性化合物；增大物质分子与葡萄糖醛酸、硫酸盐、氨基酸结合的可能性。b. 增大可生物降解性。

② 避免物质的直接毒性　a. 选择无毒的物质。b. 选择功能团：避免有毒功能团；让有毒结构在生化过程中消去；对有毒功能团进行结构屏蔽；替代分子的有毒功能团部分。

③ 避免间接生物致毒性或生物活化　a. 不使用已知生物活化途径的分子，如强的亲电性或亲核性基团，不饱和键。b. 对可生物活化的结构进行结构屏蔽。

12.2.3　设计安全有效化学品的方法

设计安全有效化学品的方法概括起来主要有：毒理学分析及相关分子设计；利用构效关系设计安全的化学品；利用基团贡献法构筑构效关系；利用等电排置换设计更加安全的化学品；"软"化学设计；利用相同功效而无毒的物质替代有毒有害物质；消除有毒辅助物质的

使用。

12.2.3.1 毒理学分析及相关分子设计

在进行分子设计时，主要要考虑：①减少吸收，利用致毒机理消除毒性；②利用构效关系消除毒性；③利用后代谢原理消除毒性；④用等效的无毒物代替有毒物质和不使用有毒物质。

（1）化学品的毒性

有毒化学品对人的三种致毒途径：接触致毒（口腔、皮肤、呼吸系统），生物吸收致毒（吸收能力、分布），物质的固有毒性致毒。产生毒性的根源是：毒性载体（Toxicophore），是引发毒性的特定分子结构；产毒结构（Toxicogenic），可通过代谢产生有毒结构。化学品毒性的发生过程如下：接触（接触相）→吸收、分散、代谢、排泄（毒性动力学相）→与目标组织中的生物分子相互作用（毒性动态学相）→毒效。

① 吸收 从接触处进入血液的过程。吸收途径主要有：肠胃系统吸收，肺吸收，皮肤吸收。人体的细胞膜，尤其是皮肤的细胞膜、肺的上皮衬、肠胃系统、毛细血管、器官等主要是由脂类物质构成的，因此，被吸收的物质要能完成上述旅行，就要有良好的水溶性和脂溶性。

② 分散 有毒物质吸收进入人体后在体内的扩散过程。分散的速度由血流速度和从毛细血管向器官的扩散速度决定，通常分散速度很快，许多有毒物质吸收后分布于心脏、肝、肾、大脑及其他器官。物质分散于哪一个器官取决于它的物理化学性质。例如，油溶性不好的物质不容易侵入大脑，而油溶性好的物质就容易进入大脑。再如其他因素：与血浆蛋白的结合程度、在脂肪组织中的聚集等性质。

③ 代谢 人体内利用酶的催化作用把吸收的物质转化为水溶性更大的、更容易排泄的物质的过程，称为代谢或生物转化（Biotransformation）。代谢过程包括Ⅰ相化学反应和Ⅱ相化学反应。在Ⅰ相化学反应中，陌生化学物质通过氧化、还原和水解等过程转化为极性更大的代谢物，从而更易溶解于水，因而更易排泄。在Ⅱ相化学反应中，内源性化合物如葡萄糖酸盐、硫酸盐、乙酸盐或氨基酸与有毒陌生化学物质通过结合反应，生成水溶性更大的物质，从而更有利于排泄。

④ 毒性动态学（Toxicodynamics） 毒性动态学包括有毒化学物质分子与生物分子特定部位的相互作用过程及其引发的生物化学事件和生物物理事件。正是这些事件使我们最终观察到物质的毒性。毒物分子与细胞大分子形成共价键导致不可逆中毒。氢键等其他弱化学作用导致可逆中毒。

（2）通过分子修饰减少吸收

① 减少肠胃系统吸收 可增大其颗粒度或使其保持非离子化形式；增大其油溶性同时减少其水溶性；使其相对分子质量大于 500，或处于固体状态；用多种取代基联合作用，使分子强离子化，其极性太强，不易吸收；含有硫酸根的分子，难于穿越生物膜。

② 减少肺吸收 可降低挥发性，更低的蒸气压，更高的沸点；更低的水溶性或具有更高的熔点（高于 150℃），大颗粒度。

③ 减少皮肤吸收 使其为固体而不是液体；具有较大的极性或离子性；增大粒度或分子量。

（3）依据毒性机理设计更安全的化学品

① 含有亲电试剂物质的毒性机理

亲电性物质或代谢后形成的亲电性物质都会与细胞大分子如 DNA、RNA、酶、蛋白质等中的亲核部分发生共价相互结合。这种不可逆的共价相互作用会严重影响细胞大分子的功能，可引发多种毒性效果，包括癌症、肝中毒、血液中毒、肾中毒、生殖系统中毒、发育系统中毒等。好在哺乳动物有多种防御系统，它会提供"自我牺牲"亲核试剂，来与亲电试剂结合。这些自然防御系统主要位于肝中。一些商用化学物质的亲核反应及相应毒效见表 12-1。

表 12-1　一些商用化学物质的亲核反应及相应毒效

亲电试剂	一般结构	亲核反应	毒效
卤代烃	R—X X=Cl,Br,I,F	取代反应	癌症
α,β-不饱和羰基化合物及相关化合物	C=C—C=O C≡C—C=O C=C—C≡N C=C—S—	Michael 加成反应	癌症,变种,肝、肾、血液、神经中毒等
γ-二酮	$R^1COCH_2CH_2COR^2$	生成 Schift 碱	神经中毒
环氧化合物	(结构图)	加成反应	变种,睾丸损伤
异氰酸酯	—N=C=O —N=C=S	加成反应	癌症,变种,免疫系统中毒

② 设计更安全的亲电性物质

a. 降低分子的亲电性　避免它与细胞分子中的亲核部分发生相互作用，从而降低分子的毒性。例如：丙烯酸乙酯有 α,β-不饱和羰基，易发生 Michael 加成反应；甲基丙烯酸乙酯，在 α 位引入甲基，亲电性降低，不发生 Michael 加成反应。

b. 掩蔽法　把亲电基团掩蔽起来，使用时再去掉掩蔽剂，减少生产、运输和保存过程的危险性。

【例 1】　异氰酸酯，形成酮肟，使用时加热生成异氰酸酯，减少了人与异氰酸酯的接触。

$$RNHCOON=C(CH_3)CH_2CH_2CH_2CH_3 \xrightarrow{\text{Heat}} RNHCOOCH_3$$

【例 2】　乙烯砜用于制备活性染料，以硫酸酯形式出售，使用时用强碱处理得乙烯砜。

$$R—SO_2CH_2CH_2OH \xrightarrow{H_2SO_4} \underset{\text{硫酸酯}}{R—SO_2CH_2CH_2OSO_3H} \xrightarrow{\text{强碱}} \underset{\text{乙烯砜}}{R—SO_2CH=CH_2}$$

③ 生物活化引发亲电性的毒性机理及设计

大部分产生亲电性代谢产物的生化反应都是由细胞色素 P450 催化的氧化反应，在反应中一部分分子被生物活化变成亲电性物质。

【例 3】　4-烷基酚的生物活化，由细胞色素 P450 催化氧化生成对甲基化醌。

尽量避免使用取代基处于 OH 对位的取代酚，2-甲基酚和 3-甲基酚的毒性是对甲基酚的 0.1 和 0.02 倍；尽量使用取代基与苯环相连的 C 上无 H 原子。

再如，烯醇结构（C=C—C—OH）可以在醇脱氢酶作用下生成 α,β-不饱和羰基代谢物，从而产生毒性。

$$H_2C=CH-CH_2-OH \xrightarrow{ALDH} H_2C=CH-C\overset{O}{H} \xrightarrow{\text{肝细胞亲核剂}} \text{肝中毒}$$

醇羟基 C 原子上有芳香环取代的烯醇，代谢产物毒性更大。1 位烯基、芳香取代的醇与硫酸发生 II 相反应生成非常活泼的亲电物种，会发生 S_N1 生物亲核反应，毒性很大。

要避免不饱和的 C=C 双键与 OH 基相连，且又与至少连有一个 H 原子的 C 原子相连；避免芳环结构与烯醇羟基碳原子相连。采取措施：用其他基团取代醇羟基 C 原子上的 H 原子；用体积大的烷基取代不饱和烷基。

④ 包含自由基的机理

自由基是含有未成对电子的高反应性基团。许多化学物质被人体吸收后经代谢可产生自由基。比如细胞色素 P450 氧化过程中的关键步骤就是自由基的生成。化学物品在代谢过程中生成的自由基有毒。因此，容易生成自由基的化学品也就潜在有很大的危险性。

（4）利用毒性机理设计更加安全化学品的例子

【例4】 用甲苯代替苯。苯会在肝中发生一系列氧化反应，生成高亲电性的代谢产物 [E-黏糠醛 OHC（CH$_2$）$_4$CHO]，具有毒性，引起血中毒甚至白血病。甲苯氧化的产物是苯甲酸，稳定、无毒。

【例5】 设计更安全的二醇醚。二醇醚作为溶剂、刹车油、汽油添加剂、乳胶漆和清洁剂等。乙二醇单甲醚和单乙醚引发生殖和发育系统中毒；乙二醇单丁醚毒性小一些，但会杀死血红细胞。二醇醚的毒性来自代谢产物，在氧化酶催化下生成烷氧基取代酸。

$$R-O-CH_2CH_2OH \xrightarrow{ALDH,ACDH} R-O-CH_2COOH$$
$$R=CH_3, C_2H_5, C_4H_9$$

设计方法：阻止物质代谢为烷氧基取代酸。将醇羟基连接的 C 原子改为仲 C 原子，避免氧化为酸，毒性显著降低，对其功效无影响。

$$R-O-CH_2CH(CH_3)OH \xrightarrow{P450} RCH=O+ HOCH_2CH(CH_3)OH$$
无毒

$$R-O-CH(CH_3)CH_2OH \xrightarrow{ALDH} R-O-CH(CH_3)COOH$$
有毒

12.2.3.2 利用构效关系设计安全的化学品

通常分子都是通过其特殊结构部位与特殊生物分子的相应部位发生相互作用而引发毒性的。因此，可推断，含有相同"药效基团"或"毒性载体"的物质具有相同的"药效"或"毒性"。化合物的毒性以及该类化合物中不同结构引起的毒性差异称为构效关系，即物质的特征结构会使分子具有内在的生化性质，引发生化效应（药效、毒性等）。对于药品，其具有某种生化功能（药效）的特征分子结构称为"药效基团"（Pharacophore）。而对于化学品，则希望其不具有生物效应（毒性），分子中不具有毒性载体（Toxicophore）结构。所以，可利用构效关系设计新的化合物，增加药效，降低毒性。

（1）利用定性构效关系设计更加安全的化学品

【例 6】　壬基酚聚氧化乙烯醚 $[C_9H_{19}—C_6H_4—O(CH_2CH_2O)_nCH_2CH_2OH]$ 用作清洁剂、油墨中的发泡剂和表面活性剂。结构与毒性关系：$n=14\sim29$，严重心脏坏死；$n<14$ 或 $n>29$，无心肌病变。在选择使用聚乙氧基壬酚时，应设计使用 $n<14$ 或 $n>29$ 的聚乙氧基壬酚。

【例 7】　缩水甘油醚（Glycidyl Ethers），合成试剂。结构与毒性关系：

$$H_2C\overset{O}{\underset{}{C}}—\overset{H}{\underset{H_2}{C}}+O—\overset{H}{\underset{H_2}{C}}\Big]_n CH_3，n=7\sim9，诱发病变，引发生殖系统损伤；n=11\sim13，无病变。所$$

以，避免设计使用 n 值为 $7\sim10$ 的缩水甘油，而应使 n 值在 12 以上。

【例 8】　$1,2,4$-三唑-3-硫酮 （1,2,3-Triazole-3-Thione），C—N 基团通常就是"毒性载体"，对甲状腺有毒。毒性与取代基类型和位置有极大关系，表 12-2 列出了取代 $1,2,4$-三唑-3-硫酮的结构与毒性的关系。

表 12-2　取代 $1,2,4$-三唑-3-硫酮的结构与毒性

一般结构	R_1	R_2	R_3	相对毒性
	CH_3	H	H	1.0
	H	CH_3	H	1.2
	H	H	CH_3	212.0
	CH_3	H	CH_3	7.1
	H	H	$—C_6H_5$	5.7
	CH_3	CH_3	H	4.7
	H	H	H	3.6

（2）利用定量构效关系设计更加安全的化学品

定量构效关系（QSARs）是指关联一系列物质生物活性与一种或多种物理化学性质的关系式。把化学结构转化为描述物理化学性质的参数，而这些物理化学性质又与生物反应活性相关。

常用的构效关系的回归关系式为：$\lg(1/p)=ax^2+bx+cy+d$

式中，p 为表现出生物活性的事物的最低浓度；x 和 y 为描述生物活性的物理化学性质；a、b、c、d 为系数。

此方程能定量预测化合物的毒性（药效）。美国国家环保署于 1981 年发表了药物的毒性定量构效关系，计算程序（ECOSAR），42 类化学品，100 多个回归方程。

12.2.3.3　利用基团贡献法构筑构效关系

基团贡献法（Group Contribution Method）或称碎片贡献法（Fragments Contribution Method）模型是定量构性关系研究中使用最广的方法之一，是根据 Langmuir 1925 年提出的独立作用原理建立起来的。

独立作用原理：一种物质的物理化学性质或功效可以看成是物质分子中各种结构或基团的独立贡献（作用）的加和。

基团贡献法原理：某一活性组分是组成分子的 1 个或 n 个碎片或二级结构的贡献或贡献之和，而同一碎片所能作出的贡献在不同的化合物中是相同的，与它所处的化合物无关。

基团贡献法的实现：有足够量的一系列测量值可用于建造模型；可分辨一系列结构碎片与活性之间的关系，从而理性化地解释其作用。

基团贡献法的应用：定量预测未知物的构效关系。

12.2.3.4　利用等电排置换设计更加安全的化学品

电子等排同物理性质现象（Isosterism）：具有相似分子和电子特征的物质不管其结构是否相似，通常都具有相似的物理性质和其他性质，这些物质称为电子等排物（Isostere）。

根据 Langmuir 的定义，电子等排物是这样一些物质和取代基，它们由于有相同数目的外层电子且电子的排布方式相同，因而有相同的电荷。

随着分子轨道理论的发展，Langmuir 电子等排物概念的描述已有许多变化，比如，Burger 就定义电子等排物为：除 Langmuir 所述外，具有相似分子形状和体积、大致相似的电子排布，因而表现出相似物理化学性质的分子、原子、取代基等。

下面列举了一些电子等排物：

① —H，—F

②
$$\begin{array}{c} O \\ \| \\ -C \\ | \\ OH \end{array}\ , \ \begin{array}{c} O \\ \| \\ -S-NH \\ \| \\ O \end{array}$$

③ —OH，—NH₂

④ —CH₃，—SH，—Cl

⑤ —CH₂—，—NH—，—O—，—S—，—SiH₂—

⑥ —N＝，—OH＝，—S＝

⑦ —CH＝CH—，—S—，—O—，—NH— in cyclostructures

⑧
$$\begin{array}{c} O \\ \| \\ -C \\ | \\ O- \end{array}\ , \ \begin{array}{c} O \\ \| \\ -C \\ | \\ NH \end{array}\ , \ \begin{array}{c} O \\ \| \\ -C \\ | \\ CH_2- \end{array}$$

⑨
$$\begin{array}{c} -NH \quad HN- \\ \ \ \ \ C \\ \ \ \ \ \| \\ \ \ \ \ O \end{array}\ , \ \begin{array}{c} -NH \quad HN- \\ \ \ \ \ C \\ \ \ \ \ \| \\ \ \ \ \ N-CN \end{array}$$

【例 9】 苯、吡啶和噻吩是电子等排物，尽管它们的结构并不相同，但它们的化学性质仍然相似。比如，都具有芳香性，都是液体，分子体积和大小相差不大等。苯和噻吩的沸点十分相近（约为 81℃）。因为—CH＝CH—与—N＝和—S—是电子等排结构。

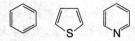

电子等排的化合物可能具有相似的生物活性；通过等电排结构的置换，可能给某化合物赋予某些生物活性，增强或降低某些方面的生物活性。

【例 10】 7-甲基苯并蒽是一个已知的致癌物，而 7-甲基-1-氟苯并蒽则不致癌。原因是 7-甲基苯并蒽在代谢过程中会在 1，2 位发生环氧化而被生物活化引发中毒，而用电子等排物氟原子取代氢原子后，氟原子使 1，2 位的环氧化反应受阻。

【例 11】 乙酸，CH_3COOH，无毒性；氟乙酸，FCH_2COOH，毒性很大，半致死量（口服 LD_{50}）2~5mg/kg。

这是因为，在生物体内，乙酸与辅酶 A（CoA）发生相互作用，生成乙酰辅酶 A，它是柠檬酸循环中一个必不可少的中间体。氟代乙酸由于与乙酸是电子等排物，故也能生成氟代乙酰辅酶 A。氟代乙酰辅酶 A 进入柠檬酸循环后会生成氟代柠檬酸盐，它会阻碍乌头酸酶（Aconitase）工作，因而引发毒性 。

【例 12】 麦角胺（Metiamide），可降低肠胃道的酸分泌，但其硫脲结构有致毒作用。塞麦替酊（Cimetidine）是将麦角胺分子中的硫脲结构用氰基胍（Cyanoquanidine）取代，这样去除了麦角胺的毒性，从而成为最常用的抗溃疡药。

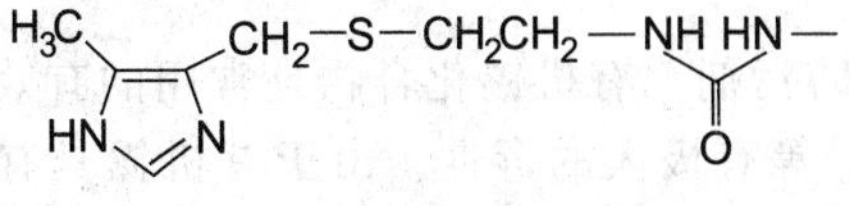

麦角胺 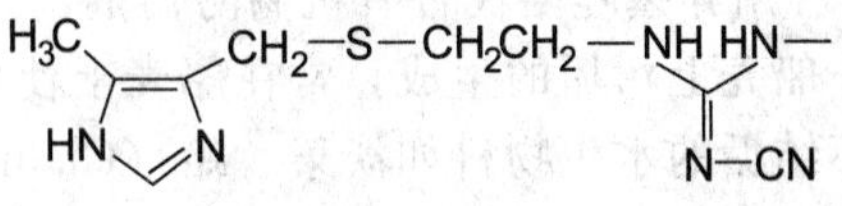　　　　　　　　　　　　塞麦替酊

【例 13】 MTI-800 是烈性杀虫剂，对鱼有毒性，LD_{50} 3mg/L。Si 原子电子等排取代一个 C 原子，尽管杀虫效率有所降低（MTI-800 的 0.2～0.6 倍），但毒性显著降低，浓度为 50mg/L 时观察不到鱼死亡。

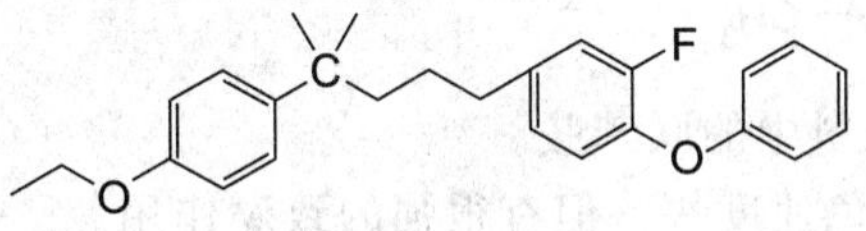

MTI800

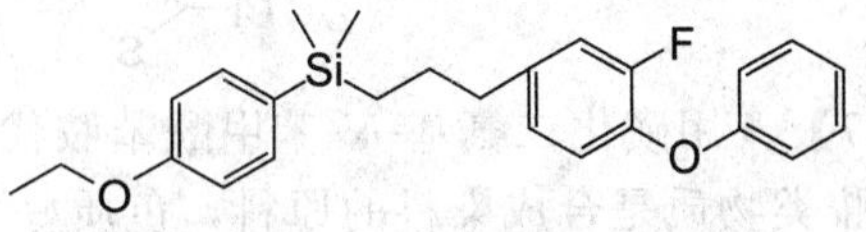

12.2.3.5　"软"化学设计

"软"化学设计（"Soft" Chemical Design）也称为"后代谢设计"（Retrometabolic Design）。"软"药剂是 20 世纪 80 年代中期出现的一个概念，"软"药剂具有生理活性，治疗上十分有用，在人体内完成治疗作用后很快转化为无毒物质。"软"药剂保留物质的治疗特性，同时又使它失去毒性和副作用。理想的"软"药剂是，具有所需治疗效力，能在单步代谢过程中转化为可排泄的无毒物质的药物。

【例 14】 盐酸十六烷基吡啶，是有效的防腐剂，对哺乳动物有严重毒性，老鼠 LD_{50} 108mg/kg。

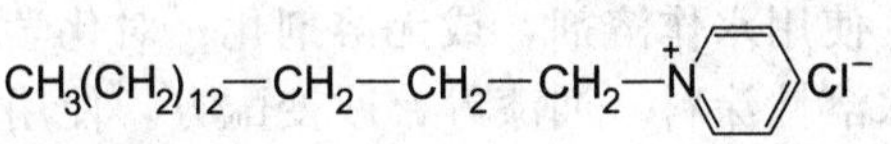

$$CH_3(CH_2)_{12}-CH_2-CH_2-CH_2-\overset{+}{N}⟨⟩ Cl^-$$

以此为基础线索进行分子结构修饰，得到新药剂，防腐结构不变，毒性显著降低，老鼠 $LD_{50} > 4000$mg/kg。

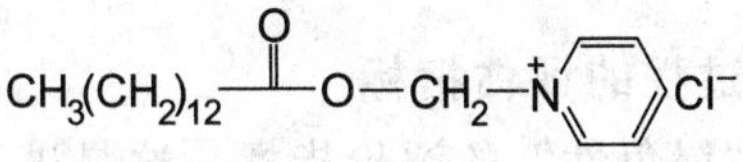

$$CH_3(CH_2)_{12}-\overset{O}{C}-O-CH_2-\overset{+}{N}⟨⟩ Cl^-$$

设计依据：功能（有效）结构，$-CH_2-\overset{+}{N}⟨⟩ Cl^-$ 非 $CH_3(CH_2)_{\overline{12}}$ 非

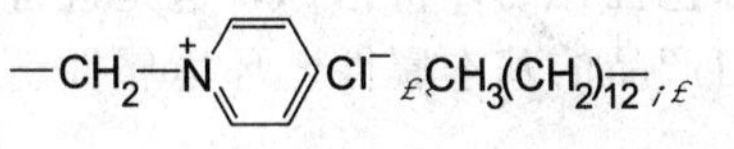

新药剂保持原功能团结构，用 $-\overset{O}{\underset{}{C}}-O-$ 取代原分子中的 $-CH_2-CH_2-$ 基团。

新分子的侧链仍为 16 个 C 原子，但在血液中能很快代谢分解为吡啶、甲醛及十四碳酸，这几个物质的毒性均较小，但新分子在防腐方面的理化性质却与原有毒分子相当。

12.2.3.6　利用相同功效而无毒的物质替代有毒有害物质

采用全新的分子结构，利用相同功效而无毒的物质替代有毒有害物质。

【例 15】 用乙酰乙酸酯代替异氰酸酯用作密封剂和黏结剂。

工业上常用异氰酸酯作密封剂和黏结剂，这是由于异氰酸酯能与亲核试剂（通常为醇或胺）反应生成交联加成物，从而起到密封和粘结效果。而其最大的缺点就是具有毒性。异氰酸酯能引发癌症、肺敏感、气喘等，因此，危害生产者和使用者的健康。Tremco 公司（Beachword，Ohio）用乙酰乙酸酯代替异氰酸酯作密封和黏结剂，其工作原理是：乙酰乙酸正丁酯与多醇反应形成酯化产物，酯化产物与二胺反应形成复合物，复合物与酯构成密封剂。这一新体系的最大优点就是无毒。

【例 16】　用异噻唑酮代替有机锡防污剂。

为了防止船壳上污垢的生成，常在船壳上使用防污剂。有机锡化合物是常用的有效防垢剂，但它对不结垢的水生物科如淡菜、蛤（Clams）等有极大的毒性。由于有机锡具有环境毒性，故全世界均已放弃使用有机锡。Rohm & Haas 公司寻找对非结垢水生物种无毒的防垢剂，他们发现异噻唑酮是有效的海洋防垢剂，尤其是 4，5-二氯-2-正辛基-4-异噻唑-3-酮特别有效。该物质不仅能防垢，而且对非结垢海洋生物无毒性。

$$\text{Cl} \overset{\displaystyle \text{Cl} \quad \text{O}}{\underset{\text{S}}{\bigvee}} \text{N}-(CH_2)_7-CH_3$$

【例 17】　用磺化二氨基-*N*-苯甲酰苯胺代替染料中的联苯胺。

联苯胺类物质是合成染料的原料，色质好，染色速度快，但有很强的致癌作用。

替代品可用磺化二氨基-*N*-苯甲酰苯胺，磺酸基的存在增大了该物质在代谢过程的水溶性，因而可直接排泄。

$$H_2N-\bigcirc-\overset{O}{\underset{}{C}}-NH-\bigcirc\overset{SO_3H}{\underset{NH_2}{}}$$

12.2.3.7　消除有毒辅助物质的使用

化学品储运、使用过程中的助剂，例如：抗氧剂、阻聚剂等，大多是屏蔽酚或屏蔽胺类物质，有一定毒性；溶剂：四氯化碳，有毒；乳化剂：聚胺型、聚酚型、聚醚型，有一定毒性。

消除办法：更换溶剂，使用水作溶剂，或无溶剂化；对化学物质本身进行结构修饰，使其适应新的辅助物质，如水溶性涂料、油漆等；改变配方，使用无毒无害的助剂。

12.3　强化绿色化工的过程与设备

12.3.1　绿色化学化工过程的评估指标

确立化学化工过程"绿色性"的评价指标，这是进行化工研究开发和作好评估的首要问题。绿色化学品评价系统由产品的基本属性、环境属性、资源属性、能源属性和经济属性等指标构成。

12.3.1.1　原子经济性

1991 年美国 Stanford 大学的著名有机化学教授 B. M. Trost 提出了原子经济性（Atom Economy，AE）概念，他以原子利用率衡量反应的原子经济性，即

$$AE = \frac{\text{目标产物的相对分子量}}{\text{反应物质的相对分子量总和}} \times 100\%$$

对于一般的合成反应：A+B→C

$$AE = \frac{M_r(C)}{M_r(A) + M_r(B)} \times 100\% \tag{12-1}$$

对于复杂的化学反应：

$$
\begin{array}{ccccc}
A+B & \longrightarrow & C & F+G & \longrightarrow & H \\
& & \downarrow & & & \downarrow \\
C+D & \longrightarrow & E & H+I & \longrightarrow & J
\end{array}
$$

$$
E+J \longrightarrow P
$$

$$
AE = \frac{M_r(P)}{\sum M_r(A, B, D, F, G, I)} \times 100\% \tag{12-2}
$$

原子经济性是衡量所有反应物转变为最终产物的量度。理想的原子经济性反应是不使用保护基团，不形成副产物，因此，加成反应、分子重排反应和其他高效率的反应是绿色反应，而消去反应和取代反应等原子经济性较差。

原子经济性是一个非常有用的评价指标。但是，用原子经济性来考察化工反应过程过于简化，它没有考察产物收率、过量反应物、试剂的使用、溶剂的损失，以及能量的消耗等，单纯用原子经济性作为化工反应过程"绿色化"的评价指标还不够全面，应和其他评价指标结合才能作出科学的判断。

12.3.1.2　环境因子和环境系数

环境因子（E factor）是荷兰有机化学教授 R. A. Sheldon 在 1992 年提出的一个量度标准，定义为每产出 1kg 产物所产生的废弃物的质量（kg）。

$$
E = 废弃物总量（kg）/产物量（kg） \tag{12-3}
$$

可见，E 越大意味着废弃物越多，对环境的负面影响越大，因此 E 为零是最理想的。

Sheldon 根据 E 的大小对化工行业进行划分，见表 12-3。

表 12-3　不同化工行业的 E 因子比较

化工行业	年产量/t	E	化工行业	年产量/t	E
石油工业	$10^6 \sim 10^8$	约 0.1	精细化工	$10^2 \sim 10^4$	$5 \sim 50$
大宗化工产品	$10^4 \sim 10^6$	$<1 \sim 5$	医药工业	$10 \sim 10^3$	$25 \sim 100$

由表 12-3 可见，从石油化工到医药工业，E 因子逐步增大，其主要原因是精细化工和医药工业中大量采用化学计量式反应，反应步骤多，原（辅）材料消耗较大。

由于化学反应和过程操作复杂多样，E 必须从实际生产过程中所获得的数据求出，因为 E 不仅与反应有关，与其他单元操作有关。通常大多数化学反应并非是进行到底的不可逆反应，往往存在一个化学平衡，故实际产率总小于 100%，必然有废物排放，它对 E 的贡献为 E_1；为使某一昂贵的反应物充分利用，往往将另一反应物过量，此过量物必然会排入环境，它们对 E 的贡献为 E_2；在分离产物时往往采用化学计量式中的中和步骤，加入一些酸和碱，从而生成无机废料，它们对 E 的贡献为 E_3；由于反应步骤多，或常用引入基团保护试剂或除去保护基团试剂，带来的对 E 的贡献为 E_4；即使对只有一个产物的反应，由于存在不同的光学异构体，必须将无用且有害的异构体分离，这在医药工业中是很常见的，由此引起对 E 的贡献为 E_5；由于分离工程技术限制，常常不能达到完全分离，以致部分产物随副产物进入环境，对 E 的贡献为 E_6；在分离单元操作中使用一些溶剂，因不能全部回收而对 E 的贡献为 E_7。因此，$E_实$ 应等于 $E_理$ 与各项 E_i（$i=1，\cdots，7$）的加和。

$$
E_实 = E_理 + E_1 + E_2 + E_3 + E_4 + E_5 + E_6 + E_7
$$

在缺乏 $E_1 \sim E_7$ 等实验时，可用原子经济性或质量强度计算 $E_理$。严格来说，E 只考虑废物的量而不是质，它还不是真正评价环境影响的合理指标。因此 R. A. Sheldon 将 E 乘以一个对环境不友好因子 Q 得到一个参数，称为环境系数，即：

$$环境系数＝E\times Q$$

规定低毒无机物的 $Q＝1$，而重金属盐、一些有机中间体和含氟化合物等的 Q 为 $100\sim$ 1000，具体视其毒性 LD_{50} 值而定。

12.3.1.3 质量强度

为了较全面地评价有机合成及其反应过程的绿色性，A. D. Curzons 等人提出了反应的质量强度（Mass Intensity，MI）概念。可表示为：

$$质量强度（MI）＝\frac{在反应或过程中所消耗的物质的总质量（kg）}{产物的质量（kg）} \tag{12-4}$$

上式中的总质量是指在反应或过程中消耗的所有原（辅）材料等物质的质量，包括反应物、试剂、溶剂、催化剂等，也包括所消耗的酸、碱、盐以及萃取、结晶、洗涤等所用的有机溶剂的质量，但是水不包括在总质量中，因为水本质上对环境是无害的。

由质量强度的定义，可以得出其与 E 的关系：$E＝MI-1$

通过质量强度也可以衍生出绿色化学的一些有用的量度（Metrics）。

（1）质量产率

质量产率（mass productivity，MP）为质量强度倒数的百分数即：

$$MP＝\frac{1}{MI}\times 100\%＝\frac{产物的质量}{在反应或过程中所有消耗的物质的总质量}\times 100\% \tag{12-5}$$

（2）反应质量效率

反应质量效率（reaction mass efficiency，RME）是指反应物转变为产物的百分数，可表示为：

$$反应质量效率（RME）＝\frac{产物的质量}{反应物的质量}\times 100\% \tag{12-6}$$

例如，对于反应 $A＋B\rightarrow C$，有：

$$反应质量效率（RME）＝\frac{产物 C 的质量}{A 的质量＋B 的质量}\times 100\% \tag{12-7}$$

（3）碳原子效率

由于有机化合物中都含有碳原子，因此也可以用碳原子的转化来表示反应的效率，称为碳原子效率（Carbon Efficiency，CE），即反应物中的碳原子转变为产物中碳原子的百分数。可表示为：

$$碳原子效率（CE）＝\frac{产物的物质的量\times 产物分子中碳原子的数目}{反应物的物质的量\times 反应物分子中碳原子的数目}\times 100\% \tag{12-8}$$

【例18】 10.81g（0.1mol）苯甲醇（$M_r＝108.1$）和 21.9g（0.115 mol）对甲苯磺酰氯（$M_r＝190.65$）在 500g 甲苯和 15g 三乙胺的混合溶剂中反应，得到 23.6g（0.09 mol）磺酸酯（$M_r＝262.29$），产率为 90%。试计算其 AE，CE，RME，MI，MP？

$$AE＝\frac{262.29}{108.1＋190.65}\times 100\%＝87.8\%$$

$$CE＝\frac{0.09\times 14}{0.1\times 7＋0.115\times 7}\times 100\%＝83.7\%$$

$$RME＝\frac{23.6}{10.81＋21.9}\times 100\%＝70.9\%$$

$$MI＝\frac{10.81＋21.9＋500＋15}{23.6}＝23.2kg/kg$$

$$MP = \frac{1}{MI} \times 100\% = 4.3\%$$

该反应的 AE<100%，是由于形成了副产物 HCl；CE<100%，是由于反应物过量和目标产物的产率为 90% 所致；RME=70.9%，是由于反应物过量和产率的关系。

D. J. C. Constable 和 A. D. Curzons 等人对 28 种不同类型化学反应的化学计量、产率、原子经济性、碳原子效率、反应质量效率、质量强度和质量产率等评价指标进行了大量的实验研究，其结果见 12-4。

表 12-4　不同化学反应类型的各种量度的比较

反应类型	B 分子的化学计量/%	产率/%	原子经济性/%	碳原子效率/%	反应质量效率/%	质量强度/(kg/kg)	质量产率/%
酸式盐	135	83	100	83	83	16.0	6.3
碱式盐	273	90	100	89	80	20.4	4.9
氢化	192	89	84	74	74	18.6	5.4
磺化	142	85	89	85	69	16.3	6.1
脱羧	131	90	77	74	68	19.9	5.0
酯化	247	91	91	68	67	11.4	8.8
诺文葛耳反应	179	88	89	75	66	6.1	16.4
氧化	122	90	77	83	65	13.1	7.6
溴化	214	86	84	87	63	13.9	7.2
N-酰化	257	85	86	67	62	18.8	5.3
S-烷基化	231	79	84	78	61	10.0	10.0
C-烷基化	151	87	88	68	61	14.0	7.1
N-烷基化	120	84	73	76	60	19.5	5.1
O-芳香化	223	78	85	69	58	11.5	8.7
环氧化	142	78	83	74	58	17.0	5.9
硼氢化物	211	88	75	70	58	17.8	5.6
碘化	223	96	89	96	56	6.5	15.4
环化	157	79	77	70	56	21.0	4.8
胺化	430	82	87	71	54	11.2	8.9
矿化	231	79	76	52	52	21.5	4.7
碱解	878	88	81	77	52	26.3	3.8
C-酰化	375	86	81	60	51	15.1	6.6
酸解	478	92	76	76	50	10.7	9.3
氯化	314	86	74	83	46	10.5	9.5
消除	279	81	72	58	45	33.8	3.0
格氏反应	180	71	76	55	42	30.0	3.3
解析、拆分	139	36	99	32	31	40.1	2.5
N-脱烷基化	260	92	64	43	27	10.1	9.9

由表 12-4 可得出以下几点结论。

① 由于化学反应的类型不同，评价指标的对象不同，质量强度、产率、原子经济性、反应质量效率等指标不呈现出相关性，因而不能用单一指标来评价一个化工反应过程的绿色性。

② 由于反应的特点不同，特别是 N-脱烷基化、解析拆分等反应过程的评价指标与其他反应的相差较大。

③ 由于大多数反应过程是在非化学计量（即某些反应物往往过量不等）条件下进行的，用原子经济性进行量度和评价缺乏可比性。

④ 对于有机合成反应来说，碳原子效率（CE）作为一个参考性评价指标，与反应质量

效率（RME）显示出基本相同的趋势。

⑤ 反应的产率是合成化学家评价化学反应过程经济性最常用的量度，但评价一个化学化工过程的绿色性，必须结合其他评价指标进行综合考虑。对于反应质量效率很低的反应来说没有实际意义，因为反应质量效率低，资源和能源消耗大。

⑥ 对于化学计量的反应，反应质量效率（RME）考虑了原子经济性、产率和反应物的化学计量等评价指标，用于判断化工反应过程的绿色性是有帮助的。

⑦ 质量产率（MP）对企业来说是一个很有用的评价指标，它注重资源的利用率。表12-5列举了对38种药物合成过程（每一个制药过程平均有7步反应）原子经济性和质量产率的比较。尽管整个过程的原子经济性还可以，但质量产率仅为1.5%，这意味着在制药过程中所用占质量98.5%的原辅材料都成为废物。

表 12-5　38 种制药过程的原子经济性和质量产率的比较

项　　目	全过程平均值/%	范围/%
原子经济性	43	21～86
质量产率	1.5	0.1～7.7

⑧ 质量强度对于评价化工过程绿色性是一个很有意义的指标，但是不可用单一数据就进行评判，它有一个概率分布范围。

根据可持续发展的要求，P. T. Anastas 和 J. C. Warner 等所倡导的绿色化学和工程技术的基本原则，已成为化学化工过程绿色性评估的指导性意见和基本准则。由前面的讨论可以清楚地看出，对于绿色化学化工过程绿色性评估，不能是单一的评价指标，它不仅涉及绿色化学工艺和绿色化学工程技术，还包括成本经济关系和环境安全等因素，它是一个完整的评估系统。

12.3.2　强化绿色化工的生产过程

近年来，化工发展的一个明显趋势是安全、清洁、高效的生产，其最终目标是将原材料全部转化为符合要求的最终产品，实现生产过程的零排放，减少对环境的污染。要想达到这一目标，既可以从化学反应本身着手，通过采用新的催化剂和合成路线来实现，这是绿色化学研究的内容；又可以从化学工程出发，采用新的设备和技术，通过强化化工生产过程来实现。化工过程强化（Process Intensification），就是通过技术创新，改进工艺流程，在实现既定生产目标的前提下，通过大幅度减小生产设备的尺寸、减少装置的数目等方法来使工厂布局更加紧凑合理，单位能耗更低，废料、副产品更少。化工过程强化目前已成为实现化工过程高效、安全、环境友好、密集生产、推动社会和经济可持续发展的新兴技术，美、德等发达国家已将化工过程强化列为当前化学工程优先发展的三大领域之一。

12.3.2.1　超临界流体技术

超临界流体技术作为一种"绿色化"的过程强化方法，不仅可以大大降低化工过程对环境的污染，而且超临界流体的扩散系数远大于普通溶剂，可以显著改善传质效果，从而提高分离、反应等化工过程的效率。

超临界流体是指当物质的温度和压力处于临界点以上时所处的状态，它具有许多不同于传统溶剂的独特性质。超临界流体既具有气体黏度小、扩散系数大的特性，又具有液体密度大、溶解能力好的特性，而且在临界点附近流体的性质（密度、黏度、扩散系数、介电常数、界面张力等）有突变性和可调性，可以通过调节温度和压力方便地控制体系的相平衡特性、传递特性和反应特性等，从而使分离、反应等化工过程更加可控。

超临界流体结晶技术可用于制备药物、聚合物、催化剂等的超细颗粒。超临界流体色谱技术特别适合于手性药物或天然产物等高附加值物质的分离。超临界流体技术可用于超临界流体萃取、超临界化学反应、半导体的清洗、纺织品印染等多个领域。如杜邦公司年产1100t 含氟聚合物的超临界反应装置已正式投产。超临界水氧化反应可用于有毒废水、有机废弃物等的治理，是一种前沿性的环保技术，目前在国内外均已实现工业化。

12.3.2.2 脉动燃烧干燥技术

脉动燃烧干燥技术是利用脉动燃烧产生的具有强振荡特性的高温尾气流对物料进行干燥。在强振荡流场（振荡频率在 $50 \sim 300$ Hz）的作用下，物料表面与干燥介质间的速度、温度及湿分浓度边界层的厚度均大大降低，从而强化了物料与气流之间的热量和质量传递过程，特别是液体物料在该强振荡流场的作用下被冲击、破碎成极小的液滴，大大提高了其表面积，再辅以高温气流（一般在 $700 \sim 1200$℃）在极短的时间内即可完成物料的干燥过程。

实验表明，对咖啡、工业废液等物料的干燥，在 0.01s 之内即可将其干燥为粉状产品。由于干燥时间极短，物料的温度一般不超过 50℃。良好的传热、传质特性带来了极高的蒸发效率，与理想蒸发能力 2.674 kJ/kg H_2O 比较，脉动燃烧干燥过程的蒸发能力最多达 2900 kJ/kg H_2O （一般干燥器该值在 $5000 \sim 10\,000$ kJ/kg H_2O）。

与传统的干燥系统比较，脉动燃烧干燥具有下述优点：干燥速率可提高 $2 \sim 3$ 倍；热量及质量传递速率可提高 $2 \sim 5$ 倍；热效率提高可达 40%；污染排放水平可降低 10%，特别是 NO_x 的排放可降至 1%；除去单位水分的空气耗量可降至 $30\% \sim 40\%$；物料在干燥器内停留时间短，温度低，有利于产品质量的保护；较低的投资及操作成本；干燥器的体积小。

12.3.2.3 强化传热技术

强化传热技术是指能显著改善传热性能的节能新技术，其主要内容是采用强化传热元件，改进换热器结构，提高传热效率，使设备投资和运行费用最低，达到生产过程最优化。强化传热已发展成为第二代传热技术，并已成为现代热科学中一个十分引人注目的、蓬勃发展的研究领域。

传热方程式为：$Q = KA\Delta T$

式中，K 为传热系数；A 为换热面积；ΔT 为平均传热温差。强化传热主要有 3 种途径：提高传热系数、扩大传热面积和增大传热温差。

这里主要介绍一下管壳式换热器的强化传热技术。管壳式换热器的传热强化研究包括管程和壳程两侧的传热强化研究。通过强化传热管元件与优化壳程结构实现。

（1）强化传热管元件

改变传热面的形状和在传热面上或传热流路径内设置各种形状的插入物。改变传热面的形状有多种，其中用于强化管程传热的有：螺旋槽纹管、横纹管、螺纹管、缩放管、旋流管和螺旋扁管等。另外，也可采用扰流元件，在管内装入麻花铁，螺旋圈或金属丝片等填加物，亦可增强湍动，且有破坏层流底层的作用。

（2）壳程强化传热

壳程强化传热的途径主要有两种：一是改变壳程挡板或管支撑物的形式，以减少或消除壳程流动与传热的滞留死区，使传热面积得到充分利用。如折流杆换热器、空心环换热器、螺旋折流板换热器等。二是改变管子外形或在管外加翅片，即通过管子形状或表面性质的改造来强化传热，以提高换热器效率。如槽纹管、翅片管、表面多孔管、钉头管等。

12.3.2.4 超声波技术

超声波由一系列疏密相间的纵波组成，并通过液体介质向四周传播。像所有的声能，超声能的传递也是通过在介质中压缩、膨胀来实现的，在适当的情况下，液体中的微小泡核在超声波作用下被激活，它表现为泡核的震荡、生长收缩及崩溃等一系列动力学过程，此即超声空化作用。当泡核发生破裂时，在其周围极小的空间和极短时间内产生出 5000K 以上的高温和超过 10MPa 以上的高压，并伴随有强烈的冲击波，这些能量足以断开结合力极强的化学键，并促进化学合成反应的顺利进行，从而节省能源，并能减少一些有害物质的使用和生成，并合成一些新的有益化合物，从而使化学反应尽可能达到绿色化学的要求。超声波在化学工程中应用于超声波法干燥、超声波法萃取、超声波均化等方面。

12.3.2.5 微波技术

微波在电磁波谱中介于红外和无线电波之间，波长在 1～100cm（频率在 30GHz～300MHz）的区域内，其中用于加热技术的微波波长一般固定在 12.2cm（2.45GHz）处。微波对物质的加热是从物质分子出发的，物质分子吸收电磁能以每秒数亿次的高速摆动而产生热量，因此成为"快速内加热"。微波技术可以极大地提高化学反应速率，最大的可促进 1240 倍。

① 微波技术在液相反应中的应用　在微波作用下，溶剂的过热现象经常出现，利用微波技术进行的液相反应中，选择适当高沸点的溶剂，可以防止溶剂的大量挥发，这对于敞口反应器进行的反应尤为重要。可大幅度缩短反应时间（只需几分钟），产率大幅提高。

② 微波技术在非溶剂反应中的应用　微波干反应通常将反应物分散担载在无机载体上进行。无机载体如蒙脱土、氧化铝、硅胶等本身同微波耦合作用较弱，而且可以透过微波，因而可以作为良好载体，有时还可以起到催化剂作用。

12.3.2.6 催化反应蒸馏技术

催化蒸馏是将催化反应和蒸馏分离集成在一个蒸馏塔内来完成。一般将催化蒸馏塔分为三段，自上往下可分别为：精馏段；反应段；提馏段。精馏段和提馏段与一般蒸馏塔无异，可以用填料或塔板。反应段由具有催化活性的材料填充，把反应功能和分离功能集成在一起。在反应段中，反应物在催化剂上转化为产物，产物则不断地被分馏离开反应体系，这样反应的热力学平衡也被打破，因此可获得超过热力学平衡转化率的产物量，同时，由于把反应与分离集成在一起，能量的使用效率也大为提高。

催化蒸馏技术以其独特的优点已被广泛应用于醚化、醚解、醚的转化、烯烃二聚、芳烃烷基化、加氢异构化、脱水、水合等化工过程中。

12.3.2.7 分离技术的集成

组合分离就是将原来单独的几种分离操作集成在一个设备内完成，以简化操作，降低成本。例如，用萃取和蒸馏集成在一起的萃取蒸馏代替恒沸蒸馏，由含水 15% 的乙醇回收无水乙醇，对一个生产能力为 $94.64 \times 10^{-5} m^3/s$（15 US gal/ min）的过程，萃取蒸馏可比恒沸蒸馏节约 450 万美元/ a，并且废水排放量显著减小，对环境无污染。近年来，无机盐及络合剂等新型萃取剂的开发推动了萃取蒸馏技术的发展，涌现了加盐蒸馏、加盐萃取蒸馏及络合蒸馏等一系列新型复合分离技术，并在工业分离中得到了成功的应用。然而，受萃取剂选择性、过程操作及能耗等因素的影响，上述技术有很大的局限性。

吸附分离技术是 20 世纪 70 年代发展起来的新兴分离技术，特别是沸石分子筛吸附的分离选择性不仅取决于分子的极性和大小，而且还与分子的构型有关，即便对同分异构体系仍具有较大的吸附分离因子。将多级固液吸附和多级蒸馏过程复合为一体的吸附蒸馏技术，它既利用了吸附剂的高选择性，又保留了蒸馏操作的连续性，特别适用于难分离体系的分离。吸附蒸馏操作中吸附剂的回收主要通过固液分离来实现，与萃取蒸馏中萃取剂的回收过程相比，能耗更低。

将膜技术和蒸馏技术相结合的膜蒸馏也许是目前研究得最多的组合分离操作，被认为是最有可能取代现在的反渗透和蒸发操作的技术。膜蒸馏（Membrane Distillation，简称 MD）是近几十年得到迅速发展的一种新型高效的膜分离技术。其所用的膜为不被待处理的溶液润湿的疏水微孔膜。膜的一侧与热的待处理的溶液直接接触（称为热侧），另一侧直接或间接地与冷的水溶液接触（称为冷侧）。由于膜两侧水蒸气压力差的作用，热侧的水蒸气通过膜孔进入冷侧，然后在冷侧冷凝下来，这个过程同常规蒸馏中的蒸发-传递-冷凝过程一样。与其他膜分离过程相比，膜蒸馏具有可在常压和稍高于常温的条件下进行分离的独特优点，可以充分利用太阳能、工业余热和废热等低价能源，且设备简单、操作方便。可用于海水和苦咸水淡化、超纯水制备、浓缩水溶液以及医药、环保等诸多方面，所以膜蒸馏技术的发展越来越引起人们的重视。

12.3.2.8　微化工技术

微化学工程与技术是化工学科前沿，以微反应器、微混合器、微分离器、微换热器等设备为典型代表，着重研究时空特征尺度在数百微米和数百毫秒以内的微型设备和并行分布系统中的过程特征和规律；采用精细化、集成化的设计思路，力求实现过程高效、低耗、安全、可控的现代化工技术，成为国内外学术界和工业界的研究热点。微化工系统是指通过精密加工制造的带有微结构（通道、筛孔及沟槽等）的反应、混合、换热、分离装置，在微结构的作用下，可形成微米尺度分散的单相或多相体系的强化反应和分离过程。与常规尺度系统相比，具有热质传递速率快、内在安全性高、过程能耗低、集成度高、放大效应小、可控性强等优点，可实现快速强放/吸热反应的等温操作、两相间快速混合、易燃易爆化合物合成、剧毒化合物的现场生产等，具有广阔的应用前景。

12.3.3　强化绿色化工过程的设备

过程强化设备包括强化的各种反应器和强化的各种化工过程单元设备，包括传质、传热设备等。

12.3.3.1　多功能反应器

多功能反应器的特点是将反应与分离或换热集成在一个反应器内进行，以增加反应速度和节省投资。

（1）膜催化反应器

将化学反应与膜分离耦合起来的一种反应设备即膜反应器，是一种新型多功能反应器，膜催化反应器中使用的膜主要是无机膜。无机材料具有化学稳定性好、耐酸碱、耐有机溶剂、耐高温（800～1000℃）、耐高压（10MPa）、抗微生物侵蚀能力强等优点，同时很多无机材料本身就是良好的催化剂。

产物分离型膜反应器用于受平衡限制的可逆反应和中间产物为目的的产物的连串反应，前者由于产物的不断分离，打破了平衡的限制，可使反应的单程转化率大幅度提高，后者因中间产物的及时移走，防止了它的进一步转化，可大大提高目的产物的收率。传统的水煤气变换反应需要 200～400℃ 的高温，因为该反应为放热的，故抑制了其平衡转化率。用催化膜反应器，可以在 157℃ 的低温下完成 85% 的 CO 高转化率。这是因为在催化膜反应器中，小的分子容易通过膜，而大的分子受到滞留产物 H_2 分子较之反应物分子 CO 和 H_2O 易穿透膜，故能完成高的 CO 转化，同时又能将 H_2 分离出来，该催化膜为多孔的石英玻璃，涂以 $RuCl_3 \cdot 3H_2O$ 用于水煤气变换反应制氢。

（2）色谱反应器

将化学反应与色谱分离耦合可以构成色谱反应器。色谱反应器的床层材料可以是催化剂与色谱固定相的混合物，也可以是兼有催化性能和吸附性能的树脂。由于反应物与产物在吸附剂上的吸附能力不同，在反应的同时，反应产物不断被分离出来，因而不仅可以得到高纯度的产品，而且可以打破化学平衡的限制，使得具有较小平衡转化率的反应也能获得较高的转化率。色谱反应器根据反应器型和操作方式不同，可以分为固定床色谱反应器、移动床色谱反应器和模拟移动床色谱反应器。

（3）反应蒸馏塔

反应蒸馏塔将反应操作和分离操作集成在一个装置内，它的特点是反应和分离同时进行。因此，反应蒸馏可以及时地将一个或几个反应产物移走，提高反应选择性，减少副反应。对受化学平衡限制的反应，可以打破平衡的限制，提高原料的利用率。对放热反应，将反应放出的热量用于蒸馏分离，既可以使反应器温度分布均匀，又可以节约能量。将反应器和分离器集成在一起还减少了设备数，降低了投资。反应蒸馏已应用于生产乙酸乙酯的生产工艺，具有工艺流程简单、设备投资和操作费用低等优点。

12.3.3.2 新型反应器

（1）构件催化反应器

构件催化反应器是指采用在反应器尺寸规模上具有规则结构的催化剂的反应器。固定床催化反应器中，固体催化剂是以颗粒的形式随机堆积在反应器内。构件催化反应器可以分为整块蜂窝构件催化反应器、膜构件催化反应器和规整构件催化反应器三类。

整块蜂窝构件催化反应器是采用整块蜂窝构件催化剂的反应器。整块蜂窝构件催化剂具有许多相互隔离的、平行的直孔，与蜂窝的结构类似，起催化作用的物质均匀地分布在孔道的内表面。整块蜂窝构件催化反应器与固定床催化反应器相比，流动阻力小，反应速度快，气体和液体在整个反应器内分布均匀，不会产生局部过热等问题。使用整块蜂窝构件催化反应器可以使设备体积大大减小。

膜构件催化反应器是采用膜构件催化剂的反应器。如果整块蜂窝构件催化剂的孔道壁上具有许多微小的孔道，允许一种或几种反应物料穿过孔道壁，则它被称为膜构件催化剂。这种允许一种或几种物质穿过的特性，称为膜构件的透过选择性。膜构件催化反应器的特点是利用膜构件的透过选择性，在一个反应器内同时实现化学反应和分离操作，这就是反应-分离耦合。也可以利用膜构件的这一特性，在一个反应器中膜的两侧同时进行吸热和放热反应，用放热反应放出热量供给吸热反应，同时将一个反应的产物作为另一个反应的反应物，这就是反应-反应耦合。膜构件催化反应器的最初应用是海水脱盐生产淡水。逐步扩展到生物技术、环境保护、天然气和石油的开采与加工、化工生产等领域。膜构件催化反应器主要缺点是造价高、膜的透过量小、容易碎裂等。

规整构件催化反应器是采用规整构件催化剂的反应器。将颗粒状催化剂安排成各种各样规则的几何形状，就得到规整构件催化剂。在这类反应器中，催化剂颗粒被规则地装填在一个个开有许多孔的笼子内，或者将催化剂装填成串，然后合并在一起，以方便气体和液体反应物与催化剂接触。规整构件催化反应器具有比传统固定床小得多的流动阻力，又具有很好的热量和物质交换能力，可以克服整块蜂窝构件催化反应器取热不便的缺点。但是，由于气体在笼子内部移动比较慢，这类反应器比较适合反应速度比较慢的反应。目前，笼式规整构件催化反应器已经成功地应用于重油馏分加氢脱除硫化物和氮化物的工业生产中。串式规整构件催化反应器则在醚化和酯化反应中获得了工业应用。

（2）静态混合反应器

静态混合反应器就是指在流体混合过程中，没有机械转动装置，是依靠流体自身的动力流过设置在管路中的静止插件实现的。如利用扭曲叶片或交错平板的组合等，流体流经这些结构单元后，受到混合元件的约束，产生分流、合流、旋转等行为，使流体达到有效的混合。静态混合反应器具有无须机械搅拌、可连续生产、无污染、占地面积小、分散混合效果好等优点，被广泛应用于混合、反应、分散、传质和传热等方面。

　　例如，由 Sulzer 公司开发的静态混合反应器，由热交换管形成静态混合设备，在完成物料混合的同时将化学反应产生的热量从反应器中移走，特别适合反应过程中产生大量热量的有机硝化等反应。一个年产 15t 硝基化合物的反应器体积达 13m³，每次硝化反应的时间长达 18h 以上。而如果采用静态混合反应器的新型硝化反应器，反应器的体积将减小到 0.2L，为带夹套的搅拌反应器体积的 1/65000；硝化反应时间缩短为 0.25s，为原来的 1/259200；而年生产能力却为原来的 3.3 倍，投资不到原来的 40%，由此带来的经济效益是显而易见的。同时，由于硝化反应的时间短，基本上消除了副产物的生成，减少了环境污染。

　　（3）热交换器式反应器

　　热交换器式反应器是一种结构紧凑的由一叠扩散接合（diffusion-bonded）的薄板构成，这些薄板有用化学蚀刻法制成的流槽。由英国 BHR Solutions 公司和英国 Chart 热交换器公司研制的，试验在英国 Hickson & Welch 公司的一家工厂进行。进行的反应是硫醚两段催化氧化成亚砜中间体，然后转化成砜。此放热反应需要两种液相物质混合，通常是在一搅拌反应器中以半连续的方式进行的。热交换器式反应器使此反应可连续进行，并通过改善混合和传热操作缩短在反应器中的滞留时间。首次工业规模试验中已将反应时间由通常的 18h 缩短到 30min，而产率基本上不变。

　　（4）超重力反应器

　　在超重力环境下，不同大小分子间的分子扩散和相间传质过程均比常规重力场下要快得多。气-液、液-液、液-固两相在比地球重力场大数百倍至千倍的超重力环境下的多孔介质中产生流动接触，巨大的剪切力将液体撕裂成纳米级的膜、丝和滴，从而形成快速更新的相界面，使相间传质速率比传统塔器中的相间传质速率提高 1～3 个数量级。

　　超重力法制备纳米材料从根本上强化了反应器内物质的传递和混合过程：晶粒在分子级的均匀混合（即微观混合）的环境中瞬间成核，避免了因浓度不均匀而引起的产物形态多样化；晶核在均一的宏观混合环境中生长，制备出尺寸分布均匀且形状一致的纳米材料。例如，超重力法制备的纳米碳酸钙，粒度分布在 15～40nm，BET 比表面积为 62～77m²/g。超重力法制备的纳米材料具有粒度小、分布窄且均匀、表面特性优越和可重复性等特点。

　　总之，现在的生产过程通过流程密集化、过程强化设备、过程强化技术、过程设备微型化、参数极限化，过程绿色化将逐步达到彻底改观。

复习思考题

1. 绿色化学的概念和特点是什么？
2. 简述绿色化学的 12 条原则。
3. 绿色精细化工的内涵主要包括哪些内容？
4. 设计安全无毒化学品的应遵循的一般原则是什么？
5. 设计安全有效化学品的方法有哪些？
6. 化学化工过程"绿色性"的评价指标有哪些？
7. 何谓化工过程强化？
8. 化工过程强化新技术有哪些？
9. 简述膜催化反应器、色谱反应器、反应蒸馏塔的优点。
10. 目前使用的构件催化反应器有哪些类型？各有什么优点？
11. 静态混合反应器、超重力反应器有什么优点？

参 考 文 献

[1] 贡长生, 单自兴等编著. 绿色精细化工导论. 北京: 化学工业出版社, 2005.

[2] 宋启煌主编. 精细化工绿色生产工艺. 广州: 广东科技出版社, 2006.

[3] 贡长生. 绿色化学化工过程的评估. 现代化工, 2005, 25 (2): 67-69.

[4] 王敏, 宋志国编. 绿色化学化工技术. 北京: 化学工业出版社, 2012.

[5] 陈光文, 袁权. 微化工技术. 化工学报, 2003, 4: 427-439.

[6] 吴元欣, 朱圣东, 陈启明. 新型反应器与反应器工程中的新技术. 北京: 化学工业出版社, 2007.

附录　精细化学品实验

实验一　月桂醇聚氧乙烯醚的制备

一、实验目的
1. 掌握脂肪醇聚氧乙烯醚（AEO）的制备方法。
2. 掌握氧乙基化反应的机理。

二、实验原理
脂肪醇聚氧乙烯醚（AEO）由脂肪醇（$C_{10} \sim C_{18}$ 的伯醇或仲醇）在碱催化剂（苛性碱或甲醇钠）存在下和环氧乙烷发生加成反应。

伯醇的反应速率大于仲醇，而伯醇与环氧乙烷反应生成一加成物的速率接近于聚氧乙烯醚链增长的速率。结果导致最终产品实际上是包括未氧乙基化的原料醇在内的、不同聚合度的聚氧乙烯醚的混合物。

由于脂肪醇聚氧乙烯醚的应用性能在很大程度上取决于聚氧乙烯醚的聚合度 n。所以如何使得产品中 n 的分布曲线最窄，是生产中提高产品质量的关键。已发现，催化剂对分布曲线影响很大。碱性催化剂，如甲醇钠，得出宽分布曲线。采用酸性催化剂，如三氟化硼、四氯化锡、五氯化磷和三氟化硼乙醇配合物等，得出窄分布曲线。尽管酸催化可得到窄分布，但由于它会造成副产物增多（如聚乙二醇，二氧六环等），以及设备腐蚀问题，所以至今未在生产上采用。目前有关催化剂的改进，仍是一个重要的研究课题。

本实验所用原料为月桂醇和环氧乙烷，反应式如下：

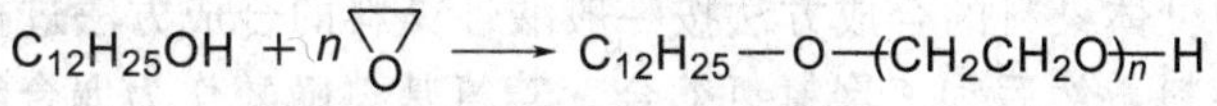

$$C_{12}H_{25}OH + n\,\triangledown\!\!-\!\!O \longrightarrow C_{12}H_{25}-O\!\!-\!\!(CH_2CH_2O)_{\overline{n}}H$$

三、仪器与试剂
1. 仪器：250mL 四口瓶，回流冷凝管，温度计，搅拌器，恒压滴液漏斗，电热套。
2. 试剂：月桂醇，环氧乙烷，氢氧化钾。

四、实验步骤
在装有搅拌器、温度计、回流冷凝管、通气管的 250mL 四口瓶中，加入 46.5g（0.25mol）月桂醇，0.2g 氢氧化钾，搅拌，加热升温至 120℃，通入氮气置换空气。然后继续升温至 160℃，边搅拌边滴加 44g(1mol) 液体环氧乙烷，在 1h 内加完。控制反应温度在 160℃，保温反应 3h。冷却反应混合物至室温，放料即可。

五、操作要点
1. 应按要求复习加热回流反应装置的安装（仪器安装次序，安装要求）。
2. 反应过程中，温度控制在 160℃。

六、思考题
1. 非离子表面活性剂按化学结构可分为哪些类型？
2. 如何检验脂肪醇聚氧乙烯醚的产品性能？

实验二 活性艳红 X—3B 的制备

一、实验目的

1. 掌握活性艳红 X－3B 的制备方法。
2. 掌握重氮化反应、偶合反应、缩合反应的机理。
3. 了解活性染料的性质和用途。

二、实验原理

染料索引号 C. I. Reactive Red 2(C. I. 18200)

1. 性质

外观为枣红色粉末。在浓硫酸中为红色，稀释后无变化；在浓硝酸中为大红色，稀释后无变化。染料水溶液为蓝光红色，加入 1mol 氢氧化钠溶液变为橙红色，继续加入保险粉并保温，变为浅暗黄色，再加入过硼酸钠不能恢复原来的色泽。染料在 20℃时的溶解度为 80g/L，50℃时的溶解度为 160g/L。染色后的色光为蓝光红色，染浴中遇铁离子色光基本不变；遇铜离子使色光转暗。X 型活性染料的反应性较高，在碱性条件下、较低温度时即能和纤维发生亲核加成反应，在 30～40℃固色。储存稳定性差。

2. 用途

主要用于棉、黏胶、羊毛、蚕丝、锦纶的染色，也可用于丝绸印花，并可与直接染料、酸性染料同印。它与活性金黄 X-G、活性蓝 X-R 组成三原色可拼染各种中、深色泽。

3. 原理

活性艳红 X-3B 为二氯均三嗪型（即 X 型）活性染料。活性基原料三聚氰氯中的三个氯原子的活泼性不同，可依次被各种亲核试剂取代。第一个氯原子最活泼，在 0～5℃下便能反应；第二个氯原子可在 40～50℃下反应；第三个氯原子则需要在 100～110℃下才能进行反应。因此采用不同的条件，可使三个氯原子部分地或全部地被氨基取代，生成一系列对称三氮苯衍生物。

X 型活性染料的母体染料的合成方法按一般酸性染料的合成方法进行，活性基团的引进一般可先合成母体染料，然后和三聚氰氯缩合。若氨基萘磺酸作为偶合组分，为了避免发生副反应，一般先将氨基萘磺酸和三聚氰氯缩合，这样偶合反应可完全发生在羟基邻位。

活性艳红 X－3B 的合成方法为：首先 H 酸与三聚氰氯缩合，然后与苯胺重氮盐偶合。其反应式如下：

缩合：

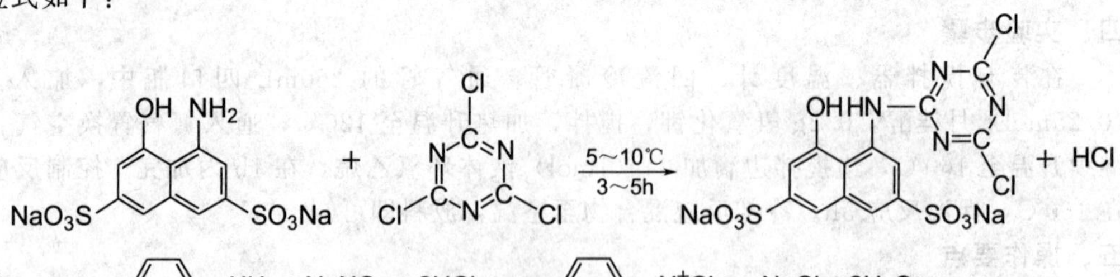

重氮化：

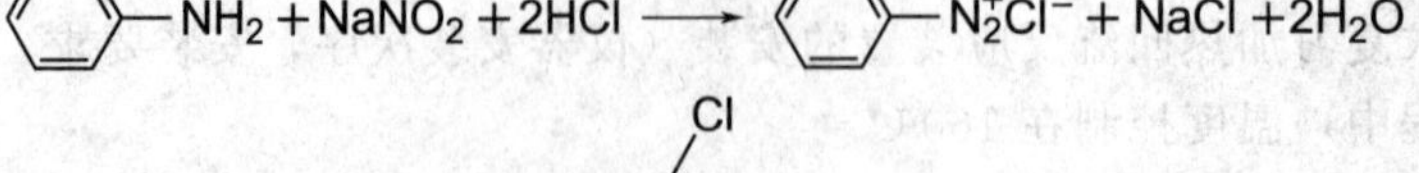

偶合：

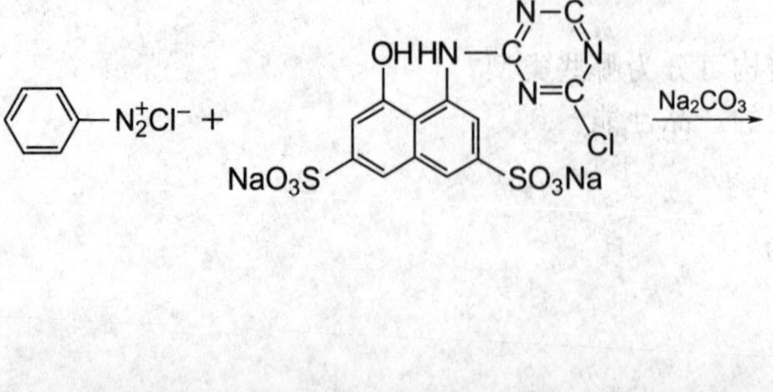

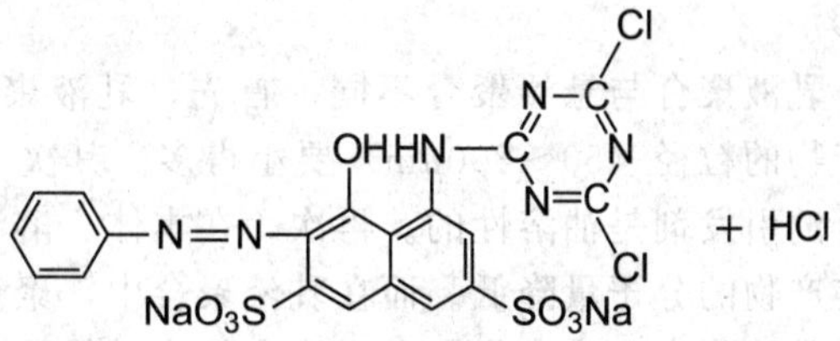

三、仪器与试剂

1. 仪器：250mL 三口烧瓶，滴液漏斗，温度计，搅拌器，烧杯，抽滤瓶，布氏漏斗。

2. 试剂：H 酸（C.P.≥92％或工业品≥85％），苯胺（C.P.98％或工业品），三聚氰氯（C.P. 或工业品99％），亚硝酸钠，盐酸，磷酸三钠（C.P. 或工业品），磷酸二氢钠（C.P. 或工业品），尿素（C.P. 或工业品），精盐。

四、操作步骤

在 250mL 三口烧瓶上安装电动搅拌器、滴液漏斗和温度计，先加入 53g 碎冰，搅拌下分批加入 9.3g(0.05mol) 三聚氰氯，维持在 0℃搅拌 30min，然后在 0～5℃滴加由 17.2g (0.05mol)H 酸和 2.6g（0.025mol）碳酸钠溶解在 112mL 水中形成的 H 酸钠溶液，45min 内加完。然后在 5～8℃下搅拌 1.5h。过滤除去不溶物，得到黄棕色澄清缩合液，于 5～8℃下保存待用（见操作要点 1）。

在 250mL 烧杯中加入 75g 碎冰、12mL 30％盐酸、4.8g（0.05mol)苯胺，搅拌下在 0～5℃于 20min 内滴加 11.7g 30％亚硝酸钠溶液（0.05mol），然后再于 0～5℃搅拌 15min，得淡黄色澄清重氮液（见操作要点 2），于 0～5℃下保存待用。

在 500mL 烧杯中加入上述缩合液和 32g 碎冰，在 0℃，一次加入上述重氮液，用 20mL 磷酸三钠溶液调节 pH 值到 4.8～5.1（见操作要点 2.）。在 4～6℃搅拌 1h。加入 3g 尿素，并用 15％碳酸钠溶液调节 pH 值到 6.8～7.0。加完后再反应 2.5～3h。溶液总体积在 500mL，加入 125g 精盐，搅拌使精盐溶解，盐析使结晶析出，抽滤。称量滤饼，在滤饼中加入滤饼重量 2％的磷酸氢二钠和 1％的磷酸二氢钠，混合均匀，在 85℃以下干燥，产品 16～20g，产率 55％～65％。

五、操作要点

1. 三聚氰氯遇水极易分解，和 H 酸的反应要在较低温度下进行，另外称量要迅速。

2. 像其他的重氮化反应一样，重氮化温度需严格控制，控制偶合时的 pH 值是偶合反应的关键。

六、思考题

1. 活性染料的结构特点是什么？

2. 三聚氰氯上的三个氯原子被取代的温度分别是多少？

3. 苯胺重氮化反应，应采用什么方法？配料比应是多少？

4. H 酸有几个偶合位置，分别在什么介质中进行偶合反应？

5. 盐析后加入磷酸氢二钠和磷酸二氢钠的目的是什么？

实验三　苯乙烯-丙烯酸酯共聚乳液的制备

乳液聚合是链锁聚合反应的又一实施方法，具有十分重要的工业价值。乳液聚合是指单体在水介质中，由乳化剂分散成乳液状态进行的聚合。乳液聚合最简单的配方是由单体、水、水溶性引发剂和乳化剂四部分所组成。工业上的实际配方可能要复杂得多。

乳液聚合与悬浮聚合不同。首先，乳液聚合产物的颗粒粒径为 $0.05\sim1\mu m$，比悬浮聚合产物的粒径（$50\sim200\mu m$）要小得多。其次，乳液聚合所用的引发剂是水溶性的，而悬浮聚合的引发剂是油溶性的。再次，在本体、溶液、悬浮聚合中，使聚合速率提高的因素，都将使产物的分子量降低。而在乳液聚合中，聚合速率和分子量可同时提高。

乳液聚合有许多优点，如聚合热容易排除；聚合速度快，同时可获得较高的分子量；在直接使用乳液的场合，可避免重新溶解、配料等工艺操作。乳液聚合的缺点是产品纯度较低；在需要获得固体产品时，存在凝聚、洗涤、干燥等复杂的后处理问题。比较其优缺点可发现，乳液聚合不失为一种制备合成高分子的较好的工艺方法。

乳液聚合在工业上有十分广泛的应用。合成橡胶中产量最大的丁苯橡胶和丁腈橡胶就是采用乳液聚合法生产的。此外，聚氯乙烯糊状树脂、丙烯酸酯乳液等也都是乳液聚合的产品。

在丙烯酸酯乳液中，苯丙乳液是较重要的品种之一。苯丙乳液是由苯乙烯和丙烯酸酯（通常为丙烯酸丁酯）通过乳液聚合法共聚而成，具有成膜性能好、耐老化、耐酸碱、耐水、价格低廉等特点，是建筑材料、黏合剂、造纸助剂、皮革助剂、织物处理剂等产品的重要原料。

一、目的要求

1. 了解乳液聚合的工艺特点，加深对乳液聚合的认识。

2. 掌握乳液聚合的操作方法。

二、实验原理

乳液聚合的主要组分是单体、分散介质（水）、乳化剂和引发剂。其聚合机理如下：

乳液聚合是指在有乳化剂存在的水介质中，单体进行非均相聚合反应的聚合方法。在乳液聚合最简单的配方中，应有单体、水、水溶性引发剂和乳化剂四种组分。乳化剂通常是一些在分子中既具有亲水基团又具有憎水基团的化合物。如常用的乳化剂十二烷基磺酸钠的磺酸钠基团一端表现为亲水，指向水中，烷基一端则表现憎水而能与单体互溶。因此，乳化剂溶于水中是以"胶束"的形式存在的，亲水的一端指向水，憎水的一端则背靠背避开水。根据史密斯-埃瓦特（Smith-Ewart）理论，当体系中有单体存在时，一部分单体进入胶束内与乳化剂憎水的一端互溶，而大部分单体则以微珠状态悬浮于水中并被乳化剂包围。随着引发剂（如过硫酸钾）的自由基扩散进入胶束内部，引起单体聚合。同时，单体微珠中的单体分子不断扩散进入胶束，以补充反应掉的单体。如此不断进行，聚合反应得以完成，最终形成高聚物的"胶粒"。这些胶粒由于受到乳化剂分子的保护而稳定，因此，宏观上形成稳定的乳液。向乳液中加入盐类物质（如 NaCl）可使乳液破坏而凝聚，称为破乳。借此可将高聚物沉淀析出。

苯丙乳液的主要用途是制备建筑乳胶漆，这类乳液通常由苯乙烯和丙烯酸丁酯共聚而成。丙烯酸丁酯的聚合物具有良好的成膜性和耐老化性，但其玻璃化转化温度仅为 $-58℃$，不能单独用做涂料的基料。将丙烯酸丁酯与苯乙烯共聚后，涂层表面硬度大大增加，生产成本也有所降低。为了提高乳液的稳定性，共聚单体中通常还加入少量丙烯酸。丙烯酸是一种水溶性单体，参加共聚后主要存在于乳胶颗粒表面，羧基指向水相，因此颗粒表面呈负电性。同性电荷的作用使得颗粒不容易凝聚结块。此外，适当比例的丙烯酸有利于提高涂料的附着力。

苯丙乳液制备一般采用过硫酸铵或过硫酸钾作为引发剂，十二烷基硫酸钠作为乳化剂。十二烷基硫酸钠是一种阴离子型乳化剂，具有优良的乳化效果。用十二烷基硫酸钠作乳化剂制备的乳液机械稳定性较好，但化学稳定性不够理想，与盐类化合物作用易发生破乳凝聚作用。为了改善乳液的化学稳定性，可加入非离子型乳化剂，组合为复合型乳化体系。常用的非离子型乳化剂有壬基酚聚氧乙烯醚（OP-10）等。

用于建筑乳胶漆的苯丙乳液的固体含量为 $48\% \pm 2\%$，最低成膜温度为 $16℃$，成膜后，涂层无色透明。为了使建筑乳胶漆在冬天也能使用，通常还需要加入成膜助剂，如苯甲醇等，使涂料的最低成膜温度达到 $5℃$。

三、仪器和药品

1. 仪器

标准磨口四颈烧瓶（250mL/24mm×4）一个；球形冷凝器 300mm 一个；Y 形连接管（24mm×3）一个；温度计（100℃）一个；分液漏斗 125mL 一个；滴液漏斗 125mL、50mL 各一个；烧杯 100mL 两个、250mL 一个；量筒 100mL 一个；布氏漏斗 80mm 一个；广口试剂瓶 250mL 一个；平板玻璃（100mm×100mm×3mm）一块；电动搅拌器一套；恒温水浴槽一只。

2. 药品

苯乙烯 60g，聚合级；丙烯酸丁酯 49g，聚合级；丙烯酸 2g，聚合级；过硫酸铵 0.5g，化学纯；十二烷基硫酸钠 0.5g，化学纯；OP-10 乳化剂 2g，工业级；氢氧化钠溶液 100mL，10%；无水硫酸钠 15g，化学纯。

四、实验步骤

1. 将苯乙烯 60g，置于分液漏斗中，加入 30mL 氢氧化钠溶液洗涤。静置片刻后，弃去下层红色洗液。用同样方法洗涤至洗液不显红色为止，然后用去离子水洗涤至中性。加入无水硫酸钠 15g，静置 0.5h，用布氏漏斗过滤。

2. 称取 0.5g 十二烷基硫酸钠置于 100mL 烧杯中，加 50mL 去离子水，略加热并手工搅拌使溶解。然后加入 2g OP-10 乳化剂，混合均匀，得组分①。

3. 称取 0.5g 过硫酸铵置于 100mL 烧杯中，加水 20mL，摇晃使溶解，得组分②。

4. 在 250mL 烧杯中称入苯乙烯 49g，丙烯酸丁酯 49g，丙烯酸 2g，混合均匀，得组分③。

5. 在装有搅拌器、冷凝器、温度计和滴液漏斗的四颈烧瓶中，加入去离子水 40mL 和全部的组分①，搅拌并升温。当温度达到 80℃ 时，保温。加入约 30% 的组分③，体系逐渐呈乳白色。15～30min 后，液面边缘呈淡蓝色，同时液面上的泡沫消失，表明聚合反应已开始。保持 15min，同时开始滴加组分②和组分③，二者滴加速度为 1∶5，使组分③略先于组分②加完，控制在 2h 左右滴加完。

6. 保温 1h，撤去热源。搅拌下自然冷却至室温，装入广口试剂瓶中。

7. 取少量所得之乳液涂于洁净的平板玻璃上，室温下自然放置 2h，观察其干燥情况，正常情况下应得一表面坚硬的透明涂层。

五、注意事项

1. 乳液聚合对水质要求较高。若聚合不能正常进行，或产物稳定性不好，应检查水质是否符合要求。

2. 所用的丙烯酸若已有絮状沉淀出现，应先经过过滤才能使用。

3. 聚合过程中液面边缘若无淡蓝色现象出现，产物的稳定性将会不好，若遇此种情况，实验应重新进行。

4. 聚合反应开始后，有一自动升温过程。应严格控制聚合温度不得高于 85℃，否则，乳化剂的乳化效率将降低，并有溢料的危险。

六、思考题

1. 从手册中查出聚苯乙烯和聚丙烯酸丁酯均聚物的玻璃化转变温度，然后计算本实验所得的苯丙共聚物的玻璃化转变温度。

2. 根据乳液聚合条件不同，所得的乳液有时泛淡蓝色，有时泛淡绿色，有时甚至泛珍珠色光，通过这些现象，可对乳液的质量作出什么结论？

3. 将共聚配方中的丙烯酸换成甲基丙烯酸是否可行？对乳液质量会有什么影响？

4. 讨论乳液聚合的工艺特点，指出其优缺点，并与悬浮聚合比较之。

实验四　丙烯酸酯聚氨酯涂料的制备

一、目的要求

1. 掌握聚丙烯酸酯活性树脂的制备方法。
2. 掌握丙烯酸酯聚氨酯涂料的制备方法。

二、实验原理

1. 在偶氮二异丁腈的引发作用下，单体（丙烯酸丁酯、甲基丙烯酸甲酯、丙烯酸-β-羟乙酯丙烯酸）发生聚合反应。

2. 2,4-二甲苯二异氰酸酯（TDI）与三羟甲基丙烷（TMP）反应生成聚氨酯预聚体。

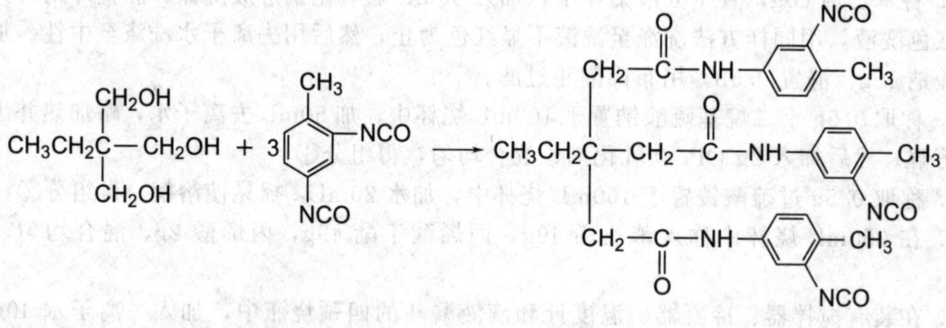

3. 活性聚丙烯酸酯溶液与异氰酸酯直接混合，聚丙烯酸酯中的羟基、羧基与聚氨酯预聚体中的异氰酸酯基反应即可制成丙烯酸酯聚氨酯涂料。

三、仪器与试剂

1. 仪器：标准磨口四颈烧瓶，球形冷凝管，电动搅拌器，温度计，标准磨口三口烧瓶，烧杯，滴液漏斗，量筒，表面皿，恒温水浴，烘箱。

2. 试剂：丙烯酸丁酯，甲基丙烯酸甲酯、丙烯酸-β-羟丁酯、丙烯酸，偶氮二异丁腈，乙酸丁酯，三羟甲基丙烷，甲苯，2,4-二甲苯二异氰酸酯（TDI），三羟甲基丙烷（TMP），丙酮。

四、实验步骤

（一）聚丙烯酸酯活性树脂的制备

1. 将丙烯酸丁酯 25mL，甲基丙烯酸甲酯 15mL，丙烯酸-β-羟乙酯 7mL，丙烯酸 1mL 依次放入烧杯中，加入偶氮二异丁腈 0.25g，用搅拌棒搅拌使溶解，备用。

2. 在装有搅拌器、温度计、冷凝器的四颈烧瓶中，加入乙酸丁酯和甲苯各 30mL。装上滴液漏斗，漏斗中加入混合单体。

3. 开动搅拌器，升温至四颈烧瓶中溶剂开始回流（约 110℃），注意回流不要太剧烈。

从漏斗中放约 1/4 的混合单体到四颈烧瓶中，保温反应。

4. 约 0.5h 后，可发现四颈烧瓶中物料的漩涡形状发生变化，表明聚合已开始。滴加剩余混合单体，控制滴加速度为 2～3 滴/s，1h 左右滴完。若回流较剧烈，可适当减慢滴加速度。

5. 单体滴完后，保温 2h。撤去热源，搅拌下自然冷却至室温得浅黄色黏稠状液体。

6. 准确称取聚合产物 2g 于表面皿上，送入 120℃烘箱中烘至恒重，计算固体含量。然后用乙酸丁酯将固体含量调整至 45%。

（二）聚氨酯预聚体的制备

1. 在装有温度计、搅拌器和回流冷凝管的干燥的 250mL 的三口烧瓶中加入 50mL 乙酸丁酯和 40g TDI。

2. 室温搅拌下迅速加入 10g TMP(三羟甲基丙烷)，水浴加热至 60～70℃，保温 2h。

3. 降温至室温，得透明黏稠液体为异氰酸酯预聚体。

（三）丙烯酸酯聚氨酯涂料的制备

1. 在烧杯中称取上述所得之活性聚丙烯酸酯溶液 5.0g，分别加入预聚体 2.5g、5.0g、6.0g、7.5g，手工搅拌均匀，得丙烯酸酯聚氨酯清漆。

2. 取马口铁板四块，用脱脂棉花蘸取丙酮擦洗干净，晾干。

3. 用油漆刷蘸取清漆，均匀涂刷于马口铁上，平放在桌面上。约 2h 后表面可干燥，得透明、光亮之涂层。

五、注意事项

1. 此反应为无水反应，应保持在无水条件下进行，仪器洗净干燥后再使用。

2. 树脂聚合时，油浴温度一般控制在 120℃左右。油浴温度太高，则回流太剧烈，部分单体会因挥发而损失。瓶壁上的聚合物也会因温度太高而结焦，使树脂颜色变深。油浴温度太低，则反应速率太慢。

3. 甲苯易挥发，滴液漏斗上方应适当堵塞。

4. 预聚体制备过程中水浴温度不宜过高，否则会爆聚形成高聚物。

5. 铁片应处理磨光，去掉杂质后再使用。

6. 涂刷清漆时，应遵循少量多道的原则，即每次用漆刷蘸取少量清漆，在马口铁上反复顺同一方向涂刷，直到形成均匀的涂层为止。

实验五　水质稳定剂——羟基亚乙基二膦酸的合成

一、实验目的

1. 掌握羟基亚乙基二膦酸的合成原理及合成方法。

2. 了解羟基亚乙基二膦酸的性能和用途。

二、实验原理

1. 主要性质和用途

羟基亚乙基二膦酸（HEDP），又名 1,1-二膦酸基乙醇，为白色晶体，熔点 198～199℃。在 250℃左右分解。易溶于水，可溶于甲醇和乙醇，具有强酸性和腐蚀性。市售品为质量分数 55% 的淡黄色黏稠液体，相对密度 1.45～1.55(20℃)，pH 值为 2～3。

本品是新型的无氰电镀络合剂，是循环冷却水系统中用作水质稳定剂的主剂，起缓蚀和阻垢作用。在 200℃ 以下有良好的阻垢作用，耐酸、碱，可在高 pH 值下使用，低毒。

2. 合成原理

由三氯化磷与冰醋酸混合后，加热，蒸馏得乙酰氯，再与亚磷酸反应制得。

$$PCl_3 + 3CH_3COOH \longrightarrow 3CH_3COCl + H_3PO_3$$

$$PCl_3 + 3H_2O \longrightarrow H_3PO_3 + 3HCl$$

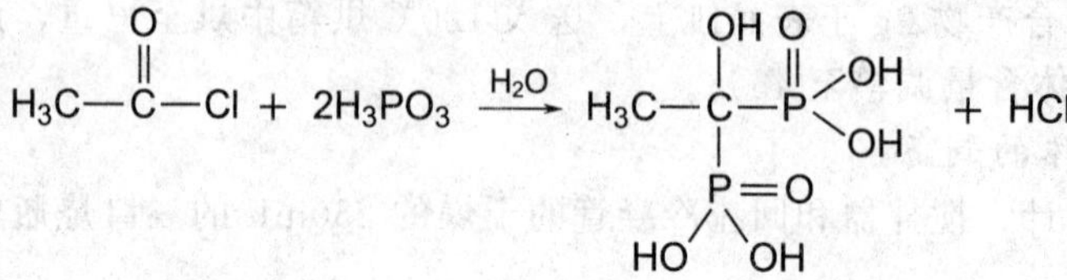

三、仪器与试剂

1. 仪器：250mL 四口烧瓶，回流冷凝管，滴液漏斗，温度计，搅拌器，旋转蒸发仪。
2. 试剂：三氯化磷，冰醋酸，95％的乙醇，氢氧化钠（10％）。

四、实验步骤

将 55g 三氯化磷加入滴液漏斗中，在装有温度计、回流冷凝管、搅拌器和滴液漏斗的 250mL 四口烧瓶中加入 25g 冰醋酸和 25mL 水。搅拌下缓慢滴加三氯化磷，控制反应温度低于 40℃。于 1h 内滴加完三氯化磷，室温下继续搅拌反应 15min。此时物料呈乳浊液。慢慢升温至 110℃，保温回流 2h。

冷却至室温后加入 20mL 95％的乙醇，得到透明溶液。在旋转蒸发仪上减压蒸出乙醇。再加 20mL 乙醇，再次减压蒸出乙醇。

将反应物倒入烧杯中，冷却后用质量分数为 10％ 的氢氧化钠溶液调节产物的 pH 值为 3～4，即为成品。

五、注意事项

1. 加三氯化磷时要缓慢，以免冲料。
2. 由于有氯化氢放出，要在通风橱中进行反应，并尽量接好氯化氢吸收装置。

六、思考题

1. 合成羟基亚乙基二膦酸后，为什么要加入乙醇？
2. 反应前期为什么要加水？

实验六　安息香的辅酶合成

一、实验目的

1. 了解多步骤有机合成的方法。
2. 熟悉加热回流、过滤以及重结晶的方法。
3. 掌握辅酶合成安息香及安息香转化的原理和方法。

二、实验原理

芳香醛在氰化钠（钾）作用下，分子间发生缩合反应生成 α-羟酮。安息香缩合最典型、最简单的例子是苯甲醛的缩合反应。本实验以维生素 B_1 替代 NaCN 作催化剂，在碱性条件下，苯甲醛分子间发生缩合反应生成安息香：

1. 安息香缩合反应：碳负离子亲核加成反应

苯甲醛在氰化钠（钾）的作用下，于乙醇中加热回流，两分子苯甲醛之间发生缩合反应，生成二苯乙醇酮，或称安息香，因此把芳香醛的这一类缩合反应称为安息缩合反应，反应机制类似于羟醛缩合反应。该缩合反应是碳负离子对羰基的亲核加成反应。在其中 CN⁻ 起反应催化剂的作用，首先是无 α-氢的芳香族化合物，如苯甲醛在 CN⁻ 催化作用下，生成一个碳负离子，然后这个碳负离子亲核进攻另一个苯甲醛分子，生成的加合物同时发生质子的迁移，电子的迁移和 CN⁻ 的离去，得到安息香产物：

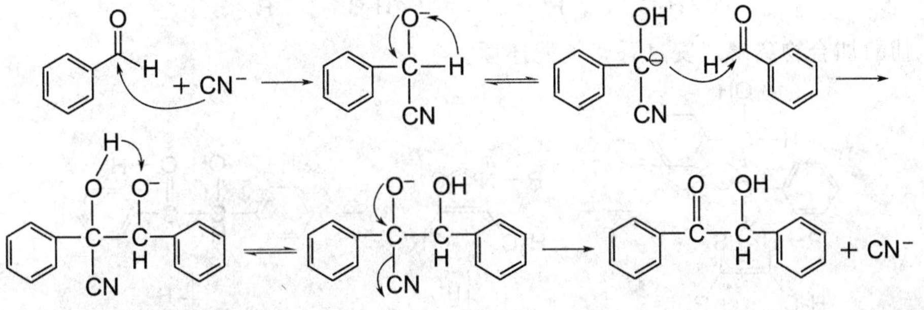

反应中催化剂是剧毒的氰化物，使用不当会有危险，本实验用维生素 B_1（thiamine）盐酸盐代替氰化物催化安息香缩合反应，反应条件温和，无毒，产率较高。

2. 辅酶合成机制

维生素 B_1 是一种辅酶，化学名称为硫胺素或噻胺，结构式为：

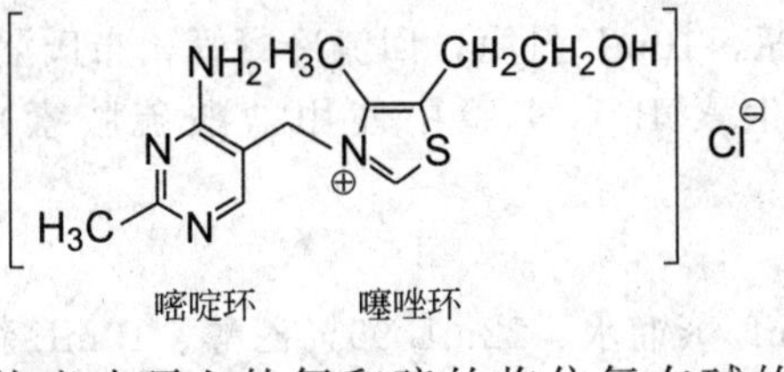

在反应中，维生素 B_1 的噻唑环上的氮和硫的临位氢在碱的作用下离去，成为碳负离子，形成反应中心，其机制如下：

① 在碱作用下形成碳负离子，该碳负离子和邻位氮正离子形成一个稳定的两性离子叶利德（Ylid）。

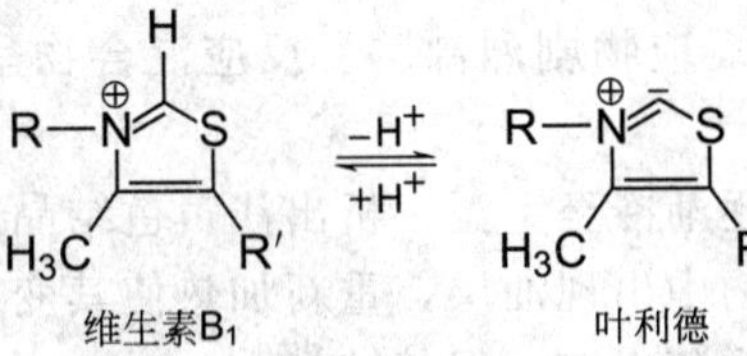

② 叶利德与苯甲醛反应，噻唑环上的碳负离子与苯甲醛的羰基作用形成烯醇加合物，环上带正电荷的氮原子起到调节电荷的作用。

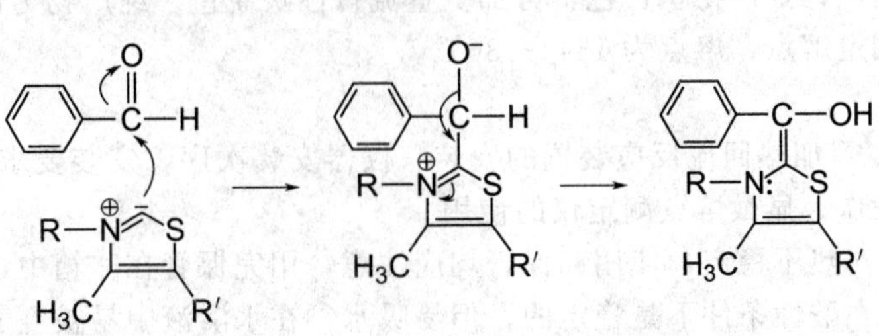

③ 烯醇加合物再与苯甲醛作用，形成一个新的辅酶加合物。

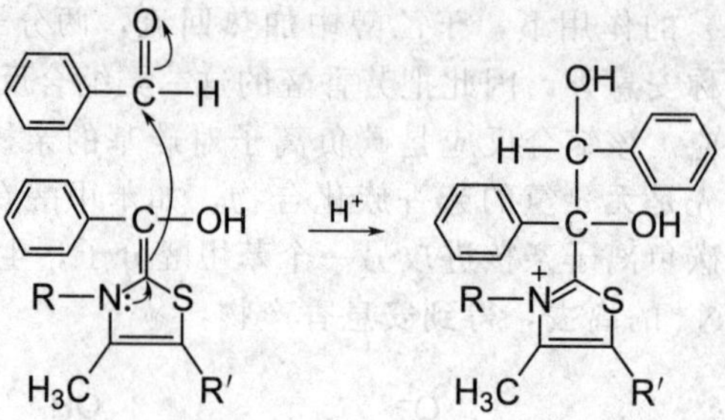

④ 辅酶加合物离解成安息香，辅酶还原。

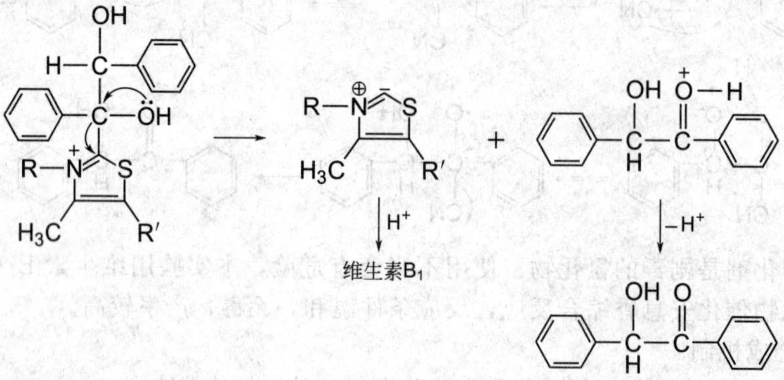

维生素B₁

三、仪器与试剂

1. 仪器：100mL 锥形瓶，10mL 量筒，回流冷凝管，布氏漏斗，抽滤瓶，熔点测定仪。

2. 试剂：苯甲醛，维生素 B_1（实验中使用盐酸硫胺素），95％的乙醇，氢氧化钠（10％）。

四、实验步骤

将 2.7g 维生素 B_1、6mL 蒸馏水、22mL 95％乙醇、10mL 新蒸过的苯甲醛加入 100mL 锥形瓶中，用塞子塞上瓶口，将其放在冰盐浴中冷却；用一支试管取 7.5mL 10％ NaOH 溶液，也将其放在冰盐浴中冷却（冷冻 15min，务必使之充分冷冻）。

15min 后，将冷透的 NaOH 溶液（约 −5℃）滴加到冰盐浴中的锥形瓶里，充分摇动使反应混合均匀。然后在锥形瓶上装上回流冷凝管，加几粒沸石，放在温水浴中加热反应，水浴温度控制在 60～70℃，勿使反应物剧烈沸腾。反应混合物呈橘黄或橘红色均相溶液。时间保持 1～1.5h。

撤去水浴，将反应混合物逐渐冷至室温，析出浅黄色结晶，再将锥形瓶放到冰浴中冷却令其结晶完全。如果反应混合物中出现油层，重新加热使之变成均相，再慢慢冷却，重新结晶。必要时可用玻璃棒摩擦锥形瓶内壁，促其结晶。

结晶完全后，用布氏漏斗抽滤，收集粗产物。用 50mL 冷水分两次洗涤结晶，称重。用 80％乙醇进行重结晶，如产物呈黄色，可加少量流行性炭脱色。纯产物为白色针状结晶，称重、计算产率。测定熔点，熔点为 134～136℃。

五、注意事项

1. 应按要求复习加热回流反应装置的安装（仪器安装次序，安装要求），抽滤装置的安装使用，重结晶操作，显微熔点测定仪的使用。

2. 维生素 B_1 对热不稳定，使用和保管均应注意，用完保管在冰箱中，不要乱放。

3. 维生素 B_1 在酸性条件下是稳定的，但易吸水，在水溶液中易被空气氧化失效。遇光和 Cu、Fe、Mn 等金属离子均可加速氧化。在 NaOH 溶液中噻唑环易开环失效。因此维生素 B_1 溶液和 NaOH 溶液在反应前必须用冰水充分冷透，否则，维生素 B_1 在碱性条件下会分解，这是本实验成败的关键。

4. 控制 pH，碱过量，噻唑环易开环失效，碱性达不到，无法形成碳负离子。

5. 反应过程中，溶液在开始时不必沸腾，反应后期可以适当升高温度至缓慢沸腾（80～90℃）。

六、思考题

1. 维生素 B_1 在碱性条件下生成碳负离子起催化作用，如所用原料苯甲醛发生氧化，对反应有何影响？

2. 溶液的 pH 值过高或过低，反应有何影响？

3. 何为重结晶？进行重结晶的主要步骤有哪些？

4. 安息香缩合、羟醛缩合与歧化反应有何不同？

5. 安息香缩合反应为什么要控制 pH 值在 9～10，过高或过低对反应有什么影响？

实验七 水杨醛的合成

一、实验目的

1. 掌握制备水杨醛的原理和方法。

2. 掌握水汽蒸馏的实验方法。

二、实验原理

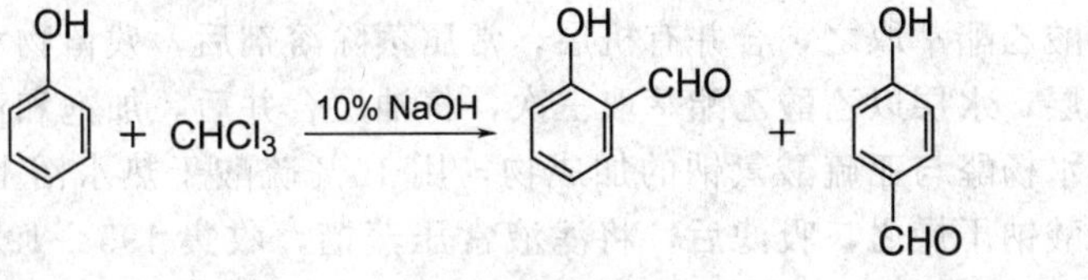

水杨醛 20%～35%　　对羟基苯甲醛 8%～12%

酚与氯仿在碱性溶液中加热生成邻位及对位羟基苯甲醛。含有羟基的喹啉、吡咯、茚等杂环化合物也能进行此反应。

常用的碱溶液是氢氧化钠、碳酸钾、碳酸钠水溶液，产物一般以邻位为主，少量为对位产物。如果两个邻位都被占据则进入对位。不能在水中起反应的化合物可在吡啶中进行，此时只得邻位产物。

Reimer-Tiemann Mechanism：芳环上的亲电取代反应

首先氯仿在碱溶液中形成二氯卡宾，它是一个缺电子的亲电试剂，与酚的负离子（Ⅱ）发生亲电取代形成中间体（Ⅲ），Ⅲ从溶剂或反应体系中获得一个质子，同时羰基的 α-氢离开形成Ⅳ或Ⅴ，Ⅴ经水解得到醛。

(1)

$$CHCl_3 + OH^- \xrightarrow{-H_2O} {}^-CCl_3 \xrightarrow{-Cl^-} :CCl_2$$

二氯卡宾

(2)

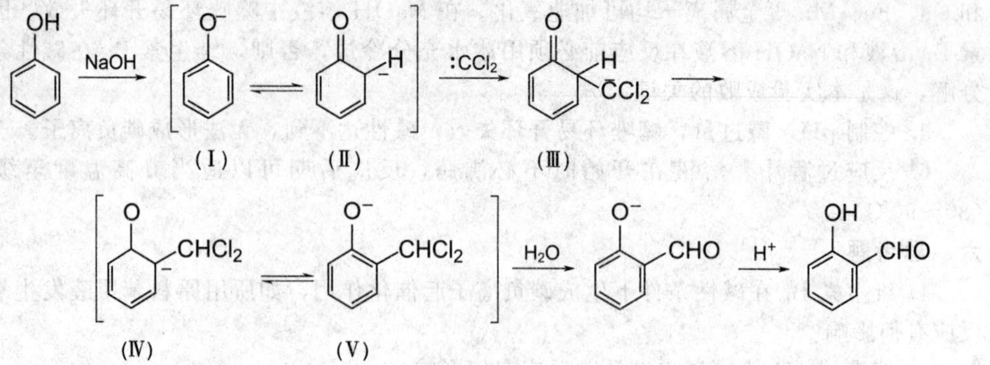

三、仪器与试剂

1. 仪器：电动搅拌器；温度计；球形冷凝管；滴液漏斗；恒压滴液漏斗；分液漏斗；250mL 四口烧瓶；布氏漏斗；抽滤瓶；阿贝折光仪。

2. 试剂：苯酚；氯仿；氢氧化钠；三乙胺；亚硫酸氢钠；乙酸乙酯；盐酸；硫酸。

四、操作步骤

在装有电动搅拌器、温度计、球形冷凝管及滴液漏斗的 250mL 四口瓶中，加入 38mL 水，20g 氢氧化钠，当其完全溶解后，降至室温，搅拌下加入 9.4g 苯酚，完全溶解后加入 0.16mL（3～6 滴）三乙胺，水浴加热至 50℃时，在强烈搅拌下，于 30min 内缓缓滴加 16mL 氯仿。滴完后，继续搅拌回流 1h，此时反应瓶内物料渐由红色变为棕色，并伴有悬浮着的黄色水杨醛钠盐。

回流完毕，将反应液冷至室温，以 1∶1 盐酸酸化反应液至 pH=2～3，静置，分出有机层，水层以乙酸乙酯萃取之，合并有机层，常压蒸除溶剂后，残留物水汽蒸馏至无油珠滴出为止，分出油层，水层以乙酸乙酯萃取三次，将油层合并后，加饱和亚硫酸氢钠溶液。大力振摇后，滤出水杨醛与亚硫酸氢钠的加成物，用 10% 硫酸于热水浴上分解加成物，分出油层，以无水硫酸钠干燥之，吸滤后，将滤液常压蒸馏，收集 195～197℃馏分即得淡黄色水杨醛产品，n_D^{20} 为 1.5720。

五、注意事项

1. 控制好水浴温度。
2. 16mL 氯仿应在 30min 内缓慢滴加。

六、思考题

1. 如何将水杨醛与苯酚分离？
2. 实验中三乙胺有何作用？

实验八　高吸水性树脂的制备

一、实验目的

1. 了解高吸水性树脂的基本功能及其用途。
2. 了解合成聚合物类高吸水性树脂制备的基本方法。
3. 了解逆向悬浮聚合制备亲水性聚合物的方法。

二、实验原理

该实验以丙烯酸为聚合单体，三乙二醇双丙烯酸酯为交联剂、过硫酸铵为引发剂、单月桂酸山梨糖醇酯为分散剂，在有机溶剂环己烷中进行逆向悬浮聚合。

高吸水树脂的吸水原理：高吸水树脂一般为含有亲水基团和交联结构的高分子电解质。吸水前，高分子链相互靠拢缠在一起，彼此交联成网状结构，从而达到整体上的紧固。与水接触时，因为吸水树脂上含有多个亲水基团，故首先进行水润湿，然后水分子通过毛细作用及扩散作用渗透到树脂中，链上的电离基团在水中电离。由于链上同离子之间的静电斥力而使高分子链伸展溶胀。由于电中性要求，反离子不能迁移到树脂外部，树脂内外部溶液间的离子浓度差形成反渗透压。水在反渗透压的作用下进一步进入树脂中，形成水凝胶。同时，树脂本身的交联网状结构及氢键作用，又限制了凝胶的无限膨胀。

高吸水树脂的吸水性受多种因素制约，归纳起来主要有结构因素、形态因素和外界因素三个方面。结构因素包括亲水基的性质、数量、交联剂种类和交联密度，树脂分子主链的性质等，树脂的结构与生产原料、制备方法有关。交联剂的影响：交联剂用量越大，树脂交联密度越大，树脂不能充分地吸水膨胀；交联剂用量太低时，树脂交联不完全，部分树脂溶解于水中而使吸水率下降。吸收量与水解度的关系：当水解度在 $60\%\sim85\%$ 时，吸收量较大；水解度大于 85% 时，吸收量下降，其原因是随着水解度的增加，尽管亲水的羧酸基增多，但交联剂也发生了部分水解，使交联网络被破坏。形态因素主要指高吸水性树脂的主品形态。增大树脂主品的表面，有利于在较短时间内吸收较多的水，达到较高吸水率，因而将树脂制成多孔状或鳞片状可保证其吸水性。

外界因素主要指吸收时间和吸收液的性质。随着吸收时间的延长，水分由表面向树脂产品内部扩散，直至达到饱和。高吸水树脂多为高分子电解质。其吸水性受吸收液性质，特别是离子种类和浓度的制约。在纯水中吸收能力最高；盐类物质的存在，会产生同离子效应，从而显著影响树脂的吸收能力；遇到酸性或碱性物质，吸水能力也会降低。电解质浓度增大，树脂的吸收能力下降。对于二盐离子，除盐效应外，还可能在树脂的大分子之间羧基上产生交联，阻碍树脂凝胶的溶胀作用，从而影响吸水能力，因而二价金属离子对树脂吸水性的降低将更为显著。

三、试剂与仪器

1. 试剂：丙烯酸、三乙二醇双丙烯酸酯、过硫酸铵、单月桂酸山梨糖醇酯、环己烷、氢氧化钠-乙醇溶液。

2. 仪器：标准磨口三口烧瓶、球形冷凝管、温度计（100℃）、烧杯、培养皿、布氏漏斗、抽滤瓶、恒温水浴槽、电动搅拌器、聚四氟乙烯搅拌棒、干燥器、布袋、滤纸若干。

四、实验步骤

1. 装置

按从下到上的顺序将水浴装置、三口烧瓶、聚四氟乙烯搅拌棒、温度计、冷凝管、电动搅拌器依次装好，应确保从正面和侧面看都呈一条直线（注：应保证搅拌棒底部与三口烧瓶底部接触和搅拌翅子打开；应保证搅拌棒与瓶口密封，防止溶剂挥发）。

2. 实验步骤

在烧杯中加入 20mL 环己烷，滴加 3～4 滴单月桂酸山梨糖醇酯，搅拌均匀，加热降低黏度。在烧杯中加入 10mL 丙烯酸、1g 三乙二醇双丙烯酸酯、过硫酸铵 0.05g，必须要确保搅拌均匀（注：因过硫酸铵是水溶性的，因此在丙烯酸中不好溶，必要时可用超声分散）。将上述两种混合物在三口烧瓶中搅拌均匀，在确保搅拌平稳的基础上（搅成一个漩涡），尽可能快。升温至 80℃，反应 2h（注：如果温度升到 80℃后，很快就出现固体，说明混合溶液为混合均匀，局部浓度过高；聚合产物应为粒状，应尽量避免发生凝胶）。升温至 90℃，反应 1h。再一次自然降温后，用布氏漏斗过滤，用无水乙醇淋洗三遍后，过滤。将过滤后产物平铺在培养皿中，放入 85℃的烘箱中烘至恒重。将烘至恒重的交联型聚丙烯酸和氢氧化钠-乙醇溶液加入三口烧瓶中，装上冷凝管和温度计，静置 30min 后，加热至轻微回流，反应 1h。再一次自然降温后，用布氏漏斗过滤，用无水乙醇淋洗三遍后，过滤。将过滤后产物平铺在培养皿中，放入 85℃的烘箱中烘至恒重。

吸水率的测定：分别用自来水和蒸馏水测定。

五、注意事项

1. 逆向悬浮聚合的分散稳定性往往不够好，因此，聚合过程中搅拌要平稳，千万不要中途停下。

2. 高吸水性树脂送入烘箱烘干前应尽可能抽干，否则，乙醇含量太高，在烘箱中烘烤易发生危险。

3. 高吸水性树脂制备过程中避免与水接触。

六、思考题

1. 讨论高吸水树脂的吸水机理。

2. 比较高吸水性树脂对自来水与去离子水的吸水率，讨论引起两者差别的原因。

3. 举出几例你所知道的高吸水性树脂应用的例子（卫生及医用材料、农业园艺、土木建设、食品加工和日常用品）。

4. 自由基聚合分为几类？它们分别有什么特点和不同？

5. 悬浮聚合和反向悬浮聚合的不同之处是什么？